교사를 위한

수학사 개론

KM 경문사

책머리에

중학교 3학년 때 피타고라스정리를 배웠다. 수학 선생님이 한 칠판 가득 써놓은 증명을 필기하느라 정신이 없었다. 플림프턴 322(Plimpton 322)나 《주비산경》 같은 얘기는 전혀 들어보지 못했다. 그 시기는 노이게바우어의 점토판 해독이 이미 세상에 알려진 지 20년이 지난 1960년대 후반이었다. 하긴 지금도 대학에서 플림프턴 322에 관하여 얘기할 때 금시초문인 학생이 그렇게 많은 것을 보면, 그 당시 필자가 몰랐던 것은 당연하다. 오랜 과거 어느 시점의 일을 그로부터 더 멀리 떨어져 있는 후대 사람들이 더 잘 안다는 것을 이상한 현상으로 봐야 할까?

인류 문명이 발생하는 곳 어디서나 수학도 함께 태어나 문명의 진보와 더불어 성장·발달해왔다는 것은 사실이다. 그런데 이와 같은 수학의 사회문화적 배경이나, 우리 인간 사고의 노력으로 창조된 결실로서 하나의 문화라는 점 등에 대한 본질적 조명과 이해는 무시당한 채, 그저 상급 학교 진학의 수단으로 전락하고 마는 점은 실로 안타깝다. 예컨대 평면도형의 넓이를 구하는 공식의 지도 과정에서, 옛날 언제쯤의 사람들이 왜 그 넓이를 알아야 했던가, 그리고 어떤 생각을 바탕으로 넓이의 개념을 규정하고 또 어떤 과정을 거쳐 일반화·형식화하여 공식을 발견하고 활용했는가? 등에 대한 알맹이는 먼발치에 두고, 공식의 바른 기억과 정답 산출 능력 향상으로 학생의 학습과 교사의 지도는 종결되고 마는 것이 현실이다.

세상 모든 것에는 그 역사가 있게 마련이듯이, 초등학교에서 가르치고 있는 분수나 소수, 중학교에서 다루는 방정식과 각종 함수에도 그것이 태어나게 된 이유와 오늘에 이르기까지의 발자취가 있는 것이다. 이것들의 이러한 역사적·논리적, 그리고 인간적인 맥락이 수학 교실의 문화 속에 섞여 들어감으로써, 어떤 수학적 산물이 생기기까지의 배경에 대한 탐구 기회나 직접 수학을 창조해 가는 활동 경험을 박탈당하지 않을 때, 비로소 학생들은 의미 있는 수학 학습의 권리를 누리게 될 것이다.

이 책은 위에서와 같은 입장에서 초등학교와 중학교의 수학 교실 문화의 풍성함과 분위기의 활성화, 이를 통한 학생들의 수학 학습의 질적 향상을 도모하고자 하는 의도로 쓰게 되었다. 필자는 교육대학교에서 예비교사들을 대상으로 수년 간 수학문화사를, 또 대학원생에게 수학사 특강을 하면서 축적한 자료를 바탕으로 이 책을 엮었다. 수강생의 수요를 감안하여 수학사 자체를 가르치는 데 중점을 두기보다 수학사의 다양한 내용을 수업에서 어떻게 활용하느냐, 즉 그 교육적 활용에 초점을 맞추었다. 그래서 군데군데 수업에서의 활용에 대한 생각을 부추기는 언급을 했으며, 실제 수업 사례들을 제시하였고, 각 장의 말미에 제시한 '생각해 볼 문제'에서도 수학 학습 지도와 관련된 문제를 개발하여 많이 넣으려고 노력하였다.

하지만 이 책에는 우리나라 전통수학과 동양수학에 관한 것이 없다. 이는 오늘날 유럽수학의 패러다임을 따르고 있는 수학, 수학교육을 감안하더라도 그 취급이 당연하지만, 내용 정리가 미흡하여 싣지 못했으며 개정판에서는 장을 신설하여 추가할 예정이다. 그리고 이 책의 내용은 대부분 2차 자료에 의존할 수밖에 없어서 많은 서적과 선행 연구물의 내용을 발췌 · 인용하였다. 이 과정에서 자료의 출처를 밝히는 노력을 했지만 다소 그 처리가 미흡한 부분도 있을 것이므로, 개정판에서 잘 정리할 것을 약속하면서 독자의 양해를 구한다.

학생들로 하여금 수학적 개념을 바르게 이해하게 하고, 수학적 사고력 및 문제해결 능력을 향상시켜 가도록 하며, 수학에 대한 편견으로부터 탈피하여 올바른 수학관을 정립하고 수학에 대한 관심을 가지도록 도와줌은 물론, 수학과 인류 문화나 과학기술의 발전, 자연 현상 등과의 관계를 올바르게 이해하도록 하는 데, 이 책이 일조할 수 있기를 필자는 간절히 바란다.

이 책을 쓰기로 마음먹은 시기는 오래 전이었으나 필자의 재주가 모자라 지금까지 미뤄졌다. 그동안 이에 대하여 많은 조언을 해주신 경인교육대학교 수학교육과 교수님들과 최근 이 강의의 담당교수로서 여러 가지 도움을 주신 조진우 박사님, 삽화를 그려주신 임지백 선생님께 고마움을 전한다. 또 이 책의 출판을 기꺼이 맡아주신 경문사의 조경희 사장님, 편집부 여러분, 그리고 미래 어느 시점에 이 책을 읽고 계실 독자 여러분께 감사의 말씀을 드린다.

2018년 8월

정동권

차 례

제9장 원주율과 원의 구적법의 변천 / 261

제10장 황금분할의 역사와 피보나치수열 / 303

chapter 1 수학, 수학사와 수학교육

그리스 철학 산실의 상징
'아테네 학당'

수학을 가르쳐 본, 지금도 가르치고 있는 교사의 입장에서 또는 수학을 배웠거나 배우고 있는 학생의 입장에서 '왜 수학을 가르쳐야 하는가?', '왜 수학을 배워야 하는가?', '어떻게 하면 쉽게 수학을 이해시킬 수 있을까?' 또는 '더욱 쉽게 배우는 방법은 없을까?' 등의 의문을 가져 보지 않은 사람은 별로 없을 것이다. 이는 2천년 이상 전으로 거슬러 올라가서 알렉산드리아의 프톨레마이오스 왕이 유클리드로부터 기하학을 배울 때, "기하학을 쉽게 배우는 방법이 없느냐"는 질문과 "기하학에는 지름길이 따로 없다"는 대답의 유명한 일화만 음미해 봐도 결코 오늘날의 문제만은 아닌 것 같다. 이처럼 2천년 이상의 역사를 지닌 낡은 문제에 대한 명쾌한 해답마저도 아직은 찾지 못하고 있는 것 같다. 이것이 현실이다.

이 장에서는 여러 학자들의 견해를 바탕으로 수학이란 무엇인지 대략 스케치해 보고, 수학의 탄생과 변천에 관한 개관, 수학교육의 입장에서 수학사의 활용 의의 및 방안 등에 대하여 알아보기로 한다.

I.
수학이란 무엇인가?

1. 수학의 정의

수학(Mathematics)을 체계적·연역적인 과학으로 보는 입장과 구성 도중에 있는 실험적·귀납적인 과학으로 보는 입장이 있다. 즉 정의(定義), 정리(定理), 알고리즘과 그 연역 체계 등을 수학으로 보는가 하면, 그러한 수학적 이론을 만들고 수정하는 인간의 사고 활동, 말하자면 수학을 하는 과정을 강조하는 입장도 있다. 따라서 수학의 특성을 한 가지로 설명하기는 불가능하다. '수학이란 무엇인가?'라는 질문에 대해 학자들의 견해가 다음과 같이 다양하게 나타나는 것도 이와 같은 이유 때문이다.

- **라이프니츠**(G. W. Leibniz): 수학이란 연속 또는 비연속적 양을 연구하는 과학이다.
- **화이트헤드**(A. N. Whitehead): 수학은 모든 유형의 형식적이고 필연적인 연역적 추론이다(R. E. Moritz, *Memorabilia Mathematica*, 1914, p. 6에서 재인용).
- **힐베르트**(D. Hilbert): 수학이란 우리들이 일상생활에서 경험할 수 있는 어떤 것에 대해 말하는 것이 아니고 논리적 법칙을 따르는 것 전반에 관해 연구하는 학문이다.
- **러셀**(B. A. Russell): 순수 수학은 'p 이면 q 이다'라는 형태의 모든 명제의 모임이다(B. Russell, *Principles of Mathematics*, 1937, p. 3). 수학이란 갖가지 추론에서 생겨나는 결과에 연역적 논리를 적용하는 과학이다.
- **쿠랑 & 로빈스**(Courant & Robbins): 인간 사고의 표현으로서의 수학은 능동적인 의지, 세련된 추론, 미적 완전함에 대한 갈망을 반영한다. 그 기본적인 요소는 논리와 직관, 분석과 구성, 일반화와 개별화이다. 서로 다른 전통들이 서로 다른 측면들을 강조할지라도 이들 대조적인 측면들의 상호 작용과 그 종합을 위한 투쟁만이 수학의 삶이요, 유용성이며, 최상의 가치이다(Courant & Robbins, *What is Mathematics?*, 1941, p. xv).
- **콜모고로프**(A. N. Kolmogorov): 수학은 현실 세계의 양적 관계 및 공간의 형태에 관한 과학이다(소비에트 백과사전 제2권).
- **블랙**(M. Black): 수학은 그 형식이 기호로 표현될 수 있는 모든 구조에 대한 연구이다(M. Black, *The Nature of Mathematics*, 1959, p. 4).
- **니본**(G. T. Kneebone): 수학은 어떤 특별한 종류의 사실의 총체라기보다는 사고 활동이다(G. T. Kneebone, *Mathematical Logic and the Foundations of Mathematics*, 1963, p.

134).

- **라카토슈**(I. Lakatos): 수학은 과학처럼 준경험적 이론이다(I. Lakatos, *Mathematics, Science and Epistemology*, 1978, p. 30).

이 밖에도 '수학의 특질은 함수이다.', '수학은 무한을 주제로 하는 과학이다.', '수학은 단순함을 지향하는 사고이다.', '수학은 구조를 다루는 학문이다.' 등과 같이 나름대로 수학의 모습을 나타내는 말들이 많이 있다.

또 데블린(Keith Devlin)은 '수학이란 무엇인가?'에 대하여 시대에 따라 달라지는 답의 변천을 다음과 같이 정리하여 밝히고 있는 바, 이 역시 수학의 의미를 규정하는 하나의 방법일 수 있다(허민·오혜영, 1996, pp. 1-5).

- **기원전 500년 이전까지**: 수에 대한 과학(*science* of numbers)으로 실용적 기술에 불과
- **기원전 500 - 기원후 300**: 탈레스로부터 유클리드의 《*Element*》를 정점으로 파푸스에 이르기까지의 그리스에서는 수와 형(形)에 대한 연구(study of number & *shape*)로 규정
- **17세기 중엽 - 18세기 중엽**: 뉴턴과 라이프니츠 이후의 수학으로서 수, 형, 운동, 변화, 공간에 대한 연구(study of number, *shape, motion, change & space*)로 규정
- **18세기 중엽 - 19세기 말**: 미적분학의 지대한 영향력의 배후로서 수학 자체에 대한 관심 증가로 수, 형, 운동, 변화, 공간 등과 이런 연구에 사용되는 수학적 도구에 대한 연구(study of number, shape, motion, change, space, *and of the mathematical tools that are used in this study*)로 규정
- **1970년대 이후**: 양식의 과학(*science of patterns*)으로 부상하고 추상적 양식(pattern)으로서 수치적 양식, 형의 향식, 운동의 양식, 행동의 양식 등이 주요 연구 대상

2. 수학관(數學觀)

수학을 바라보는 여러 관점이 있으나 대표적인 수리철학적 입장에서는 다음과 같이 몇 가지의 수학관으로 요약할 수 있다(이용률 외, 1997, pp. 56-65)

- **플라톤주의적 입장**: 수학의 대상은 실재(實在)하며, 그 존재는 그것에 대한 우리의 지식과는 전혀 무관하게 객관적인 사실이다. 수학의 대상들은 불변으로 존재하며 그것은 사람에 의해 창조되는 것이 아니라 직관을 통해 발견된다.
- **논리주의적 입장**: 수학은 논리에 불과하다. 즉, 모든 수학의 개념은 논리의 개념에서 유도

될 수 있다.

- **직관주의적 입장**: 근본적인 수학적 지식의 유일한 원천은 직관이며, 그에 의해 기본적인 개념 및 정리가 절대적으로 자명하게 되고 수학적 활동은 공리와 정리보다 내관적(內觀的) 구성으로 이루어져 있다.
- **형식주의적 입장**: 수학은 의미 없는 기호들의 형식 체계이다. 수학 체계의 무모순성과 완전성이 주요 문제이다.
- **준경험주의적 입장**: 수학은 준경험적 과학이며, 이는 자명하게 확립된 정리가 누적되면서 성장하는 것이 아니라 증명과 반박, 추측과 비판의 창조적 활동에 의해 성장한다.

II. 수학의 탄생과 성장

1. 수학의 태동

수학이 언제부터 시작되었는가 하는 문제에 대하여 정확하게 답할 수는 없을 것이다. 아주 오랜 옛날 고대인들의 생활에 대한 어떠한 기록도 없을뿐더러 어느 정도를 '수학'으로 보느냐 하는 것도 불명확하기 때문이다. 예컨대, 동굴 생활을 했을 것으로 추정되는 초기 원시인들도 밖에서 구해온 나무 열매 두 개가 함께 생활하고 있는 세 사람에 비해 모자란다는 것을 인식할 수는 있었을 것이다.

그와 같은 소박한 수준의 정신 활동을 수학으로 볼 수 있다면, 대단히 느린 진보의 긴 세월마저도 수학의 역사에 모두 포함되어야 할 것이다. 그러나 오늘날 논의되고 있는 수학의 역사는 대체로 고대 이집트, 바빌로니아, 중국, 인도 등의 문화권에서 발생한 것으로, 사료(史料)의 해석에 따라 추정이나 복원이 가능한 범위까지를 포함하고 있다.

고대인들은 그들의 동굴 생활에서 직면하게 되는 여러 가지 한계를 극복하기 위해 자연스럽게 점차 강 유역의 평지로 옮겨와 정착하게 되고,[1] 씨앗을 뿌려 어떤 작물을 경작하는 지혜를 발휘했을 것이다. 이와 같은 초기 농경사회에서는, 예컨대 나일강을 다스리기 위해 치수(治水)나 관개(灌漑)가 필요했을 것이며, 홍수의 뒷정리를 하거나 제방을 쌓기 위해 측량술

---

1) 이런 연유로 문명은 이집트의 나일, 바빌로니아의 티그리스-유프라테스, 중앙아시아의 인더스, 그리고 동아시아의 황하와 같은 대하 유역에서 일어나게 된 것으로 볼 수 있다.

이, 그리고 미리 홍수 시기를 예측하기 위해서는 하늘을 관찰하여 역법(曆法)을 만들고 이를 이용하는 것이 필수적이었을 것이다.

또 그들의 생활이 점점 복잡해지고 고대국가 형태로 발전하면서 국가 통치 재정의 필요에 따라 징세(徵稅)가 불가피했을 것이다.[2] 이런 과정에서 삼각형, 사각형이나 원 등의 간단한 도형에 관한 개념과 기본 성질을 경험에 의해 인식하게 되었을 것이며, 물물교환 경제의 실천으로부터 일대일 대응이나 간단한 덧·뺄셈에 대한 의식이 생겨나 산술 계산의 형태로 발전했을 것이다. 고대인들의 기하와 대수에 관한 이와 같은 초보적 정신 활동은 하나의 과학으로서의 수학을 태동하게 되었던 셈이다.[3]

2. 세계 수학사의 개관

수천 년을 거치면서 형성·발달된 하나의 체계적인 과학이며 인간 정신의 소산으로서 수학은 그 역사는 너무나 방대하다. 그리고 수학 발전의 역사적 단계는 논자에 따라 달리 규정되기도 한다. 따라서 여기서는 수학의 현저한 질적 변화와 문화권에 따른 차이라는 관점에서, 그 역사를 다음과 같이 매우 간략하게 언급하기로 한다(김용운·김용국, 1988, pp. 669-671; 柴田錄治·浦田敏夫, 1994, pp. 5-7).

1) 고대 오리엔트 지역의 수학

구체적이고 일상적인 문제를 다루고 있는 수치 계산 위주의 실용수학으로서 아직 이론적인 체계를 갖추지 못하고 단편적인 수학적 지식을 쌓아왔다는 점에서 흔히 수학 이전의 단계라고 불리며, 기원전 4세기경 이전에 고대 오리엔트 지역에서 발생한 수학을 뜻한다. 이 단계의 수학에서는 철학적 배경이나 자연과학과의 결합을 찾아볼 수 없음이 그 특징이다.

수를 나타내는 방법으로는 각 문명권에서 독자적인 표기법이 만들어졌다. 고대 이집트의 아메스(Ahmes)가 작성한 린드 파피루스 등에 나타난 바와 같이 이집트의 수 표기는 십진법이지만 위치적 기수법은 아니었으며 1, 10, 100, … 등의 수는 각각 다른 상형문자로 표기하였다. 이집트의 수 체계에는 단위분수가 있었으며, 몇 가지 예를 제외한 모든 분수를 이러한 단위분수의 합으로 나타내었다. 파피루스에 나타난 수학이나 바빌로니아의 쐐기문자판에 쓰

---

2) 세소스트리스 왕은 모든 이집트인에게 사각형 모양의 땅을 나눠주고 징세했다는 기록이 있다.

3) 수학의 기원을, 종교적 의식에서, 인류 공통어인 예술로부터, 인류 탄생 이전의 동식물로부터, 성운, 혹성, 혜성의 행로나 광물의 결정으로부터 찾을 수 있다는 설, 또는 수학은 항상 존재해 왔으나 단지 발견되기만을 기다려 왔다는 등의 다양한 설이 있다.

여 있는 수학에서는 "이렇게 계산해 보라. 그러면 답이 얻어진다."라고 하는 기능적 지시가, 구체적 수치를 써서 주어지고 있을 뿐 증명은 전혀 나타나지 않는다.

바빌로니아에서는 수를 60진법에 의한 위치적 기수법으로 나타내었다. 그러나 기원전 4세기경까지 0을 나타내는 기호가 없었으며 소수점의 위치도 불명확하여 문맥을 살피면서 판단해야만 했다. 60진법으로 된 계산표를 이용하여 계산을 쉽게 할 수 있도록 하였고, 수학적 문제나 흥미 있는 수를 계산하는 것으로부터 1차 방정식이나 특수한 2차 방정식의 해법 등과 같은 대수적 조작의 방향으로 이행하였다.

기하학의 경우 이집트나 바빌로니아에서는 도형의 넓이나 부피의 계산 방법과 그 알고리즘이 있었으며, 도형에 대한 수치 계산이 주된 문제였다. 피타고라스 정리가 이용되기도 하였으나 기하학적 도형 그 자체를 수학의 대상으로 삼는 것은 나타나지 않고 있다.

2) 그리스의 수학

그리스의 합리적인 이론 수학은 이상화된 도형을 대상으로 삼아 그 위에 이론적 체계를 구축함으로써 논증수학을 형성·발달시키고 독립된 과학으로서의 기하학을 건설하였다. 기하학적 도형을 수학의 주요 대상으로 삼았던 것은 그리스 수학이다. 유한한 형상으로서의 기하학적 도형의 연구는 정의, 공리 및 논리적 연역에 의해 모든 개념이나 성질을 이끌어내는 체계를 집대성하여 유클리드는 《원론》을 집필하였다. 정리 및 증명의 개념은 그리스 수학에서만 발생하였다.

그리스 수학은 수와 양의 학문인 바빌로니아의 수학이 그리스 철학과 만났던 때에 생긴 것으로 보고 있다. 실제로, 그리스 수학에 중요한 업적을 남긴 탈레스나 피타고라스를 위시한 대부분의 학자들은 철학자였다. 그리스에서 무한 연장 직선의 존재나 직선의 무한 분할 가능성에 대한 철학적 탐구가 정의나 공리의 필요성을 인식하게 했다고 할 수 있다.

'Mathematics'라는 단어의 어원은 그리스어의 명사 'μαθηματιχα(=꼭 배워야 하는 것)'으로부터 유래하였다. 12세기 르네상스 시대에 유클리드의 《원론》이 아라비아어 사본을 거쳐 라틴어로 번역되었고, 연역적 증명의 개념은 근대수학의 기본 개념이 되었다.

3) 오리엔트나 그리스 이외 지역의 수학

인도에서는 수 0의 발견, 인도 숫자와 위치적 기수법의 발명, 음수의 발견, 문자 방정식과 2차 방정식의 근의 공식의 발견이 기원전부터 12세기까지에 걸쳐서 이루어졌다. 5세기경에 그리스 천문학과 유클리드 《원론》으로부터 영향을 받아 발달한 인도 천문학에서는 삼각법에서의 '호에 대한 현 표'를 대신하여 정현(正弦, sine) 표를 사용하였다. 바스카라(Bhāskara Acharya, 1114–1185)는 수학책 《비자가니타(Bijaganita)》를 집필하면서 대수적 계산 법칙이나 2차 방정식의 두 근(단, 음수근은 제외)을 제시하여 그 정당성을 설명하였다.

중국에서는 가늘고 긴 막대인 '산(算)'을 사용하여 계산 기술을 개발하였고, 그로부터 발전한 대수학인 '산학(算學)'이 발달하여 1세기 말경에 《구장산술(九章算術)》이 편찬되었다. 이 책의 제 8장인 방정(方程)에서는 다원1차 방정식을 취급하고 있는데, 오늘날의 '방정식'이라는 용어는 여기서 유래하였다. 로마에서 사용되었던 계산도구인 아바쿠스(abacus, 算盤)가 중국에 전해지고 주판과 주판에 의한 계산법인 주산(珠算)이 발명되었다.

4세기부터 12세기까지에 걸쳐 아메리카 대륙의 유카탄 반도에서 발달한 마야 문명은 20진법의 독특한 숫자와 수학을 개발했으며, 상당히 정밀한 역(曆) 계산을 수행하였다. 위치적 기수법이나 0을 나타내는 기호의 사용도 꽤 일렀던 것으로 보인다.

인도-아라비아 숫자, 위치적 기수법과 수 0의 사용, 그리고 인도 계산법 등은 인도에서 아라비아로 전해지고 그 후 중세 유럽으로 전파되었다. 알콰리즈미(al-Khwārizmi, 780?–850?)의 책 《알자브르 발르 무카발라(al-gabr w'al-muqābala)》에서는 수학 문제를 대수적으로 풀고 있으나, 동시에 그것은 도형을 이용한 기하학적 증명 – 대수적 조작의 기하학적 정당화 – 을 부여하고 있다.

이 책의 이름은 오늘날 Algebra(=대수학)의 어원이 되었으며, 저자 알콰리즈미는 알고리즘(Algorithm=계산법)의 어원이 되었다. 아라비아 수학은 그리스 기하학 체계의 성과는 물론, 동시에 인도나 바빌로니아 수학의 성과인 대수적 조작도 수용하여 수학을 더욱 발달시켰던 것이다. 아라비아 수학과 인도 수학서 《비자가니타》는 대수적 조작과 증명의 만남이라 말할 수 있다.

4) 근대 유럽의 수학

17세기 유럽에서는 해석기하학, 미분적분학, 수리적 자연과학이 형성되면서 고전적 해석학의 장을 열었다. 대수학을 하나의 학문으로 독립시키고 그리스 기하학의 대수화가 이루어졌으며, 인간의 사고 대상이나 사유(思惟) 작용을 기호에 의해 상징적으로 표현하였고, 수학을 자연과학에 적용하였다는 점이 특징이다.

근대 유럽의 수학은 그리스의 이론적 수학의 전통을 받아들이면서 아라비아의 조작적 수학의 유산도 수용했던 것이다. 대수학 분야에서는 미지수, 기지수의 기호화와 함수 개념의 도입에 의해 엄청난 진보가 이루어졌다. 함수 개념에 바탕을 둔 무한소 해석이 운동이나 변화하는 자연 현상의 정확한 수학적 정식화를 가능하게 하였다.

비에트(F. Viète, 1540-1603)에 의한 대수학의 기호화를 추진한 것과 라이프니츠(G. W. Leibniz, 1646-1716)가 미분적분학에 기호 계산을 도입한 것은 근대 이후의 수학 발전에 커다란 영향을 끼쳤다. 근대 유럽 수학의 특징은 기호(계산)와 함수(표현)의 사용에 있다. 또, 현실적인 자연과학에 대한 탐구와 직접적으로 결부된 수학이라는 점도 데카르트(R. Descartes, 1596-1650)와 뉴턴(Isaac Newton, 1642-1727) 이후 유럽 수학의 중요한 특징이다.

5) 현대의 공리적 수학

19세기 말에 체계화된 칸토어(Georg Cantor, 1845-1918)의 집합론은 수학을 공리와 구조의 거대한 건축물로서 현대수학이 되도록 유도하였다. 힐베르트(David Hilbert, 1862-1943)의 '기하학기초론'에서 비롯된 공리주의와 결합을 이룬 부르바키(N. Bourbaki)의 구조주의가 1940년대 이후 현대수학의 보편적 방법이 되었으며, 무한론(집합론)의 적극적인 형성, 공리주의에 바탕을 둔 수학적 방법의 채택과 수리과학의 정립이 그 특징이다.

3. 수학 발달에 대한 다양한 배경

흔히 수학사를 논할 때 이집트, 그리스, 로마 등 유럽에서 수학이 발달되었다고 하며, 수학자를 언급할 때도 보통 유럽의 유명한 철학자들이나 이론을 체계화시킨 사람들 정도로만 알고 있다. 그러나 실제로 수학사를 살펴보면, 유럽뿐 아니라 인도, 중국 등 동양에서도 아주 오래 전부터 수학이 발달되어 왔으며, 훌륭한 수학자들도 많다는 것을 알 수 있다. 또한 여성수학자에 대하여 대부분의 사람들이 잘 알지 못하지만 수학을 공부하기 어려웠던 시대적 배경 속에서도 열정과 용기로 수학을 사랑하고, 중요한 업적을 남긴 훌륭한 여성수학자가 많이 있었음을 알 수 있다.

여기에서는 이와 같은 수학의 다양한 발달 배경에 대하여 스위츠(Frank Swetz)가 조사한 내용을 다음과 같이 소개한다(F. T. Swetz, 1997, pp. 121-130).

1) 수학을 연구한 지역과 인물에 대한 다양성

수학사에 대해 배우거나 이야기할 때 일반적으로 고대 바빌로니아, 그리스, 이집트 수학 및 인도, 아라비아 수학이 대부분을 차지한다. 수학의 발달에 대해 그리스 철학과 과학적 영향이 무시될 수는 없으며, 탈레스(Thales, 624?-546? B. C.), 피타고라스(Pythagoras, 572?-497? B. C.), 아르키메데스(Archimedes, 287-212 B. C.), 유클리드(Euclid, 330?-275? B. C.) 등은 언제나 위대한 수학자로서 자리를 굳히고 있다. 그러나 수학 발달에 있어 유럽 중심이 아닌 다른 지역, 서양인이 아닌 수학자들의 공적도 점차 인정하고 있다.

인종, 국가, 사회 환경이 다른 사람들에게서, 그리고 전혀 다른 시대와 공간 속에서도 수학의 발견에 대한 공통점을 찾아볼 수 있다. 또 사회 여건이 매우 어려운 상황에서도 수학에 대한 열정만은 대단했으며 천재성을 드러낸 사람들도 많이 있다. 그 사례로 중국의 유휘와 조충지, 이슬람의 천문학자였던 알콰리즈미, 이탈리아의 타르탈리아, 미국 식민시대의 흑인 베네커, 스웨덴에서 과학적 업적을 인정받은 러시아 여성인 코발레프스키, 인도의 천재 라마누잔 등과 그들의 업적에 대하여 간략히 살펴보기로 한다.

중국의 유휘(劉徽, 250 년경)는 수학의 혁신자였으며 고대 중국의 가장 포괄적 수학서인 《구장산술(九章算術)》의 주석가였고, 수학적 측량에 대한 입문서인 《해도산경(海島算經)》을 저술하였다. 조충지(祖沖之, 429–500)는 구의 부피에 대한 바른 구적법을 발견했으며, 유휘가 고안한 기술을 응용하여 $3.141592 < \pi < 3.1415927$임을 알아냈다. 이것은 그 후 1000년 동안 π의 가장 정확한 근삿값이었다.

중세 수학의 재평가는 이슬람 수학자들이 수학적 지식에 관해 단지 중개자 이상의 역할을 했다는 것을 밝히고 있다. 그들은 혁신자였음에 틀림없다. 알콰리즈미(al–Khwarîzmî, 780–850)가 방정식의 해와 오늘날 우리가 쓰는 인도-아라비아숫자를 사용하여 계산에 관한 해설서를 편찬했다. 그의 중요한 업적은 '재결합과 환산의 과학(al–kitabal al–mukhtasar fi hisab al–jabr wa'l–muqabala)'에 관한 요약서의 저술이었다. 영어의 'algebra'는 그 책이름에서 유래하였다. 또 그 자신의 이름은 간단한 방정식의 해라는 뜻으로, 그리고 현재 쓰이는 용어인 알고리즘(algorithm)으로 서서히 변화되었다.

문화적으로 여성에 대한 사회 진출의 제약이 여성수학자의 수를 제한시켰다. 서양의 전통에 의해 현대 수학의 뿌리는 성직자와 상인의 활동으로부터 발생하였다. 중세 유럽과 르네상스 시대의 수학자들은 남성이었다. 성에 대한 편견이 존재했으며, 현대에 이르기까지 여러 가지 형태로 지속되어 오고 있다.

러시아의 귀족 가문 여성인 코발레프스키(Sonya Kovalevsky, 1850–1891)는 1869년에 고도의 수학을 접하고 싶어 독일로 떠났다. 고국에서는 여성 학자를 인정해주지 않았기 때문이었다. 그녀는 결국 프랑스와 스웨덴에서 수학적 재능을 인정받았다. 코발레프스키가 겪은 편견이 다른 사회에서도 모두 통용된 것은 아니었다. 예를 들어, 중앙아메리카의 마야왕국(300-900)에서는 여성을 저술가나 수학자로 고용했다고 한다. 수학의 발달에 있어서 그런 역사적 편견이 있었음은 고려되어야 하며, 그런 편견은 서서히 변화되어 왔다.

〈표 1-1〉 훌륭한 업적을 남긴 여성수학자

수학자	시기	출생지	연구 분야
Hypatia	370-415(?)	알렉산드리아	천문학과 역학
Marquise du Chatelet	1706-1749	프랑스	해석학
Maria Agnesi	1718-1799	이탈리아	해석학
Sophie Germain	1776-1831	프랑스	수론
Mary Fairfax Somerville	1780-1872	스코틀랜드	천체역학
Ada Lovalevski	1815-1852	영국	계산학
Sonya Kovalevski	1850-1891	러시아	해석학
Charlotte Scott	1858-1931	영국	대수적 기하학
Grace Chisholm Young	1868-1944	영국	수학기초론
Emmy Noether	1882-1935	독일	비 가환 대수
Grace Hopper	1906-1992	미국	컴퓨터과학
Maryam Mirzakhani[4)	1977-2017	이란	기하학

앞의 〈표 1-1〉은 널리 알려져 있지는 않지만 수학의 발전에 많은 공을 세운 여성수학자들에 대한 일람표이며, 다음 〈표 1-2〉는 유럽을 제외한 기타 지역에서 활약한 수학자들과 그들의 업적을 정리한 것이다.

이탈리아의 타르탈리아(Niccolò Tartaglia, 1499–1557?)는 죽을 뻔했던 어린 시절의 머리 상처로 인해 언어 장애를 겪었다. 그럼에도 불구하고 그는 3차 대수방정식의 풀이에 대한 주요 혁신자 중 한 명이 되었다.

미국 식민지 시대에 노예 아버지와 자유 시민 어머니를 둔 흑인 베네커(Benjamin Banneker, 1731–1806)는 수학자로 인정을 받았다.

인도의 상점 점원이었던 라마누잔(Srinivasa Ramanujan, 1887–1920)은 수학을 사랑했고 여가 시간에 문제를 풀면서 보냈다. 그러나 인도의 신분제도 때문에 고등교육을 받을 수 없었다. 그러다 영국의 수학자 하디(G. H. Hardy, 1877–1947)가 그의 천부적 재능을 알아보았다. 하디는 라마누잔을 케임브리지 대학에 들어갈 수 있도록 도와주었다. 그런데 젊은 인도인은 결핵으로 영국에서 요절하였다. 오늘날 라마누잔의 노트를 연구하는 수학자들은 수론(數論)에서 놀

4) 미르자하니(Mirzakhani)는 미국으로 건너가 활동하면서 모듈라이 공간에 대한 새로운 해석, 우주의 정확한 모습과 부피 파악을 위한 실마리 제공 등의 업적으로 세계수학자대회(2014년 서울)에서 여성 최초의 필즈상 수상의 영예를 안았으나 안타깝게도 3년 후 암으로 요절했다. 표에는 필자가 추가하였다.

〈표 1-2〉 유럽 이외의 지역에서 활약한 수학자들과 그 업적

수학자	시기	출생지	연구 분야
Āryabhata	476- ?	인도	사인 표
Brahmagupta	598?-660?	인도	부정방정식
Yi Xing	683-727	중국	구면삼각법
Thabit ibn Qurra	830-890(?)	터키	대수방정식의 해
Abu Kamil	850-930(?)	이집트	대수적 계산
ibn al-Haythan	965-1039	이라크	대수학
al-Biruni	973-1055	우즈베키스탄	삼각함수 정확한 사용
al-Uqlidisi	952년경	시리아	소수(小數)
al-Karaji	? -1019	시리아	대수론(對數論)
Omar Khayyam	1048-1131	이란	2차 방정식의 해
Bhāskara	1114-1185	인도	대수학
Li Ye	1192-1279	중국	대수방정식의 해
Qin Juishao	1202-1261	중국	선형 합동
al-Dini	? -1213	이란	대수학
Yang Hui	1250년경	중국	다항방정식의 해
Zhi Shijie	1300년경	중국	방정식의 해의 기초
Seki Kowa	1642-1708	일본	행렬식 이론
Muhammad ibn Muhammad	1741년경	나이지리아	마방진
Srinivasa Ramanujan	1887-1920	인도	수론

라운 발견들을 밝혀내고 있다.[5)]

이상과 같이 인간의 천재성은 물리적인 한계나 인종차별, 빈곤 등에도 불구하고 빛을 발하면서 수학적 업적을 계속 이루어 왔다. 이러한 수학자들의 열정과 난관 극복의 일화, 그리고 수학적 업적은 유사한 문제에 직면할지 모를 학생들에게 도움이 될 수 있을 것이다.

2) 수학적 개념 발달 배경에 대한 다양성

시대를 초월하여 각각 다른 민족에게서 수학이 나타났으며, 각각 다른 방식으로 수학을

5) 천재 수학자 라마누잔의 일대기를 그린 영화 'The man who knew infinity'(우리나라에서는 '무한대를 본 남자'로 소개됨)가 있다.

사용하기도 했다. 어느 것이 더 높은 수준의 수학이고, 어느 것이 더 낮은 수준의 수학인지 판단할 필요는 없다. 그들은 수학을 다른 방식으로 사용하였으며, 이와 같은 다른 방식의 사용이 때로는 동일한 결과를 가져오기도 했다. 예컨대 π의 더 정확한 값을 얻으려는 갈망은 고대 유럽, 중국, 인도 등지에서 비슷했다. 고대 바빌로니아인들과 히브리인들은 π값으로 3을 사용했으며, 아르키메데스는 3.140845라는 근삿값을 찾았고, 조충지는 3.1415927을 얻었다. 그리고 인도의 바스카라는 3.1416을 사용했으며, 15세기까지 페르시아 천문학자인 알-카쉬(al-Kashi, 1380-1429)는 소수 16자리까지 정확하게 π값을 계산해냈다. 비록 시대, 지역, 문화가 다를지라도 많은 수학자들이 동일한 기법을 사용하기도 했다는 것은 흥미 있는 일이다. 그리스의 아르키메데스와 중국의 유휘는 단위원의 넓이에 대한 다각형 근사에서 극한을 이용하는 과정과 분할 기법을 사용하여 상호 독립적으로 π값을 구했다.

수 체계 발달의 역사를 보더라도 정말 효과적이고 흥미를 끄는 기수법이 존재했음을 알 수 있다. 로마의 수 체계가 그러하며, 20진법과 0에 의한 자리잡기의 원리를 채택하고 있는 위치적 기수법인 마야 왕국의 수 체계는 대단히 흥미롭고, 일찍이 십진법과 수 막대(빨간색과 검은색으로 각각 양수와 음수를 표현)를 사용한 고대 중국의 수 체계도 고찰의 가치가 충분히 있다.

분수의 발달을 살펴보면, 중국인들이 한 수를 다른 수의 위에 써서 두 수로 분수를 나타내려고 한 최초의 사람들로 알려졌는데, 그들은 분모를 위에, 분자를 그 밑에 써서 나타내었다. 인도인들도 비슷한 형태로 분수를 사용했으나 그들은 중국의 분모, 분자의 위치를 뒤집어 놓은 형태로 사용했다. 그리고 아라비아인들은 분모, 분자를 분리하는 줄을 그어 사용했으며, 피보나치(Leonardo of Pisa, 1175-1250?)가 1202년에 이 관계를 이탈리아로 도입했다고 한다. 즉, 우리가 쓰고 있는 분수의 형태조차도 다양한 문화 속에서 조금씩 다른 모습으로 진화되어왔다.

마찬가지로, 인도에 그 기원을 두고 있는 격자곱셈(gelosia)은 이슬람의 상인들이 사용했으며 13세기에 이탈리아로 전했다고 한다. 그것이 수 세기 동안 유럽에서 사용된 곱셈 방법이었으며, 이 격자곱셈은 네이피어(J. Napier, 1550-1617)의 계산막대(Napier rod)의 사용으로 더욱 발전되었다.

수량을 표현하는 방법 중 손가락으로 표현하는 것도 중세유럽 상인들이 사용했으며, 파푸아뉴기니에서의 Kewa와 같은 동시대 사람들의 손과 몸의 움직임으로 수를 표현한 것과 비교될 수 있을 것이다.

원에 대한 개념과 성질의 발달도 시대와 문화를 초월한다. 고대 피타고라스 학파가 구를 우주의 조화에 비유했고, 후에 그리스의 천문학자 프톨레마이오스(C. Ptolemaios, 85-165)가 행성운동이론에 관한 더 많은 과학적 이론을 언급할 때, 피타고라스의 회전 궤도이론에 바탕을 두었다. 중세유럽의 신학자들과 자연철학자들은 궤도가 신의 힘으로 발생된다고 생각했으며, 17세기에 케플러(J. Kepler, 1571-1630)와 뉴턴은 우주현상에 의해 궤도운동이 생겨나는 것으로 다시 생각을 바꾸었다. 또한 아프리카에서는 원의 구적과 관련하여 일정한 둘레에 대해 최대 넓이를 갖는, 따라서 생활공간이 넓으면서 건축 재료가 적게 필요한 둥근 모양으로 집이나 마을을 형성하였다.

수학사에 관한 보다 폭넓은 문화적, 인종적 상관관계는 역사적으로 더욱 바람직한 전망으로 변해 왔다. 그리스의 피타고라스 학파가 직각삼각형의 변들 사이에 성립하는 수학적 관계를 알아낸 최초의 사람들이 아니라는 것은 오늘날 널리 알려져 있다. 바빌로니아, 인도, 중국에서의 수학자들이 피타고라스 학파가 존재하기 전에 이미 이 관계를 알고 사용했다는 흔적을 볼 수 있다.

III. 수학교육에서의 수학사 활용

수학사란 다양한 수학적 개념, 수학적 이론 또는 수학적 기술을, 시간[年代]과 공간[地理]을 축으로 한 겹겹의 확장 속에서 상대화하여 포착함으로써, 단순히 지식 축적적인 전진 과정으로 볼 것이 아니라, 각 시대의 수학적 문화를 다른 시대와 병렬적으로 놓고 파악한 것이다. 환언하면 수학사는 수학이라는 문화사회에서 인간의 사고활동 양상을 파악하는 것을 통하여 수학 변천의 메커니즘을 탐구하는 것이며, 이를 배운 사람은 그에 따라 새로운 수학적 세계관을 형성할 수 있다(塚原久美子, 2002, p. 19).

여기서는 이와 같은 수학사가 수학교육에 어떤 이유로 활용될 수 있고, 또 활용하는 경우 수학교육에 안겨주는 이득과 그 활용 방법에 대하여 개괄적으로 알아본다.

1. 수학사의 중요성

수학사에 대한 연구는 수학적 개념이 왜, 어떤 이유로 도입되었으며 왜 그렇게 생각해야 하는가, 왜 그런 문제가 관심을 끌고, 왜 그러한 증명 방법을 사용했는가와 같은 질문에 답을 제공해 줌으로써 수학적 사고의 의미와 관점을 보다 명확히 해줄 수 있다.

역사를 통하여 얻게 되는 수학에 대한 이러한 역사적 발생 과정의 인식은, 학생들에게 수학사란 나와는 무관한 대단한 것이 아니라 지금의 나의 문제를 나의 아이디어를 통해 해결하면서 수학화가 가능하다는 자신감을 줄 수 있을 것이며, 역사발생적 전개는 학생들에게 수학에 대한 흥미와 자신감을 불어넣어 주는 주요 수단이 될 수 있을 것이다.

수학교육의 입장에서 수학사의 중요성은 여러 학자들의 다음과 같은 견해로도 대신할 수 있을 것이다.

- **클라인**(F. Klein, 1924): 개체는 종족의 전 발달 단계를 순서대로 단축된 과정을 거치면서 발달한다. 수학교육에서도 이 생물학적 기본 법칙을 따라야 한다. 전 인류가 순진한 원시 상태로부터 더욱 높은 인식에 다다르기 위해 자연적인 소질과 연결시켜 천천히 더 높은 곳으로, 마지막에 추상적인 형식화에 이르러야 한다.
- **브란포드**(B. Branford, 1924): 교사는 수학의 인류적 발전을 학생이 경험할 수 있도록 이끌어야 한다.
- **푸앵카레**(H. Poincare, 1953): 어떤 동물의 태아 발달은 지질학적 시대의 선조가 거쳐온 역사를 매우 짧은 기간에 재현한다고 동물학자들은 주장하고 있는데, 인간의 정신 발달도 마찬가지인 듯하다. 교육자는 학생으로 하여금 그의 선조가 통과한 모든 단계를 따르도록 매우 빨리, 그러나 어떤 단계도 소실되지 않게 인도해야 한다. 이러한 이유에서 학문의 역사는 우리의 첫째가는 안내자이어야 한다.
- **폴리아**(G. Polya, 1962): 역사상 위대한 스텝을 학생이 재발명(견)하도록 도움을 주어야 한다.
- **퇴플리츠**(O. Toeplitz, 1963): 오늘날 우리가 필수적인 것으로 지도하는 많은 내용들에 관하여 '왜 그런가?', '어떻게 그것을 얻었는가?'와 같은 질문은 제기하지 않고 있지만, 이러한 내용들이 탐구되던 당시에는 불타는 의문에 대한 해답이었다. 우리가 이들 아이디어의 근원으로 되돌아간다면 틀에 박힌 무미건조한 사실의 활기 없는 모습이 아니라 대신 싱싱하고 힘찬 생명으로 다시 되살아날 것이다.
- **클라인**(M. Kline, 1973): 역사적 순서가 바른 지도 순서이며, 수학자 자신이 경험한 어려움이 학생들이 겪게 될 어려움이다.
- **프로이덴탈**(H. Freudenthal, 1983): 어린 학습자는 인류의 학습과정을 수정된 방식으로 재현(再現)한다. 그는 역사가 실제로 일어난 대로가 아니라 과거의 사람들이 오늘날 우리가 알고 있는 것과 같은 것을 알았다면 일어났을 것과 같이 역사를 반복한다. 어린 학습자가 재현하는 것은 역사적 학습과정의 수정되고 개선된 판이다.
- **아카비**(A. Arcavi, 1987): 수학의 역사는 이전 세대가 형식적인 수학적 구조의 필요성을 실

험하고 발견하게 되는 방법을 보여주는 예들의 풍부한 원천이다. 때문에 수학사는 이러한 필요성을 느끼도록 조장하는 자연스러운 도구이다. 역사적 맥락의 강조는 수학과 수학적 활동은 인간적이고 창의적이며 활동적인 노력이라는 합당한 이미지를 창출하는 데에 도움을 줄 수 있다.

2. 수학 수업에서 수학사 활용의 필요성과 이점

1) 수학교육에서 수학사의 역할과 도입의 필요성

수학교육에서 수학사의 역할에 대해서는, 수학교육의 입장에서 볼 때 수학사의 도입에 따르는 다음과 같은 몇 가지 유효한 변화의 기대를 들 수 있다.

(1) 수학에 대한 편견에서 탈피하여 올바른 수학관을 정립하도록 도와준다.

수학사는 수학적인 문제 자체 외에도 수학의 형성 배경인 수학자와 관련된 이야기나 당시 사회와 관련된 흥미로운 에피소드, 그리고 하나의 수학적 개념이나 내용의 변천 과정에 얽혀 있는 이야기 등으로, 학생들로 하여금 수학에 대하여 갖고 있는 잘못된 선입관 또는 편견을 바람직한 방향으로 유도를 가능하게 할 것이다. 학생들이 흔히 가지고 있는 수학에 대한 부정적인 생각을 해소해 주기 위한 한 가지 방법으로, 수학사가 제공해 주는 수학자들에 관련된 일화 등을 소개할 수 있다.

(2) 자연현상과의 관련을 이해하여 수학이 폭넓은 기초과학임을 깨닫게 한다.

수학사에 종종 등장하는 자연과학의 발달 현상에 대한 이야기는, 자연계에 존재하는 여러 가지 원리들이 수학과 어떠한 관련이 있는가를 간접적으로나마 이해할 수 있게 해준다. 따라서 수학이 어떤 편협한 과목이라기보다는 일반적인 성격이 강하며 그 적용 범위가 넓은 기초과학 과목이라는, 폭 넓은 이해를 갖게 하는 데 도움이 될 것이다. 이러한 수학에 대한 올바른 인식은 학생들의 수학 학습에 바른 태도를 가져다 줄 수 있을 것이다.

(3) 활기 있고 의욕적인 수업의 전개를 가능하게 한다.

일선 교사의 개인적인 교수 방법에 따라서는 수학 수업 시간에 학생들의 주의를 집중시키거나 변화를 가져오게 하는 방법으로도 수학사의 사용이 가능하다. 적시에 적절한 방법을 통한 수학사의 활용은 지루한 수학 수업에 활기를 불어넣을 수 있게 해주고, 분산된 학생들의 관심을 수학 학습에 다시 끌어들이는 역할도 할 수 있다.

(4) 수학교육과정의 연구에 있어서 중요한 참고 자료가 된다.

수학사는 수학교육과 관련해서 보다 광범위하고 일반적인 측면에서도 응용될 수 있다. 수학사에서 살펴볼 수 있는 수학의 특정 개념이나 수학적 구조의 발전 과정을 보면, 수학의 교과 과정 개발과 학생들의 성장에 따른 수학적 구조의 인식 변화 과정의 연구에 시사해 주는 바가 크다는 사실을 알 수 있다. 수학사에서 찾아볼 수 있는 일련의 수학적 구조나 개념의 형성·발전 과정의 고찰은, 학생들의 수학적 구조나 개념의 형성 과정을 연구하는 데 도움이 될 것이며, 나아가 수학 교육과정의 연구에도 중요한 참고 자료가 될 수 있다.

이상과 같은 수학사의 도입에 따른 수학교육에서의 다양한 역할을 정리해 보면 수학에 대한 올바른 인식을 하게 해주고, 수학에 대한 흥미를 유발시키기도 하며, 수학 수업을 활기 있게 만들어주는 등의 동기를 부여하는 역할과 함께 학생들에게

- 수학적 내용 자체의 이해
- 수학이 자연과학과 갖는 연관성의 이해
- 수학의 구조나, 개념, 내용의 생성, 변천, 발전의 이유나 과정에 대한 이해
- 수학적 내용들이 일반화, 확장, 추상화되어야 하는 필요성의 이해
- 수학적 구조, 공리화, 또는 증명의 성질에 대한 이해

등과 같은 도움을 주어 효율적인 수학교육이 이루어지도록 해준다.

이와 같은 수학사의 역할을 감안해보면 수학교육에서 수학사를 도입해야 할 이유는 다음과 같이 자명해진다고 할 수 있다.

수학의 어떤 단원을 지도하고자 할 때 그와 관련된 수학사 내용을 미리 탐색하여 활용한다면, 학생들은 시대를 초월한 역사감을 느끼고 흥미가 고조될 것이며, 수학적 개념이나 내용의 생성·변천을 의식하게 될 것이다. 그리고 수학도 필요에 따라 우리 인간이 많은 시행착오를 겪으면서 창조, 수정·보완하여 오늘에 이르렀음을 인식하게 될 것이며, 자연과학 또는 자연 현상과의 연관성을 알게 됨으로써 수학의 보편성이나 일반성을 더 잘 이해하게 될 것이다.

이와 관련하여 존스(P. S. Jones)는 수학사가 수학교육에 도입되어야 할 이유를 다음과 같이 언급하였다(NCTM. 1989, pp. 1-16).

> 선생님들이 '이유'를 설명하려고 하지 않거나 설명할 수 없는 무능력 때문에 대수학이 학생들에게 거부감을 느끼게 했다는 감정 이상의 확신을 가지고 있다. 학생들은 수업 내용

이면에 감추어져 있는 역사적 이해가 없으므로 전체 체계가 타고난 마술사에 의해서만 사용되도록 하늘에서 이미 만들어져 뚝 떨어진 것과 같은 느낌을 받게 된다.

- 미국 교사 Jacques Barzun.

학생들이 '이유'를 이해할 수 있는 수업, 의미를 알고 이해할 수 있는 수업, 학생들이 수학의 특성, 역할과 아름다움을 알고 바르게 평가할 수 있는 수업, 학생들이 인류는 수학을 계속 창조해 가고 있으며 또한 발견과 발명의 희열을 가질 수도 있다는 것을 알게 하는 수업이 되어야 한다. 이러한 것들이 다소 이루기는 어렵지만 궁극적으로 추구되어야 하는 목적들이다.

Barzun에 의해 인용된 '역사적 이해(sense of history)' 그 자체로는 이러한 목적들을 이룰 수는 없을 것이다. 그러나 적절하게 이용하면 최근의 수학 지식과 잘 연결된 수학사의 이해는 이유를 가르치는 선생님의 교수방법에 있어서 중요한 도구가 될 것이다. 수학을 가르치는 데에는 세 가지 범주의 이유, 즉 연대적 이유(Chronological whys), 논리적 이유(Logical whys), 그리고 교육학적 이유(Pedagogical whys)가 있다.

- **연대적 이유**: 예컨대 시간이나 도는 어째서 60분으로, 분은 60초로 나타내며, '분'이나 '초'와 마찬가지로 '0(zero)'이나 'Sine'과 같은 단어의 기원은 무엇인가? 등과 같은 의문은 수학사를 통해 해결될 수 있다. 또 수학사는 수학적 정의나 무정의 용어들의 필요성과 임의성에 대한 논의, 수학 체계의 심리학적 근거에 대한 토의 등을 불러일으킨다.

- **논리적 이유**: 이는 수학사와 별로 관계가 없는 것처럼 보이지만, 수학사는 실제로 학생들의 논리적 통찰력의 발달에 기여해 왔다. 수학의 정리 등을 형성하고 있는 공리 체계나, 논리적 추론 및 증명 등이 어떠한 경로를 통해서 형성·발전해 왔는가를 이해하는 데 도움을 준다. 이 시대의 지도적 수학자인 푸앵카레의 이에 대한 주장을 아다마르(Jacques Hadamard)는 다음과 같이 인용하였다.

"연속적으로 각각의 삼단논법을 시험하고 그것의 정확성을 확신하는 이론의 증명을 이해하는 데 있어서 어떤 사람들은 그들이 증명을 했을 때 이해한다고 한다. 그러나 대부분의 사람들은 그렇지 않다고 한다. 거의 대부분이 훨씬 더 정확해야 된다고 생각한다. 그들은 증명의 모든 논리적인 관계가 정확한가와 그들이 왜 다른 것보다 이러한 순서로 함께 연결되어 있는지를 알기를 원한다."

- **교육학적 이유**: 수학사의 도입이 필요하다고 보는 이유는 수학사로부터 수학의 문제해결 과정이나 수단을 얻어서 문제해결의 방법을 터득하는 좋은 기회를 얻을 수도 있다는 것이다. 물론 수학사에서 얻을 수 있는 문제해결의 수단이나 과정들이 잘 정리된 정리처럼 논리 정연하고 유일성을 갖는 것은 아니지만, 수학 문제를 푸는 학생들이 때때로 그러한 수단이나 과정을 효율적으로 사용하거나 응용하기도 하며, 또한 안전한 풀이 방법이라고 생각한다. 예컨대 $\sqrt{26}$의 합리적인 근삿값을 구하는 데는 '나누기, 평균 구하기, 그리고 반복하기'라는 방법이 있다. 이는 오늘날에도 통용되고 있으며, 안정성과 아울러 정확성을 갖고 있는 전통적인 문제해결 방법이다.

한편, Fauvel(1991, p. 4)은 수학의 지도에서 수학사의 활용은 매우 가치 있음을 강조하고, 그 활용을 위한 바람직한 이유 제기는 그다지 어렵지 않다고 하였다. 그는 또 수학교육에 수학사를 활용해야 하는 몇 가지 근거를 다음과 같이 제시하였다.

- 수학학습에 대한 동기를 증진시키며, 수학의 인간적인 면을 부여한다.
- 역사적 발달과정은 교육과정 내용의 주제 배열에 도움이 된다.
- 수학적 개념이 어떻게 발달되었는지를 보여줌으로써 이해를 심화시킨다.
- 수학에 대한 인식의 변화를 가능하게 한다.
- 과거와 현재의 비교를 통해 오늘날 과학기술의 가치를 알게 한다.
- 다문화적 접근을 돕는다.
- 탐구 기회를 제공한다.
- 과거에 진보를 방해했던 요소는 오늘날 학생들이 어려워하는 것을 설명하는 데 도움이 된다.
- 실행을 통해 문제점을 가진 자가 자기 자신만은 아니라는 위안을 얻는다.
- 학습 속진 학생이 보다 발전할 수 있도록 용기를 준다.
- 사회에서 수학의 역할에 대한 설명을 돕는다.
- 수학에 대하여 보다 덜 놀라게 한다.
- 역사적 탐구는 학생 자신의 관심과 수학학습에 대한 자극을 고양시킨다.
- 타 교과를 넘나드는 학습 기회를 제공한다.

2) 수학의 역사발생적 교수법

역사발생적 원리는 18세기 이래 줄곧 제기되어 왔으며 20세기 초에 클라인과 푸앵카레에 의해 강력하게 주장된 바 있다. 이에 대해서는 여러 학자들의 견해가 있으나, 여기에서는 프로이덴탈(Hans Freudenthal)이 주장한 내용의 일부를 소개하기로 한다(강문봉 외, 2014, pp. 94-95).

프로이덴탈은 수학의 학습 지도는 기성수학을 부과하는 것이 아닌, 사고 활동으로서의 수학화를 경험시키는 것으로, 그 활동을 학습하는 최선의 방법은 그것을 수행하는 것이라 하여, 학습자에게 수학적 활동의 재발명을 경험시키는 학습 지도 방법을 주장한다. 그리고 프로이덴탈은 수학적 개념, 구조, 아이디어는 물리적, 사회적, 정신적 세계의 여러 가지 현상을 정리하고 조직하는 수단으로 발명된 것이라 보고 있으므로, 그에게 수학은 그러한 현상의 정리 수단으로 학습되어야 한다고 했다. 즉 수학화, 추상화, 스키마화, 알고리즘화, 언어화를 재발명하도록 안내할 것을 주장한다.

그러나 재발명 방법은 이전에 존재하지 않았던 새로운 어떤 개념을 발명해 내게 하는 지도 방법을 의미하는 것이 아니라, 이전에 이미 발명된 개념을 그 개념이 발명되어 온 과정에 따라 다시 한 번 발명해 내도록 하는 학습 지도 방법을 의미한다. 그러므로 그 방향은 인류의 수학 학습과정 곧 수학화와 그 다양한 측면이 중시되어야 하며, 교사의 주도 아래 그곳으로 인도한다는 '방향성'이 있음을 '안내된'이라는 용어가 시사해 준다.

그런데 그 과정은 수학의 역사를 있는 그대로 모두 반복한다는 것은 결코 아니다. 그보다는 수학의 개념, 아이디어가 역사적으로 발달해 온 과정을 단축된 형태의 가상적인 과정으로 재구성하여, 그것을 학생들이 재현할 수 있도록 이끄는 방법이다.

그의 수학관에 따르면, 수학의 학습 지도는 기성수학을 부과하는 것이어서는 안 되며, 인류의 수학 학습 과정, 수학의 발생 과정, 수학화 과정을 학습자의 현재 상황에서 재발명하도록 안내하는 '안내된 재발명' 과정이어야 한다. 이러한 재발명 방법은 수학자 개인의 발명과정의 재현 형식을 취하게 된다고 하더라도, 결국 학습자로 하여금 인류의 대역적(大域的)인 학습과정을 단축된 형태로 반복하게 함으로써 수학적 사고 경험을 시키려는 역사발생적 방법이 된다.

이와 같은 '안내된 재발명' 원리는, 우선 학습자 스스로 획득하는 지식과 능력이 다른 사람에 의해 부과되는 것보다 파지와 전이가 용이하고, 재발명의 즐거움에 따른 학습 동기가 자연스럽게 부여되며, 아울러 재발명 학습은 인간 활동으로서의 수학, 즉 수학화하는 태도를 길러준다는 데 그 교육적 의의를 지니고 있다. 따라서 학생들은 인류의 학습 과정을 개선된 방식으로 재현해야 하고 교육자는 그들의 그러한 활동을 도와야 한다.

3) 수학 수업에 수학사를 활용할 때의 이점

NCTM은 1995년 연보에서 다음과 같이 수학 수업에 수학사를 도입할 때의 여러 가지 이

점에 대하여 언급하고 있다(L. Reimer & W. Reimer, 1995, pp. 104-114).

첫째, 역사는 동기를 부여한다는 것이다. 교사가 수학시간에 아르키메데스에 대해 이야기해주고 그가 로마 군사에 의해 죽게 되었음을 이야기할 때, 학생들은 수업에 집중하며 애통해하기도 할 것이다. 여기서 교사가 "아르키메데스는 수학문제를 푸는데 너무 집중해서 군인이 접근하는 것을 전혀 알아차리지 못했어. 너희들은 아르키메데스가 그때 어떤 문제를 풀고 있었을 거라 생각하니?"라고 물어볼 수 있을 것이다. 이때 학생들은 아르키메데스에 대하여 들었던 이야기를 떠올리며 그가 기하학에 관해 공헌을 했음을 생각하게 되고, 수학에 대한 매력을 느낄 수 있을 것이다.

둘째, 수학이란 인간 노력의 산물이라는 것을 알게 된다. 점점 과학기술이 발달됨에 따라 요즈음 학생들은 수학이란 단지 계산기와 컴퓨터에 의해 해결되는 것으로 인식해버릴지도 모른다. 그들은 스스로 수학을 이해하거나 계산과정을 알아볼 필요가 없다고 생각하면서 그 결과만 중시하게 될 수도 있다. 그러나 문제해결은 아직 본질적으로 인간이 해야 할 과정이며 발견은 그 시대 사람들의 요구에 의해 생성되어왔다는 것을 수학사를 통해 인식시킬 수 있다.

셋째, 수학이 사람들이 행하는 어떤 것이라면, 그것을 행한 수학자들에 관한 이야기는 같은 것을 행하려는 다른 사람들을 고무시킬 수 있는 힘을 지니고 있다. 예를 들어, 제르맹(S. Germain, 1776-1831)은 여자이기 때문에 공부를 하지 못하게 하는 부모의 반대를 무릅쓰고, 밤에 몰래 이불 속에서 촛불을 켜가며 수학을 공부했다. 갈루아(E. Galois, 1811-1832)는 21세에 결투에 의해 총에 맞아 죽었지만, 그 전날 그는 군(群)의 이론에 대한 중요한 유산을 남겼다. 무난하고 평범한 일생을 살았던 수학자들도 있지만, 대부분의 수학자들은 각각 극복해야 할 장애를 갖고 있었다. 수학자들의 역경을 보면서, 그들의 삶은 열정적인 연구와 굳은 결심의 힘에 의해 뚜렷이 나타난다는 것을 알 수 있다.

넷째, 수학적 개념이 어디에서 유래했는지를 아는 것은 매우 중요하다. 대수적 기호나 허수와 같은 아이디어의 기원을 이해하는 것은 학생들이 매우 어려워하는 내용이지만, 이는 추상적인 수학적 절차를 이해하기 위해 더욱 효과적이다. 이러한 기원에 대한 일화들이 또 다른 새로운 영역에 대한 연구의 발판이 되기도 한다. 예컨대, 갈릴레오(Galileo Galilei, 1564-1642)에 관한 이야기는 과학적 방법의 발달을 소개하는 유용한 내용이 될 수 있을 것이며, 라그랑주(J. Lagrange, 1736-1813)에 관한 이야기와 당시 무게나 길이의 측정 단위가 각 도시마다 달라서 일어나는 혼란에 대해 들었을 때, 미터법을 보다 바람직하게 이해하는 힘이 생겨날 것이다. 삼각형의 변을 왜 a, b, c로 사용할까? 하는 질문과 함께 오일러(L. Euler, 1707-1783)에 대해 이야기하면 아동들은 더욱 재미있어 할 것이며, 개개의 특별한 상황을 가진 수학적 사실들을 연관시켰을 때 그들이 배우는 것에 대해 더욱 효과적으로 이해하고 기억할 수 있을 것이다.

다섯째, 수학사의 도입은 문제해결을 위해 다양한 방법적 접근을 갖게 해준다. 곱셈에 대한 단원을 가르칠 때 곱셈표를 이용하거나 네이피어 막대를 사용하여 곱셈을 하거나, 이집트 곱셈 또는 러시아 농부의 곱셈 등을 포함시킬 수 있다. 자신의 경험에 의해서 이런 다양한 방법을 사용하여 얻은 계산 결과를 대부분이 사용하는 보통의 공식으로 얻은 계산결과와 비교해 볼 때, 그들은 문제를 해결하는 방법을 단 한 가지로 제한하지 않는다는 것을 발견할 수 있다. 이에 따라 수학은 국제적, 다문화적인 묘미를 지니고 있음을 알게 될 것이다.

여섯째, 수학적 기원을 탐구하는 것은 종종 수학 자체의 상호연관성을 위한 창을 열어주는 것이다. 데카르트(R. Descartes, 1596–1650)의 대수와 기하의 혁신적인 결합은 수학적 이해에서 돌파구가 되었다. 그가 대수에서 해석기하학을 창출해낸 이야기는 학생들에게 한 가지 수학적 개념이 종종 현저한 방법으로 다른 개념을 향상시키고 강하게 해준다는 것을 알 수 있게 한다.

일곱째, 수학사는 과거와 현재의 연관성을 갖게 한다. 수학사는 과거로부터 미래를 이어주는 다리가 된다. 아버지의 과중한 업무를 덜어드리고 싶어 몇 년 동안 연구 끝에 성공한 파스칼(B. Pascal, 1623–1662)의 발명은 오늘날 기계적 계산기의 시초가 된다. 1993년 신문에 몇백 년 동안 수학자들이 풀지 못했던 문제인 '페르마(Pierre de Fermat, 1601–1665)의 마지막 정리'가 해결되었다는 기사가 보도되었다. 그 증명에 결함이 있건 없건 간에 그 머리기사는 아직 수학은 죽지 않고 살아 있으며 계속 발전되고 있다는 것을 이 세상에 알려준 것이다.

한편, 우정호(1998)는 수학사를 수학교육에 이용하면 일반적으로 다음과 같은 이점이 있다고 하였다.

> 첫째, 알고리즘적인 계산 수학을 반성하여 개념적 사고를 고취하는 데 이용할 수 있다.
> 둘째, 교육과정 구성에서 '자연스러운' 내용 배열의 준거가 뒤며, 학습지도에서 수학적 아이디어의 발달 과정을 따름으로써 자연스럽게 그 이해를 도울 수 있다.
> 셋째, 수학의 역사적 발달 과정에 소급해봄으로써 수학적 사고의 인간적인 모습을 접해 보게 하여, 학습 동기를 유발하고 수학 학습에 생기를 불어넣을 방안을 찾을 수 있다.
> 넷째, 현대 기술 문명의 발달에서 수학의 중심적인 역할과 수학의 문화적인 역할, 특히 인간관과 세계관 형성에 미친 수학의 역할을 이해함으로써 수학에 대한 학생들의 인식을 바꿀 수 있다.

그는 또 교사들의 수학교육에 수학사 활용의 필요성과 그 활용 방법에 대한 인식을 강조하면서 어떤 수학적 지식을 발생시킨 문제나 주요 아이디어의 발생과 발달 과정을 간과함으로써 결과적인 지식이나 계산 기능 위주로 수학을 지도하는 데 그칠 수밖에 없음을 지적하고, 이와 같은 문제를 해결하기 위해서는 교사가 수학자들의 활동이 역사적으로 어떻게 변화·발전되어 왔는지를 알아보아야 한다고 하였다. 그리고 수학사는 인류의 대역적인 학습 과정인 바, 이에 대한 교사의 지식은 학생들의 수학 학습에서 겪는 어려움을 이해하고 그에 대처하는 방안의 실마리를 제공해 줄 수 있다고 하였다.

여러 여건에 비추어 볼 때, 학교수학에서 수학사를 직접 가르칠 수는 없으며 굳이 그렇게 할 필요도 없다. 그러나 적절한 시기에 적당한 방법으로 수학사를 활용한다면 이상에서 알아보았듯이 보다 윤택하고 풍성하며 생동감 있는 수학 수업이 이루어질 수 있으며 이에 따라 학습 효과의 상승도 기대할 수 있을 것이다.

3. 수학교육에 수학사를 활용하는 방법

수학사를 수학 교실로 끌어들인다는 구체적·실천적 의미를 생각할 때, 수학사의 활용에 대한 몇 가지 입장을 정리해볼 수 있다(上垣 涉, 1992, pp. 5–15). 처음 세 가지 입장은 수학을 학습하는 측면으로서 학생에게 직접 제공할 수 있는 수학사적 내용과 관련된다. 학생에게 직접 부과하는 내용이 아니지만 가르치는 측면에서 수학사로부터 배우는 것이 있다. 마지막 두 가지 입장이 이에 해당한다고 할 수 있다.

1) 수학사의 활용에 대한 몇 가지 기본 입장

(1) 수학에 대한 흥미를 고조시키기 위한 입장

따분한 수학 기호에 대해 그 유래 등을 알아봄으로써 어떤 친근감이나 안도감을 가질 수도 있으므로 수학사의 이와 같은 활용방안도 나름대로의 의의가 있다고 본다. 그러나 한편으로는 수학자의 위대한 발견을 너무 치켜세워도 '수학자는 나와는 다르다'고 생각하여, 수학이 배우는 학생의 세계와는 별도의 다른 세계의 것이라고 보는 상당히 위험한 경향을 가질 수도 있다. 탈레스를 포함한 고대 그리스의 자연 철학자들은 미지의 대상에 대해 그저 철부지 어린이 같이 즐거워하면서 탐구에 몰두했을 것이고, 그들의 그와 같은 측면도 수학교실에서 함께 소개함 직하다.

이와 같은 언급은 수학사를 수학교육에 도입하는 하나의 방법이나 관점으로서 수학에 흥미를 갖게 한다는 점을 겨냥한 것이다. 따라서 이러한 입장으로부터 수학사적 인물이나 에피소드에 관한 것, 기호나 용어에 관한 것, 그리고 수학의 형성사 또는 사상사에 관한 것 등을 그 내용으로 도입할 수 있다. 보다 구체적으로는 60진법의 기원, 곱셈 구구의 기원, 소수의 발명, 영(0)의 발견, 가감승제 기호의 유래, 각종 기하학 용어의 유래 등 얼마든지 많이 있다.

(2) 수업 내용을 발전시키기 위한 입장

수학사를 수학 교육에 도입할 때의 또 다른 입장으로 수업 내용을 발전시키기 위한 것을 들 수 있다. 교과서에는 거의 쓰여 있지 않지만 교과서의 내용에 관련된 사항을 활용하여 보다 발전적인 학습 지도를 전개하기 위해서이다.

예컨대, 닮음비 등에 관련된 내용으로 '황금비', 곱셈과 관련된 내용으로 '이집트 곱셈 또는 러시아 농부의 곱셈' 등을 들 수 있다. 황금비는 닮음비와의 관련뿐만 아니라, 피보나치수열이나 도형의 넓이 퍼즐, 건축, 회화 등과의 관련은 물론, 자연계에서도 많은 것과 관련되어 있음을 볼 수 있으므로 더없이 발전적인 제재이다.

이집트 곱셈은 오늘날과 같은 곱셈 알고리즘이 없었던 약 3700년 전의 이집트 사람들이 수행한 기발한 방법으로, 이의 음미와 탐구에 의해 수학적 사고의 발달을 도울 수 있고, 현재의 알고리즘과 비교해봄으로써 우리가 사용하고 있는 방법의 우수성을 인식하게 할 수 있는 좋은 교재이다.

(3) 자유탐구를 위한 입장

반드시 교과서의 내용에만 의존할 것이 아니라 자유롭게 보다 진일보한 학습을 하게 하기 위해서는, 수학사로부터 여러 화제를 활용하는 것도 생각해 볼 수 있다. 이를 위한 제재로서는 예컨대 도형수, 마방진, 단위의 역사, 원주율의 역사 등 얼마든지 들 수 있다. 앞의 (2)의 입장이 수업 중의 일부로 사용될 수 있는 범위를 상정하고 있음에 비해, 이와 같은 입장은 방학 중의 학습 과제로 부과하는 것 또는 과제 학습이나 종합 학습 형태 등에서 취급되는 것을 염두에 둔 것이다. 즉, 동일한 교재라도 그 관점에 따라 취급하는 방법은 여러 가지가 있음을 뜻한다.

(4) 수업에 직접 활용하기 위한 입장

수업은 어떤 교재에 입각하여 행하는 경우가 대부분이다. 이때 학생이 그 교재에 흥미를 가지고 보다 잘 이해할 수 있도록 하기 위해 수학사로부터의 지식과 식견을 활용한다는 관점이다.

예컨대, 규칙성과 함수 영역의 지도에서 피보나치수열을 다룰 수 있다. 이때 수열 그 자체의 패턴 탐구에만 머무를 것이 아니라, 이는 수학자 피보나치가 쓴 책의 내용 중 '토끼 새끼 출산의 문제'로부터 유래했음을 알려주고, 실제로 그 문제를 해결하게 한다면 학생들은 보다 적극적으로 그 해결에 도전할 것이다.

이와 같은 수학사로부터의 지식과 식견을 수업에 적용하기 위해서는 수학사의 적절하고 풍부한 내용을 탐구해야 한다.

(5) 교재 구성을 위한 입장

위 (4)의 입장은 수업의 어떤 한 장면에서 수학사를 활용하는 측면을 강조했으나, 한편으로는 어떤 교재 전체를 구성할 때의 관점으로서 수학사로부터의 식견이 유효한 장면도 있다.

예를 들어, 삼각형이나 사각형 등 여러 가지 도형의 각종 성질을 학습하는 일련의 교재 전체에 대하여, 합동인 평면도형을 평면에 빈틈과 포개짐 없이 깔아나가는 조작에 의해, 대단히 자연스럽게 양질의 발견 학습을 시킬 수 있을 것이다. 테셀레이션(tessellation, 깔개기하)이라는 이 방법은 그리스의 탈레스가 배운 고대 이집트의 수학에 대한 수학사적 연구로부터 나온 산물이다.

2) 수학사의 일반적 활용 방법

고대 오리엔트의 수학 또는 《구장산술》에 비치고 있는 중국 수학의 내용이나 방법은 오늘날 초등학교에서의 수학 내용이나 방법과 유사한 점이 대단히 많이 있다. 그리고 중학교에서 다루고 있는 수학의 대부분은 역시 고대 그리스의 수학 내용이나 방법으로부터 그 관련성을 찾아볼 수 있으며, 고등학교에서의 수학은 중세 유럽 및 근대 수학의 내용이나 방법이 그 주류를 이루고 있음을 알 수 있다.

수학사를 수학 학습 지도의 바람직한 도구로 활용하기 위해서는, 역사적 관점을 바탕으로 되도록 그 역사적 순차성을 중시해야 하고, 시대에 따라 변화되어온 수학 내용에 부합하는 수학 방법도 함께 연구하여 이용해야 하며, 수학사를 도입했을 때 학생이 성취하게 될 유의미한 효과를 먼저 예측해보고, 그 효과를 거두기 위해 교수·학습 상황을 염두에 두면서 수학사 내용의 재구성을 수행해야 한다.

수학교실에서 수학사를 활용하는 구체적 방법에는 여러 가지가 있을 수 있으나, 앞에서 언급한 수학사의 활용 입장과 관련하여, 그리고 Fauvel(1991, p. 5)의 주장을 요약하여 다음과 같은 몇 가지를 간략하게 제시한다.

- 과거 수학자의 일화를 소개한다.
- 새로운 개념에 대한 역사적 소재를 제공한다.
- 학생에게 역사상의 문제를 이해시키고, 지금 학습하는 개념이 그 문제의 답임을 알게 한다.
- 수학사를 직접 가르친다.
- 과제학습의 형태로 수학사 관련 내용을 조사하게 한다.
- 수학적 상호작용을 반영한 극적 활동을 시킨다.
- 역사적 주제의 프로젝트나 포스터 제작을 해보게 한다.
- 기능이나 방법을 제시하는 과거 역사상의 비판적 예를 다룬다.
- 오늘날 학습에서 생기는 어려움을 해결하고 이해하는 데 도움이 되는 오개념, 오류, 대안적 방법을 탐구하게 한다.

한편, Reimer 등(1995)이 초등학교 수업에 실제로 수학사를 활용할 수 있는 다양한 지도방법에 대해 NCTM 연보에 제시한 내용을 다음과 같이 정리할 수 있다.

- 역사적 환경을 만들어준다.
- 수학자에 관한 우표수집 활동을 시킨다.
- 추천도서로 수학자들의 위인전을 선택하여 읽어보게 한다.
- 수학자에 대한 전기나 일화를 읽고 독후감을 쓰게 한다.
- 수학자의 일화나 줄거리를 모아서 극본을 짜고 연극을 하게 한다.
- 미술시간에 수학자의 삶에 대한 한 장면을 선택해 그려보게 한다.
- 특별한 수학자들의 생일잔치를 열어준다.
- 수학자들이 발견한 것이나 수학자들이 발견을 위해 행했던 행동을 직접 경험해보도록 한다.

chapter 2 수의 개념, 숫자 및 기수법의 발달

수메르 점토판
인류가 수를 기록한 최고(最古)의 문서 중 하나로, 왼쪽 위 칸은 3750을 나타낸다.

수(數)는 도대체 어디서 생겨났으며, 언제쯤부터 어떤 필요에 의해 인간이 사용하기 시작했을까? 또 우리의 삶 속으로 찾아와 뿌리를 내리게 되기까지에는 어떤 과정이 있었을까? 조르쥬 이프라는 저서 《신비로운 수의 역사》(김병욱 역)에서 다음과 같이 수의 역사를, 수의 역사가 지니는 의미를 짤막하게 그리고 힘 있게 적고 있다.

> 인간 지성의 환상적 모험이 만들어 낸 1, 2, 3, 4, 5, 6, 7, 8, 9, 0!!! 그러나 우리들 수의 역사는 올곧은 길을 가고 있는 것일까? '숫자'는 그 어떤 수호신이나 프로메테우스, 외계인이 인류에게 선사한 것이 아닌 인간 고유의 발명품이다. 원시시대의 크로마뇽인으로부터 현대에 이르기까지 인류 문명의 성쇠와 더불어 갈팡질팡하면서도 신비롭게 이어져 온 이 역사는 불의 사용이나 증기기관의 발명, 또는 전기의 발명만큼이나 혁명적인 사건이며 인류가 궁극적으로 무엇을 원하는가에 대한 놀라운 성찰이다. 다시 말하자면 '수의 역사'는 인간의 보편적인 지성이 이루어 낸 영원히 무너지지 않는 바벨탑으로서, 인종 차별까지 극복해 낸 위대한 가능성임을 가슴 뿌듯하게 전해 준다.

이 장에서는, 숫자가 만들어지기 이전의 옛날 사람들이 수를 표현한 방법과 그 발달, 그리고 여러 문화권에서 숫자가 생겨난 연유, 표기 방법 및 그 이후부터의 발달 모습 등을 다루고, 수 체계 확장의 역사에 대하여 개괄적으로 알아본다.

I.

숫자(數字)가 만들어지기 전인 원시시대의 셈법

인류가 언제 어디에서부터 수를 사용하기 시작했는지에 대해서는 현재까지 남아 있는 아무런 흔적도 없으므로, 다만 까마득한 선사시대의 일이었을 것으로만 짐작하고 있다. 이에 관하여 연구했던 여러 학자들은 상당히 작은 수에 대하여 직관적 감각에 의해 수를 인지했을 뿐, 셈을 하는 능력은 갖지 못 했던 원시인이 아주 옛날에 존재했다는 데 견해를 모으고 있다. 이와 같은 상황이 무척 오랜 동안 지속된 후, 인류의 지성은 일대일 대응에 의해 셈을 하는 방법과 수를 읽는 방법을 개발했을 것이며, 차츰 대상의 수를 체계적으로 나타내어 셈을 하는 방법으로 발전했을 것이다.

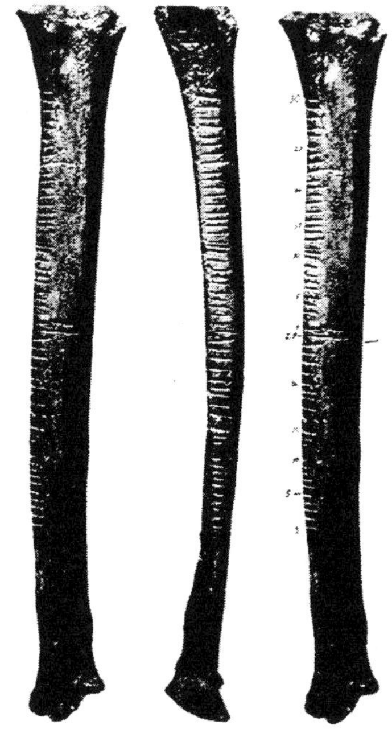

그림 2-1 구석기 시대의 늑대 뼈

숫자의 발명은 문자의 발명과 마찬가지로 먼 옛날부터였다. 체코슬로바키아 베스토니즈 지방에서 57개의 눈금이 새겨진 3만 년 전의 것으로 추정되는 늑대 뼈([그림 2-1])가 1937년에 발견된 고고학상의 사건은 수의 개념이 다른 어떤 문명의 시작보다 앞서 있었다는 사실을 잘 말해 주는 것이다.[1)]

---

1) [그림 2-1]과 같이 구석기시대의 늑대 뼈에 5개씩의 눈금이 묶음으로 새겨져 있는 것(25+2+30)을 보노라면 놀랍게도 그 당시 벌써 5진법을 알고 있었음이 밝혀진다. 이렇듯 사물의 수를 눈금을 새겨 나타내는 일은 오늘날에도 '正'이나 '卌' 등의 표시에서 볼 수 있다. 이러한 표시를 영어로 'tally'라고 하는데, 이는 '자르다'는 뜻의 프랑스어 'tailler'에서 나왔고, 영어의 'tailor'도 이와 같은 단어이다. 이들 단어는 역시 '자르다'는 뜻의 라틴어인 'taliare'에서 그 어원을 찾아볼 수 있다. 또, 영어의 'write'의 어원도 거슬러 올라가 보면, 고대 앵글로-색슨 언어의 'writan'이 되며, 이 역시 '긁다' 또는 '금을 새기다'라는 뜻이 된다. '셈하다'라는 영어의 'calculate'도 어원적으로는 '(계산을 위한) 조약돌(calculi, calculus)'이었음을 떠올린다면 고대인들의 셈 방식이 어떠했는지를 짐작할 수 있다.
한편 한자의 '敎'(교; 가르칠)는 산(算)가지를 뜻하는 爻(효; 괘), 어린이를 가리키는 子(자; 아들) 그리고 회초리를 뜻하는 攴(복; 회초리) 자가 합쳐진 것으로, 이는 인류가 아주 오래 전부터 수의 필요성을 느껴 가르치고 사용했음을 암시하며, 이 일이 중요한 과업이었음을 시사한다.

원시인이 수를 기록한 증거로 채택될 또 하나의 사건은 [그림 2-2]와 같은 이샹고 뼈(Ishango Bone)의 발견이다. 이는 지질학자 하인젤린(Jean de Heinjelin, 1920–1998)이 1960년 콩고지역 이샹고에서 발견한 것인데, 약 25,000여 년 전에 이 지방에 살았던 주민들이 어떤 물건의 개수 또는 달의 움직임의 변화를 기록하기 위해 금을 새긴 것으로 추정하고 있다.[2)]

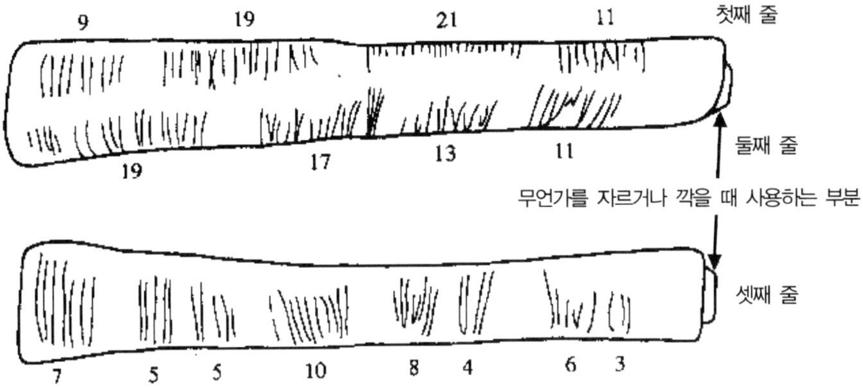

그림 2-2 아프리카 에드워드 호 근처에서 발견된 이샹고 뼈

1. 셈의 암흑시대

학자들은 셈이 불가능한 원시인이 아주 옛날에 존재했다는 주장에 대해 두 가지 정황 증거를 제시하고 있다. 그 하나가 현재와 같은 20세기에도 바깥 문명과는 담을 쌓으면서 원시 문명을 영위하고 있는 몇몇 원주민 사회에서는 '하나', '둘' 그리고 '많다'라는 수 이름만 알고, 이것만 사용하고 있다는 것이다.[3)] 그들은 고찰 대상이 달라지면 비록 그 수가 같다고 하

---

2) 첫째 줄의 눈금 수로 당시 아프리카 중부 지역 사람들이 10진법을 알았으며 이후 이집트로 확산되었다는 주장이 있다. 둘째 줄의 눈금 수에 대해서도 당시 소수(素數) 개념을 알았다는 추측이 있으나 나눗셈이 전제되지 않은 이 주장은 무리이다. 이들 눈금에 대하여 이와 같이 석기시대의 수학적 증거로 보는가 하면, 다르게는 이를 도구로 사용할 때 손에서 잘 미끄러지지 않도록 하기 위해 홈을 팠을 것이라는 주장, 또는 단순히 조각 작품의 하나로 만들었을 것이라는 의견도 있다. 그리고 그 연대에 대해서는 약 9000년 전의 것으로 추정했으나 1995년에 구석기 전기의 것으로 바로잡았다.

3) 유럽-인도어족에서 '셋(three)'이라는 단어는 '많다'는 의미(over, beyond, afar 등)의 단어로부터 유래하였고, 라틴어에서 이는 '뒤(beyond)'라는 의미의 'trains'와 셋을 뜻하는 'tres'로 나타난다. 예컨대 아프리카의 피그미족, 오스트레일리아의 아란다족, 브라질의 보토쿠도족 등의 원주민들은 그들 중 아주 우수한 산술가라 할지라도 '셋'을 '둘-하나'로, 넷을 '둘-둘'로 나타낼 수 있을 뿐, 5 이상의 수에 대해서는 우리의 초등학교 6학년이 몇 조(兆) 또는 몇 경(京)을 머릿속에 그려보는 것 이상으로 어려워한다는 것이다.

더라도 전혀 다른 단어를 그때마다 대응하여 대상의 수를 나타내고 있다고 한다. 이는 바로 구체물과 수를 분리하는 추상화가 전혀 이루어지지 않고 있다는 것을 말해 준다. 이와 같은 수준에서는 '셈'을 한다는 것이 불가능할 수밖에 없다.

학자들은 다른 하나의 증거로서 유아의 경우를 들고 있다. 어린아이의 성장 과정은 인류 지성의 진화 과정을 단축된 형태로 재현하는 것이라는 주장이 있다. 생후 1년 정도까지의 유아는 자기에게 친숙한 어떤 집합체 중에서 무언가가 결여된다면 그것을 알아차리기는 하지만, 숫자는 아직 단순히 '감지되는 것'일 뿐 추상적 개념으로 이해하지 못 한다는 것이다. 그리고 생후 1년 6개월 정도까지 '하나', '둘', '여럿'을 차츰 구분하게 되지만, 숫자와 그에 대응하는 구체물 집합 사이의 관계를 이해하지 못 하며, 따라서 이 수준의 유아는 '셈하기'에 이르지 못 한다고 한다. 생후 3년 정도의 유아마저도 '하나', '둘' 하면서 셈을 시작하지만 '3'을 이해하고 말하는 데 상당한 어려움을 겪는다고 한다.4)

그림 2-3 고대 이집트에서 복수로 사용한 '셋'의 기호(Menninger, 1992, p. 17)

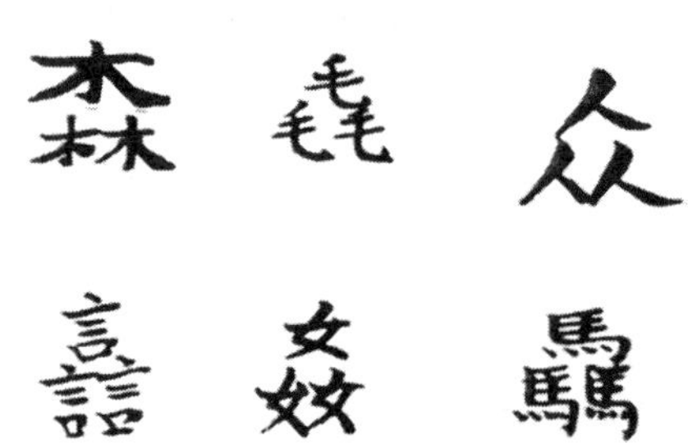

그림 2-4 고대 중국에서 복수로 사용한 '셋' (동일 문자의 3회 기록에 의한 표현)

인류가 문자를 필요로 한 것은 사상(事象)을 기록하기 위해서나 통신(의사소통)을 하기 위해서였다. 예컨대, 기르고 있는 양의 마리 수, 전쟁에 있어서 참전한 사람의 수, 전사자 수, 포로의 수 또는 노획한 물품의 수 등, 그리고 수렵의 경우에는 사냥에 참여한 사람의 수, 사냥 장소까지의 거리 또는 그곳까지 가는데 걸리는 날 수, 사냥한 짐승의 수 등을 기록으로 남길 필요가 있었다. 통신은 부락 사람들에게 집회할 때까지 남은 날 수를 알릴 경우, 오늘부터 얼마 또는 만월(滿月)로부터 얼마 등으로 지시할 필요가 있었다. 또 물물교환 경제를 실

4) 기수와 서수를 나타내는 영어, 불어, 독어에서의 단어를 살펴보면 '하나/첫째'를 각각 'one/first, un/premier, ein/erste'와 같이, 또 '둘/둘째'를 각각 'two/second, deux/second, zwei/ander'로 나타냄으로써 기수와 서수 사이에 관련이 없지만, '셋/셋째'는 각각 'three/third, trois/troisieme, drei/dritter'로, 그리고 그 이후에도 밀접하게 관련되어 있다. 이를 보더라도 둘을 초과하여 세고 그에 알맞은 단어를 부여한 것은 한참 후의 일이라 추정하고 있다. 그리고 영어에서 '반'을 나타내는 'half'는 'two'와 관련이 없지만 '3분의 1'은 'one thirds'이며 이후에도 이런 관계는 계속된다. 이와 같은 비율(분수)개념도 둘을 초과하여 셀 수 있을 때 생긴 것으로 보고 있다(Menninger, 1992, pp. 15-16).

천했던 고대인들의 생활에서는 서로 맞바꾸기를 하기 위한 '평가'가 필수적이었을 것이다. 이렇듯 어느 경우에나 수량(數量)을 수반하는 것이 필요했던 것이다.

고고학 연구자들은 인류문명이 처음에는 매우 천천히, 그런 다음에는 빠른 속도로 추상에 도달했음을 말해주고 있다. 중동 지역에 대한 고고학적 기록에 따르면, 수렵이나 채취에 의존하던 고대 수메르인들이 기원전 8000년경부터 기원전 7500년경 사이에 티그리스-유프라테스 강 유역의 비옥한 땅에 정착하여 농경사회를 이루면서, 최초로 점토를 이용해 [그림 2-5]에서 윗부분과 같은 토큰을 만들고 사용했을 것으로 보고 있다.

고고학자들은 수메르 농부들이 마을 공동창고에 보관하고 있는 곡식의 양이나 가축의 수, 기름 항아리의 수 등을 점토로 만든 구, 원반, 사면체 원통 모양의 토큰을 쌓아두고 대응시켰을 것으로 짐작하지만, 그때까지 그들은 양의 개념으로서 '둘'을 인식하지는 못 했던 것으로 추정하고 있으며, 이와 같은 방법을 무려 4천여 년 동안이나 사용했던 것으로 보고 있다.

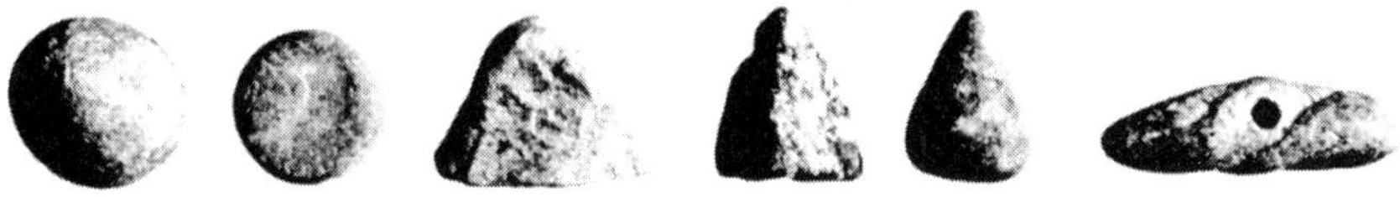

그림 2-5 고대 서아시아의 수메르인들이 사용한 토큰(F. Swetz, 1995, pp. 46-47)

그림 2-6 남부 메소포타미아 지역에서 사용한 토큰(F. Swetz, 1995, pp. 46-47)

점점 작은 마을들이 모여 큰 도시가 형성되고 그들의 사회가 복잡해짐에 따라 기록 수단도 [그림 2-6]과 같이 진보하게 되었다. 이는 소박한 수준의 일대일 대응으로부터 벗어나는 중요한 진일보를 나타내고 있다. 기원전 3500년경에는 강력한 중앙집권체제가 발생하게 되었고, 이 중앙 정부에서는 규모가 큰 공공사업을 계획하고 실천함에 있어서 방대한 양의 재화와 용역을 필요로 했으며, 이들 재화와 용역을 나타내기 위해서는 확장된 토큰 시스템의 개발이 필수적이었을 것이다.

이렇듯 인간 생활이 복잡해짐에 따라 모양, 크기, 색상, 무늬 등의 개념을 도입한 보다 정교한 토큰을 개발하고 사용함으로써, 다양한 대상과 양의 크기를 효율적으로 나타냈던 것으로 짐작하고 있다.

2. 일대일 대응에 의한 셈법

수의 개념과 셈법은 인류 역사가 기록되기 훨씬 이전부터 발전되어 왔지만, 추측에 의해 원시시대의 셈법이 어떻게 발전되어 왔는가를 상상해보는 것은 그다지 어렵지 않다.

그림 2-7 폴리페머스의 셈 방식

먼 옛날 사람들은 사물을 하나하나 확인해 보는 과정(enumeration)을 거쳤을 것이다. 사물을 그 무엇, 즉 인간에게 친숙한 그 무엇과 하나하나 대조해 보는 과정이 있었을 것이다. 하나하나 대조해 본다는 것은 오늘날의 용어로 표현하자면 바로 일대일 대응(一對一對應)이라 할 수 있다. 그 당시의 사람들은 이 일대일 대응의 원리를 이용한 간단한 부신(符信, tally)에 의한 방법을 수학적인 의식 없이 최초의 기록 방법으로 사용했을 것이다. 예컨대, [그림 2-7]과 같이 양(羊)을 셀 때 손가락을 하나씩 접거나, 조약돌 또는 막대를 모은다든지, 흙이나 돌, 짐승 뼈에 자국을 내기도 했을 것이다.5) 또 달을 계산할 때 [그림 2-8]과 같이 30개의 눈금이 새겨진 뼈에 매일 해질녘이 되면 노끈을 차례로 둘렀을 것이다. 그리고 노끈에 매듭을 만들어서 수를 나타내고 간단한 셈을 할 수도 있었을 것이다.

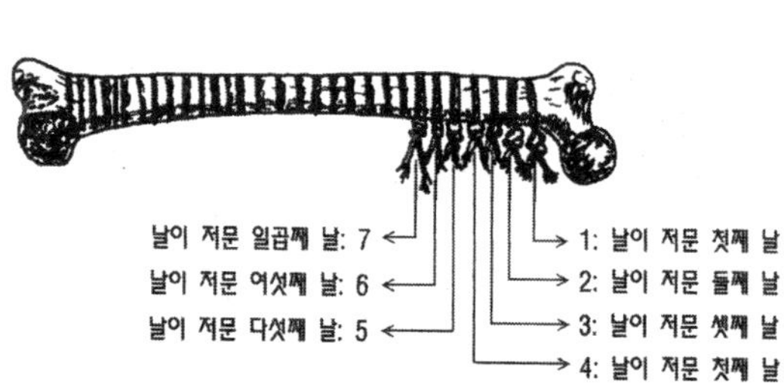

그림 2-8 원시인의 날짜 계산법(김병욱, 1990, p. 43)

여러 문화권에서 초기의 셈법으로 활용했던 이와 같은 일대일 대응

---

5) **호메로스 시대의 전설**: 율리시즈(Ulysses)가 외눈박이 거인 폴리페머스(Polyphemus)를 장님으로 만들고 사이클롭스 땅을 떠났을 때, 그 불행한 노인은 아침마다 자신의 동굴 입구에 앉아서, 양들을 한 마리씩 내보낼 때마다 조약돌을 하나씩 옮겼다. 저녁에 양들이 돌아오면 한 마리씩 동굴에 들여보내면서 조약돌을 하나씩 바구니 밖으로 내놓았다. 이런 방법으로 그는 양들이 저녁에 모두 되돌아 왔는지 여부를 확인할 수 있었다(허민 · 오혜영, 1992, p. 1). 폴리페머스의 이 이야기는 셈의 기본으로서 일대일 대응 관계의 관념에 대해 문헌상에 언급된 최초의 기록 중 하나이며, 1928-29년 바그다드로 원정 간 미국의 동양 조사단이 발굴한 메소포타미아에 관한 유물을 1959년 오펜하임(A.L. Oppenheim)이 분석한 결과이다.

의 방법이 인간의 지성에 의해 수학적으로 의식화된 것은 이로부터 엄청난 세월이 흐른 후인 최근에야 가능했던 일이라 할 수 있다.

폴리페머스의 예보다 더 원시적인 형태의 일대일 대응은 원시인들이 주변에서 손쉽게 구할 수 있는 것과의 일대일 대응이다. 루드만(Rudman)에 따르면, 뉴기니와 오스트레일리아 사이 토러스해협의 여러 섬에 사는 석기시대 수준의 원주민들은 [그림 2-9]와 같이 손가락 외에도 자신의 여러 신체부위를 이용하는 방법을 쓰고 있다(김기응, 2009, pp. 55-56). 원시인들은 신체의 적절한 부분을 짚어나감으로써 작은 수들을 나타내었으며, 그들이 수행한 이 같은 과정에서는 언어가 필요하지 않았다.

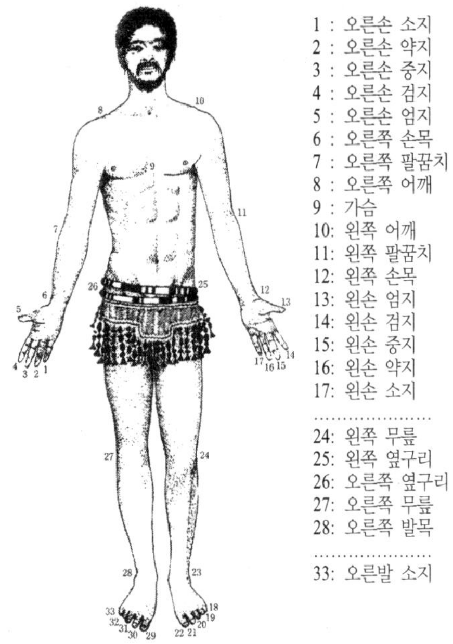

그림 2-9 토러스해협 원주민의 신체 활용 계수법

3. 수(數)를 읽는 방법(numeration)의 기원

부신에 의한 방법으로 간단한 셈을 한 다음에는 작은 집합들의 원소의 개수를 소리 내어 세기 위해 일종의 웅얼거림으로 발전했을 것이다. 소리에 의한 셈의 초기 단계에서는 두 마리 양과 두 사람을 서로 달리 표현했다. 실제로 영어에서 한 쌍의 말, 노새, 소, 꿩과 신발 등을 각각 team, span, brace, pair, couple 등으로 나타내고 있음을 봐도 구체적인 수 세기의 흔적을 찾을 수 있다. 마찬가지로 각각 다른 동물에 대해서는 다른 집합 명사를 사용하고 있다. 예컨대, 소 떼, 양 떼, 물고기 떼, 사자 떼 등을 각각 'a herd of cows', 'a flock of sheep', 'a school of fish', 'a pride of lions' 등으로 나타내고 있음은 구체적인 수 세기의 흔적이라 할 수 있다. 이러한 정황으로부터 구체적 사물을 사상(捨象)하고 공통된 성질의 추상화에 이르기까지 긴 세월이 필요했던 것임을 알 수 있다.

신체의 여러 부분을 나타내는 단어를 포함하는 언어를 사용하게 된 후, 신체의 실제적인 부분을 사용해서 하나하나 확인하기보다는 이러한 단어를 사용해서 하나하나 확인했으리라고 짐작할 수 있다. 즉, 신체의 여러 부분을 만지는 것은 자연 불필요하게 되었고, 대신 그 부분을 나타내는 단어를 차례로 말하기만 하면 되었다.

예로서, 남아메리카의 카마유라(Kamayura) 부족은 '가운뎃손가락'이라는 말을 '셋'에 대한 단어로 사용했듯이, 원시인들이 손가락 이름만으로 수 이름을 대용하기도 했으며, 영국령 뉴기니에서는, "네 사람이 죽으며, 두 손이 끝나고, 발 하나가 끝나며 4이다."로 '99'를 나타내기도 하였다.6)

4. 기수(cardinal number) 관념의 시작

4대 문명의 문헌에 모두 '몇 개인가?'라는 질문이 있는 것을 보면 그 이전에 이미 기수 관념이 사용되고 있었음에 틀림이 없다. 기수 관념이 있음은 필연적으로 '집합'의 관념, 즉 '모임이라는 것에 대한 생각'이 있었다는 것을 말해 준다. 그러나 명백히 옛날 사람들이 기수 개념, 집합 개념을 사용했다는 것은 아니다.7)

일부 예리한 사람들은 짝지은 모임에서 사물의 순서는 중요하지 않다는 것을 깨달았을 것이다. 그리고 이어서 다소 비약적이긴 하지만, 일대일 대응에 의해 발음하게 되는 최후 순서의 수 이름은 그 모임의 마지막 사물에 어떤 이름을 주는 것뿐만 아니라, 그 집합에 얼마나 많은 사물이 있는지를 말해준다는 것을 깨달았을 것이다.

5. 체계적으로 세는 방법(Numeration System)의 발상

수를 알지 못하는 3명의 원시인 앞을 실제로 375 마리의 양떼가 한 마리씩 통과한다고 하자. 이 세 사람은 양의 수를 어떻게 정확히 세어서 나타낼 수 있겠는가 생각해보자.

세어야 할 대상과의 일대일 대응을 위해서는 누구나 항상 휴대하고 있는 신체의 일부를 셈 도구(counter)로 사용하는 것이 가장 효과적이다.8) 그런데 이와 같은 셈 도구를 다 사용했는데도 아직 짝지어야 할 대상이 남아 있다면 그때는 어떻게 해야 할까? 바로 이와 같은 의

---

6) 남아메리카의 Dene-Dinje 인디언족: 끝이 구부러졌다 → 1, 하나 더 구부러졌다 → 2, 가운데 것이 구부러졌다 → 3, 단 하나만 남는다 → 4, 내 손은 죽었다(또는 내 손은 끝났다 → 5, 내 손들은 죽었다 → 10, 단 하나 남은 날들 → 4일 동안.
우리나라: 하나, 둘, 셋, 넷, 다섯('닫혔다'의 의미?), 여섯, 일곱, 여덟, 아홉, 열('열렸다'의 의미?)

7) '기수 관념'이란 현재처럼 수학적으로 잘 정의된 기수 개념이 아니라 많은 사람들이 의식 없이 자연스럽게 마음속에 간직하고 있으면서 사용하는 것을 의미한다. '기수 개념'은 사람들이 의식적으로 추상화한 것을 뜻하며, 칸토어(Georg Cantor)에 의해 개념화된 집합의 경우도 마찬가지이다. 그리고 원시인들이 의식 없이 사용하던 수인 자연수에 대해 그 용어는 로마의 수학자 보이티우스(Boethius; 475-524)가 처음으로 사용한 것으로 알려져 있다.

8) 이와 같은 셈 도구로는 처음에 손가락과 발가락을 사용하다가 점차 조약돌, 말린 씨앗, 뼈나 나무토막에 돌칼로 새긴 금 등으로 넓혀가면서 기수 개념을 갖춘 수 체계를 개발하게 되었다.

문에 대한 해답을 구하기 위해 대상을 체계적으로 헤아리는 방법이 고안되었을 것이며, 그 가능한 방법은 이미 사용한 셈 도구를 다시 되풀이하여 사용하는 대체(代替: 바꿔치기)의 수법에 따라 카운터 사용을 더욱 확장해 나가는 것이라 할 수 있다. 예컨대 모든 손가락을 1로 보는 덧셈 방식을 넘어 오른손 손가락은 1씩, 왼손 손가락은 5씩으로 보는 자리 방식, 또는 세 사람의 손가락을 차례대로 1씩, 10씩, 100씩으로 간주하는 자리 방식 등을 끌어들이게 되면, 양손으로 헤아릴 수 있는 범위의 확장과 산술 계산의 효율화, 그리고 기록을 위한 수 기호의 최소화도 기할 수 있다.

그림 2-10 손가락으로 구사하는 십진법

II.

기본수 발명의 아이디어와 발달의 역사

오늘날 범세계적으로 수를 나타낼 때 힌두-아라비아 숫자로 십진법에 따라 표기하며, 각종 계산도 거의 이와 같은 방식에 따라 하고 있다. 손가락셈이나 5와 10을 기수(基數)로 하여 셈을 한다는 것이 역사적으로는 이진법이나 삼진법보다 늦게 시작되었지만 십진법(더러는 오진법도 포함하여)이 이제는 거의 예외 없이 사용되고 있다.

1. 십진법

십진법 체계에서는 60진법이나 20진법에 비해 요구되는 기본 표상(기호) 및 숫자의 이름이 그다지 많지 않으며, 덧셈표나 곱셈표를 암기하기에도 인간의 기억력에 별 무리가 없다. 한편, 바탕수가 상대적으로 작은 수인 경우 예컨대, 327의 이진법 표기가 101000111로서, 9개의 숫자를 나열해야 함에 비해 십진법에 의한 수의 표기가 훨씬 단순하다. 그렇다면 10과 비슷한 크기의 수들을 바탕수로 하는 경우에도 이와 같은 상대적 장점은 인정할 수밖에 없다. 따라서 여기에는 상당한 논란거리가 있기 마련이다. 그러나 우리 인간이 열 개의 손가락

을 지녔다는 단순한 이유는 어쩔 수 없이 십진법을 최선의 방법으로 선택하게 만들었다.[9)]

2. 오진법

영국과 프랑스의 공동 통치령의 하나였다가 최근에 독립한 남서태평양의 군도인 뉴헤브리데스의 아피(Api)어에서는 1부터 5까지만 독자적인 수 이름이 있다고 한다. 이는 그들의 셈 방식이 다섯씩 묶어서 처리하는 5진법에 바탕을 두고 있음을 보여 준다. 이와 같은 셈 방식은 한 손만으로 수를 세고 나머지 한 손은 지표로 사용하여 수를 연장시키는 방법을 익힌, 아프리카와 오스트레일리아의 여러 민족들과 봄베이 지역의 인디언 상인들에게서 볼 수 있다고 한다.

3. 이십진법

인간의 신체에 기원을 두고 있는 또 다른 셈 방식 중에는 20진법이 있다. 오세네갈과 기니의 말링케족, 중앙아프리카의 방다족, 나이지리아의 예부족과 요루바족, 그린란드의 에스키모족, 사할린 섬의 아이누크족, 그리고 중앙아메리카의 마야족과 아즈텍족 등은 세어야 할 대상을 20씩 묶는 방식을 택했다고 한다. 예컨대, 아즈텍족은 오른손 엄지손가락(1), …, 왼손 새끼손가락(6), …, 오른발 새끼발가락(11), …, 왼발 엄지발가락(16), …, 왼발 새끼발가락(20)과 같이 헤아렸다고 한다. 따라서 이들은 '52'를 나타낼 때, '세 번째 사람의 첫 번째 발의 두 번째'와 같이 표현하였다.

방다족은 '20'을 '사람 하나를 갖는다'와 같이, 말링케족은 '완전한 한 사람'으로 표현했으며, 또 그들은 40을 '잠자리 하나'로 나타냈다고 한다. 역사적으로 20진법에 대한 확산은 미약했지만, 여러 민족의 언어에 그 흔적은 남아 있다.[10)]

9) 원시 아메리카인들은 모두 300여 종류의 기수법을 사용했는데 그 중 10진법이 절반을 차지하고 5진법과 20진법이 1/3에 해당한다는 조사 결과가 있다.

10) 영어에서 one score, two scores, three scores, …는 각각 20, 40, 60, …을 나타내고 있으며, 불어에서는 2(deux, duo)나 10(dix)와 전혀 다른 형태인 20(vingt)가 있어서, 60을 'trois-vingts(3×20)' 140을 'sept-vingts(7×20)'으로 곧잘 사용하였고, 우리말에도 '두름'은 청어나 조기 20마리, '쾌'는 북어 20마리를 나타내는 말이 있다. 또 링컨은 그 유명한 게티즈버그 연설에서 'Four score and seven years ago, our fathers brought forth on this continent a new nation …'과 같이 어색함에도 불구하고 굳이 'score'를 사용하였다.

4. 십이진법

1다스의 연필, 연필 몇 다스(some dozens of pencils), 1년은 12개월, 10간(干) 12지(支), 1피트(feet)는 12인치(inch) 등과 같이 12를 기준으로 하는 단위는 지금도 여러 나라에서 많이 사용하고 있다. 이는 12진법에 바탕을 둔 단위 체계이다. 역사적으로 12 진법이 널리 쓰이게 된 데에는 그만한 이유가 있었던 것이다. 우선 12는 약수로 1, 2, 3, 4, 6, 12 와 같이 6개를 갖는다. 약수의 개수가 많다는 것은 수를 이론적으로 고찰할 때, 특히 분수를 다룰 때 유리한 점이 많다. 우리가 자주 사용하는 간단한 분수 $\frac{1}{2}, \frac{1}{3}, \frac{1}{4}, \frac{1}{6}$ 에서 분모의 최소공배수는 12가 되므로 계산이 쉬워진다. 앞에서도 언급했지만 1년은 이 체계의 바탕수만큼의 달을 포함하며, 하루 24시간도 이 바탕수의 2배에 해당한다. 1시간인 60분도 이 바탕수의 5배에 해당하고 1분에 대해서도 마찬가지이다. 원주 한 바퀴에 해당하는 360°도 역시 이 바탕수의 30배로 되어 있어 각도와 관련된 문제의 해결에서도 단순한 처리가 가능하다. 10진법에서 암기해야 하는 수의 이름이나 수 기호보다 기본수의 경우 기껏해야 2개 더 많기 때문에 인간이 암기하기에도 별 다른 부담이 없다.

여러 문화권에서 12진법이 폭넓게 사용되었던 것은 그 기원이 역시 신체에서 연유되었을 가능성이 크다. 즉 5진법이나 10진법이 그랬듯이 인간의 신체 구조에서 이의 발상을 찾아볼 수 있을 것이다. 오른손의 엄지손가락으로 새끼손가락의 끝마디부터 차례로 짚어나가면서 각각 1, 2, 3을 대응시킨다면 엄지손가락을 제외하고도 12까지의 수를 헤아릴 수 있다. 여기서 바탕 수 12를 생각할 수 있다.[11] 따라서 이와 같이 용이한 셈법의 아이디어는 서로 다른 문화권에서도 자연발생적으로 생겨날 수 있으며, 그 발생의 원천은 인간의 신체일 수밖에 없다.

오늘날에도 이란, 이라크, 시리아, 이집트, 인도, 파키스탄, 그리고 아프가니스탄 등의 지역에서는 이 체계를 통용하고 있다고 한다.

5. 육십진법

오늘날 시간의 단위로 사용하고 있는 시, 분, 초 사이의 관계나 각도의 단위로서 도, 분, 초 사이에 60배의 개념이 들어 있다. 이는 60진법의 흔적이 남아 있는 것이라 할 수 있다.

---

11) 나의 생각으로는, 실제로 우리의 10개의 손가락으로도 12×12＝144개까지는 쉽게 헤아릴 수 있을 뿐 아니라, 156까지도 헤아릴 수 있다고 본다. 우선 오른손만 사용한다고 하더라도 12까지의 수를 헤아릴 수 있다. 한 차례의 이 일이 끝날 때 왼손의 엄지손가락으로 왼손의 새끼손가락의 끝마디를 짚는 형식을 반복한다면 12회까지 가능하며, 좀 더 욕심을 낸다면 오른손의 조작을 한 차례 더 수행할 수 있으므로, 144＋12＝156까지도 거뜬히 헤아릴 수 있기 때문이다.

실제로 60을 바탕수로 하는 수 체계에서는, 서로 다른 60개의 수 이름이나 수 기호를 암기해야 하는데, 이러한 일은 인간의 기억 능력상 너무 벅찬 일이다. 그럼에도 불구하고 고대의 몇몇 민족이 60진법의 체계를 사용했던 것이다. 이를 최초로 사용했던 민족은 수메르인들이었다. 그 후 이는 바빌로니아로 계승되어 보다 정교화되었으며, 다시 아라비아와 그리스 천문학자들의 손을 거쳐 우리에게까지 이어져 온 것이다.

그렇다면 수메르인들은 하필 이와 같이 복잡한 수 체계를 왜 사용하게 되었을까? 여기에는 기하학적 가설, 도량형적 가설, 천문학적 가설 등의 여러 가지 주장이 있으나, 기하학과 천문학이 60진법을 오늘날까지 전승되도록 하는 데 기여한 바는 클지 몰라도, 최초의 60진법을 생겨나게 하지는 못 했을 것이라는 반박이 더욱 설득력 있는 주장이다. 왜냐하면, 기하학, 도량형 또는 천문학 등에 수반되는 양을 표현하기 위해서는 먼저 기수 체계가 존재하고 있어야 하기 때문이다.

이에 대해 조르쥬 이프라는 바탕수가 다른 수 체계를 사용하는 두 문화가 결합되면서 60진법이 생겼을 것이라는, 다음과 같은 주장을 설득력 있게 펼치고 있다.

> 첫째, 12진법 사용 문화와 10진법 사용 문화의 결합일 가능성이다. 12씩 그리고 10씩 헤아리는 셈법을 동시에 사용하는 사회에서, 계산상 가장 편리한 60을 단위로 한 하나의 주기를 형성하기 위해 그 최소공배수가 갖는 여러 이점에 따라 결합했을 것이다. 그리고 60 1부터 6까지의 모든 수를 약수로 갖는 최소의 정수이기도 하다. 그들은 60진법을 사용할 때 수반되는 기억 부담을 줄이기 위해 10의 기초를 끌어들이는 기지를 보이기도 했다. 다음으로, 12진법과 5진법의 자연적인 결합일 것이다. 수메르어에서 5진법에 대한 흔적을 찾을 수 있다는 것은 이 가설을 더욱 뒷받침하고 있다. 그들이 60이라는 바탕수를 생각하게 된 기원은 태고 때부터 사용했을 손가락 셈 체계와 연관이 클 것이다. 실제로 이 손가락에 의한 셈 방식 덕분에 60이란 수는 원리적 기초로, 그리고 12와 5라는 수는 보조적 기초로 나타나게 되었을 것이다. 앞에서 언급했던 12진법에서와 마찬가지로 오른손으로 12까지 수를 헤아리고, 이때 왼손의 새끼손가락을 접는다. 다시 오른손 조작을 반복하면서 그 때마다 왼손 손가락을 차례로 접어 간다. 왼손의 다섯 손가락이 모두 접어짐과 동시에 60을 헤아리는 셈이 된다. 여기서 60이라는 바탕수가 생겨나게 되는 것이다(김병욱, pp. 79-81).

그러나 이에 대하여 루드만은 그 당시로서 두 문화의 외교적 결합 가능성은 거의 희박하고, 기원전 3500년경까지 수메르 민족이 사용했던 점토 카운터의 분석에 더 무게를 두고 있다(김기응, pp. 101-105).

지금까지 고대로부터의 여러 가지 기본수의 기원에 대하여 고찰해 보았다. 거의 공통적 발상은 인간의 신체, 특히 손가락에서 기인하고 있음을 알 수 있다. 이는 인류가 개발한 최초의 셈 도구가 손가락이었음을 잘 말해 주고 있다. 손가락으로 헤아릴 수 있는 한계를 극복하기 위해 대체(代替: 바꿔치기) 아이디어를 개발했으며, 산수의 효율성을 위해 기수(基數)개념과 자리 원리를 고안함으로써 효율적인 수 체계의 완성에 이르렀다. 인류의 지적 노력의 결과로 이와 같은 손가락 셈 방식을 극복했다 할지라도, 이것이 문화 발달의 길목마다에서 수행했던 역할은 참으로 지대했다고 할 수 있다. 만약 인간의 손가락이 처음부터 12개였더라면 인류는 어김없이 12진법을 사용해 왔을 것이며, 인류 문명의 발전도 지금과는 크게 달라 있을 것이다.

III. 숫자와 기수법의 발달

아이들에게 손가락으로 간단히 셈을 하는 방법을 가르치고 있지만 이런 방법은 좀 큰 수나 그것으로 셈을 할 경우 한계에 부닥친다. 손가락으로 나타낸 수는 필요한 그 다음 계산을 위해 이내 사라지고 만다. 이는 쓰기가 갖는 시각적 속성은 지녔지만 소리와 마찬가지로 영속성이 결여되어 있다. 따라서 손가락 모양으로 수를 나타내는 것은 수 낱말인 수사(數詞)와 수 기호인 숫자(數字)의 중간에 위치하는 것으로 볼 수 있다.

그림 2-11 스위스 농부가 채무 관계를 금을 새겨 기록한 막대, 뒷면에는 채무자 정보가 있음.

이에 비하여 짐승 뼈나 나무에 금을 새겨 수를 나타낸 방법, 새끼줄에 매듭을 만들어 수를 나타낸 방법[12] 등은 상당 부분 영속성을 보장받는다. 그래서 여러 문화권에서 보편화된 숫자가 통용되기 이전에 수 막대나 셈 막대가 많이 사용되었던 것이다. 이것들은 누군가에 의해 고안되어 제한된 영역에서 사용할 수 있었던 원시 숫자로서 일종의 민속기호였다. 이와 같은 손가락 수 표기나 막대 수 표기 방식에서 그 모양의 일부는 수 기호로 정착되기도 했으며, 비록 숫자로의 진화에 미치지는 못했지만 잉카 제국의 매듭 수 방식은 위치적 기수 체계의 원리를 담고 있다.

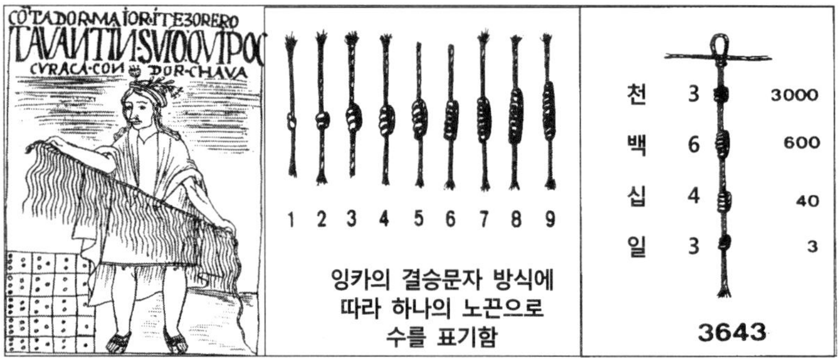

그림 2-12 잉카의 결승문자에 의한 수의 구체적인 표기(김병욱, 1990, pp. 112-113)

오늘날 사용하는 이 편리한 수의 취급 방법의 터득은 긴 역사에 비하면 불과 얼마 전의 일이다. 각 문화권에서 어떤 아이디어를 바탕으로 어떤 방식에 따라 수를 기록하고, 또 어떤 방향으로 발전을 거듭해 왔는지에 대하여 대략 알아본다.

1. 이집트 기수법

어떤 수 b가 밑수로 취해지고, $1, b, b^2, b^3, \cdots$ 등의 기호가 택해져서, 어떤 수든지 요구된 수만큼 이 기호들을 반복적으로 되풀이하면서, ‘가법적(加法的)으로’ 수를 나타내는 방법이 일찍이 개발되었는데 이를 ‘단순 그루핑(grouping)’법이라 한다. 그 좋은 본보기는 기원전 3400년경보다 훨씬 이전에 사용되었던 이집트의 상형문자(象形文字)에 의한 기수체계일 것이다. 다음 [그림 2-13]은 10진법에 기초를 두고 있는 이집트의 수 체계에 따른 숫자이다.

12) 노자(老子)의 《도덕경(道德經)》에 “다시 사람들이 줄에 매듭을 만들게 하라. 이것이 문자 역할을 할 것이다.” 한편, 페르시아의 다리우스 왕은 그리스 정벌에 나설 때 60개의 매듭이 맺어진 끈을 주면서 “하루 하나씩 풀어 다 풀 때까지 돌아오지 않으면 더 이상 기다리지 말라.”고 하였다.

1	10	100	1,000	10,000	100,000	1,000,000	10,000,000
				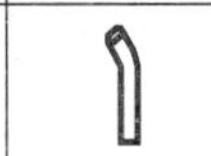	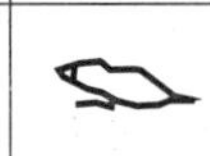	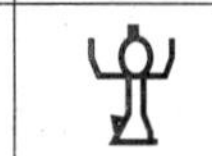	
수직막대	발뒤꿈치 멍에	새끼줄	연꽃	손가락	올챙이 모캐류	놀란 사람 무한의 신	태양신

그림 2-13 이집트의 상형문자에 의한 숫자

이와 같은 상형문자로 된 숫자를 사용하여 어떤 큰 수를 나타낸다는 것은 대단히 복잡하다. 예컨대, 1,254,268과 같이 오늘날 간단히 나타낼 수 있는 수라 할지라도 이를 그들의 방식에 따라 나타내보면 다음 [그림 2-14]와 같게 된다.

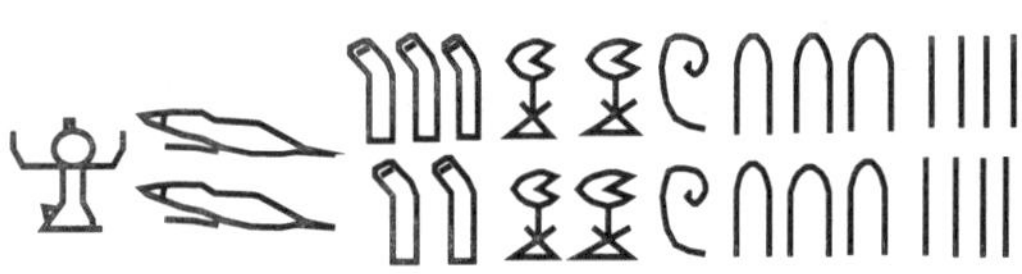

그림 2-14 상형문자에 의한 1,254,268의 표기

그림 2-15 1898년에 발견된 나르메르 왕의 유품

위 [그림 2-15]는 고대 이집트 나르메르(Narmer) 왕의 유물 중에 포함된 것인데, 승전 기념으로 그가 노획한 전리품을 소가 400,000마리, 염소가 1,422,000마리, 포로가 120,000명이라고 초기의 상형문자의 숫자로 나타낸 것이다.

경제생활의 발전으로 문자를 보다 빨리 써야 될 필요성이 생겨서, 그림이 기호로 바뀐

[그림 2-16]과 같은 신관문자(神官文字)가 생기게 되었다. 이로써 1에서 9까지 아홉 개의 수는 상형문자에서 완전히 벗어나 독자적인 수 기호로 바뀌었으며 계산도 다소 빨라지게 되었다. 예컨대 수 1,852는 와 같이 나타낼 수도 있다.

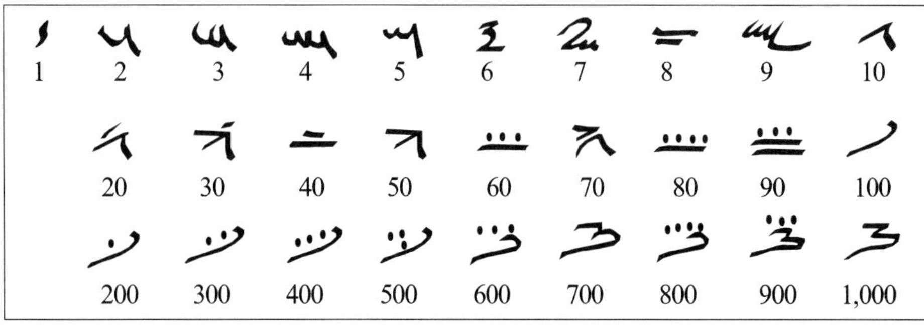

그림 2-16 신관문자(Hieratic)에 따른 수 표상

한편, 그들은 분수를 사용할 때 분자가 1인 단위분수(이를 '이집트 분수'라 함, 4장에서 상세히 다룸)만 사용했는데, 주로 분모에 해당하는 수 기호 위에 (ro라 발음)를 붙여 단위분수를 나타내었다. 예컨대, $\frac{1}{13}$은 와 같이 나타내었으나 특이하게도 $\frac{1}{2}$은 또는 으로, $\frac{1}{4}$은 과 같은 기호로 나타내었다.

그리고 단위분수가 아닌 경우, 예를 들어 $\frac{2}{5}$, $\frac{2}{29}$와 같은 분수 각각을

$$\frac{2}{5}=\frac{1}{3}+\frac{1}{15}, \quad \frac{2}{29}=\frac{1}{24}+\frac{1}{58}+\frac{1}{174}+\frac{1}{232}$$

과 같이 단위분수의 합으로 나타내었다. 단위분수의 합으로 나타내지 않은 유일한 예외로는 $\frac{2}{3}$를 와 같이 나타낸 것뿐이다.[13)]

2. 바빌로니아 기수법

현재 이라크의 일부로서 메소포타미아로 알려진 티그리스 강과 유프라테스 강 유역에 살았던 사람들을 총칭하여 바빌로니아인이라 한다. 이 지역은 자원이 빈약하여 심지어 돌멩이

13) 이집트인은 $\frac{2}{3}=\frac{1}{2}+\frac{1}{6}$을 알면서도 예외로 이를 달리 나타낸 것은 불가사의하다.

조차 보기 드물었다. 그나마 풍부한 것은 냇물 속에 가라앉은 점토뿐이었다. 이는 건축 재료로 쓰이는 등 생활필수품이었고 글을 새기는 기록 판으로도 중요한 구실을 하였다.

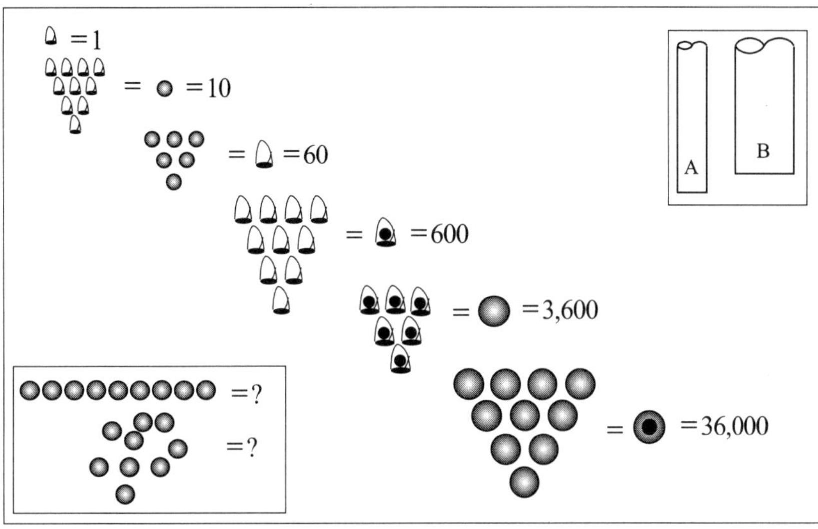

그림 2-17 기원전 3500년경 수메르의 카운터(Rudman, 2006)

부드러운 점토 판(clay tablet)에 뭔가를 기록한 후에는 그것을 태양열 또는 가마솥을 이용하여 구웠다. 이 점토판으로 만든 문서는 이집트의 파피루스보다 시간의 경과에 의한 파손이 적었다. 오늘날 이집트 수학보다 바빌로니아 수학에 관한 문헌이 훨씬 많이 발견되고 있는 것도 바로 이 때문이다.

바빌로니아의 조상에 해당하는 수메르의 발굴지에서 기원전 3500년경에 사용했던 점토 셈 도구(clay counters)가 나왔는데, [그림 2-17]에서 보는 바와 같이 10묶음과 6묶음 대체가 번갈아 사용되었음이 밝혀졌다.[14] 아래 그림에서 600은 10과 60을 나타내는 각각의 기호를 합친 모양이고, 36,000도 10과 3600 각각의 기호의 합성임을 알 수 있다. 이 점토 셈 도구는 이를 본뜬 수 기호로, 뒤이어

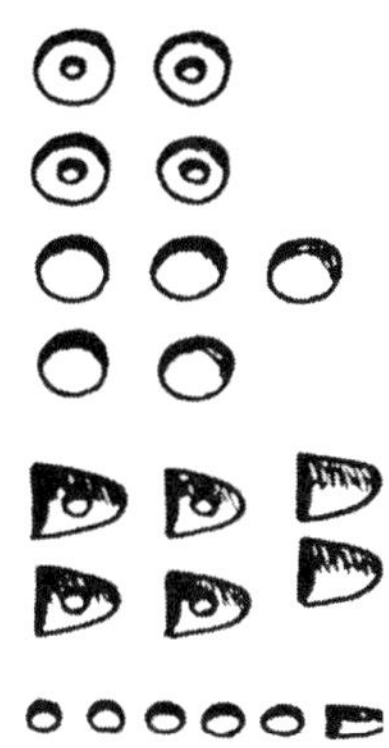

그림 2-18 기원전 2650년경 수메르인이 나타낸 164,571

14) 다양한 모양의 점토 카운터는 대체 방식의 사용 증거이며, 또 기원전 3,000년 무렵 카운터 모양을 본뜬 문자의 사용 맥락 분석을 통해 각 카운터에 해당하는 수를 알아냈다. 그림에서 우측 상단은 점토판에 여러 가지 숫자를 새길 수 있는 서로 다른 굵기의 원기둥 2종류를 나타낸다. 원기둥 A, B를 비스듬히 눕혀서 각각 1, 60의 기호를, 똑바로 세워서 각각 10, 3600의 기호를, 그리고 60과 3600 기호 각각에 원기둥 A를 세워서 600과 36,000을 찍을 수 있다. 좌측 하단은 대상의 배열 방법에 따라 그 개수의 직관적 파악 여부를 비교하기 위한 것이다.

수메르의 설형문자로 발달되어갔다. 이러한 고고학적 증거는 문자 발명 이전의 조약돌 셈법 시대에 이미 수체계의 기반이 자리 잡았음을 말해주고 있다.

점토판은 대개 기원전 2000년경에 만들어진 것과 기원전 600년에서 기원후 300년 사이에 만들어진 두 종류가 있다. 수학에 관한 것은 주로 초기에 만들어진 점토판에 있다. 수학적 내용을 담은 점토판은 현재까지 300여 개 발견되었으며, 주로 런던의 대영박물관을 비롯하여 루브르 박물관, 베를린 국립박물관, 슈트라스부르크 국립박물관, 예일대학 박물관과 이라크 박물관 등에 소장되어 있다.

아카디아인들은 갈대로 만든 삼각형의 단면을 가진 첨필(尖筆)을 점토판에 눌러 쐐기 모양(wedge-shaped 또는 cuneus)의 자국으로 숫자를 나타냈는데, 오늘날 이 문자를 설형문자(楔形文字: cuneiform character)라고 하는 것은 바로 여기서 비롯되었다. 이 중에는 기원전 4000년경의 것도 많이 있다. 아카디아인들은 이 설형문자를 이용해서 온전수(whole number)를 나타내었다.[15] 오늘날 우리가 시간·시각이나 각도를 나타낼 때 쓰고 있는 60진법의 기원은 고대 바빌로니아 기수법에 그 원천을 두고 있다.

메소포타미아에서는 수를 나타내는 데 있어서 두 개의 쐐기문자, 즉 1을 나타내는  과 10을 나타내는  를 결합시켜서 사용하였다. 초기 수메르인들은 100을  으로 표현했고, 100 보다 작은 수를 표현할 때는 각 쐐기가 나타내는 값을 더했다. 단, 큰 수의 기호를 작은 수의 기호보다 왼쪽에 썼다. 예로서,

23 =  30 = 

와 같이 나타냈으며, 100 의 배수는 왼쪽에 작은 수를 써서 곱셈으로 나타냈다. 즉,

$10 \times 100 = 1000$ 을, 

와 같이 표현했다. 그리고 이것을 하나의 단위로 취했다. 따라서  는 20×100이 아니고 10×1000이다. 그렇지만 이 기수법은 $1000 \times 1000 = 100$만보다 큰 수는 나타낼 수 없었다. 59 이하의 수는 이집트와 마찬가지로 단순 그루핑법에 따라 [그림 2-19]처럼 두 가지 기호를 각각 필요한 만큼 반복해서 나열하고 더하는 방식으로 표기하였다.

여기서 59를 넘어서면 표기법은 위치와 관련 맺게 된다. 예를 들어, 69는  와 같이 표기하였다. 즉, 60에서부터 다시 1의 기호인 이 쓰였다. 이때의 은 한 자리 올라간 것으로 60을 나타낸다. 그러나 와 같이 나타내져 있을 때는 이것이 1을 나타내는지 아니면

15) 나누어진 양이 아닌 온전한 양을 나타낸다는 의미에서 whole number라고 한다. 즉 이산량(離散量)을 나타내는 수단으로서의 자연수로 받아들이면 된다.

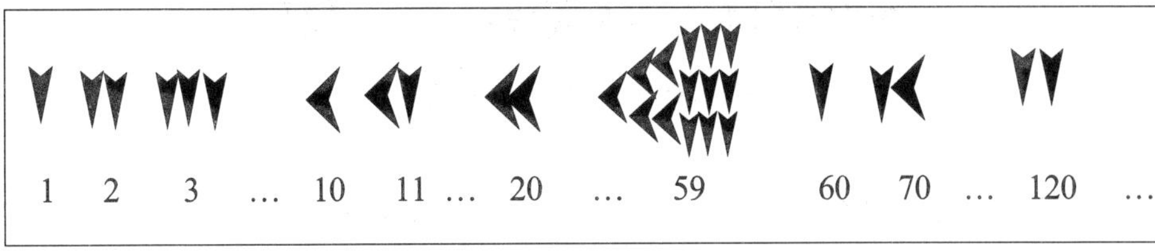

그림 2-19 바빌로니아의 수 표기 방식

60을 나타내는지 분명하지 않다. 바빌로니아인들은 으로 60을 나타내고자 했지만, 일의 자리에 해당하는 수, 즉 비어 있는 수를 나타내는 기호를 처음에는 가지고 있지 않았기 때문에 이러한 혼동이 일어나곤 했다. 이 문제는 매우 오랫동안 해결되지 않았다.

한 예로서, 이 613(= 10 × 60 + 13)을 나타내는지 23을 나타내는지, 아니면 36603(= 10 × 60^2 + 10 × 60 + 3)을 나타내는지 불분명했다. 이러한 문제점을 극복하고자 처음에는 중간 띄우기(spacing)가 사용되었다. 예컨대, 2와 61을 구별하기 위하여 2는 와 같이, 그리고 61은 와 같이 나타내었다. 그러나 여기에도 문제점은 있었다. 예컨대, 은 60 + 25 = 85인지 아니면 3600 + 25 = 3625인지 분명하지 않았다. 따라서 이것이 3625를 나타내게 하기 위해서는 60의 자리를 '무엇'인가로 표시해야 한다는 의식을 갖게 되었다.

이와 같은 애매모호한 현상은 기원전 3세기에 와서야 일단 사라지게 되었다. 즉, 비어 있는 자리를 나타내는 영(零, zero)의 기호가 도입되었다. 그래서 는 1·3600 + 0·60 + 4 = 3604를 나타내는 것으로 받아들여졌다. 그러나 이때에도 오늘날의 20에서처럼 오른쪽에 있는 0을 나타내는 그런 기호는 사용되지 않았다. 즉, 0을 하나의 수로서 인지하지는 못했던 것 같다. 따라서 가 1을 나타내는지 아니면 60을 나타내는지는 그때그때 상황에 따를 수밖에 없었다.

바빌로니아인들이 60진법을 사용했다는 증거는 몇 가지가 있다. 진흙 판 위의 쐐기문자의 해독은 영국의 고대사 연구가 힝크스(Hinks)가 초승달부터 보름달까지 매일 월면(月面)에 비치는 부분의 크기를 기록한 것을 해독함으로써 밝혀졌다.

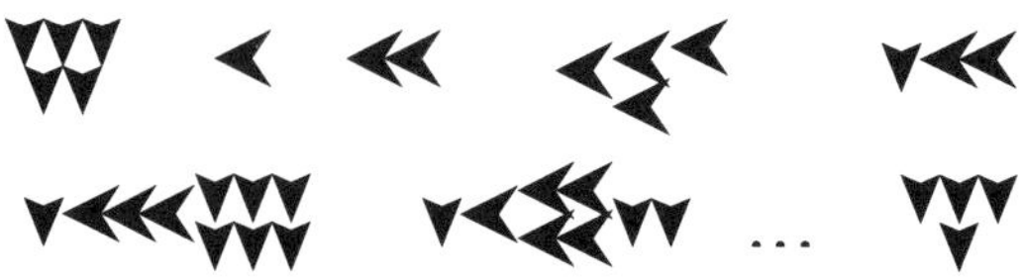

그림 2-20 60진법을 사용한 증거

위 [그림 2-20]의 윗줄에 있는 숫자는 '5 10 20 40 1;20'을 나타내고, 다음 줄은 '1,30,6 1,50,2...?'을 나타내고 있다. 윗줄의 맨 오른쪽 수와 아랫줄의 수들 각각에서, 왼쪽 끝의 1 은 잠시 보류하고 20 36 52로 읽으면 이는 공차 16인 등차수열이 된다. 한편 5 10 20 40은 공비 2인 등비수열이므로 그 다음 수는 80이면 된다. 즉, 1;20 = 80이므로 왼쪽 끝의 1을 60으로 보면 5 10 20 40 80은 공비 2인 등비수열이고 80 96 112는 공차 16인 등차수열이다. 그러므로 마지막 숫자는 $4 \times 60 = 240$이라고 할 수 있다. 이 사실을 다른 진흙 판과 비교하여 확인할 수 있었다. 따라서 바빌로니아인들은 등차수열과 등비수열의 개념을 알고 있었으며 60진법을 사용했던 것이다.

그들이 60진법의 기수법을 사용했음이 더욱 명확해진 증거는 오른쪽 [그림 2-21]이다. 이는 9의 배수에 대한 표인데, 9×1부터 9×6까지는 쉽게 판독되지만 9×7, 9×8, 9×9, … 등에 대해서는 1,3 1,12, 1,21, … 등과 같이 표기되어 있어 이는 60진법을 가정하지 않고는 판독되지 않는다.

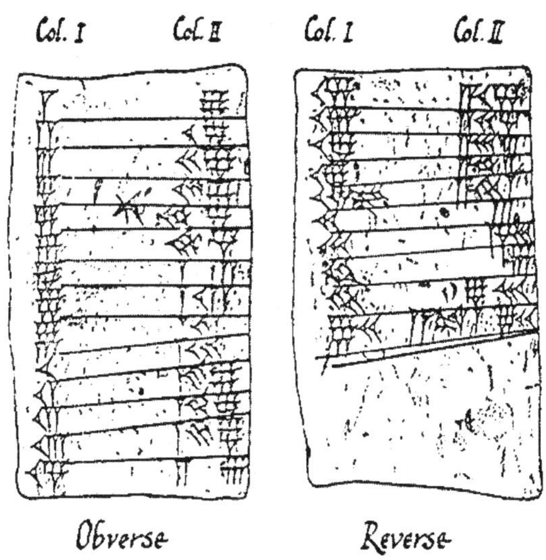

그림 2-21 고대 바빌로니아의 9의 배수 점토판

이로써 바빌로니아인들은 60진 위치적 기수법을 사용했음을 알 수 있으며, 이 점에 관한 한 인도인들보다 2000년이나 앞섰다.

한편, 0의 발명으로 바빌로니아인들은 분수도 나타낼 수 있었다. 예를 들어,

$$= 0^\circ\ 15'\ 20''\left(= 0 + \frac{15}{60} + \frac{20}{3600} = \frac{23}{90}\right)$$

와 같이 나타낼 수 있다. 바빌로니아인들은 1년을 360일로 생각했고 원주를 360도로 나누고,

이는 지구 주위를 태양이 1회전해서 생기는 것으로 상상했다. 또한, 1도를 60등분하여 1분으로 정했고 1일을 24시간으로 나눈 것도 바빌로니아인들의 업적이다. 바빌로니아인들은 기하보다는 대수적 경향을 띤 수학을 했으며 수치 계산이나 대수적 기술면에서 르네상스 초기의 수학과 비슷한 수준을 적지 않게 지녔다.

이상에서 알아본 바와 같이, 기원전 3000 ~ 2000년의 바빌로니아인들은 위치 원리를 이용한 60진법을 개발하여 사용했으나 숫자(數字) 체계는 실제로 혼합 형태였으며, 특히 60을 넘는 수에 대해서는 위치 원리에 따랐고 기본적인 60군(群) 안의 수는 10을 밑으로 하는 단순 그루핑(grouping)법에 의해 기록하였다. 따라서 메소포타미아 기수법은 60진법이기는 했지만 위치적 기수법이라는 점에서는 오늘날과 똑같았다.16)

3. 그리스 기수법

고대 그리스의 수 기호는 크레타 섬의 유적에서 볼 수 있으며 이집트의 수 기호 방식과 같았다. 이는 그리스 문화의 개화기보다 5 ~ 6 세기 전의 것으로 기원전 14~7세기의 것이다. 그리스 본토에서는 그 후, '아티카(Attic) 방식'이 생겨났으며, 탈레스(Thales)로부터 400년 동안에 걸쳐 쓰였다. 이는 수 이름의 머리 문자로부터 수 기호가 만들어졌으며 밑수가 10인 단순 그루핑법에 따라 5진법과 10진법을 혼용한 가법적 기수법으로 구성되어 있다. 실제로 1 = I, 5 = Γ(penta, Π의 옛 형태로 그리스어의 'pente(5)'의 머리 문자), 10 = Δ(delta, 그리스어의 'deka(10)'의 머리 문자), 이 밖에 100 = H(hecta), 1000 = X(kilo), 10,000 = M(myriad)이 있다.

이들은 오늘날의 술어에도 살아있어서 pentagon(오각형), decameter(10m), hectometer (100m), myriad(萬)과 같으며 50, 500, 5000은 기본이 되는 수 기호의 조합으로, 그 외의 수는 그들을 거듭하여 사용함으로써 나타내었다. 예컨대, 500 을 𐅅 과 같이 나타내었으며 2,857 은 XX𐅅HHH𐅄ΓIII와 같이 나타내었다.17)

---

16) 바빌로니아 기수법은 완벽하지는 않지만 '제로'의 발명에 따라 자릿값과 자리잡기의 원리를 도입한 최초의 위치적 기수법이었다는 점에서 수의 발달에 끼친 영향은 실로 지대했다고 할 수 있다.

17) 그리스·로마 기수법은, 이집트 기수법에서 2857을 나타내기 위한 22개의 기호를 10개로 줄이기는 했지만 상당히 복잡하며 일관성이 결여되어 있고, 지필 계산 가능성이 대단히 희박하다는 결점을 지닌 것으로 평가된다.

1	α	alpha	10	ι	iota	100	ρ	rho
2	β	beta	20	κ	kappa	200	σ	sigma
3	γ	gamma	30	λ	lambda	300	τ	tau
4	δ	delta	40	μ	mu	400	υ	upsilon
5	ε	epsilon	50	ν	nu	500	φ	phi
6	없어짐	digamma	60	ξ	xi	600	χ	chi
7	ζ	zeta	70	ο	omicron	700	ψ	psi
8	η	eta	80	π	pi	800	ω	omega
9	θ	theta	90	없어짐	koppa	900	없어짐	sampi

그림 2-22 그리스 이오니아 기수법

기원전 500년경 밀레투스에서 '이오니아 기수법'이 생겨났는데, 이는 밑수 b에 대하여 기호 집합이 $1, 2, \cdots, b-1$; $b, 2b, \cdots, (b-1)b$; $b^2, 2b^2, \cdots, (b-1)b^2$ 등인 암호 기수법이다. 이 기수법은 지금은 쓰이지 않는 3개의 문자(ϛ , ϙ , ϡ)를 포함해서 [그림 2-22]와 같이 27개의 문자를 이용하여 10을 밑수로 하고 있다.

이 방식에 따르면 12 =ιβ, 21 =κα, 248 =σμη 등과 같이 수를 간단히 기록할 수 있으며, (10^6-1)까지의 모든 수의 기록도 가능했지만 일반인들에게는 널리 보급되지 못하였고 이슬람교도들이 복잡한 계산에 활용했다고 한다.

4. 로마 기수법

로마의 수 기호는 일반적으로 알파벳의 문자로부터 생긴 것으로 보고 있으나 숫자 I, V, X가 손가락, 한 손, 양손임이 이 문제의 연구자들에 의해 밝혀지고 있다. 로마 문화 후기에 비로소 알파벳 문자의 형과 숫자가 비슷한 모양으로 되었다. 이 기수법은 이집트 기수법에서 같은 기호를 반복하여 기록하는 단순 그루핑법의 번거로움을 많이 해소시킨 장점을 지녔다. 수 1479를 MCDLXXIX와 같이 표기한 예를 보면, 기록된 수의 합뿐 아니라 바빌로니아 기수법에서와 마찬가지로 차의 개념도 도입하였다.

이 숫자는 교과서에 오랫동안 채용되었기 때문에 '학교 숫자'라고도 불리며, 유럽에서는 약 400년 전까지 가장 널리 사용되었다.

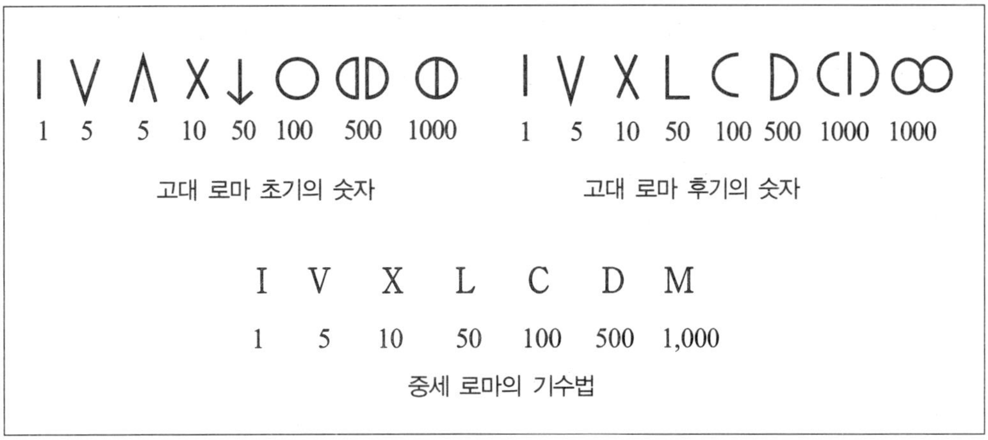

그림 2-23 로마 기수법의 변천

5. 중국) 기수법

단순 그루핑법은, 밑수 b가 취해진 이후에 1, 2, 3,$\cdots$, $b-1$과 같은 기호들과 다른 집합 b, b^2, b^3, ... 등의 기호들을 선택하고 두 집합의 기호들을 승법적으로 이용하여 보다 큰 수를 표기하게 되는 '승법적 그루핑법'으로 발전하게 되었다. 만일 처음 아홉 개의 수를 통상적인 기호로 사용하고 10, 100, 1000, $\cdots$을 각각 a, b, c, $\cdots$로 나타내면, 5625를, $5625 = 5c6b2a5$와 같이 표기하는 방법이다.

중국 민족은 고대 민족으로서는 유일하게 처음부터 십진법을 사용했다고 하는데, 전통적인 한(漢)숫자 체계가 10을 밑으로 하는 승법적 그루핑법이다.

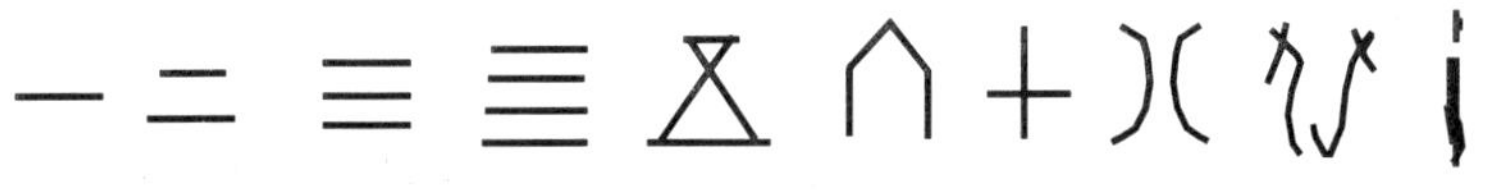

그림 2-24 중국의 고대 숫자

《역경(易經)》에 "상고(上古)에는 새끼를 매듭지어 다스리고, 후세의 성인(聖人)은 서계(書契)로서 이를 대신하였다."라는 구절이 나오는데, 이는 아주 오래 전에는 문자를 쓰는 방법이 없어 결승(結繩)으로 문자를 대신했으나, 후에 성인이 나타나 작은 칼로 문자를 새기는 일이 행해졌다는 뜻이다. 중국 문자의 역사는 은(殷) 왕조의 중엽부터 시작되었다. 기원전 1300년경 수도를 하남성 안양(安陽)으로 옮겨 기원전 11세기 주(周)에 의해 멸망될 때까지 계속되었다. 이 안양 땅에서는 거북의 등이나 소, 양의 뼈에 문자를 새긴 갑골(甲骨)이 많이 발굴되었다.

이 갑골문자는 십(十) 이상을 10진법으로 세고 백, 천, 만의 기호가 나오며 만보다 큰 수는 나오지 않고 있다. 은(殷) 대에는 年, 月은 순서수로 세었으나, 日을 나타낼 때는 간지(干支)가 쓰였다. 간지는 10干과 12支로 이루어져 60갑자(甲子)를 만들었다.

역법(曆法)의 발달로 음력, 태음태양력의 원형이 완성되었다. 한 달은 30일인 큰 달과 29일인 작은 달로 구성되고 1년은 보통 12개월이지만 때로는 윤달을 연말에 두어 13 월이라 불렀다. 지면에 수직으로 세운 막대의 그림자 길이로 동지를 알았다. 이때 막대기가 지면에 수직임을 아는 데는 피타고라스정리를 사용했을 것이다.

중국인들은 64괘를 사용하기 이전에 음양(陰陽)의 효(爻)를 세 줄로 늘어놓아, [그림 2-25]의 윗줄에서 보는 바와 같이 8개의 수로 구성된 팔괘(八卦)를 사용했다. 이는, 우주에는 음과 양의 상반되는 기(氣, 元氣)가 충만해 있으며, 이 음양의 강약 변화에 따라 세계는 생성·발전한다고 보았던 그들의 역(易)의 사상으로부터 기인한다. 그들은 팔괘만으로는 자연계의 복잡한 현상을 설명하는 데 한계가 있음을 깨닫고, 이를 이중(여섯 줄)으로 배열하는 방법을 고안하여 다시 64괘를 만들었다.[18]

예를 들어, 0, 1, $10_{(2)}(=2)$, $11_{(2)}(=3)$, $100_{(2)}(=4)$, $101_{(2)}(=5)$ 등을 다음 [그림 2-22]의 아랫부분과 같이 나타낼 수 있다.

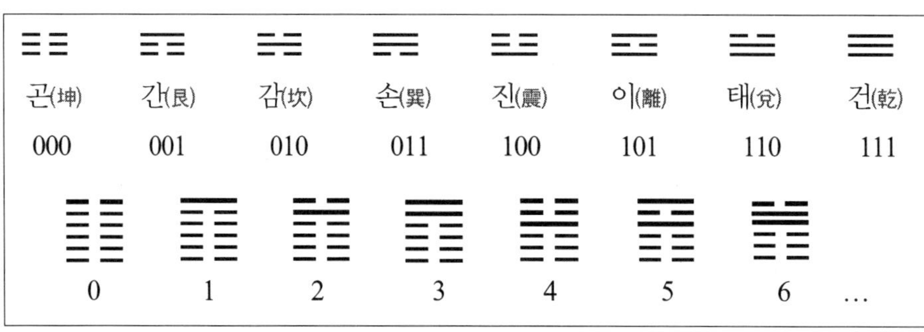

그림 2-25 중국의 팔괘(위)와 64괘(아래)에 나타난 이진법

[그림 2-26]은 양(易)의 음효(陰爻: ‒ ‒)와 양효(陽爻: ―)로 이루어진 64괘로서, 중국이 2

18) 독일의 라이프니츠는 1679년 〈이진법에 대하여〉에서, 0과 1은 모든 수를 창출할 수 있는데, 0은 무(無), 1은 신(神)을 뜻한다고 했다. 이는 완전한 유일 절대자인 神이 無로부터 세계를 창조했다는 데 대비시킨 생각이었다. 2진법은 오늘날 명제 논리, 스위치 회로, 컴퓨터 언어 구조의 기본이기도 하다.

진법을 사용하기도 했다는 명확한 증거이다. 한편, 그들이 5진법을 오랫동안 사용했다는 사실도 그들의 수판 구조로부터 짐작할 수 있다.

기원전 11세기 중엽에 주(周)왕조가 나타나 서안(西安) 근처에 도읍을 정했으나(서주 시대), 이민족의 침범으로 기원전 8세기 초 서울을 동쪽의 낙양(洛陽)으로 옮겼다(동주 시대). 주대에 제후를 각지에 두는 봉건제도가 생겼다. 서주 시대에는 하수(下數)를 썼고 당(唐) 대에 만억(萬億)을 조(兆)라고 하는 현재의 셈이 쓰이기 시작했다. 《자치통감(資治通鑑)》 권 224에는 원(元)의 호삼성(胡三省)이 당의 공영달(孔穎達)의 설을 인용하여 주석을 붙이기를 "억의 수에는 대소 두 법이 있다."고 기술하고 있다. 이와 같은 당의 명수법(命數法)이 한국과 일본에 전해진 것 같다. 《산술기유(算術記遺)》에는 억, 조, 경, 해, 자, 양, 구, 간, 정, 재 등이 언급되어 있으나 1보다 작은 소수를 나타내는 호칭은 없다. 후세에 천문학자나 수학자에 의해 만들어졌는데 송(宋) 대의 진구소(秦九韶)의 《수서구장(數書九章)》에는 분(分), 리(厘), 호(毫), 사(絲), 홀(忽), 미(微), 사(沙), … 등이 실제로 쓰이고 있으나 이와 같은 소수의 호칭은 일정한 것은 아니다(p. 66 참조).

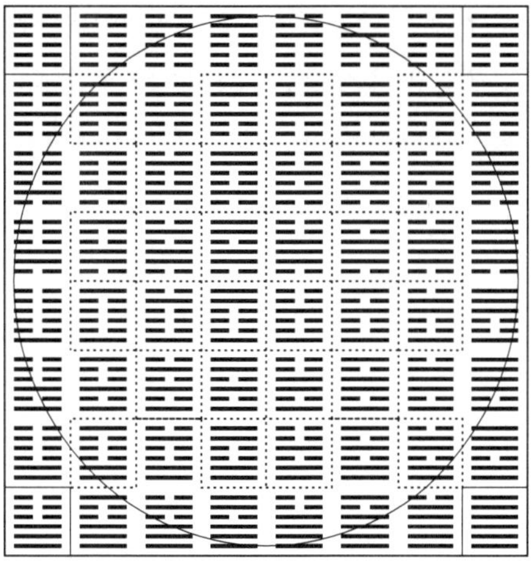

그림 2-26 중국의 64괘

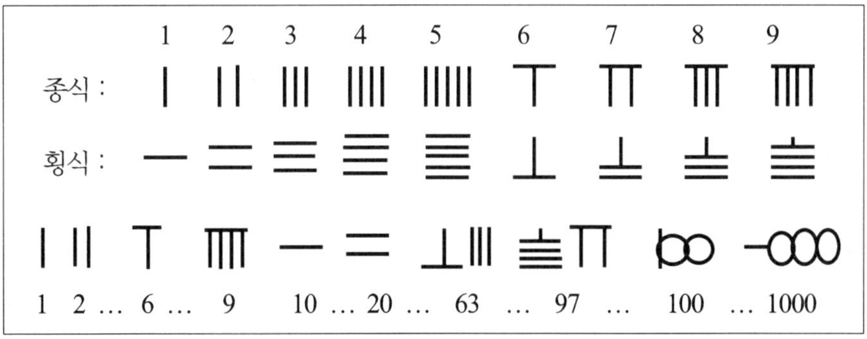

그림 2-27 고대 중국의 산목 배열 방법

한편, 한(漢) 숫자를 직접 계산에 사용할 수는 없으므로 산(算), 주(籌), 책(策)이라는 산목(算木)이 사용되었다. 산목으로 수를 나타낼 때 一, 百, 萬 등의 자리의 수는 세로 방식으로 十, 千 등의 자리의 수는 가로 방식으로 나타내었다. 이 산목을 바둑판처럼 칸을 친 계산반(計算

盤) 위에 늘어놓고 (이것을 布算이라 함) 필산과 똑같은 방법으로 계산했다. 유럽에서는 17세기 데카르트 이후에야 음수가 나타나지만, 한(漢) 대의 《구장산술(九章算術)》에서 이미 음수를 취급하고 있다. 양수는 빨간 산목, 음수는 검은 산목을 사용했으며 산목의 수 표시를 그대로 옮겨 쓴 것이 주식(籌式) 숫자인데 음수를 나타낼 때는 마지막 자리의 숫자에 빗금을 그어 표시했다.

그림 2-28 (1), (2), (3) 각각은 중국 기본 숫자, 공식 숫자, 상업 숫자이며 (4)는 막대 숫자이다.

6. 인도-아라비아 수 체계

현재 널리 통용하고 있는 인도-아라비아 기수법은 대단히 중요하나 그 기원과 발전을 살펴볼 수 있는 고대 문헌이 부족하다.[19] 인도 민족은 아주 옛날부터 10진법에 따른 명수법을 썼으며, 늦어도 1세기 초에는 인도에 위치적 기수법이 생겨났을 것으로 보고 있다.

실제로, 위치적 기수법(positional numeral system)에서는 밑수로 b가 선택되고 나면, b개의 기본 기호 $0,\ 1,\ 2, \cdots, b-1$이 채택되며 이 기본 기호들을 이 체계의 기수(基數, digits)라고 한다. N을 임의의 자연수라 하면, 이는

$$N = a_n b^n + a_{n-1} b^{n-1} + \cdots + a_2 b^2 + a_1 b + a_0 \quad (0 \le a_i < b,\ \ i = 0,\ 1, \cdots, n\ )$$

와 같이 유일하게 표현된다. 이를 다시 기본 기호만으로 $a_n a_{n-1} \cdots a_2 a_1 a_0$와 같이 나타낼 수 있다. 따라서 우리가 사용하고 있는 인도-아라비아 기수법은 전형적인 '십진 위치적 기수법'의 좋은 예이다.

앞에서 다룬 고대의 어떤 기수법에서도 오늘날과 같은 정교한 '자리의 원칙'이 없다. 그렇다면 영(zero)을 나타내는 기호를 사용할 수 없었을 것이다. 바빌로니아에서는 자리의 원칙을 갖고 빈자리에는 '제로'를 대표로 삼았다고는 하지만, 이를 계산에는 사용하지 않았다. 인도인들은 2세기경부터 0을 제외한 아홉 개의 숫자를 사용해 왔는데, 십진법과 위치적 기수법에 따르기 위해서는 0을 사용해야 할 필요를 느꼈을 것이다. 현재 사용하고 있는 제로의

19) 인도에서 발달하여 힌두어로 된 인도기수법이 번역되어 아라비아로 전해지고, 이 아라비아어로 된 내용이 유럽으로 전해지면서 '아라비아기수법' '아라비아숫자' 등으로 잘못 불리기도 하였다.

정확한 기록은 876년 인도에서 쓰인 것이 최초로 알려져 있다.[20)]

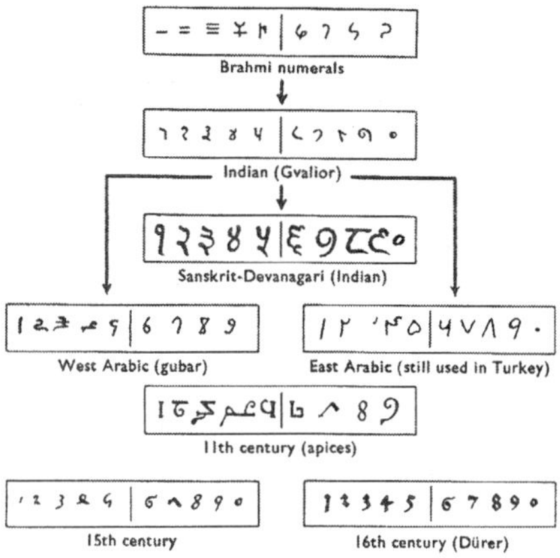

그림 2-29 인도 숫자의 가계도

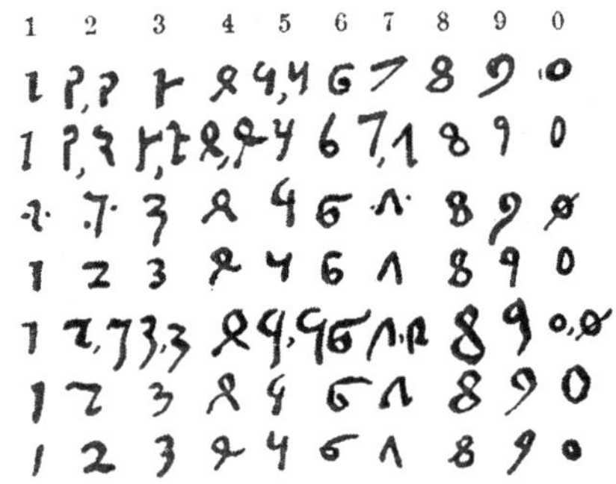

그림 2-30 인도 숫자의 진화

0을 뜻하는 영어의 zero는 라틴어 zephirum에서 나왔고, 역시 0을 뜻하는 영어 cipher는 독일어 cifra에서 나왔는데, 이들은 모두 아라비아어 sifr로부터 연유되었고, 이 단어의 어원은 '공허한', '텅빈'을 뜻하는 인도어의 'sunya'이다.

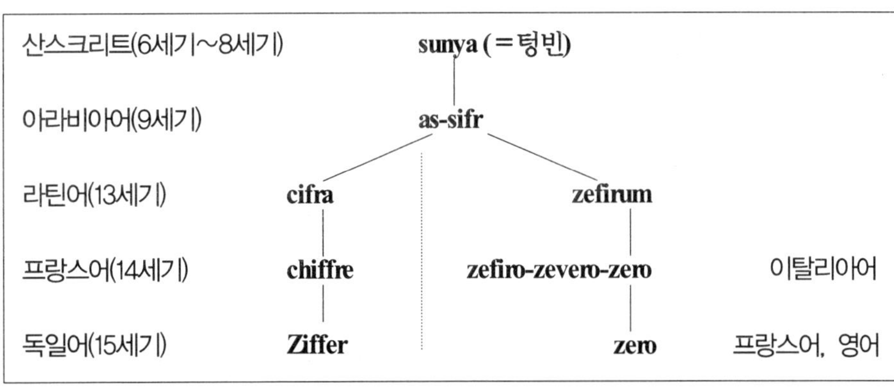

이 기수법에서 사용되는 1에서 9, 0까지의 기호의 모습은 초기에는 현재와 매우 다

---

20) 이브스는 알콰리즈미가 825년 자신의 저술에서 완전한 인도 수체계를 묘사하고 있음을 볼 때 이미 800년 이전에 인도에서 자릿값과 영(zero)도 사용되었음을 확실히 알 수 있다(Howard Eves, 1989, p. 14)고 하였다. 그러나 최근 한 인터넷 매체는 옥스퍼드 대학교 도서관에서 0이 기록되어 있는 바크샬리 필사본의 탄소연대 측정 결과 지금까지 추정했던 8-12세기가 아니라 3-4세기로 밝혀졌다고 보도하였다(http://www.etnews.com/20170918000126). 이에 따르면 0의 기원은 적어도 5세기 정도 앞당겨지게 된다.

른 형태를 띠고 있었다. 이 기호들은 [그림 2-29, 2-30]에서 보듯이, 세월을 거치면서 점진적으로 변형되어 유럽에서 책의 인쇄술이 발달된 16세기경에 이르러서야 오늘날과 비슷한 모습으로 정착되어 가기 시작하였다.[21)]

[그림 2-30]에서 알 수 있듯이 1, 2, 3, 8, 9 등의 기호는 상당히 일찍부터 지금과 같은 모양에 가까워졌으나, 다른 숫자들은 비교적 느린 속도로 바뀌었다. 숫자 1, 2, 3을 자세히 살펴보면, 옛날부터 서로 다른 문명권에서도 하나, 둘, 셋을 나타내는 기호는 비슷하였다. 이는 아마 손가락 또는 막대의 모양을 쉽게 본떠서 나타냈기 때문일 것이다. 흔히 하나, 둘, 셋을 각각 | || |||과 같이, 또는 — = ≡과 같은 모양으로 나타내었다. 가로로 놓인 둘과 셋의 기호를 빨리 쓰려고 하는 데서 2와 3의 모양이 자연스럽게 만들어진다. 그러므로 수 기호 1, 2, 3 속에는 하나, 둘, 셋이라는 특징이 어느 정도 남아 있다.

그림 2-31 인도 숫자의 기원을 설명하는 손 모양

인도 기수법은 8세기경 산스크리트(Sanskrit)어로 된 천문학 서적이 아랍어로 번역되면서 아라비아로 전해졌다. 페르시아의 수학자 알콰리즈미(al-Khwârizmi)는 그의 유명한 대수학 책에서 인도-아라비아 기수법을 사용했는데, 12 세기경 알콰리즈미의 수학 서적들이 유럽에 전해지면서 이 기수법도 서양에 알려지게 되었다. 인도-아라비아 기수법은 그 편리함과 우수성에도 불구하고, 당시 유럽에서 오랫동안 쓰이고 있던 로마 기수법의 저항 때문에 자리를 잡기가 무척 어려웠다. 그러나 그 뒤 이탈리아 수학자 피보나치(Fibonacci)의 끈질긴 노력으로 점차 로마 기수법의 저항을 물리칠 수 있었으며, 17세기가 되어서는 로마 기수법을 완전히 대치시키게 되었다. 인도 기수법이 중국을 거쳐 우리나라에 들어와 공식적으로 사용하기 시작한 것은 120여 년 전인 1898년 갑오개혁 때의 일이다.[22)]

---

21) [그림 2-30]의 맨 위에서부터 넷째 줄까지는 12세기 필사본에 나타나며, 아래서부터 셋째 줄도 1303년경의 필사본에 쓰였다. 아래 둘째 줄은 15세기 중엽의 필사본에서, 맨 아랫줄은 1474년의 책에서 나타나며, 지금과 같은 숫자는 1489년에 인쇄된 책에 나타난다. 유럽에서 책의 인쇄술이 15세기 중엽부터 시작되었으며, 15세기말부터 숫자는 오늘날의 모습으로 자리를 잡았다.

22) 이보다 앞서 1842년에 신부 김대건이 프랑스로 보내는 공문의 날짜를 기록하면서 현재와 같은 아라비아숫자를 사용했다고 한다.

7. 마야 수 체계

마야인들은 놀랍게도 제로의 고안에 의해 위치적 기수법을 구상해 내었다는 점에서 대단히 우수한 수 체계를 창출한 셈이다.[23] 바빌로니아와 어떠한 교류도 할 수 없었던 상황에서도 그들은 독자적으로 '영'을 도입한 위치적 기수법 등의 기록 수학과 문자 문명을 가진 민족이었다.

실제로 마야는 바빌론보다 3000년 이상 늦은 기원후 1000년경에 도시화를 이루었으며, 16세기 스페인에 의해 패망될 때까지 많은 기록을 남겼으나, 스페인의 정복자들이 마야 종교를 그리스도교로 개종하면서 주요 기록 셋만 남기고 모두 불태워 버렸다. 마야 문명에서 수학의 모습을 볼 수 있는 것은 드레스덴 사본(Dresden codex)뿐이다. 이에 따르면 마야의 수 체계는 본질적으로 20진법인데, 그들의 수 기호에서 알 수 있듯이 셈 도구로부터 조약돌과 막대를 형상화했을 수도 있고, 또는 점 5개를 선으로 대체했을 수도 있다. 한편으로는 손가락 계수법을 고안하여 대체하는 방식에 따랐을 수도 있다. 그들이 기본적으로 20진법에 바탕을 두었지만, 제 2 수군(數群)이 $20^2 = 400$ 대신 $[18] \times [20] = 360$ 이었다. 그보다 높은 군은 $[18] \times [20^n]$ 형태로 되어 있다.

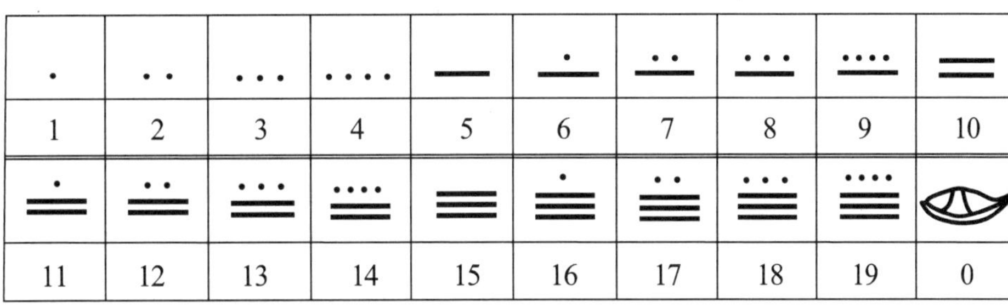

그림 2-23 마야의 수 표상

이 표기법은 마야의 달력이 360일로 되어 있다는 사실과도 관련되어 있다. 이런 혼합 형태는 주로 성직자들이 사용했고, 평민들이 사용한 순수한 20진법은 전해지지 않고 있다. [그림 2-32]는 마야의 수 기호인데, 이는 20을 기본수로, 5를 보조 단위로 사용한다는 것임을 알 수 있다.

---

23) 그 기원은 알려져 있지 않지만, 꽤 오래된 것으로 추정되는 이 수 체계는 스페인 탐험대가 16세기 초에 발견했다.

그림 2-33 마야 수 표기의 예

[그림 2-33]에서는, 단 단위의 숫자를 첫째 열, 20단위의 숫자를 둘째 열에 두며, 보다 큰 수에 대해서도 이와 같이 확장해 나가면서 빈자리를 나타내는 0을 사용하고 있다. 그 왼쪽은 $21115\,[=(2\times7200)+(18\times360)+(11\times20)+(15\times1)]$을, 오른쪽은 $1101900\,[=(7\times144000)+(13\times7200)+(0\times360)+(15\times20)+(0\times1)]$을 각각 나타내고 있다.

그림 2-34 달력에 나타난 마야 숫자

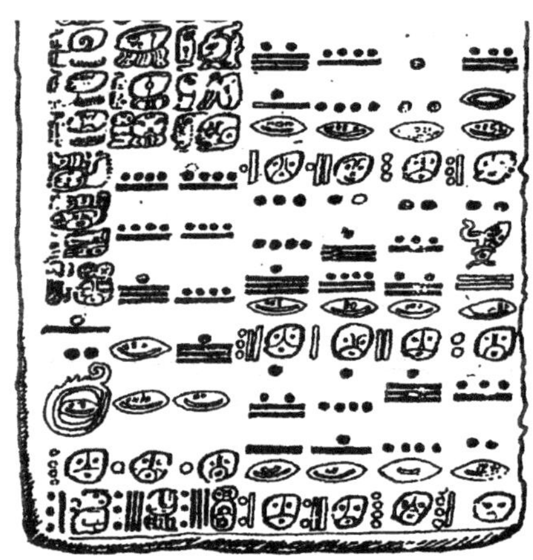

그림 2-35 드레스덴 사본(천문관측 기록)

앞의 [그림 2-35]의 드레스덴 사본에 있는 천문관측 기록으로 수 체계 해독의 열쇠를 찾을 수 있다. 여기에 나타나고 있는 세 수 [8;2;0], [16;4;0], [1;4;6;0]를 천문 주기의 날짜 수일 것으로 보고, 순수 20진법에 따라 계산하면, [8;2;0]은 3240일, [16;4;0]은 6480일, 그리고 [1;4;6;0]은 9720일이 되지만, 이는 어떤 행성의 주기와도 맞아떨어지지 않는다. 따라서 변형 20진법으로 해석을 달리해보면,

$$[8;2;0] = 8(18\times20) + (2\times20) + 0 = 2920 = 5\times584\text{일}$$
$$[16;4;0] = 16(18\times20) + (4\times20) + 0 = 2\times2920 = 10\times584\text{일}$$
$$[1;4;6;0] = 1(18\times20)\times20 + 4(18\times20) + (6\times20) + 0 = 3\times2920 = 15\times584\text{일}$$

이며, 이는 금성의 회합주기와 정확히 맞아 떨어진다. 이와 같은 현상은 1년을 360일, 즉 20일씩 18개월로 보는 마야인의 생각과 관련되어 있으며, 마야 수 체계가 변형 20진법이라기보다 천문 관측상 측정의 한 예일 것으로 보는 견해도 있다(김기응, 2009, pp. 139-140).

마야인들도 위치적 기수 체계를 창안하여 사용하기 전에 바빌로니아인들처럼 20의 거듭제곱 단위마다 서로 다른 상형문자를 갖춘 가법적 수 체계를 사용했다. 아무런 접촉도 없었으며 매우 다른 환경 그리고 엄청난 시간차마저도 뛰어넘으면서 이들 두 문화권이 모두 위치적 기수 체계를 사용했던 셈이다. 이는 곧 수 체계의 발전 과정이 보편적인 발전 단계를 따른다는 것을 뒷받침해 준다. 즉, 수렵·채집 단계의 손가락셈과 옹얼거림에서 농경·목축 단계의 조약돌(카운터) 셈과 수 기호에 따른 덧셈 방식으로, 그리고 도시 단계에 와서는 기록 가능한 수 기호를 사용한 자리 방식의 수 체계를 고안하여 사용했던 것이다(김기응, 2008, p. 134).

8. 한국의 수 막대(算木, number rods)

중국인들은 적어도 기원전 500년경 춘추전국시대부터 산목(算木)으로 대나무막대를 사용하기 시작하여 이것이 주판으로 대치된 15세기 명대(明代)에 이르기까지 사용한 것으로 알려져 있다. 이 산목은 6세기 말경 한국을 거쳐 일본에 전해졌는데, 중국과 일본에서 다양한 형태의 주판으로 대치되고 난 후에도 우리나라는 한말(韓末)까지 오래도록 사용하였다.

그림 2-36 한국의 산목

초기의 산목은 원기둥 모양이며, 주로 길이는 12~18 인치이고,[24)] 모두 271개로 구성되었다. 산목은 뼈나 뿔 등으로 만들어진 것도 있었으며, 상아로 된 계산 막대를 지님으로써 재력을 과시하기도 하였다.

한국의 수 막대는 구르지 않도록 주로 대나무를 서너 조각으로 쪼개서 만들었으며 길이

24) 이는 NCTM(1989, p. 128)에 소개된 내용인데, 산목의 길이가 45cm나 되었을리는 없고, 한국 자료를 미국에서 번역할 때 아마 오류가 생겼을 것으로 본다. 오히려 12~18cm가 타당할 것이다.

도 몇 인치씩이나 짧았다. 비록 불완전하기는 했으나 150개 세트만 있으면 일상적인 계산에는 충분했다.

모든 계산은 셈판 위에서 막대 숫자를 실제로 조작함으로써 수행되었다고 믿어진다. 한국의 숫자 형태는 [그림 2-37]에서처럼 되어 있었다. 셈판은 장기판(서양 체스판)같이 정사각형으로 나누어졌으며, 빈 공간으로 0을 나타냈다. 막대는 셈판으로부터 제거하기가 용이하기 때문에 필요 없는 수를 많이 표기하여 그것을 지워야 할 경우 여러 모로 실제적인 장점이 있었다.

그림 2-37 한국의 산목으로 표기한 숫자

후에 중국 및 일본인들은 막대 숫자로 3차나 4차 대수방정식 풀이에 있어서, 계수를 셈판에 정렬할 때 사용했다. 숫자를 표기할 때 빨간 막대는 양수, 검은 막대는 음수의 표기에 사용되었다. 그러나 이와 같은 표기법을 사용할 때 음수나 뺄셈의 표기는 하나의 막대를 비스듬하게 놓아서 나타내기도 했다. 이 무렵, 동그란 모양은 0을 지칭할 때 사용되었다(NCTM, 1989, pp. 128-129).

IV. 유리수 발달의 역사적 개관

초등학교 저학년에서부터 분수와 소수를 도입하여 가르치고 있다. 이는 그 이전의 0과 자연수에 대한 학습을 바탕으로 하고 있다. 분수와 소수는 역사적으로도 자연수에 대한 수 개념의 형성·정착 단계가 어느 정도 무르익고 난 다음에 생활상의 필요에 의해 인간이 개발한 수의 종류이며, 이는 발생 이후 많은 발전을 해오고 있다.[25]

25) 초등학교 수학과의 교육과정에서 분수나 소수가 저학년에서 도입되는 것에 비해 음의 정수의 도입은 훨씬 늦게 이루어지고 있다. 이는 흔히 알고 있는 수 체계의 확장에 위배되는 것이 아닌가 하고 생각할 수 있다. 그러나 음의 정수만

실제적인 양을 추상하여 수로 나타내는 방법에는 온전수(whole numbers)로 나타내는 방법과 유리수, 즉 쪼개진 수(broken numbers)라 일컬어지는 분수와 소수로 보다 세분된 양을 나타내는 방법 등이 있다. 이들은 각각 'How many … ?'와 'How much … ?'에 대한 답의 성격을 지니고 있다. 분수의 역사는 4천 년, 이에 비해 소수는 불과 400년의 짧은 역사를 지니고 있는 것으로 본다.

1. 분수의 발달

분수는 인류 문화와 함께 생겨났을 것으로 생각되고 있다. 이를테면 어떤 물건을 분배하기 위해서는 자연발생적으로 분수의 개념이 필요하였을 것이다. 실제 고대의 기록에서도 그러한 흔적이 많이 나타나고 있다. 이는 지금까지 발견되어온 수학적인 어떠한 기록물보다도 오래된 것임에는 틀림이 없다. 중국인들이 두 수를 이용한 분수 표현의 최초 창시자라고 알려져 있으나 어떤 방법으로 나타냈는지는 알려져 있지 않다. 그러나 고대인들은 일반화된 분수를 개발하지는 못했으며, 이 때문에 그들이 분수를 사용하는 데 종종 상당한 제한을 받으면서 특수한 방법으로 취급했던 것이다.

바빌로니아인들은 기원전 2000년경에 이미 분수를 사용하였는데, 이는 자릿값 원리에 따라 쓰였으며 본질적으로는 오늘날 우리가 사용하는 소수와 같은 방식이었다. 당시 실제로 기록을 하지는 않았지만 60의 거듭제곱이 차례로 분모로 사용되었으며, 소수점에 상응할 수 있는 어떤 구분의 표시도 없었다(NCTM, 1989, p. 135). 이 방식에 따르면 $1+\frac{30}{60}+\frac{15}{60^2}=1;30,15$가 된다. 그리고 기원전 1800년경의 점토판에 정사각형과 그 대각선에 두 줄의 수(쐐기문자)가 새겨져 있다. 윗줄의 것은 (1;24,51,10)와 같은데, 이를 10진법으로 고쳐 쓰면

$$1+\frac{24}{60}+\frac{51}{60^2}+\frac{10}{60^3}=1.41421296$$

으로, 이는 단위정사각형의 대각선 길이에 대한 놀랄 정도의 정확한 근삿값이다.

을 제외한 정수(자연수와 0)는 유리수(분수와 소수)보다 일찍 다루고 있는 셈이다. 또 교육과정이 역사적 순차성을 고려하고 있음을 감안한다면 지금의 지도 순서를 이해할 수 있다. 실제로 음수는 7세기경 인도인에 의해서 발견된 것으로 추정되고 있다. 그 이유는, 인도의 브라마굽타(Brahmagupta, 588-660?)가 자신의 책 속에서 음수의 개념을 다루었고, 그리고 그것이 13세기쯤 아라비아 숫자와 함께 서양으로 수입되었기 때문이다. 그러나 유럽에서 음수가 명실상부한 수로서 인정되고 취급된 것은 데카르트(R. Descartes, 1596-1650) 때부터이다. 한편, 고대 중국 한(漢)나라 시대(206 B. C.-A. D. 202)의 수학 책인 《구장산술(九章算術)》에 양수, 음수의 덧셈과 뺄셈 방법이 서술되고 있는 것으로 보아, 중국에서는 브라마굽타보다 더 먼 옛날에 이미 음수가 취급되었음을 짐작할 수 있다.

고대 이집트에서는 단위분수가 사용되었는데, 단위분수로 나타낼 수 없는 분수는 단위분수의 합으로 나타내었다(제4장 참조). 린드 파피루스에 단위분수에 대한 최초의 체계적 처리 방법이 나타나고 있다. 어느 하나만의 단위분수로 표현 불가능한 분수 값을 두 개 이상의 단위분수의 합으로 표현하되, 덧셈 기호 대신 공란을 이용하였다. 예컨대 $\frac{2}{35}$ 를 "$\frac{1}{30}\quad\frac{1}{42}$" 과 같이 나타내었다. 그들은 고대의 상형문자를 흘려 쓴 초서체 문자로, 단위분수는 분모 위에 'ro'라 불리는 어떤 점이나 기호를 부가하여 나타내었으며, $\frac{1}{2}$ 을 때때로  와 같이 표기하였고, $\frac{2}{3}$ 는 특별한 상징 기호 를 써서 나타내었다.

그리스인들도 자주 단위분수를 사용하였다. 그들은 단위분수를 분모의 오른쪽 위에 (') 또는 (")를 찍어서 나타냈는데, 예컨대 $\frac{1}{32}$ 을 λβ" 과 같이 표기하였다. 그러나 그리스 학자들은 단위분수에만 제한받지는 않았다. 일반 분수는 때때로 (')가 붙은 것을 한 번 써서 분자를 나타내고, (")가 붙은 것을 두 번 씀에 따라 분모를 나타내었다. 예로서, ε'η"η"$=\frac{5}{8}$ 와 같은 표기가 있다.

어떤 경우에 있어서는 분모를 오늘날의 지수의 위치에 쓰기도 했으며, 또 다른 경우에는 분모를 분자의 바로 위에 쓰기도 하였다.[26)]

로마에서 분수는 대부분 돈 계산과 도량형에서 자주 사용되었다. 각각의 분수는 특별한 이름을 갖고 있었으며, 로마 사람들은 통상 분모로 상수(常數) 12를 유지했는데 아마도 무게가 1파운드 되는 그들의 구리 동전 as가 12 unciae로 나누어지기 때문이었을 것이다. 로마 학교에서는 분수 계산이 산술교육의 가장 중요한 부분이었다.

현재의 분수 표기 방법은 인도 사람들에게서 비롯된 것이라 하며, 아마 그것은 그리스로부터 유래했을 것으로 보고 있다. 바크샬리(Bakhshali) 필사본(인도의 옛 문서, 3~4세기경)에서 분수는 가운데 가로줄이 없이 분자를 분모 위에 써서 나타내었으며, 정수는 분모를 1로 하는 분수로서 나타내었다. 1000년에 이미 아랍 사람들은 a/b, $a-b$, $\frac{a}{b}$ 등과 같은 형식의 선긋기를 소개했으나, 그들이 항상 그 줄을 사용하는 것은 아니었다. 유럽에서 대부분의 산술 저자들은 그들의 교과서의 말미로 분수와 소수에 대한 논의를 미루고 있었다(NCTM, 1989, p. 136).

이와 같이, 고대의 분수 기호는 오늘날의 분수 기호와 같지 않았다. 오늘날의 분수 기호가 정착된 것은 대체로 르네상스 시대 이후로 보고 있다. 고대에는 분수에 대해 일반화된 접근 방법을 개발하지 못했기 때문에, 분수를 취급하는 방법도 매우 제한적일

---

26) 이는 현재의 표기법과 정반대였으나, 다만 분모와 분자 사이에 가로줄을 긋지 않았다.

수밖에 없었다.

분수를 나타내는 아라비아어는 al-kasr인데, 이것은 '부수는 것'을 의미하는 동사의 어간으로부터 어원을 찾아볼 수 있다. 라틴어 어형인 'fractio'와 'minutum ruptus'는 영어에서 "쪼개진 수(broken numbers)"와 같은 뜻으로, 초기의 저자들에 의해 주어졌다. 초기 미국 산술에서 쓰였던 'vulgar'란 말은 소수와 구별하기 위해 분수에 자주 적용되었다(NCTM, 1989, pp. 136-137).

2. 소수의 발달

네덜란드의 육군 병참감으로 일했던 스테빈(Simon Stevin)은 한때 나치의 모리스 황태자에게 수학을 가르치기도 했다. 스테빈은 수학을 순수하게 이론적으로 고찰했다기보다 수학의 다양한 응용에 흥미를 가지고 실제적으로 많은 연구를 했던 수학자이다. 따라서 그에 의한 소수의 발명도 경리 장교로서 회계 계산, 예컨대, 이자 계산이 바로 그 발단이 되었던 것이다.

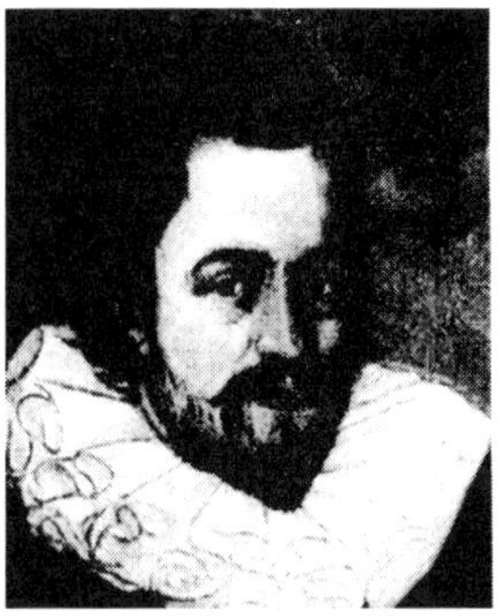

스테빈(1548-1620)

소수가 발명되기 이전의 계산은 전적으로 분수에 의존하였다. 예를 들어, 이율이 $\frac{1}{11}$ 또는 $\frac{1}{12}$ 인 분수로 표현되었을 때 몇 년 간의 원리합계를 계산하려면 대단히 복잡했다. 그러나 이율이 $\frac{1}{10}$ 또는 $\frac{1}{100}$ 과 같은 분수의 경우, 계산은 무척 용이해진다. 이 점에서 스테빈은 $\frac{1}{11}$ 대신에 그것과 거의 같은 값으로서, 분모가 10의 거듭제곱(10^2, 10^3, $\cdots$)인 $\frac{91}{1000}$ 과 같은 값을 사용하면 된다는 사실을 깨달았던 것이다. 그는 이율이 $\frac{1}{10}$ 부터 $\frac{5}{100}$ 까지의 여러 경우에 대하여 이자를 계산한 표를 만들어 '이자 계산표'로 정리하고 1584년에 이를 발표하였다.

그러나 스테빈은 분모가 10의 거듭제곱으로 나타나는 분수에서는 수의 대소를 알기가 쉽지 않음을 알고 그 개선책을 생각하였다. 예를 들어, $\frac{183527}{1000000}$ 과 $\frac{2143}{10000}$ 에서는 어느 쪽이 큰가를 당장 알아내기가 어렵다. 오늘날에는 0.183527, 0.2143이라는 소수로 나타내어 후자가 크다는 사실을 쉽게 알 수 있다. 소수가 없었던 시대에는 이와 같이 간단히 해결할 수 없었다.

스테빈은 이러한 두 개의 수를 다음과 같이 써보면 어떨지에 대하여 생각하였다. 이것이 곧 소수의 시작이었다.

$$\frac{183527}{1000000} \rightarrow \underset{1\ 8\ 3\ 5\ 2\ 7}{①②③④⑤⑥}, \quad \frac{2143}{10000} \rightarrow \underset{2\ 1\ 4\ 3}{①②③④}$$

이와 같은 생각을 바탕으로 스테빈은 1585년에 《*De Thiende*》라는 표제의 소책자를 발간하였다. 이의 불어판이 《*La Disme*》이란 이름으로 같은 해에 출판되어 많은 인기를 얻으면서 소수의 보급에 공헌하였다.[27] 겨우 20쪽짜리 소책자에서 스테빈이 수행한 소수의 계산 방법은 다음과 같다.

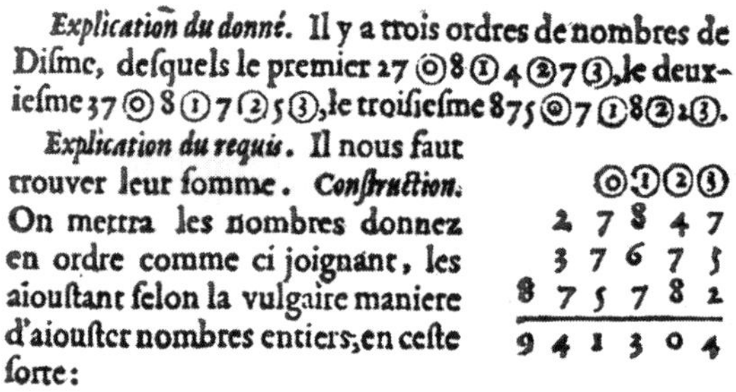
Explication du donné. Il y a trois ordres de nombres de Disme, desquels le premier 27 ⓪ 8 ① 4 ② 7 ③, le deuxiesme 37 ⓪ 8 ① 7 ② 5 ③, le troisiesme 875 ⓪ 7 ① 8 ② 2 ③.
Explication du requis. Il nous faut trouver leur somme. *Construction.* On mettra les nombres donnez en ordre comme ci joignant, les aioustant selon la vulgaire maniere d'aiouster nombres entiers, en ceste sorte:

			⓪	①	②	③
		2	7	8	4	7
		3	7	6	7	5
8	7	5	7	8	2	
9	4	1	3	0	4	

그림 2-38 스테빈의 소수 계산 예

그는 우선 예컨대, 0.4732와 5.236을 각각 다음과 같이 나타내었다.

$$4①7②3③2④, \quad 5⓪2①3②6③$$

또 0.47을 47② 와 같이 나타내기도 하였다. 그래서 어떤 소수를 다른 소수의 아래에 써서 덧셈을 할 때는 오른쪽과 같이 나타내었다.

		⓪	①	②	③
		4	5	3	4	7
		2	7	1	6	8
+	7	5	9	8	3	2
		8	3	2	3	4	7

그리고 0.000583×0.47과 같은 곱셈을 오른쪽과 같이 수행하였다.

			④	⑤	⑥
			5	8	3
×				4	7 ②
		4	0	8	1
		2	3	3	2
	2	7	4	0	1
	④	⑤	⑥	⑦	⑧

스테빈 이후 소수의 표기 방법도 다양한 변화를 거쳤다. 뷔르기(J. Bürgi)는 1592년 자신의 저서에서 0.4232를 0/4232와 같이 나타냈으며, 1620년의 책에서는 141.4를 $14\underset{\circ}{1}4$와 같이, 0.0155를 00155와 같이, 345.67을 $345\overset{\circ}{6}7$과 같이 나타내기도 했다. 네이피어(J. Napier)는 1617년 자신의 책에서 1617.345를 1617,345 또는 1617, 3'4"5"'와 같은 두 종류로 표기하였으며, 그의 사후에 발간된 1619년의 책에는 "34.608은 $34\frac{608}{1000}$과 같다"라고 되어 있다. 스테빈의 표기법을 변형한 $3^{(1)}4^{(2)}5^{(3)}8^{(4)}$ (0.3458), $321.\overset{i}{6}\overset{ii}{5}\overset{iii}{4}$ (321.654), $29\overset{iv}{7}$(0.0297), 365,67②(365.67) 등이 많이 나타났으며, 비에트(F. Viéte)는 3.65를 $3|_{65}$와 같이, 브리그스(Briggs)는 52.7531을 $52.\underline{^{7531}}$과 같이 나타내었다. 그리고 오트레드(W. Oughtred)는

27) 'De Thiende'는 '10분의 1'이라는 뜻이며, 'La Disme'은 '소수(小數)'를 의미한다. 불어의 'Disme'는 라틴어 'decima'이며, 이는 역시 '10분의 1'을 의미한다.

3.14를 3⌊14와 같이 나타냈으며, 이는 영국에서 그 후 한참 동안 사용되었다.

18세기에 들어 소수점으로 ‘ . ’과 ‘ , ’이 사용됐는데, 당시 유럽 대륙에서는 라이프니츠가 ‘·’를 곱셈 기호로 사용했으므로 소수점으로는 콤마 ‘ , ’가 사용됐으며, 영국에서는 ‘×’가 곱셈 기호로 사용됐으므로 별 문제 없이 ‘ . ’가 소수점으로 사용되었다. 이런 연유로 오늘날에도 ‘3.6’을 ‘three comma six’라고 읽는 사람이 많이 있다.

한편, 고대 중국에서도 이미 십진 소수가 사용되고 있었고, 16세기에는 그 사용법도 상당히 정비되어 있었다. 남송(南宋) 시대의 수학 책 《수서구장(數書九章, 1247)》의 제12권에는 𝍨$_{\text{寸}}$𝍮 으로 9.6을 나타내고 있다. 즉, 이 책에서는 촌(寸)을 단위로 하고 있는 셈이다. 또 이 책에 있는 내용으로서, $16x^2+192x-1863.2=0$와 같은 방정식에 대하여 𝍠𝍮 𝍠𝍨𝍡 𝍠𝍧𝍮𝍢$_{\text{寸}}$𝍡 와 같이 산목을 배치하고 있다. 그리고 그 답으로, 𝍮$_{\text{寸}}$𝍢𝍤 (6.35)를 제시하고 있다. 여기서 寸 은, 스테빈이 정수의 끝자리를 ⓪으로 나타내었듯이 ‘일의 자리’를 나타내고 있는 것이다.

이보다 훨씬 전에 조충지(祖沖之, 429–500)는 그가 구한 원주율로서, 밀률$\left(\frac{355}{113}\right)$과 약률$\left(\frac{22}{7}\right)$을 제시했다. 이것을 그는 “圓의 直徑 1億을 1丈이라 하면, 圓周의 過大値는 3장(丈) 1척(尺) 4촌(寸) 1분(分) 5리(厘) 9모(毛) 2사(絲) 7홀(忽)이고, 過小値는 3丈 1尺 4寸 1分 5厘 9毛 2絲 6忽이다.”라고 했다.

이와 같이 중국에서는 옛날부터 길이나 무게 등에 대한 미소량(微小量)의 단위의 명칭이, 그 때까지 기준으로 삼았던 단위 이하의 새로운 단위로 확장하여 그 명칭으로도 자주 사용되었던 것이다. 그 후, 중국 명나라 때인 1593년에 간행된 정대위(程大位)의 《산법통종(算法統宗)》에는 [그림 2-39]와 같이 소수 각 자리수의 명칭이 23개나 나타나고 있다.[28)]

28) 이보다 앞서 주세걸(朱世傑)의 《산학계몽(算學啓蒙, 1299)》에도 分, 釐, 毫, 絲, 忽, 微, … 등의 소수가 소개되어 있다. 1보다 작은 소수에 대하여 한자어는 $\frac{1}{10}$배씩 줄 때마다 새로운 수사를 사용하지만, 영어에서는 10^{-3}: thousandth, 10^{-6}: millionth, 10^{-9}: billionth 등과 같이 10의 거듭제곱에서 사용하던 수사를 다시 활용하고 있다. 소수의 의미에 대해서도 중국에서는 십진위치적 기수법에 따라 정수를 확장함으로써 소수가 만들어졌으며, 서양에서는 10의 거듭제곱수를 분모로 하는 특수한 형태의 분수, 즉 십진분수(decimal fraction)로부터 그 발상을 찾을 수 있다. 이는 ‘東 小數 西 分數’와 무관하지 않으며, 이에 따라 소수의 지도에서 그 도입 시기나 방법을 달리할 수 있다.

分(분) 10^{-1}	厘(리) 10^{-2}	毛(모) 10^{-3}	絲(사) 10^{-4}
忽(홀) 10^{-5}	微(미) 10^{-6}	纖(섬) 10^{-7}	沙(사) 10^{-8}
塵(진) 10^{-9}	埃(애) 10^{-10}	渺(묘) 10^{-11}	漠(막) 10^{-12}
糢糊(모호) 10^{-13}	逡巡(준순) 10^{-14}	須臾(수유) 10^{-15}	瞬息(순식) 10^{-16}
彈指(탄지) 10^{-17}	刹那(찰나) 10^{-18}	六德(육덕) 10^{-19}	虛(허) 10^{-20}
空(공) 10^{-21}	淸(청) 10^{-22}	淨(정) 10^{-23}	

그림 2-39 《산법통종》에 나타난 소수의 명칭

지금까지 자연수와 분수, 소수에 대하여 그 기원과 표현 방법, 발생·발달 아이디어와 역사 등에 대하여 현세 인류가 복원해놓은 내용의 지극히 일부를 간략하게 들여다보았다. 이는 학교에서 수학을, 또 수를 가르치는 교사가 이해하면 상당히 도움이 될 수 있는 수준의 것들 위주라서 수의 역사의 방대한 내용에 비할 바는 아니다. 수는 이후에도 음의 정수(negative integers), 실수(real numbers), 복소수(complex numbers) 등으로 확장되어 왔다. 수의 확장 단계에서 그 순서는 논리적 순서와 역사적 순서가 서로 맞지 않는 경우도 있다. 예컨대 분수와 소수를 먼저 학습하고 나서 음의 정수를 학습하게 되는 것은 논리적 순서로는 납득하기 어렵다. 그러나 수학교육의 입장에서는 '논리'보다 '역사'를 중시함으로써 학습자의 자연스러운 인지 순서를 고려해야 함이 교사가 수학사를 연구하고 교재 내용과 접목하려는 목적에 부합되지 않을까 싶다.

☞ 손가락, 인간의 지혜를 일깨운 바로 그것

어린아이들이 수를 표현하는 최초의 상황은 아마 자기 나이를 손가락 두 개로 펼쳐 보이면서 입으로는 “두 살”이라고 말하는 경우일 것이다. 유아의 수 표현 방법이 손가락에서부터 출발한다는 것은 까마득히 먼 옛날 원시 인류도 손가락으로 셈하기 시작했다는 좋은 증거일 수 있다. 다섯 개씩 모두 열 개의 손가락은 항상 휴대하고 다니면서 언제든지 사용이 가능하고, 서로 분리되어 있어서 상호 독립적으로 펴고 구부릴 수 있으며, 기다란 모습은 펴거나 구부린 상태를 현저하게 식별할 수 있게 한다. 한때 20진법이 자연스럽게 탄생하여 여러 문화권에서 사용한 흔적을 보이지만, 더 발달하여 십진법을 제치지 못한 이유는 손가락과 판이하게 다른 발가락 때문이 아닐까. 손가락이 인류 최초의 계산기라고는 하지만, 계산기로 사용되기 이전에 이로써 수를 어떻게 표현했는가 하는 방법의 제시가 먼저였을 것이다. 다양한 시대에 다양한 문화에서 각양각색의 손가락 수들이 등장했던 바 알려진 것 몇 가지만 간략하게 소개한다.

- ❖ 10개까지 세다: 가장 간단한 일대일 대응의 방법에 따라 처음에는 한 손으로 다섯까지, 다음으로 수의 확장의 필요에 따라 열까지 세었다. 이와 같은 과정에서 손가락 이름이 수사(數詞)가 되기도 하였다. 그러나 이 방법의 한계는 더 큰 수를 다루어야 하는 상황에서 불편하거나 셈이 불가능할 수밖에 없었다.
- ❖ 30개까지 세다: 셈을 하는 데 사용 가능한 카운터(손가락)가 모자라는 상황을 자주 겪다보면 이를 타개할 달리 세는 방법은 없을까 하고 궁리하는 것은 당연하다. 이런 상황에서 인류의 지성은 중요한 업그레이드를 하게 되었다. 예컨대 세어야 할 대상이 28개가 있다고 하자. 물론 종래의 단순한 일대일 대응으로는 셈이 가능하지 않다. 대상 하나하나에 오른손 손가락 하나하나를 대응시키고 다섯 손가락(基數)이 모두 펴지면 왼손 손가락 하나를 펴고(代替), 오른손은 주먹을 쥔 채로 이 작업을 반복한다. 왼손 손가락이 모두 펴질 때까지 계속하면 25까지 센 셈이고, 다시 오른손 손가락 3개가 펴지게 되므로 28을 셀 수 있다. 이 방법이야말로 인류가 체계적으로 셈을 하기 시작했던 단계였고, 여기에는 오진법의 발상이 들어 있다.
- ❖ 156개까지 세다: 엄지를 제외한 모든 손가락은 세 마디씩으로 되어 있다. 먼저 오른손 엄지 끝으로 새끼손가락의 끝마디부터 각 마디를 짚으면서 1, 2, 3을 대응시키고 다음 약지의 끝마디부터 각 마디를 짚으면서 4, 5, 6을 대응시켜 가면 12까지 셀 수 있고, 이때 왼손 손가락 하나를 세운다. 왼손 손가락 모두가 펴질 때까지 이 작업을 계속하면 60까지 셀 수 있다(60진법의 발상). 그런데 왼손에서의 조작을 오

른손에서와 마찬가지로 행하면 144까지 셀 수 있고, 이어서 오른손으로 12개를 더 세어 모두 156까지 셀 수 있다(12진법의 발상).

- ❖ 1023까지 세다: 이는 2의 누승(거듭제곱)을 차례로 손가락에 대응시키는 방법이다. 양손을 손바닥이 위로 향하도록 하고 오른손 엄지부터 차례로 1, 2, 4, 8, 16 각각을, 그리고 왼손의 소지부터 차례로 32, 64, 128, 256, 512를 각각 대응시킨다. 물론 이런 대응의 방법은 달리할 수도 있다. 그러면 양손을 모두 폈을 때 수 1023을 나타내게 된다. 예컨대 777은 왼손 엄지, 검지, 오른손 약지 그리고 엄지를 편 상태의 수이다(완벽한 2진법 구사).
- ❖ 9090까지 세다: 수 개념을 그림이나 기호로 이미지화하여 영속적으로 남기는 데 성공한 사례는 많지 않다고 한다. 고대문화의 유산인 손가락셈(finger counting)이 서유럽에 도입되어 그것이 인도숫자로 대체되기 전까지 널리 사용되었지만, 기록으로 남아 있는 것이 거의 없는 실정이라서 어떤 유형의 수 표기가 있었는지조차 잘 알려져 있지 않다. 아래 그림에서 보여주는 손가락셈은 8세기 초반에 영국 베네딕투스 수도원 수사였던 비드(Venerable Bede)가 남긴 손가락셈에 대한 유일하고 완전한 기록인

《*On Calculating and Speaking with the Fingers*》이다. 그의 설명은 다음과 같다.

1: 네가 '하나'를 말하고 싶다면, 왼손 소지(小指)를 구부려 그 끝을 손바닥에 두라.

2: '둘'에 대하여는, 약지를 구부려 그 옆에 두라.

3: '셋'에 대하여는, 중지도 그렇게 하라.

……

6: '여섯'에 대하여는, 중지를 펴고 약지를 구부려 그 끝을 손바닥에 두라.

……

10: '열'에 대하여는, 소지의 손톱을 엄지의 가운데 부분에 두라.

……

90: '아흔'에 대하여는, 검지를 엄지의 뿌리 부분에 두라.

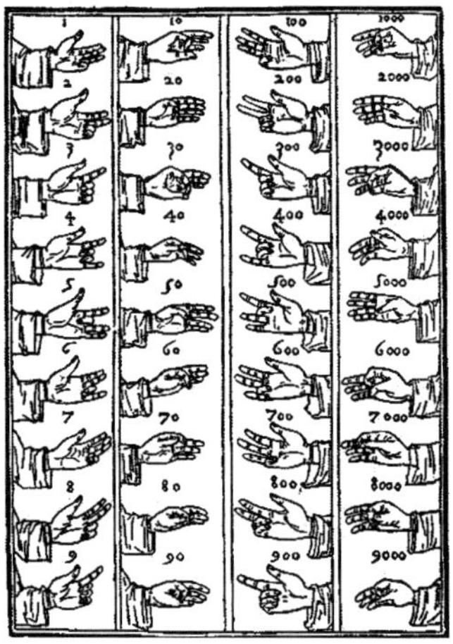

인류 최초 계산기 손가락(파촐리)

몇 백에 대하여는 몇 십을 나타낸 왼손과 동일(대칭 모양)하게, 그리고 몇 천을 나타내려면 1-9의 왼손 모습에 대칭되게 오른손을 조작하면 된다. 파촐리는 백의 자리와 천의 자리의 그림을 맞바꾸는 실수를 하였다. 그림에서 맞바꾸어 생각해야 한다.

❖ 100억까지 세다: 중국의 계산가들은 단지 한 손(오른손)으로 10 만까지, 두 손으로는 100 억까지 헤아릴 수 있는 체계를 성립시켰다고 한다. 이는 모든 손가락을 세 마디씩(엄지를 세 마디로 보기 어렵지만 뿌리 부분도 한 마디로 본다)으로 보면 가능하다. 오른손 소지의 끝마디에서 왼쪽, 가운데, 오른쪽으로 위치에 따라 1, 2, 3을 대응시키고, 둘째 마디에도 이와 같이 하면 4, 5, 6의 대응이 가능하고 맨 아랫마디에도 7, 8, 9를 대응시킬 수 있다. 따라서 소지 하나로 일의 자리의 수가 해결된다. 마찬가지로 약지는 십의 자리, …, 왼손 소지는 10만의 자리, 엄지는 10억 자리까지 대응이 가능하다. 각 손가락의 뿌리 쪽 오른쪽만 다 짚으면 99억 9999만 9999를 가리키게 된다.

지금까지 손가락셈에 대하여 몇 가지 알아보았다. 그런데 손가락으로 수를 대응시키는 방법은 어떤 조작에 수를 대응시킬 것인가, 그 순서는 어떻게 정할 것인가에 따라 무척 다양하다. 양손을 엎은 상태 또는 뒤집은 상태에서 세느냐, 손가락을 구부리면서 또는 펴면서 세느냐, 오른손에서 왼손으로 또는 왼손에서 오른손으로 진행하면서 세느냐, 엄지부터 소지로 또는 소지부터 엄지로 세느냐에 따라 대충 따져 봐도 그 조합이 ($2^6=$) 64가지나 된다. 여러 문화권에서 나름의 방법들이 있었기 때문에 서적들에 소개된 자료들도 일관되어 있지는 않다. 따라서 이들을 바르게 이해하고 우리 방식으로 표준화하는 것이 바람직할 것이다.

수와 손가락의 밀접한 관련은 수학 수업 분위기를 활성화하는 데도 유효한 자료가 될 수 있다. '손가락으로 창의적인 수 표현 아이디어 궁리', '역사적으로 수와 계산에 활용된 손가락 활동 조사 발표', '각 진법의 아이디어에 대한 손가락 활용 설명' 등을 떠올릴 수 있다. 교실에서 학생들과 함께 손가락으로 수 활동을 할 때는 합리적으로 그 방법을 약속할 필요가 있다. 이런 약속 없이 결과만으로 학생의 조작이 틀렸다고 해서는 안 된다.

생각해 볼 문제

문제 2-1 십이진법과 십진법을 서로 비교·분석해 보아라. 오늘날 우리가 만약 십이진법을 사용하고, 십이진법에서의 기본수가 0, 1, 2, … 8, 9, R(십) 및 S(십일)과 같은 열두 개라고 가정한다면 다음은 어떻게 계산해야 하는지 알아보아라.

(1) $R98S47+SS78R5$　　　　(2) $70R326-69S299$

(3) $47R\times 8S9$　　　　(4) $RRSS5\div 80S$

문제 2-2 1부터 9까지의 수에 대하여 이들 각각에 얽힌 이야기(故事)를 수집해 보고, 이를 교실에서 어떻게 활용할 수 있는지 탐구해 보아라.

문제 2-3 이집트 기수법의 구조와 오늘날 위치적 기수법을 비교함으로써, 십진 위치적 기수법의 구조 및 장점을 이해시킬 수 있는 방안을 마련해 보아라.

문제 2-4 1g, 2g, 4g, 8g, 16g, …과 같은 분동이 한 개씩만 있다면 어떤 무게(정수로 나타나는)든지 천칭 저울을 이용하여 모두 측정이 가능한가? 가능하다면 그 이유는 무엇인지 알아보아라. 또 이것과 이집트 사람들이 수행한 곱셈 방식(제 3 장)의 근거를 비교해 보아라.

문제 2-5 1g, 3g, 9g, 27g, 81g, … 과 같은 분동이 각 한 개씩만 있고 양팔저울이 있다고 하자. 이와 같은 분동을 저울의 양쪽에 올려놓는 것이 허용된다면, 3의 배수에 해당하는 무게, 3의 배수보다 1이 큰 수 또는 1이 작은 수에 해당하는 무게를 모두 달 수 있는가? 만약 달 수 있다면 그 이유와 방법을 설명하여라.

문제 2-6 여러 문화권에서는 수를 표기할 때 초기에는 막대 모양, 동그라미, 점 등의 동일한 표상을 한 줄로 계속 늘어놓았다. 그리고는 보다 발전된 배열 방식을 취하게 되었는데, 이 방식에 대하여 조사해 보고 이는 어떤 생각을 바탕으로 하고 있는지 설명하여라.

문제 2-7 우리가 현재 사용하고 있는 인도-아라비아 숫자 중 한번 그리기가 가능하지 않은 것들에 대하여, 한번 그리기가 가능한 기호를 만들어보아라.

문제 2-8 밑수가 5인 단순 그루핑법에서 1, 5, 5^2, 5^3 각각을 나타내는 기호 ◎, ¤, ▽, #를 써서 360, 252, 78, 33을 표현해 보아라.

문제 2-9 1부터 15까지의 수 가운데 8개의 수를 적당히 나열한 다음과 같은 카드 4장이 있다. 한 학생에게 자신의 나이가 들어 있는 카드를 모두 지정하게 했을 때, 이 정보만으로 그 아동의 나이를 알 수 있는가? 알 수 있다면 여기에는 어떤 아이디어가 숨겨 있는가?(힌트: 1부터 15까지의 수를 2진법으로 고쳐볼 것) 또 이를 바탕으로 63까지의 수를 알아낼 수 있는 여섯 장의 카드를 만들어 보아라.

1	9
3	11
5	13
7	15

2	10
3	11
6	14
7	15

4	12
5	13
6	14
7	15

8	12
9	13
10	14
11	15

문제 2-10 여러 민족의 기수법에 대하여 다음 표를 완성하고, 각각의 장·단점을 알아보아라.

특징 / 문화권	덧셈 구조	뺄셈 구조	곱셈 구조	위치 개념	자릿값	0의 사용	바탕수	비고
탤리(tally)								
이집트								
바빌로니아								
로마								
마야								
중국								
인도-아라비아								

문제 2-11 유리수를 표현하는 수단으로 오랫동안 사용되어 오던 분수가 있음에도 불구하고 왜 소수는 개발되었는지 생각해 보고, 초등학교에서 분수와 소수의 지도에서 이와 같은 사실을 어떻게 효율적으로 활용할 수 있는지 알아보아라.

chapter 3 사칙계산 방법과 계산도구의 발달

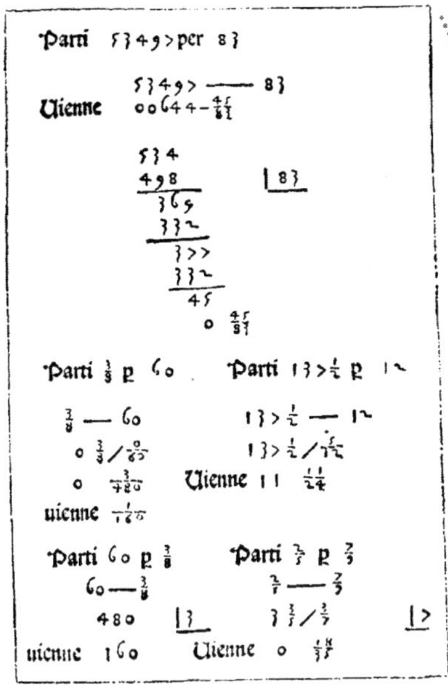

현재와 같은 장제법의 첫 인쇄본(1491)

보편적으로 사칙계산이라고 하면 덧셈, 뺄셈, 곱셈 그리고 나눗셈을 뜻한다. 이는 일반적인 연산을 수의 범위에 국한시킨 특수한 연산이라 할 수 있다. 오늘날 초등학교에서 자연수의 사칙계산은 물론 분수와 소수의 사칙계산까지를 연산의 지도내용에 포함시키고 있다.

그런데 한 예로 초등학생들이 배우고 있는 두 자리 수끼리의 곱셈에 대한 필산 알고리즘의 경우만을 보더라도, 학생들은 이와 같은 편리한 셈법이 마치 하늘에서 떨어진 것이라도 되는 것처럼, 완벽한 하나의 기성품으로 받아들이고 있다. 실제로 여기에는 오늘에 이르기까지의 굽이굽이에서 숱한 우여곡절과 많은 시행착오로 점철된 수천 년의 역사가 내재해 있다. 학생들은 이러한 사항을 전혀 모르는 채, 지금까지 개발된 가장 효율적인 계산 알고리즘만을 그대로 수용하고, 그에 따라 기계적으로 계산만 잘 해내면 되는 것으로 알고 있으며, 대부분의 학생들은 또 그렇게 하고 있다. 그리고 가르치는 입장에서도 그러기를 바라는 것 같아 보인다.

이와 같이 진행되는 연산의 교수·학습 장면을 자연스러운 학습, 의미 있는 학습의 형태라고 보기는 어렵다.

이 장에서는 특히 수 집합에서 다루는 사칙계산의 역사에 대하여 그 발자취를 소개하고, 과거 역사 속에서 계산을 해내기 위해 인류가 개발하여 활용했던 각종 계산 도구에 대하여 알아보기로 한다.

Ⅰ. 초기의 셈법

인도의 계산법은 아라비아를 거쳐 12세기경 유럽으로 전해졌다. 그러나 현재와 같은 필산 형식으로 정착되기까지에는 많은 세월을 필요로 했다. 인도 사람들은 마른 모래 같은 것 위에 숫자를 써서 계산했기 때문에 쓰거나 지우는 것이 자유로웠다. 그런데 양피지나 종이 위에 잉크로 쓴다면 이를 지우는 일은 쉽지 않다. 따라서 계산 도중의 결과를 써 나가면서 선을 그어 삭제하는 방법이 사용되었다. 초기 유럽의 필산 형식에서 지운 숫자가 남아 있는 것도 이러한 이유 때문이다.

오늘날 초등수학에서 사용하는 긴 곱셈이나 나눗셈 등의 계산 규칙은 15세기말에 이르러서야 개발되었다. 이와 같이 늦게 개발된 이유는 정신적·물질적 어려움이 있었기 때문이다. 즉, 고대 수 체계가 간단한 계산에서조차도 쉽게 받아들여지지 않는다는 인상은 주로 이들 체계와 친근하지 않다는 데서 기인하고 있다. 이와 같은 정신적 장애는 다소 해소되어 간다 하더라도 물질적인 어려움은 매우 심각하였던 것이다. 충분한 종이 재료가 없이는 산술 계산의 긴 과정을 전개하기가 대단히 어려웠던 것이다(片野善一郎, 1982, p. 30).

시대와 민족에 따라 사칙연산의 내용과 방법도 천차만별이었다. 각 연산별 내용에 대하여 개괄적이나마 알아보기로 한다(Smith, 1958, Vol. II. pp. 88-144).

Ⅱ. 덧셈

고대 이집트나 그리스에서는 수판이나 손가락 기호를 사용하여 계산하였다. '역사의 아버지'로 일컬어지는 그리스 역사가 헤로도토스(Herodotos, 484-425 B. C.)는 "이집트인들은 오른쪽에서 왼쪽으로 손을 움직여서 작은 돌로 계산하였으며, 그리스인들은 왼쪽에서 오른쪽으로 움직였다."고 하였다. 로마인들도 그들의 숫자로는 계산이 거의 불가능했기 때문에 수판을 고안하여 그 위에서 단추를 움직여서 계산하였으며, 이런

헤로도토스

방식은 15세기까지 진행되었다.

1. 인도의 덧셈

알콰리즈미(780-850)

오늘날과 유사한 형태로 더하는 방법은 인도에서 생겨났다. 자리수가 많은 수끼리 더할 경우, 오늘날의 방법과는 반대로 왼쪽에서 오른쪽으로 더해 갔으며, 그 결과도 그리스나 로마에서와 같이 현재와는 반대로 위쪽에 썼다. 이와 같은 방법은 9세기 초에 아라비아의 알콰리즈미(al-Khwarîzmî)가 체득하여, 이것이 아라비아로 그리고 유럽으로 전해졌다. 현재와 같이 오른쪽에서 왼쪽으로 덧셈하고 답을 아래에 쓰는 방식은, 파리에서 수학과 천문학을 강의했던 사쿠로보스코(Sakurobosco) 교수의 1488년의 저서에 나타나고 있으며, 이러한 덧셈 규칙은 유럽으로 전해졌다.

예 1 23789+38576의 덧셈 문제

이의 계산에서 다음 ①은 고대 인도의 방법이며, ②는 현재의 방법이다.

①	②
6236	23789
$\not{5}\not{1}\not{2}\not{5}5$ … 답	38576
――――	――――
23789	62365 … 답
38576	

바스카라(1114년생)

또 바스카라(Bhāskara)의 책 《릴라바티(Lilāvati, 1150)》에는 각 자리의 수들의 합을 만들고 그것을 모두 더하여 합계를 구하는 방법이 나타나고 있다.[1)]

예 2 2, 5, 32, 193, 18, 10, 100의 합을 구하는 경우

이와 같은 덧셈을 할 때 그들은 주어진 일곱 개의 각 수에서 오른쪽과 같이 일의 자리의 수들끼리, 십의 자리의 수들끼리, 그리고 백의 자리의 수들끼리의 합을 차례로 각각 구하고, 끝으로 부분 합들을 다시 더하여 전체 합계를 구하는 방법을 사용하였다.[2)]

---

1) 《릴라바티》에 다음과 같은 문제와 풀이가 제시되어 있다. "총명한 릴라바티여, 네가 덧셈을 할 줄 안다면 2, 5, 32, 193, 18, 10, 그리고 100을 모두 더해서 얼마인지 말해 주렴."

2) 옛날에는 수를 덧셈한 결과라는 의미로만 '합계'라는 용어를 썼던 것이 아니었다. 13세기 이탈리아의 피보나치는 곱

한편, 인도인들은 다음과 같은 독특한 계산 방법을 고안해 내기도 하였다.

일의 자리의 합	20
십의 자리의 합	14
백의 자리의 합	2
합	360

예 3 **43491 + 5169 + 20430**

즉 이와 같은 덧셈을 할 때, 먼저 왼쪽부터 4와 2를 더하여 6을 아래에 쓰고, 3과 5, 그리고 0을 더해 8을, 4와 1, 그리고 4를 더해 9를 쓴다. 다음에 9, 6, 그리고 3을 더해 18인데 8만 쓰고, 1은 왼쪽의 수 9에 더하면 10이므로 9를 지우고 아래에 0만 쓰고, 다시 1을 그 왼쪽의 8에 더한다. 그래서 8을 지우고 그 밑에 9를 쓴다. 끝으로 1, 9, 그리고 0을 더해 10을 얻는다. 이 때 0만 쓰고, 1을 그 왼쪽의 8에 더하면 9가 되므로 9를 그 밑에 쓰고 8을 지운다. 이 덧셈의 결과는 지워지지 않고 남아 있는 수를 왼쪽부터 읽으면 된다.[3)]

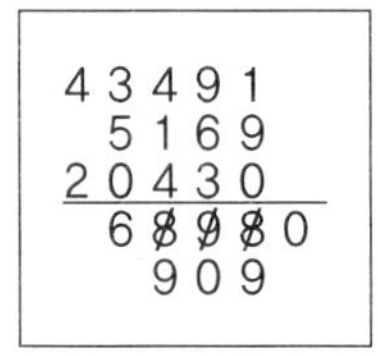

2. 아라비아의 덧셈

아라비아에서는 위의 인도의 《릴라바티》 문제(예 2)와 같은 덧셈을 할 경우, 오른쪽과 같이 우측부터 계산해 가면서 계속하여 답을 수정하는 과정을 통해 합을 구했다.[4)]

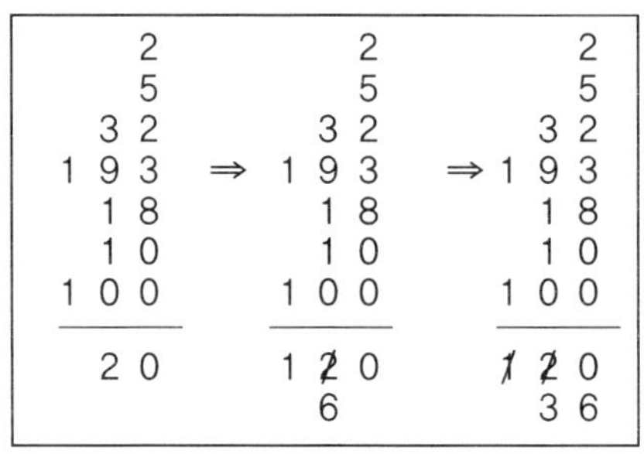

한편, 아라비아인들은 덧셈의 결과인 합을 위에 쓰는 방법을 가끔 사용하기도 하였다.

예 4 **5687 + 2343**

8030	2
5687	8
2343	3

이 경우 오른쪽에서 보는 바와 같이 그 옆에 구거법(casting out 9's)에 의한 검산을 함께 제시하였다. 이 방법은 1340년 플라누데스(Maximus

셈의 합계, 나눗셈의 합계 등과 같이, 여러 가지 산수 연산의 해를 나타내기 위해 '연산의 합계'라는 용어를 썼으며, 이는 17세기까지도 유럽에서 사용된 지도서에 나타났던 것이다. 그러나 그 이전인 15세기말부터 비트만(Widmann)의 책(1498)에서 '더하다'와 마찬가지로 '합계하다'라는 용어도 사용되었듯이, 합계라는 용어는 덧셈의 결과라는 특수한 의미로도 쓰이기 시작하였다.

3) 이는 소거에 의한 방법임을 나타내고 있다. 그들이 모래 계산기로 계산을 수행할 때 적용했던 방법이다.

4) 알콰리즈미의 산술의 라틴어 번역판에서는 "Algoritmi는 우리의 지도자이시고 보호자이신 신을 찬미하라."라는 말로 시작하고 있다. 이때 Algoritmi는 al-Khwârizmî를 뜻하는 말이다.

Planudes)에 의해 채택된 것이다.

3. 기타 방법

16세기 네덜란드 수학자 후리시우스(Gemma Frisius)는 그의 저서 《산술》(1540)에서 다음과 같은 방법을 제시하였다.

예 5 9279 + 389 + 479

이 경우 숫자를 소거하지 않는 오른쪽과 같은 방법을 사용했는데, 이때 그는 가장 큰 수를 맨 위에 썼으며, 각 자리의 수들끼리 오른쪽부터 더하고 다시 부분 합들을 더하는 형식인 긴 덧셈을 하였다. 이는 오늘날의 덧셈 지도 과정에서도 활용하는 방법이다.

$$\begin{array}{r} 9279 \\ 389 \\ 479 \\ \hline 27 \\ 22 \\ 9 \\ 9 \\ \hline 10147 \end{array}$$

현재와 같이 받아 올림을 암산에 의해 처리하는 방법은 16세기 이후에야 나타난 것으로, 영국의 레코드(Robert Recorde, 1510–1558)의 책(1542)에서는 받아 올려지는 숫자를 '기억해 두라(keepe mynde)'라고 하였다.[5)]

III. 뺄셈

고대 바빌로니아에서는 수 기호의 많은 나열을 효과적으로 피하기 위해 뺄셈 기호를 도입하여 표기를 한결 간략화하였다. 이는 그들이 뺄셈을 하였다는 증거이다. 한편 이집트 사람들도 사람이 걸어가는 모습으로 더하기와 빼기의 기호로 대용하였다.

덧셈과는 달리 뺄셈은 표준화된 방법이 없었던 것 같으나, 대체로

(1) 피감수로부터 감수를 하나하나 빼어 나간다, 또는

(2) 더해서 피감수가 되는 수를 감수에 더한다.[6)]

---

5) 이는 산판(abacus) 위에서 셈돌(counter)로 계산을 할 때, 받아 올려지는 셈돌의 수를 기억하라는 것으로부터 유래한 것인데, 17세기가 되기까지 영국에서는 보편화되지 않았다. Baker(1568)는 "keepe the other in your minde", Digges(1572)는 'keeping in memorie' 또는 'keeping reposed in memorie' 등으로 나타내었다.

6) 이는 오늘날 '오스트리아 방법'으로 불리기도 한다.

는 두 가지 방법으로 대별할 수 있다. 첫 번째 방법은 왼쪽에서 오른쪽으로 연산하는 인도의 방법이 유럽으로 전해진 것이다. 표면에 모래를 깔아놓은 계산판 위에 숫자를 쓰고 계산 도중에 바뀌는 숫자를 지우는 간단한 인도 방식은 많이 사용되었다. 이와 같은 계산판 위에서 계산을 하지 않는 경우에는 연산 과정에서 바뀌는 숫자를 가로 선으로 지우고 새로운 숫자를 써야 하는 번거로움이 수반되었다.

1. 인도의 뺄셈

바스카라의 책에 나타난 인도의 뺄셈은, 왼쪽에서 오른쪽으로 연산을 진행하면서 피감수로부터 감수를 하나씩 덜어 나가는 방법임을 보여준다.

예 6 **10000 − 360**

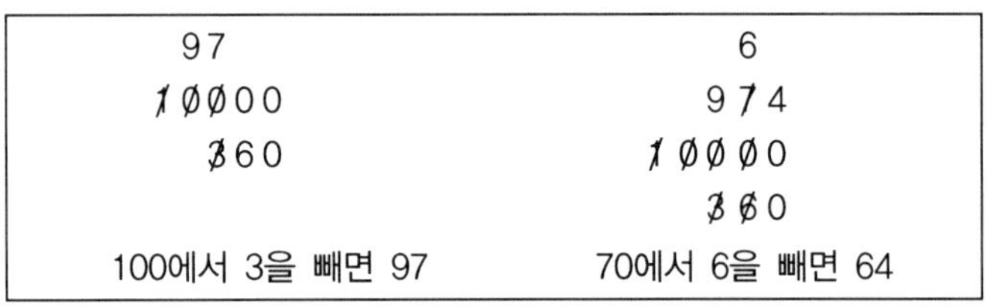

한편, 알콰리즈미의 저서의 초기 번역서(12세기경)에서 소개하고 있는 인도의 뺄셈은 다음과 같은 단계에 따라 행해진다. 더하여 피감수가 되는 수를 감수에 더한다.

예 7 **12025 − 3604**

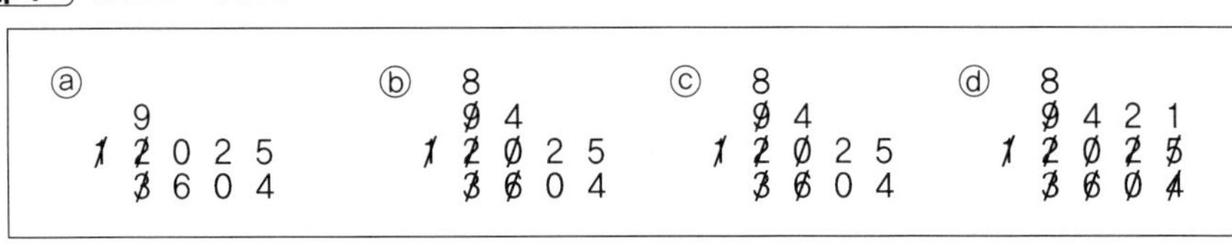

ⓐ 12−3=9, 9는 위에 쓰고 끝난 숫자는 지운다.

ⓑ 0(백)에서 6(백)을 뺄 수 없다. 얻은 수 9(천)에서 1(천)을 뺀다.
1(천)−6(백)=4(백), 9외에 사용이 끝난 숫자 0과 6을 지우고 8과 4를 쓴다.

ⓒ 2−0=2, 0만을 지운다.

ⓓ 5−4=1, 5와 4를 지우고 1을 쓴다. 끝에서 지워지지 않은 수 8421이 답이다.

이 연산에 숙달된 사람은 위의 단계 중 ⓓ만을 나타내기도 하였다.

2. 유럽에서 사용한 뺄셈 방법

유럽에서는 다음과 같은 네 종류의 방법이 사용되었다. 243－87＝156의 경우를 예로 하여 알아보자(片野善一郎, 1982, pp. 31-32).

(1) 항등식 $a-b=a+(10-b)-10$에 기초한 보충 방법

오른쪽에 제시된 방법은 "$10-7=3$, $3+3=6$, $10-8=2$, $3+2=5$"와 같은 과정에 따라 계산한 것이다.

$$\begin{array}{r} 2\ 4\ 3 \\ -\quad 8\ 7 \\ \hline 1\ 5\ 6 \end{array}$$

한편, 사본느(Savonne, 1563)는 이 방법을 쓰면서 10을 빌려 오는 것을 점을 찍어 오른쪽과 같이 나타내었다.

$$\begin{array}{ccccc} 6^{\cdot} & 4^{\cdot} & 0^{\cdot} & 6^{\cdot} & 0 \\ 2 & 7 & 8 & 7 & 4 \\ \hline 3 & 6 & 1 & 8 & 6 \end{array}$$

(2) 빌린 다음 갚는 방법

"$13-7=6$, $14-9=5$ (여기서 9는 $8+1$로 본 것이다.)"

이는 피보나치(Fibonacci)의 책(1202)과 플라누데스(Maximus Planudes, 1340), 뵈르기(Börghi, 1484)의 책에 나타난다. 빌려 온 1을 밑의 다음 수에 더하는 방법으로서 많은 사람들이 사용하였다고 한다. 이 방법 역시 인도인이 사용하였다. 15세기와 16세기에 대부분의 저자들이 이 방법을 가장 좋은 방법으로 인정했다고 한다.

(3) 단순히 빌리기만 하는 방법

"$13-7=6$, $13-8=5$"

이 방법은 에즈라(Rabbi ben Ezra, 1140)의 글에서, 또 알콰리즈미의 책(825)에서도 나타난다. 오른쪽에서부터 계산하는 이 방법은 제르나두스(Gernardus, 13세기?), 사쿠로보스코(1250), 플라누데스 등에 의해 지지되었다.

(4) 더하는 방법

"7과 6은 13, 9와 5는 14, 1과 1은 2. 또는 7과 6으로 13, 8과 5로 13, 0과 1로 1"

이 방법은 프랑스의 부테오(Buteo, 1559)가 고안했다고 알려져 있는데, 19세기까지는 별로 쓰이지 않았던 것이다. 오스트리아의 모체닉(Močnik, 1848), 살로먼(Josef Salomon, 1849)과 같은 수학자들의 '산술'로 배운 독일인 쿡쿠크(Kuckuck, 1874)가 전했다는 이유로, 이는 '오스트리아 방법'이라고 알려지고 있다.

위에서 제시한 방법 중 (2)는 프랑스, 체코슬로바키아의 교과서에 나타나며 (3)은 미국, 유고슬라비아의 교과서에 등장하고 있다.

(미국)	(유고슬라비아)		
6 14	3 16		7 3 16
7 4	8 4 6 (4, 6 지움)	⇒	8 4 6 (8, 4, 6 지움)
−4 6	−3 7 8		−3 7 8
2 8	8		4 6 8

한편 뺄셈에 관한 용어의 역사는 다음과 같다. 그리스나 고대 로마에서는 뺀다는 특별한 술어를 쓰지 않고 일상적인 여러 가지 말로 이를 대신하여 사용하였다. 'substractio(뺄셈)'란 술어는 6세기의 보이티우스(Boethius)가 처음으로 썼으며, '피감수'와 '감수'라는 용어는 1716년의 책에서 나타나고, '나머지'란 술어는 10세기에 제르베르(Gerbert)가, 또 13세기에 피보나치가 사용했으며, 그리고 뺄셈의 결과를 의미하는 'differentia(차)'란 술어는 비트만(Widmann, 1489)이 처음으로 사용하였다.

보이티우스(475-514)

IV. 곱셈

곱셈은 덧셈과 함께 기본연산의 한 가지이다. 그러나 곱셈은 비교적 늦게 연구되었다. 곱셈은 같은 수를 여러 번 더하는 것을 간단히 하는 것으로부터 발전하였다.

1. 손가락 곱셈

고대 사람들에게 손가락은 수를 세기 위해서뿐 아니라 계산을 할 때에도 유용하게 쓰였다. 비록 이와 같은 손가락 곱셈이 태고의 전통이긴 하지만, 아직도 이라크, 인도, 시리아, 세르비아, 북아프리카 등지에서는 어떤 인위적 수단도 필요 없는 이 방법이 전해져 오고 있다고 한다.

'7×9'의 경우

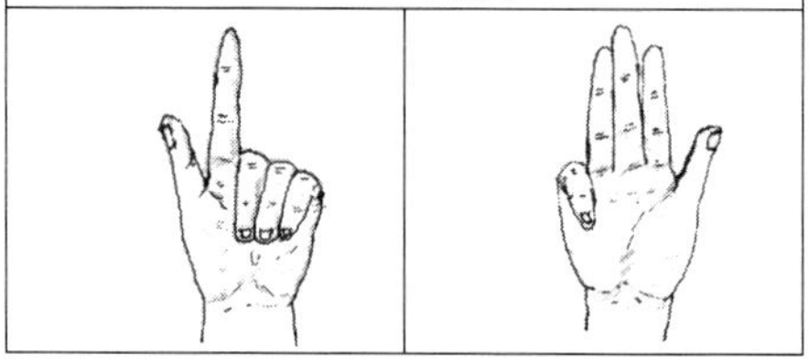
그림 3-1 손가락 곱셈

예컨대 7×9의 곱셈을 하는 경우, 한 손의 손가락 수와 피승수 7을 비교하여 남는 2에 대해서는 왼손의 손가락 2개를 편다. 오른손에 대해서도 승수와의 비교에 의해 마찬가지 조작을 한다. 양손의 펴진 손가락은 각각 10을 나타내는 것으로 20과 40을 더하여 60을 얻는다. 그리고 양손의 구부러진 손가락은 각각 1을 나타내는 것으로 3과 1를 곱하여 3을 얻는다. 이 두수를 더해서 63이라는 결과를 얻는다.[7)]

즉, $7\times9=(2+4)\times10+(3\times1)=60+3=63$이 된다.

이는 10부터 15 사이의 두 수의 곱으로도 그 확장이 가능하다. 예컨대, 11×13의 경우를 알아보자. 단 이때에는 $100=10\times10$이라는 사실을 알고 있어야 한다. 우선 한 손은 $(11-10)$만큼의 손가락을 편다. 다른 한 손은 $(13-10)$만큼의 손가락을 편다. 따라서 한 손은 1개, 다른 손은 3개의 손가락이 펴져 있다. 그러므로 $11\times13=10\times(1+3)+(1\times3)+10\times10=143$이고 이는 정확한 결과이다.

2. 고대 이집트의 곱셈

이집트인들은 두 배하고 더하기(duplation plan)을 사용하여 곱셈을 수행하였다. 이런 방법은 르네상스 시대의 많은 책에서도 나타나고 있다.

예 8 23×17

오른쪽에 제시된 이집트 곱셈은 승수를 계속하여 2 배씩 해나가되, 왼쪽 열의 수는 승수보다 작은 2의 거듭제곱수 중 최대수가 될 때까지 승수의 배수를 찾고, 왼쪽 열의 수 가운데 더해서 피승수가 되는 수들에 적당히 표시한다. 끝으로 표시된 수들에 대응하는 오른쪽 열의 수들의 합을 구하면 처음 두 수의 곱을 구할 수 있다는 아이디어에 의한 것이다.[8)]

*	1	17
*	2	34
*	4	68
	8	136
*	16	272
합 17+34+68+272=391		

7) 수학적으로 다음과 같이 정당성을 입증할 수 있다. 5와 10 사이의 피승수와 승수를 x, y 라 하자. 한 손에서는 $x-5$ 만큼의 손가락을, 다른 한 손에서는 $y-5$ 만큼의 손가락을 편다. 첫 번째 손의 구부러진 손가락 수는 $p=5-(x-5)$ 이고, 남아 있는 두 번째 손의 구부러진 손가락 수는 $q=5-(y-5)$ 가 된다. 그리고 양손의 펴진 손가락 전체 수는 $r=(x-5)+(y-5)$ 이다. 따라서 이 곱셈 결과를 식으로는 $(10\times r)+(p\times q)=10[(x-5)+(y-5)]+[5-(x-5)]\times[5-(y-5)]=xy$ 와 같이 나타낼 수 있고, 이는 정확한 결과이다. 계속하여 15와 20 사이의 두 수의 곱, 그리고 그 이후까지도 확장할 수 있으며, 수학적인 증명도 가능하다(김병욱, 1990, pp. 108-110; NCTM, 1989, pp. 122-123).

한편, 러시아의 농부들은 현재에도 이와 같은 이집트 곱셈과 유사한 방법을 사용한다고 한다.

예 9 **49 × 28**

오른쪽에서 보듯이, 피승수는 2로 나누어서 그 반을 취하는 과정(나누어떨어지지 않을 때에 주목하라)을 밟고, 승수는 2배씩 해나가는 과정을, 피승수 열의 1이 나타날 때까지 계속한다. 그리고 왼쪽 열에서 홀수에는 적당히 표시하여 이에 해당하는 오른쪽 열의 수들을 더해서 곱을 구하는 방법이다.

*	49	28
	24	56
	12	112
	6	224
*	3	448
*	1	896
합	28 + 448 + 896 = 1372	

위에서와 같은 고대 이집트 곱셈이나 러시아 농부의 곱셈 방법은 모두 '2의 멱의 합'으로의 표현에 그 기초를 두고 있다.[9]

3. 인도의 곱셈

그리스와 로마에서는 수판을 사용하였기 때문에 곱셈 방법에 대해 특별한 것은 없었다. 그러나 바스카라의 책 《릴라바티》(1150)에 다음과 같은 다섯 가지의 곱셈 방법이 제시된 것을 본다면, 인도인들이 여러 가지 곱셈 방법을 사용했다는 것을 알 수 있다.

⑴ 곱하는 수를 인수로 분해하고, 그 인수를 계속해서 곱하는 것이다.

⑵ 곱하는 수를 곱하기 쉬운 두 수의 합이나 차로 분해하는 것이다.

⑶ 5×57893411은 다음과 같이 계산하였다. 5×5=25로 해서 이것을 피승수 위에 썼다.[10] 그 다음 5×7=35, 25에 3을 더하여 28로 한다. 그렇게 하여 285를 얻는다. 다음에 5×8=40, 285에 4를 더하여 289가 되고, 그렇게 하여 2890을 얻는다. 이런 식으로 계속하여 오른쪽과 같은 표를 산판 위에서 얻는다.

```
289467055
 57893411   5
```

⑷ 곱하는 수가 많은 경우, 예를 들어 753×324는 다음과 같이 하였다.

먼저 곱하는 수의 왼쪽의 숫자를 피승수의 일의 자리 위에 오게

---

8) 고대 이집트 곱셈 방법을 소재로 교재화하고 이를 실제로 지도한 사례를 이 장의 끝에 제시했으므로 참고하기 바란다.

9) 이집트인들의 곱셈 방법과 러시아 농부들의 곱셈 방법을 비교해 볼 수 있을 것이다. 그리고 러시아 농부들의 곱셈의 당위성을 확인해 보는 것은 흥미로울 것이다.

10) 피승수와 승수의 개념이 우리와 달랐던 것 같다.

둔다. 3×7=21을 위에 쓰고, 3×5=15, 이제 21의 1을 2로 고쳐 225가 되고, 3×3=9를 하면 2259를 얻는다.

다음에 피승수 753을 한 자리 오른쪽으로 옮긴다. 2×7=14, 이는 이미 얻은 25의 자리이다. 따라서 이 수를 더하면 39가 된다. 이제 25를 지워서 39를 쓴다. 2×5=10, 10을 399에 더하여 409를 얻는다. 2×3=6이므로 4096을 얻는다.

마지막으로, 피승수를 다시 한 자리 오른쪽으로 옮겨 같은 방식으로 진행하면 최종 결과는 243972가 된다.

2259		24096		243972
3	24	32	4	324
753		753		753

이 방법은 인도인들이 사용한 판에서는 효과적이지만 종이 위에 쓸 때는 비능률적이다. 즉시 지우기도 어렵고 부분 곱이 이루어질 때마다 즉시 합하는 것도 복잡하다. 그래서 이 방법을 그대로 사용한 아라비아인들은 종이 위에서 계산하면서 새로운 수를 위로 올려서 썼다.

(5) 인도인들은 곱하는 데 다른 방법도 썼는데, 이 방법은 현재 우리가 쓰는 방법과 아주 비슷하다. 예를 들어, 12×735는 다음과 같이 계산하였다.

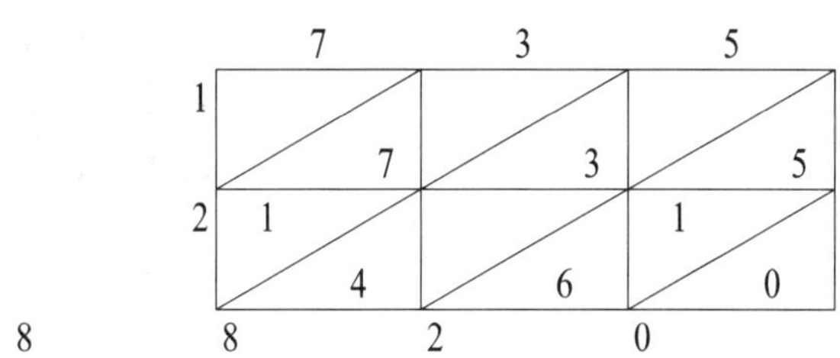

4. 초기 유럽의 다양한 곱셈 방법

산술 계산에 대한 인도인의 습관이 유럽에 전해져 덧·뺄셈이 가끔 오른쪽에서 시작하는 경우도 있었지만, 16세기말까지 왼쪽에서 시작하는 방법을 사용하였다.

파치올리(1445?-1515)

수도사인 파치올리(Pacioli)는 1494년에 《산술집성》에서 곱셈과 나눗셈 방법에 대하여 기술하고 있다. 파치올리가 제시한 다음 여덟 가지의 곱셈 방법 중에서 다섯 가지는 인도의 바스카라로부터 비롯된다(片野善一郎, 1982, pp. 33-35).

(1) 장기판법

인도의 바스카라의 방법 중에서 이 방법과 비슷한 것이 있는데, 135×12를 계산하는 두 가지 방법이다.

```
   135            
12                 135
----            12
12              ----
  36            135
   60            270
----            ----
1620            1620
```

[그림 3-2]는 파치올리의 책에 나타나는 방법으로 흔히 장기판법이라고도 한다. [그림 3-3]은 장기판법의 변형된 방법으로 여겨지며, Scacchero 곱셈이라고 한다. 특히 승수를 오른쪽에 쓴 것이 주목된다.

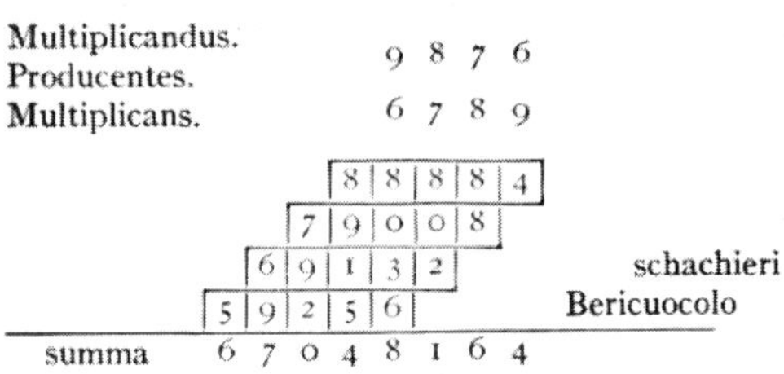

그림 3-2 장기판법

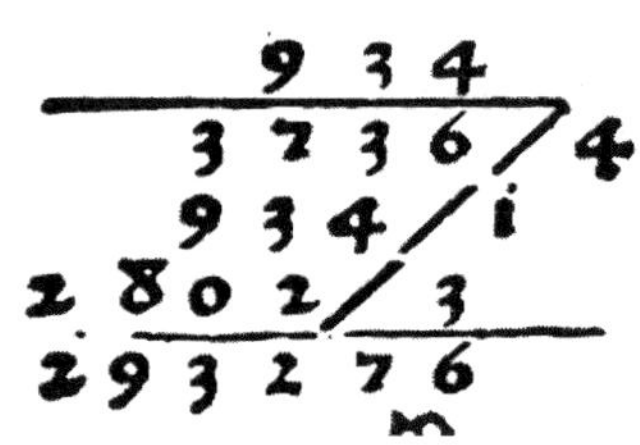

그림 3-3 트레비조(Treviso)의 산술(1478)에 나타나는 변형 장기판법

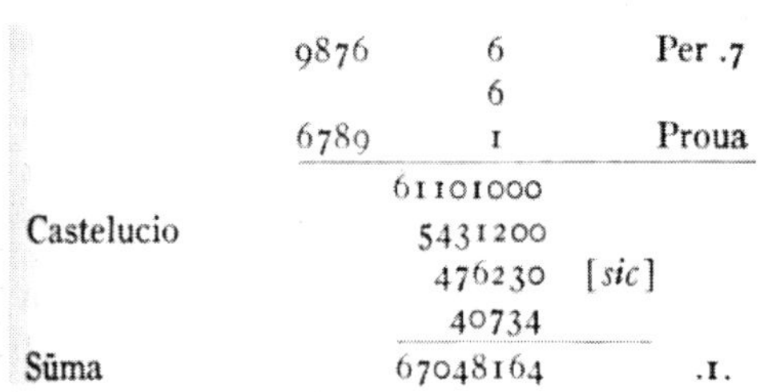

그림 3-4 성곽법(Smith, D. E., 1958, Vol. II, p. 111)

(2) 성곽법

이 방법은 17세기말 또는 그 이후까지도 지속적으로 나타났으나, 항상 미숙한 방법으로 간주되었다.

(3) 곱셈표 이용법

이는 마치 고대 바빌로니아인들이 사용했던 것과 마찬가지로, 곱셈표를 이용하는 방법으로 15세기에 널리 활용했던 것이다.

그림 3-5 곱셈표

(4) 크로스법

이는 인도인들이 사용했던 것으로 '멜빵 메는 법'이라고 하였다. 예를 들어, 9876×78은 [그림 3-5]와 같이 조립된다. 즉,

$$\begin{aligned} & 6\times8+10(7\times8+6\times7) \\ & \quad +100(8\times8+7\times7+6\times0) \\ & \quad +1000(9\times8+8\times7+7\times0+6\times0) \\ & \quad +10000(9\times7+8\times0+7\times0)+100000(9\times0+8\times0)+1000000(9\times0) \end{aligned}$$

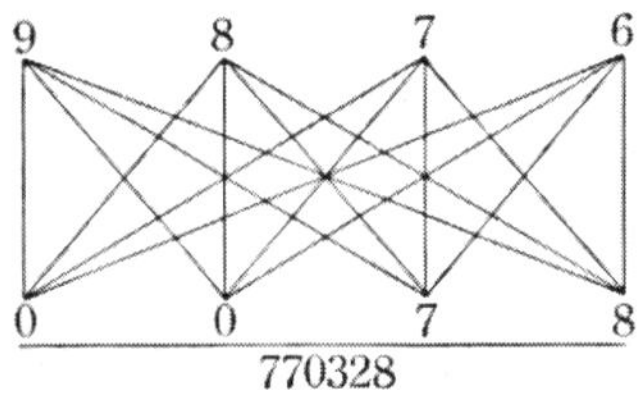

그림 3-6 크로스법(Cross Multiplication)

(5) 사변형법

정사각형법이라고도 부른다. 예를 들어 934×314는 [그림 3-7]과 같이 기본 곱셈을 하고 대각선을 따라 더한다.

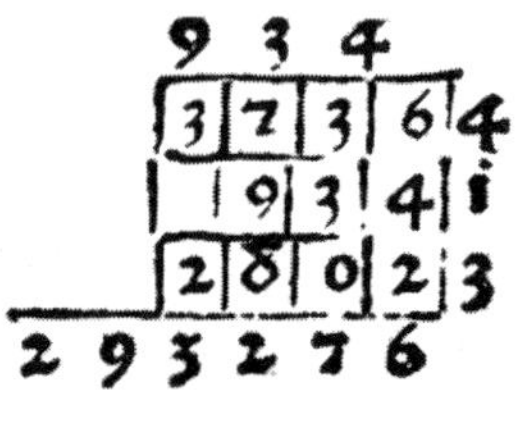

그림 3-7 사변형법

(6) 격자곱셈법

격자곱셈이라고 부른다. 다음과 같이 계산하여 대각선끼리 더한다. 그러면 $987 \times 987 = 974169$가 된다.

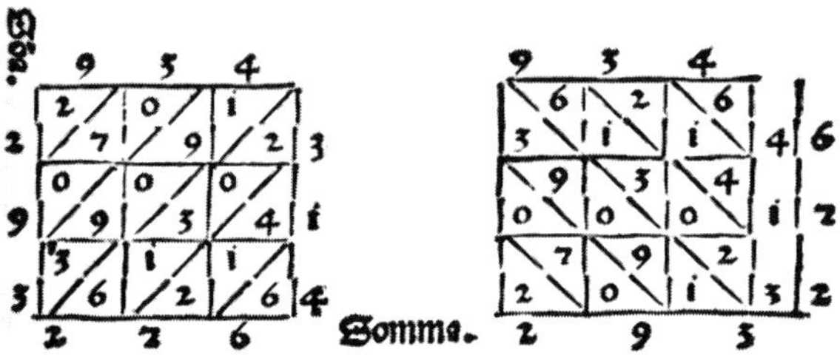

그림 3-8 트레비조 산술 초판(1478)에 나타난 겔로시아 곱셈

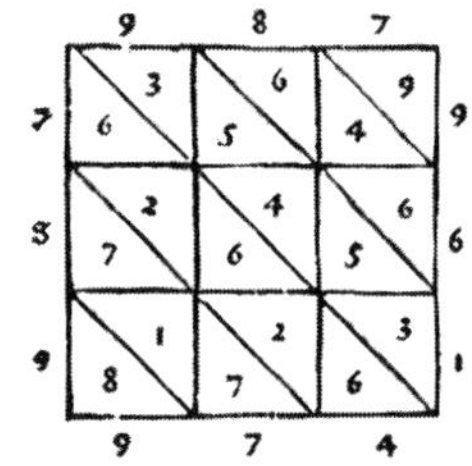

그림 3-9 파치올리(1494)가 제시한 겔로시아 곱셈

(7) 승수 분해법

예컨대 $234 \times 48 = 234 \times 6 \times 8$과 같이 승수를 몇 개의 인수로 분해하여 계산하는 방식이다.

(8) 피승수 분해법

이는 피승수를 적당한 수의 합으로 분해하는 것인데, 타르탈리아(Nicolo Tartaglia, 1500–1557)가 1556년에 다음과 같은 예를 제시하였다.

$$26 \times 67 = (3+4+5+6+8) \times 67 = 201 + 268 + 335 + 402 + 536 = 1742$$

이상 여러 방법 중에서도 첫 번째 방법이 당시 유용하게 사용되었다고 한다.

V. 나눗셈

나눗셈은 15세기까지도 아주 어려운 것으로 인식되었다. 파치올리(1494)가 "나눗셈을 잘 할 수 있다면 그 밖의 모든 것은 쉽다. 다른 모든 것이 그 안에 들어 있기 때문이다."라고 말할 정도이다.

1. 이집트 나눗셈

	1	8	
∨	$\bar{2}$	16	
	$\bar{2}$	4	
∨	$\bar{4}$	2	
∨	$\bar{8}$	1	합 19

이집트인들은 2배하기와 조정하기(duplation and mediation)의 과정을 반복하여 나눗셈을 하였다. 즉, 린드 파피루스의 24번 문제를 알아보면 그 과정은 오른쪽과 같다.
$16+2+1=19$이므로, 몫은 $2+\frac{1}{4}+\frac{1}{8}$이 된다. 나눗셈 계산 과정에서 숫자 위에 막대(bar)로 표시된 것은 그 수를 분모로 하는 단위분수를 뜻한다$\left(즉,\ \bar{4}=\frac{1}{4}\right)$. 이는 19에 8이 몇 번 들어 있는가로 해석하여, 당시 사람들도 '8에 어떤 수를 곱하면 19가 되는가'에서 어떤 수를 찾기 위해 앞에서 알아본 곱셈의 역산에 해당하는 조작을 하였다.

이와 같은 계산 과정을 거치고 왼쪽 열에서 ∨으로 표시된 수를 모두 더하여 몫을 구했다. 따라서 $19\div 8=2+\frac{1}{4}+\frac{1}{8}$이며, 이 경우 오늘날의 학생들은 $19\div 8=2\cdots 3$ 또는 $19\div 8=2.375$라고 답을 쓸 것이다. 19를 8로 나누는 경우이므로, 몫을 분수로 표시하면 $2+\frac{3}{8}$인데 분수 부분인 $\frac{3}{8}$을 단위분수의 합으로 고친 셈이 된다. 이와 같이 아집트 나눗셈 과정에서는 자동적으로 단위분수의 합으로의 표현이 나타난다.

2. 아라비아의 나눗셈

인도에서 사용한 두 종류의 나눗셈 방법이 바스카라의 《릴라바티》에 소개되고 있다. 이와 같은 인도의 나눗셈이 아라비아로 전해져서 여러 가지로 발전하였다. 알콰리즈미의 나눗셈 방법은 제수를 피제수 밑에 쓰고, 몫은 그 위에 쓰는 식으로 하며, 잇달아 나오는 새로운 나눗셈에서의 제수는 한 자리씩 오른쪽으로 옮기는 것이다. 예를 들어, $46468\div 324$는 오른쪽과 같은 방식으로 계산한다.

```
    136
     14
    110
     12
    140
    143
  46468
  324
   324
    324
```

이 과정을 단계적으로 설명하면 다음과 같다.

324)464(1	32)140(4	324)1406(4	32)110(3	324)1108(3
324	128	1296	96	972
140	12	110	14	136

3. 제르베르의 나눗셈 방법

후에 실베스테르 2세(Sylvester II)라는 로마 교황이 된 제르베르(Gerbert d'Aurillac, 940?–1003)는 《산판의 계산법》이라는 책을 출판하였다. 그의 '나눗셈에 관한 법칙'은 나눗셈에 관한 현존하는 책 중에서 가장 오래된 것이다. 그의 방법을 여제법(complementary division)이라 한다. $4087 \div 6 = 681 \ldots 1$의 경우를 예로 알아본다.

$\bar{\text{I}}$	C	X	I
			4
			6
4		8	7
1	6	6	4
1	4	4	8
	4	8	9
	1	4	4
	1	2	3
	1	4	4
		6	7
		2	1
		1	
		1	
	4	4	6
	1	1	2
	1	1	1
	6	1	1
		8	1
			1

(1) 오른쪽과 같이 피제수 4087을 쓰고 그 위에 제수 6을 쓴다. 6 위에 10과 6의 차인 4를 쓴다.

(2) 이 차에 $\bar{\text{I}}$ 열에 있는 4를 곱하고, 그 곱인 16을 $\bar{\text{I}}$ 열과 C열에 각각 1과 6을 쓴다. $\bar{\text{I}}$ 의 4를 지우고 밑의 수평선 밑, 한 자리 오른쪽인 C열에 4를 써서 몫으로 한다.

(3) $\bar{\text{I}}$ 열의 1에 4를 곱해 그 곱인 4를 C열에 쓰고, 1은 지워 밑의 몫 줄 C열에 1을 쓴다.

(4) C열에 있는 6과 4를 더하여 그 합인 10의 1을 $\bar{\text{I}}$ 열에 쓰고 6과 4는 지운다.

(5) $\bar{\text{I}}$ 열의 1에 4를 곱하여 그 곱인 4를 C열에 쓰고, $\bar{\text{I}}$ 열의 1은 지워 몫으로 C열에 1을 쓴다.

(6) C열의 4에 4를 곱하여 16을 얻는데, 1을 C열에 6을 X열에 쓴다. 그리고 C열의 4를 지우고 이 4는 몫 줄의 X열 밑에 쓴다.

(7) C열의 1에 4를 곱하고 곱인 4를 X열에 쓰고, C열의 1은 지워 X열 밑의 몫의 줄에 1을 쓴다.

(8) 이와 같은 과정을 반복하여 몫의 줄의 C, X, I열에 있는 모든 수를 합하면 이 나눗셈의 몫으로서 681을 얻고, I열의 위에서 나머지 1을 얻게 된다.

이러한 여제법의 방법과 원리는 다음 계산에 의해 설명될 수 있다.

예제 900÷8을 계산해 보자.

```
10 − 2 ) 900 ( 90 + 18 + 3 + 1 + ½ = 112 ½
         900 − 180
         ─────────
              180
              180 − 36
              ────────
                   3
                   30 − 6
                   ──────
                    6 + 6 = 12
                          10 − 2
                          ──────
                           2 + 2 = 4,   4/8 = ½
```

4. 파치올리의 나눗셈 방법

파치올리는 나눗셈에 대해서 다음과 같은 네 가지 방법을 제시하고 있다.

(1) 첫 번째 방법은 머리 나눗셈인데, 이는 제수가 한 자리 또는 두 자리 수인 경우로서 곱셈표에 포함되어 있는 경우에 사용되었다.

(2) 두 번째 방법은 제수의 간단한 인수로 차례로 나눗셈을 하는 것이다.

(3) 세 번째 방법은 'by giving'이라고 일컬어지는데, 각각의 감법 후에 오른쪽에 하나의 숫자를 더 주기 때문이다. 이는 오늘날의 장제법(long division)이다. 장제법은 오랜 역사를 갖고 있다.

아래 제시된 아라비아와 페르시아에서의 $1729 \div 12 = 144 \cdots 1$의 계산 방법과 14세기 플라누데스(Maximus Planudes)의 $625 \div 25$의 계산 방법은 모두 오늘날의 장제법과 유사하다.

(4) 네 번째 방법을 이탈리아에서는 갤리법(galley)이라고 하였으며(나눗셈이 끝났을 때 숫자의 배열이 갤리선이라는 배 모양과 비슷하기 때문), 영국에서는 말소법이라고 불렀다.

	1	4	4
1 1 — 0	7 2	2	9
	5 4 — 1	 8	
		4 4 — 0	 8
  1	 1 2	1 2	1 2

```
25)625(25
    4
  ----
   22
   10
  ----
   125
   100
  ----
    25
    25
  ----
```

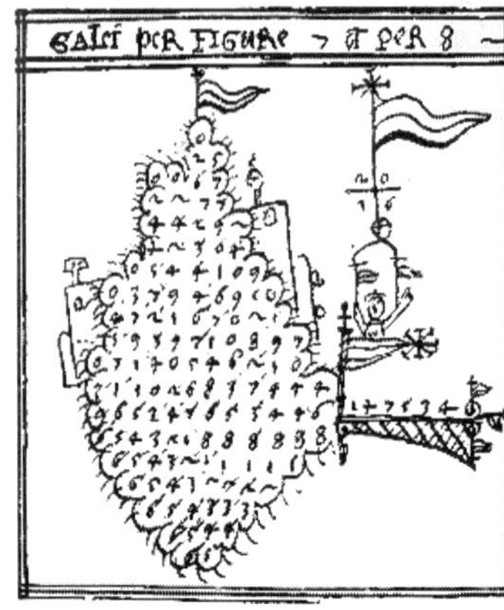

그림 3-10 300년 전 나눗셈
이는 300년 전에 어느 학생이 썼던 공책에서 발췌한 것으로, 마치 고풍스런 법선(galley)을 연상케 한다.

갤리법에 의해 59078을 74로 나누는 방법은 아래의 (a)와 같다. (b), (c), (d), (e)는 차례대로의 계산 과정을 나타낸 것이다.[11]

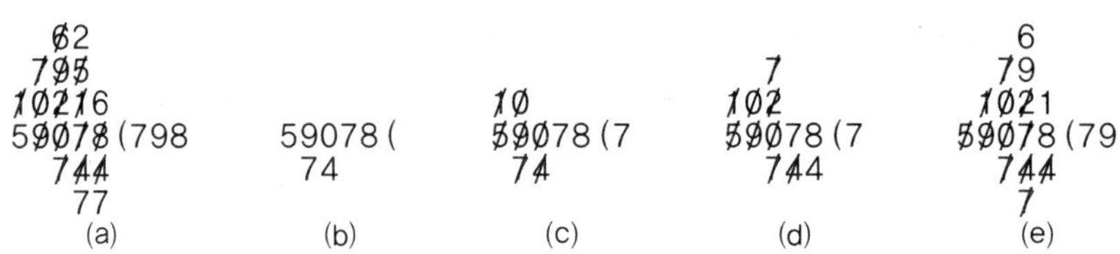

이 방법은 16세기 말경에도 장제법보다 우수하다고 하여 널리 사용되었으며 영국에서는 18세기 말까지도 계속되었다. 그러나 이 방법은 본질적으로는 인도인들이 산판에서 사용하였던 방법을(그 당시에는 모든 과정이 지워졌다) 기록한 것에 지나지 않는다. 17세기가 시작되면서 장제법이 갤리법을 대신하기 시작했으며, 17세기가 끝날 무렵 현대적 방식이 확립되기 시작하였다.

```
      625
25 ) 15625
      62
      125
        0
```

카탈디(Cataldi, 1602)는 축약된 형태의 장제법을 오른쪽과 같이 제시하였다. 그러나 이 방법은 정신적 노력을 많이 요구한다. 후에 코커(1631–1675)

11) 그림 (c)에서 제수의 7과 몫의 7을 곱하여 곱 49를 위의 59에서 빼면 10이 남는다. 이때 5와 9, 7을 지우고 59 위에 나머지 10을 쓴다. 다음에 4와 7을 곱하여 곱 28을 100에서 빼면 72가 남으므로 1, 0, 0과 제수의 4를 지우고 위에 72를 쓴다. 다시 밑에 제수 74를 쓰고 이런 과정을 반복하면 몫이 798이 되고 나머지는 26이 된다.

는 말소법 대신 장제법을 채택하였다.

VI. 사칙계산의 검산 방법

1. 구거법

어떤 자연수를 9로 나누어서 그 나머지를 얻는 조작을, 9를 소거한다는 뜻으로 '구거법(九去法, Casting out nines)'이라고 한다.12) 이는 산술 계산의 결과에 대한 하나의 검산 방법으로 흔히 '인도 검산법'이라고도 한다.

구거법의 발견은 3세기부터 12세기까지 이르는 동안 아라비아, 인도, 로마 등 지리적으로 다양한 근원이 있는 것으로 알려져 왔다. 계산 과정이 모두 사라지고 오직 계산 결과만 남는 계산을 했던 시대에, 계산이 올바르게 되었는지를 확인하기가 불가능했기 때문에 인도인들은 검산하는 데 구거법을 사용하였다. 그리스 로마의 히폴리토스(Hippolytus, 3세기경)는 이 과정을 사용했던 최초로 알려진 사람으로서, 그는 3세기의 한 세기 동안 이를 사용했다. 9세기에 알콰리즈미는 계산 결과를 확인하기 위해 이를 사용하기 시작했고, 그 뒤 이는 아라비아 대수에서 사용되었다. 그러나 많은 아라비아 수학이 그리스와 인도에 근원을 두고 있는 것으로 알려져 있기 때문에 어떤 사람들은 그 과정을 인도 사람이 발견했다고 믿는다. 인도의 천문학자들이 12세기 동안 그것을 사용했던 것은 확실하다.

구거법의 과정이 아라비아에서 서방으로 전해졌는데, 이탈리아의 피보나치(1202), 독일의 비트만(1489) 그리고 영국의 레코드(1540)의 저서에서 나타났고, 아이작 그린우드(1729)에 의해 미국으로 전해졌다. 19세기 중에 미국의 교과서에서 사라졌다가 20세기에 다시 복귀되었다(NCTM, 1989, p. 140).

2. 검산의 예

이 검산 방법을 간단히 설명하자면, 계산 전의 수를 9로 나누고 계산 결과를 9로 나

---

12) 이와 관련하여 어떤 자연수를 주어진 자연수 n으로 나누어서 그 나머지를 얻는 조작을 "n去法(Casting out n's)"라고 한다.

누어 나머지가 같은가를 확인해 봄으로써 그 계산이 바른지 여부를 판단하는 방법이다.

1) 덧셈, 뺄셈, 곱셈의 예

$2109+3113=5222$의 경우, 2109를 9로 나누면 나머지는 3, 3113을 9로 나누면 나머지는 8이 된다. 이때 나머지끼리 더하면 11, 이것은 9보다 크기 때문에 다시 9로 나누면 나머지는 2가 된다. 한편, 5222를 9로 나누면 나머지는 2이다. 이 때 나머지가 일치하기 때문에 이 계산의 답은 바른 것이다.

마찬가지 방법으로 뺄셈 $3725-2514=1212$의 경우와 곱셈 $86\times57=4902$의 경우를 점검해볼 수 있다.

2) 나눗셈

$479\div6=79\cdots$ 5를 예로 들어본다. 나눗셈의 경우에는 각각의 나머지로 나눗셈을 하는 것이 아니라 '나누는 수×몫+나머지'가 나누어지는 수로 되는가를 알아본다. 물론 각각을 9로 나눈 나머지를 구해서 해야 한다. 6과 79를 9로 나누면 나머지는 각각 6과 7이다. 원래 계산의 나머지는 5이기 때문에 $6\times7+5=47$이고, 이는 9보다 크므로 9로 나누면 나머지는 2가 된다. 한편 479를 9로 나누면 나머지는 2이고, 이 계산이 바르다는 것을 알 수 있다.

VII. 계산 도구의 발달

고대 이집트인들이나 그리스인들은 주로 손가락과 수판으로 계산을 하였다. 특히 그리스의 피타고라스학파의 사람들은 어떤 판 위에 모래를 깔고 그 위에 숫자를 기록하여 계산을 하였다. 이때 불필요한 숫자를 쉽게 지울 수가 있었다.

1. 그리스의 계산 도구

그리스에서는 대부분의 덧·뺄·곱셈을 수판으로 수행했으리라 짐작되는데, 이러한 계산술에 대하여 플라톤은 유치한 행위로 생각했기 때문에 계산술이 크게 발전하지 못했다.

그림 3-11 기원전 7세기 터키

그림 3-12 고대 그리스의 셈판 (고대 그리스의 꽃병에 새겨진 그림)

2. 로마의 수판

2000년 전쯤에 로마인들은 얇은 밀랍을 입힌 작은 판을 종이 재료로 대용하였으며, 로마 제국 당시와 그 이전에는 단순 계산과 기하 도형의 작도에 모래 쟁반이 자주 이용되었다. 이와 같은 정신적·물질적 난관 극복의 노력 결과 발명한 것이 수판(abacus, 또는 counting board)이다. 이는 인간이 이용했던 손가락 다음의 최초 계산기였을 것이다.

수판의 정확한 유래는 밝혀지지 않고 있으나 고대와 중세의 각지(이집트, 그리스, 로마, 인도, 중국을 비롯한 극동 지역)에서 여러 형태의 수판이 이용되었던 것은 사실이다. 가장 원시적인 형태의 수판은 아마 모래판이었을 것이다.[13)]

로마인들이 사용했던 수판에 대하여 알아보자. [그림 3-13]는 MMMDCCVII에서 MDCXIX를 빼는 뺄셈을 나타내고 있다.[14)]

---

13) 수판을 나타내는 영어 단어 'abacus'는, 그림을 그리거나 계산을 하기 위한 모래판의 의미를 지닌 그리스어 'abax' 또는 'abakion'으로부터 유래하였다.

14) 네 개의 나란한 세로줄을 긋고 왼쪽에서부터 오른쪽으로 M, C, X, I와 같은 이름을 부여하자. 바둑알이나 동전과 같은 것의 하나의 알이 I, X, C, M 등의 줄에 놓이는 위치에 따라 각각 1, 10, 100, 1000을 나타낸다고 하자. 줄에 놓이는 알의 개수를 줄이기 위해, 각 줄에 놓인 다섯 개의 알은 그 줄의 바로 왼쪽의 빈칸에 놓인 하나의 알로 대체시킬 수 있다고 하자. 이때 그 빈칸들은 왼쪽으로부터 차례로 D, L, V와 같이 이름을 붙이자. 이에 의해 10,000 미만의 모든 수를 나타낼 수 있다.

그림 3-13 로마 계산판을 이용한 뺄셈 '3707 − 1619 = 2088'

중세 로마 수 체계와 계산을 위한 수판 사용을 옹호했던 사람들을 아바시스트(abacist)라 하고, 인도-아라비아 수 체계와 계산을 위한 알고리즘의 사용을 주장했던 사람들을 알고리스트(algorist)라 불렀다. 1100년경부터 400여 년 동안 아바시스트들과 알고리스트들 사이의 격렬한 싸움 끝에 1500년경에 이르러서야 오늘날 우리가 사용하고 있는 방식인 후자 쪽이 패권을 쥐게 되었다. 18세기 서유럽에서는 수판 사용의 흔적조차 찾아볼 수 없었다.[15)]

그림 3-14 수판론자와 산법론자의 계산 시합

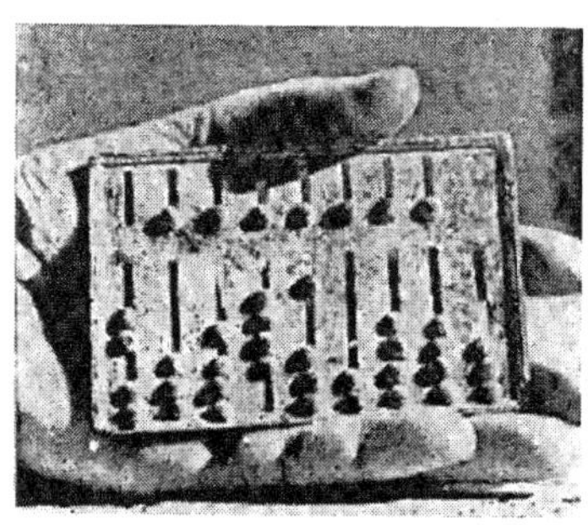

그림 3-15 로마의 휴대용 계산기

15) 유럽에 수판이 다시 출현하게 된 것은, 나폴레옹의 러시아 원정군의 일원이었던 기하학자 퐁슬레(Jean-Victor Poncelet, 1788-1867)가 포로로 잡혀 있다가 석방되면서 그 견본을 프랑스로 가져온 데서 비롯되었다. 세계의 거의 전역에서 인도-아라비아 수 체계에 따른 알고리즘에 의한 계산 방식으로 전환했으나 극동의 일부 지역에서는 지금까지 수판셈을 활용하기도 한다. 인간이 셈을 하기 위한 초기의 두 가지 발명품은 '수판'과 '인도-아라비아 수 체계'라 할 수 있다. 현재도 미국, 프랑스, 그 밖의 나라에서 교사들이 아동들에게 인도-아라비아 수 체계의 자릿수 값에 대한 개념을 가르칠 때 수판이 유용하다는 사실을 인정한다고 한다. 덧셈에서의 '받아올림' 및 뺄셈에서의 '받아내림'의 개념은 수판에서의 연산 시행 과정으로부터 유래했을 것임을 인식할 필요가 있다.

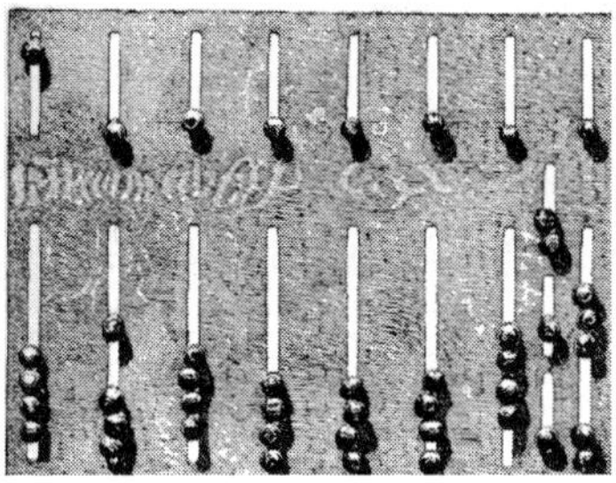

그림 3-16 로마의 수판(Abacus)

한편, 로마인들은 학교에서 수판으로 계산하는 방법을 가르쳤는데, 원래 로마의 수판은 [그림 3-16]에서 보는 바와 같이 판 위에 19개의 홈이 있고. 모두 45개의 단추(calculi)가 있다. 이로써 그들은 표준적인 로마 기수법에 따라 1,000,000까지의 수 조작이 가능하며, 아래쪽에 있는 단추는 1을, 위쪽의 단추는 아래 것의 5배에 해당하는 5를 나타낸다. 그리고 아래 줄의 오른쪽 두 줄은 12진법 분수를 나타내는 것이다. 현재 이것은 대영박물관에 소장되어 있다.

3. 중국, 한국과 일본의 수판

중국에서는 오늘날도 은행이나 상점 등에서 수판의 사용이 대중화되어 있다고 한다. 중국에서의 수판은 일찍 나타났으면서도 상대적으로 그 발달은 더뎠다. 다음 [그림 3-17]과 같은 수판은 대략 12세기의 것으로 추정하고 있다.

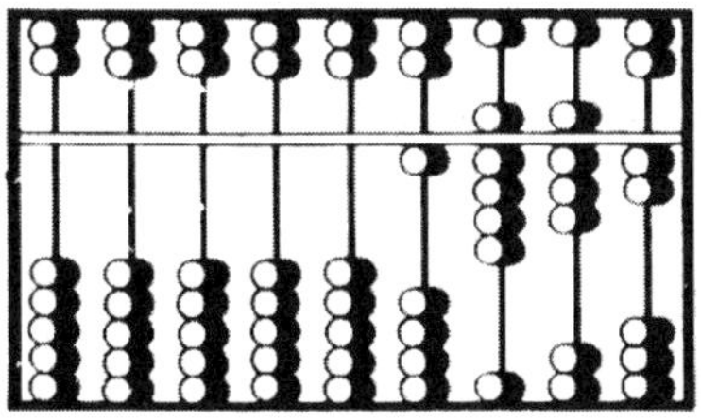

그림 3-17 중국의 수판(주판)

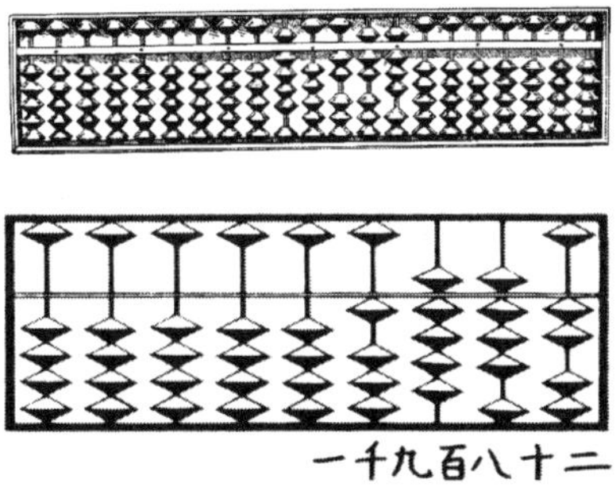

그림 3-18 한국과 일본의 수판

한국에서는 일찍부터 대나무로 만든 산목(算木)으로 계산을 수행했으나 후에 중국으로부터 수판이 전해져서 다소 늦게 이에 의한 계산을 하였다. [그림 3-18]의 위쪽은 16세기경 일본에서 사용했던 수판인데, 이를 계산의 효율성을 목적으로 개선한 것이 아래의 수판이다. 중국의 수판보다 2단계나 개량된 형태라 할 수 있다.

4. 러시아의 수판과 영국의 계산 막대

네이피어(1550-1617)

[그림 3-19]는 근래에 이르기까지 러시아의 대부분의 학교와 은행, 상점 등에서 널리 적용되고 있으며, 핀란드나 폴란드 등지에서는 드물게 사용되고 있는 수판이다. 러시아인들은 이를 흔히 중국 수판이라고도 한다. 이는 시베리아를 거쳐 러시아로 들어왔기 때문이다.

[그림 3-20]은 영국의 네이피어(John Napier)가 개발한 소위 네이피어 수 막대(Napier's number rods)라고 하는 계산 도구이다. 이는 특히 앞에서 알아본 격자 곱셈과 관련되어 있으며, 곱셈을 하기에 편리한 도구이다.

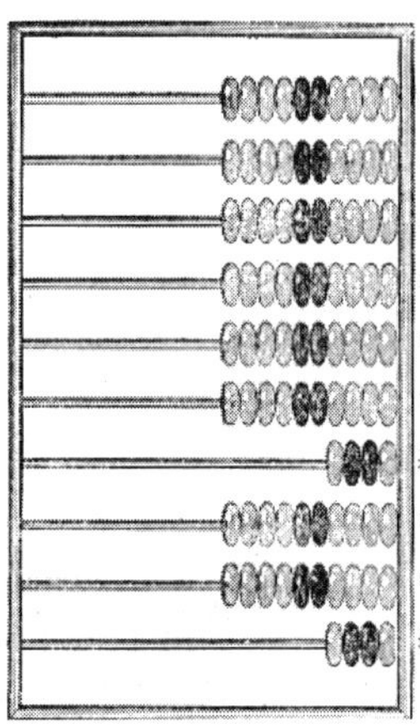

그림 3-19 러시아의 수판

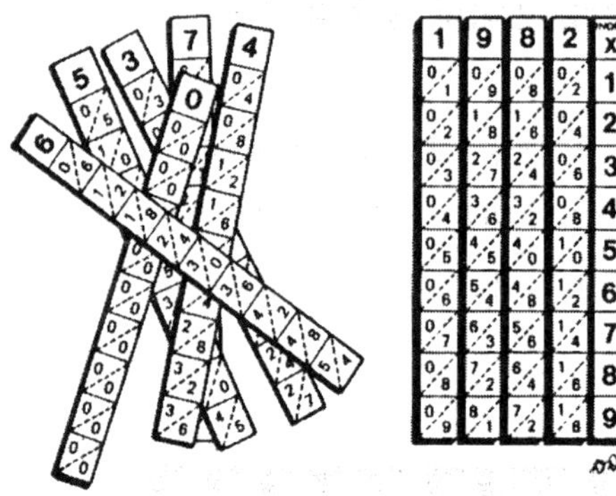

그림 3-20 영국의 네이피어 수 막대

☞ 연산, 계산, 그리고 곱셈구구

1. 연산의 수학적 의미

지금까지 초등학교 수학에서 매우 중시하는 사칙 계산과 그 검산, 그리고 계산 도구의 발달에 관하여 알아보았는데, 이들 사칙 계산이 역사적으로 일찍부터 확립되어 비록 수 집합에 국한된 범위에서나마 오랜 동안 연산으로 기능해오면서 점차 추상연산으로 확장되어 왔다. 이런 입장에서 보면 초등학교에서의 사칙 계산은 앞으로 더욱 높은 수준의 추상화와 일반화를 겪게 될 기본 소재들이다. 즉, 중학교 이후 용어 도입과 함께 다루게 되는 이항연산은 덧셈, 뺄셈과 같은 수끼리의 계산을 추상한 것이다. 예컨대 두 자연수 5와 2의 합이 7임을 5+2=7로 쓴다. 이를 보다 일반적으로는

$$f : N \times N \rightarrow N,\ \ f(5,\ 2) = 7$$

과 같이 나타낼 수 있다. 여기서 $(5,\ 2) \in N \times N,\ \ 8 \in N$이다. 즉, 두 자연수 5와 2에 대하여 정해진 조작을 통해 얻은 7이 다시 자연수이다. 집합 $A(\neq \varnothing)$의 임의의 원소 $a,\ b$에 A의 단 하나의 원소 c가 대응되는 함수

$$f : A \times A \rightarrow A,\ \ f(a,\ b) = c$$

를 A 위의 이항연산(binary operation)이라 한다. 예를 들면, 임의의 두 자연수 $a,\ b$의 곱 ab는 자연수이다. 이를 $f : N \times N \rightarrow N,\ \ f(a,\ b) = ab$와 같이 나타낼 수 있고, 이에 따라 자연수끼리의 곱셈은 자연수 전체의 집합 N 위의 이항연산이다.

수학적 개념 발달의 역사가 말해주듯이, 이제 이항연산 개념도 수학을 학습하는 대부분 사람들의 머릿속에서 고도의 추상화 작업의 소재로 쓰이게 될 것이다.

2. 곱셈 구구와 '마의 7단'의 추억담

우리나라에서는 이중 수사(數詞)를 사용하고 있다. 하나, 둘, 셋, …과 같은 토박이말 수사, 그리고 일, 이, 삼, …으로 진행되는 한자말 수사가 그것이다. 대부분의 초등학생은 두 가지를 모두 구사할 줄 알고 편리하게 활용한다. 특히 배우지 않은 범위의 수에 대하여 그 이름을 몰라도 한자말 수사를 잘 이용한다면 수사 체계를 구성하는

것도 가능하다. '둘-스물' '셋-서른' '넷-마흔' '다섯-쉰' … 보다 '이-이십' '삼-삼십' '사-사십' … 등이 얼마나 합리적인가. 실제로 취학 전 어린이조차 한자말 수사를 99까지 구사해내는 것을 직접 확인한 바 있다. 또 한자말 수사가 유효한 경우는 곱셈 구구를 기억하거나 암송할 때이다. 만약 "일곱 아홉은 예순셋"을 떠올려보면 "칠구 육십삼"이 왜 편리한지 알 수 있다. 모두 1음절어로 되어 있다.

1960년에 있었던 구구단에 얽힌 추억담 하나를 소개한다. 내가 국민학교 3학년 때의 일이었다. 당시 국민학교 산수에서 가장 중요하고 기본적인 것이 구구단이었다. 이를 빨리 기억하여 정확하고 유창하게 외우는 것은 수학을 얼마나 잘 하며 앞으로도 얼마나 잘 할 수 있느냐 하는 싹수의 척도였다. 남해의 작은 섬에서는 수업시간 외에 책을 들여다본다거나 구구단을 외우는 등의 일은 사치에 가까웠다. 그런데 우리 동네에는 구구단을 감탄할 정도로 잘 외우는 다섯 살배기가 있었다. 그의 아버지는 사람들이 모이는 장소에 아들을 데리고 다녔다. 사람들은 그에게 구구단 외우기 주문을 했고 그는 그와 같은 요청에 응했다. 시골 노인들은 아이가 맞게 외우는지조차 알지 못하면서도, 숨쉬면서 주춤하는 사이에 다 끝난 줄로 알고 남 따라 손뼉 치기에 바빴다. "야! 고놈 정말로 재주 있다. 천재네 천재!" 바로 이 시점에도, 내가 다녔던 국민학교의 6학년 교실에서는 "야이 바보 거턴 노마. 다-살짜리도 에우는 구구다널 니는 우찌 유캉녀니 대도 그거 하나 몬 에우나. 이리 나아" 그 다음은 뻔했다. 대 뿌리 막대기로 세 대 맞을 손바닥을, 그 다섯 살배기의 유창한 구구단 실력 때문에, 그리고 선생님이 외우고 계신 3단 때문에 여섯 대까지 맞아야 하는 가중처벌 대상이 생각보다 많았다.

그 후 그 다섯 살배기는 학교에 다니면서 구구단을 남보다 먼저 외운 것 외에는 특별히 다른 재능을 발휘한 것은 거의 없었다. 그는 곱셈의 의미는커녕 덧셈을 어떤 때 하는지조차도 모르면서 그저 아버지의 요구에 따라 '의미 없는 기호', '무의미 철자'를 머릿속에 붙들어 매느라 고역이었을 것이다. 그가 외운 것은 결코 구구단이 아니었던 것이다.

그 시기는 제1차 교육과정기였고, 우리는 3학년 때 구구단을 배웠다. 어느 날 선생님께서는 예고하신 바에 따라 구구단 암송 점검을 시작하셨다. 매 맞는 친구들이 속출했고 교실 분위기는 험악해졌다. 다급해진 나는 산수 책을 내려다보면서 외워보려고 안간힘을 쓰다가, '아하! 이게 더하기 아냐' 하는 생각이 들었다. 궁하면 통한다더니, 이는 나름대로의 의미 있는 발견이었다. 교육대학 교수가 된 후에 알게 된 용어이지만 '동수누가(同數累加)'라는 바로 그것이었다. 상당히 자신이 생겼다. 이윽고 나는 7단의 암송을 지시받았다. "칠일은 칠, 칠 이 십사, …, 칠 오 삼십육, …, 칠 구 육십사" 하면서, 암산으로 더하느라 좀 더듬거리기는 했지만 무사히 끝냈다. 즉시 앞으로 불려나갔다. 그러고는 "니는 다섯 군데 틀리싱께 다섯 대 맞아야 대"라는 선생님의 말씀을 이해하기도 전에 눈앞에

불이 번쩍였고, 이내 눈물을 흘리면서 가까스로 자리로 돌아왔다. 수업 시간 내내 생각해 보아도 더하기를 한 번 잘못한 것 외에는 다섯 대를 맞아야 할 아무런 이유가 없어서 억울했다. 지금 생각해봐도 변함이 없다. 이것이 내가 아직까지 '마의 7단'으로 기억하고 있는 최초의 '수학추억'이다.

당시 1차 교육과정은 생활단원 학습에 중점을 두었다. 그러나 발견이나 창조를 위한 자극으로서 최소한의 어떤 안내도 받아본 적이 없다. 곱셈 구구 학습을 통한 여러 가지 사고 전략의 발달 기회를 송두리째 빼앗겼던 것이다. 다만 선생님에게서 매 맞지 않고 벌 청소를 하지 않으려는 유일한 이유만으로, 그저 머릿속에 구구단을 집어넣고 다시 내뱉어야 했던 것이기에, 특별한 동기가 없었고 흥미가 싹트지 않았으며 성취에 대한 희열도 기대할 수 없었다. 수학의 학습이었다기보다 선생님의 권위(?)에 순응하는 물리적 참여였다고 하는 편이 나을 것이다.

3. 인도에서 십구단까지 곱셈구구를 가르친다!!!

10여 년보다 이전의 언젠가 '인도에서 19단까지 곱셈구구를 가르치는 데, 우리나라는 이에 뒤처져 있음을 우려하는 기사를 아침 반찬으로 읽었다. 거의 전 세계적으로 사용하고 있는 수 체계는 십진 위치적 기수법이고, 기본수는 0, 1, 2, ⋯, 9로서 열 개뿐이다. 그리고 곱셈구구의 암기 목적은 기본수끼리 곱한 곱을 즉각적으로 상기하여 계산에 이용함으로써, 신속 정확한 계산을 하는 데 있다. 두 자리 이상 수끼리의 곱은 알고리즘의 개발·활용에 따른 계산이 당연하며, 이것이 곧 '수학'이고 이 과정이야말로 '수학적 사고' 신장의 좋은 기회이다. 따라서 '기본수끼리의 곱'만 암기하는 것이 바람직하고도 충분하다.

만약 19단까지 암기했을 때 편리한 점은 11부터 19 사이의 수들끼리 곱하는 경우 그 결과를 즉각 회상할 수 있다는 것인데, 그렇다면 29단, 79단까지는 왜 외우지 않는 것인가? 물론 우리가 20진법 체계를 사용한다면 당연히 19단까지의 암기가 필수이다. 하지만 십진 위치적 기수법과 0(zero) 그리고 숫자를 발명한 인도에서 19단까지 지도한다는 것은 납득하기 어렵다. 그들의 조상들을 욕되게 하는 것이다.

생각해 볼 문제

문제 3-1 적당한 곱셈 문제를 택하여 이집트 곱셈과 러시아 농부의 곱셈을 비교해 보아라. 그리고 러시아 농부의 곱셈에 대한 당위성을 입증해 보아라.

문제 3-2 고대 이집트의 곱셈을 상정하여 이를 지도하는 방안을 생각해 보아라.

문제 3-3 고대 이집트 방식으로 다음의 나눗셈을 하여라.

(1) $20 \div 24$ (2) $11 \div 15$ (3) $9 \div 24$ (4) $51 \div 18$ (5) $5 \div 17$

문제 3-4 고대 이집트의 간단한 나눗셈의 예를 상정하여 이의 지도 방안을 생각해 보아라.

문제 3-5 고대 이집트인들이 일반 분수를 단위분수의 합으로 나타낸 배경에 대하여 그들의 나눗셈과 관련하여 설명하여라.

문제 3-6 인도인들은 오늘날 우리가 덧셈을 하는 방법과는 달리 왼쪽에서 오른쪽으로 덧셈을 하였다. 인도의 이러한 방법과 현재의 덧셈 방법을 비교해 보고 각각의 특징을 조사해 보고, 각각의 방법에 대한 이유를 생각해 보아라.

문제 3-7 격자곱셈 방식 및 네이피어의 막대를 이용한 곱셈에 따라, 478×79와 3456×789를 수행해 보고 오늘날의 세로셈 방식과의 관계를 알아보아라.

문제 3-8 16세기의 많은 책에서 여승법(complementary plan)을 가르쳤다. Widman(1489), Riese(1522), Rudolff(1526), Scheubel(1545) 등이 이 방법을 가치 있는 것으로 인정하였다. 그 이유는 5×10을 넘어서는 곱셈표가 없었기 때문이다. 여승법을 이용하면 그 이상의 곱셈표를 외울 필요가 없어진다. 여승법은 예를 들면, 7과 8의 곱을 다음과 같이 하는 방법이다.

7과 8의 10에 대한 보수는 각각 3과 2이다. $7-2$, $8-3$ 모두 5이며, 3과 2를 곱하면 6이다. 따라서 7과 8의 곱은 56이다. 다른 경우에도 이런 방법이 적용되는지 살펴보고, 성립한다면 그 이유를 설명하여라.

7	3
8	2
5	6

등식 $(10-a)(10-b)+10(a+b-10)=a\times b$를 참조하여라.

문제 3-9 문제 3-8과 관련하여, 12×14, 16×19 등과 같은 곱셈을 손가락을 이용하여 수행하는 방법을 생각해 보아라.

문제 3-10 구거법과 관련하여, 수 9가 가진 성질, 9로 나눌 때의 나머지를 알아보는 편리한 방법 등을 탐구하게 하는 교재를 개발해 보아라.

문제 3-11 $1896384\div 357$을 계산하고, 그 결과를 구거법으로 검산하여 보아라.

문제 3-12 검산 방법으로서 구거법은 완벽한 것인가? 만약 그러하지 않다면 구체적인 예를 들어서 이를 반박하여라.

문제 3-13 마야의 수 체계를 순수 이십진법으로 가정하고 적당한 경우를 설정하여 덧·뺄셈을 해보아라. 또 아래 기본 곱셈표를 완성하고 이를 이용하여 몇 가지 곱셈을 해보아라.

×	•	••	•••	••••	—	═	≡
•							
••							
•••							
••••							
—							
═							
≡							

수업 사례

"타임머신을 타고 3700년 전의 이집트로 가보자!"

1. 본시의 제재

"고대 이집트 곱셈 계산방법으로부터 다양한 아이디어 탐구하기"[16)]

2. 본시의 학습 제재에 대한 개관

지금으로부터 약 3700년 전의 고대 이집트의 산술 내용 중에는 오늘날의 수학 교실에서 교재화하여 활용할 만한 것들이 많이 있다. 본시에 설정한 학습 제재는 The Rhind Mathematical Papyrus(Gay Robins & Charles Shute 공저, Dover Pub. Inc., 1987) 및 The Historical Roots of Elementary Mathematics(Lucas N. H. Bunt 외 2인 공저, Dover Pub. Inc., 1988)로부터 발췌·교재화한 "고대 이집트의 곱셈" 내용이다. 이는 오늘날 우리가 곱셈이나 나눗셈 과정에서 사용하는 "곱셈 구구"가 알려져 있지 않았던 시대에도 그들 나름대로 기발한 아이디어를 동원하여 곱셈을 해냈음을 나타내고 있다.

예컨대, 21×34의 곱셈을 고대 이집트인들은 오른쪽과 같은 방법으로 수행하고 그 곱이 714임을 알았다. 이와 같은 곱셈 과정을 살펴보면, 그들이 비록 곱셈 구구를 알지는 못 했지만, 놀랍게도 다음과 같은 사실을 이미 알고 있었음이 드러난다.

✔	1	34
	2	68
✔	4	136
	8	272
✔	16	544

$34 + 136 + 544 = 714$

16) 이 내용은 1999년 1월 21일 일본 도쿄 스기나미구 모모이 제3소학교에서 개최된 제5회 한일초등수학교육연구 합동 발표회 공개 수업 자료이다. 수업 소재와 아이디어 제공 및 교수·학습 과정안의 지도는 필자가 담당했으며, 일본 아동을 대상으로 한 실제 수업은 당시 경기도 파주시 금신초등학교 정사홍 교사가 담당하였다.

☞ 임의의 자연수는 적당히 선택된 몇 개의 2의 거듭제곱수들의 합으로 유일하게 나타낼 수 있고,

☞ 곱셈의 덧셈에 관한 배분법칙이 성립하며,

☞ 따라서 승수를 필요한 만큼 갑절(2배)하는 방법과 덧셈에 의해 언제나 곱을 구할 수 있다

3. 본 제재의 설정 이유

초등학교에서 여러 가지 곱셈 방법을 지도하고 있다. 그러나 최종적으로는 세로 셈 방식의 알고리즘을 사용하는 지필(형식) 계산을 가르치고, 이에 어느 정도 숙달하도록 함으로써 곱셈 지도를 마무리하며, 필요에 따라서는 계산기로 계산하도록 하고 있다. 이와 같은 지도 과정에서 대부분의 아동은 그들의 학습에 대한 흥미를 별로 느끼지 못하는 것 같다.

본시의 수업에서는 수학사의 내용 중 아동의 흥미와 관심을 고조시키기에 충분할 것으로 여겨지는 '이집트 곱셈'에 관한 문제를 학습 과제로 상정하여, 그와 같은 방법에 따라 실제로 곱셈을 수행해보게 함으로써, 고대 이집트 곱셈 과정에 내포된 다양한 의미를 음미하게 하며, 고대 사람들의 지혜를 엿볼 수 있게 한다. 그리고 그와 같은 곱셈 방법의 타당성을 여러 가지 방법으로 입증해 보도록 한다. 더욱이, 오늘날의 곱셈 방법과 비교·평가해 보고 이에 대해 활발하게 논의할 수 있는 장을 마련해 줌으로써, 수학적 의사소통의 경험을 풍부히 갖도록 하며 현재의 방법이 훨씬 효율적임을 느끼게 하고, 아울러 보다 나은 것을 추구하는 방향으로 수학의 역사가 발전되어 왔음을 인식하게 한다.

본시의 학습 과제로, 이와 같은 '고대 이집트 곱셈 방법'을 교사의 적절한 안내에 의해 재발명해 보도록 하는 것을 설정할 수도 있으나, 시간의 제약을 감안하여 그와는 다른 관점에서 학습 활동을 하도록 하고 유추적인 생각, 연역적인 생각, 일반화의 생각, 알고리즘의 생각 및 조리 있게 행동하려는 태도를 육성함과 함께 문제해결의 능력 신장에 도움을 주고자 한다.

4. 본시 수업의 전개 개요

(1) 우선, 현재의 곱셈 예를 하나 가볍게 다룬 후 아동의 호기심을 자극할 수 있는 '고대 이집트 곱셈'의 한 예를 제시하여 그 계산 방법을 음미해 보게 한다.

⑵ 다른 곱셈의 예를 학습 과제로 상정하고 이집트 곱셈 방법으로부터 유추하여 이 곱셈을 각자 실제로 수행해 보도록 한다.

⑶ 학생 각자 나름대로 생각하여 해결한 방법이나 결과, 그리고 오늘날의 곱셈 방법과의 관계에 대하여 서로 비교·검토하고 논의하는 의사소통의 장을 충분히 부여한다. 이를 통해 유추적인 생각에서 생길 수 있는 오류를 자력으로 수정하며, 이 곱셈에 담겨 있는 여러 가지 흥미롭고 유익한 아이디어를 학습하게 한다.

⑷ 고대 이집트 곱셈의 타당성에 대하여 발표하게 하고, 각자 또 다른 곱셈의 예를 설정하여 해결하도록 하며 이와 같은 방법을 보다 일반화하게 한다.

⑸ 끝으로, 수업에 대한 소감을 발표하게 하여 오늘날 곱셈의 우수성 및 편리성을 스스로 느끼게 하며, 보다 나은 방법의 탐구 및 발견 의욕을 고취시킨다.

5. 본시의 목표

- '어떤 자연수라도 그 수는 2의 거듭제곱[2^n ($n = 0,\ 1,\ 2,\ 3,\ \cdots$)] 수 가운데 적당한 몇 개의 합으로 유일하게 나타낼 수 있다'는 자연수의 중요한 성질을 이해하게 한다.
- 해결 방법을 유추하는 경험을 통한 유추적인 생각과 이집트 곱셈 방법의 타당성 검증을 통한 연역적인 생각을 육성하고, 조리 있는 행동을 하려는 태도를 기른다.
- 고대 수학 내용을 다루어봄으로써, 인류는 오래 전부터 수학을 필요로 했다는 사실과 수학의 유용성을 인식하게 하고 수학에 대한 관심을 고양시키며, 오늘날의 곱셈과의 비교를 통해 수학 발전의 역사는 보다 간편한 방향으로 변화되어 왔음을 느끼게 한다.

6. 준비물

- OHP 자료(이집트 곱셈 방법),
- 켄트지(아동 발표용 50장),
- 학습지 50장,
- 자석 또는 접착 스프레이,
- 매직펜(黑, 靑, 赤)

7. 본시의 지도안

교사의 활동	아동의 예상되는 반응	유의 사항
T1. 곱셈 21×34를 할 수 있는가?	C1. 할 수 있다.	▪ 대부분의 아동은 세로셈 방법을 떠올린다.
T2. 선생님이 어떤 책을 보니까, 약 3700년 전의 이집트 사람들은 이 곱셈을 이와 같은 방법으로 했다고 소개되어 있더군. 그들이 어떤 방법으로 곱셈을 했는지 알 수 있는가?	C2. 이상하다. C3. 복잡하다. C4. 1과 34를 계속 2배 하였다. C5. 답이 맞은 것 같다. C. …………… C6. 궁리해 보면 알 수 있을 것 같다. C7. 1부터 시작하여 한 칸씩 건너뛰면서 ✔표시를 하였다.	▪ 이집트 곱셈 방법의 <보기> 하나를 OHP로 소개한다. ✔ 1　34 2　68 ✔ 4　136 8　272 ✔ 16　544 34＋136＋544＝714
T3. 문제를 칠판에 제시하겠다. 지금부터 곱셈 “23×27”을, 여러분이 마치 3700년 전의 이집트에 갔다고 가정하고 이집트 방식으로 풀어보아라.	C. (관심을 가지고 열심히 판서를 주시한다.)	▪ 유추적 사고를 하도록 유도하기 위해 더 이상의 다른 예를 보여 주지 않는다. ▪ 관점에 따라서는 <보기> 문제와 다소 다른 곱셈의 예로서 “23×27”을 제시한다.
T4. 각자의 풀이 방법을 발표해 보자.	C8～13. 다음과 같은 여러 가지 방법들을 발표한다. ① ✔ 1　27 ✔ 2　54 ✔ 4　108 8　216 ✔ 16　432 27＋54＋108＋432＝621	▪ 궤간 순시하면서 개별 지도하고, 해결할 수 있는 시간을 충분히 준다. ▪ 해결이 일단락된 아동은 발표용 켄트지에 옮겨 적게 한다. ▪ 해결의 유형별로 몇 가지를 칠판에 부착하게 한다.
T5. ②와 같은 방법에 대하여 어떻게 생각하는가?	② 1　27 2　54 ✔ 3　81 10　270 ✔ 20　540 540＋81＝621	▪ 엉뚱하거나 오류를 범한 풀이에 대하여 먼저 논의시킨다. ▪ ①은 바르게 유추하고 있다. ▪ ②는 이집트 곱셈의 규칙에서 벗어나고 있으나, 곱을 구하는 한 방법이기도 하다.
T6. ③과 처음의 <보기>와는 어떻게 다른가?	③ ✔ 1　27 2　54 ✔ 4　108 8　216 ✔ 16　432 27＋108＋432＝567	▪ ③은 이집트 곱셈의 <보기>를 잘못 이해하고 있다. ▪ 계산 과정의 표현에서 오른쪽 열의 수들을 ‘갑절하기’로 구하지 않고 4, 8, 16 등과 곱셈을 하여 구한 경우도 예상된다. 이에 대한 지도가 필요하다.

<table>
<tr><td>T7. ④의 풀이에서 이상한 점은 없는가?</td><td>④
✔ 1 27
✔ 2 54
✔ 4 108
8 216
✔ 16 432
32 864
$27+54+108+432=621$</td><td>▪ ④는 불필요한 조작을 추가하고 있다.</td></tr>
<tr><td>T8. ⑤의 방법에 대해서는 어떤 생각이 드는가?</td><td>⑤
✔ 1 27
2 54
4 108
✔ 8 216
16 432
32 864
$864-(216+27)=621$</td><td>▪ ⑤는 <보기>에 대한 이해를 바탕으로, 32와 23의 관계를 이용하고 있다. 예컨대 피승수 또는 승수 중에 2^n-1과 같은 수가 있을 경우에는 매우 효과적인 방법일 수 있다.</td></tr>
<tr><td>T9. ⑥과 ①에서 차이점은, 그리고 공통점은 무엇이라고 생각하는가?</td><td>⑥
✔ 1 23
✔ 2 46
4 92
✔ 8 184
✔ 16 368
$23+46+184+368=621$</td><td>▪ ⑥의 경우에는 곱셈의 교환성에 주목하고 있다. 이 방법도 수 감각을 바탕으로 잘 이용하면 효과적인 방법이 될 수 있다.

▪ 이밖에 다른 반응을 보일 수도 있다. 그에 대해서는 수업 중에 적절히 대처한다.</td></tr>
<tr><td>T10. 각자 곱셈 문제를 설정하여 이집트 방식으로 풀어보아라.</td><td>C. (각자 문제를 설정·해결한다.)</td><td></td></tr>
<tr><td>T11. 이집트 곱셈 방법이 바르다는 것을 설명할 수 있는가?</td><td>C14. 가로 셈으로 풀어써 보면 이치에 맞는 곱셈임이 확인된다.</td><td>▪ 예컨대 ‘21×34’의 경우,
$21=1+4+16$이므로,
$21\times34=(1\times34)+(4\times34)$
$+(16\times34)=714$
라는 뜻이다.</td></tr>
<tr><td>T12. 어떤 곱셈이라도 이런 방법으로 할 수 있을까?</td><td>C15. 수가 커지면 덧셈이 복잡해질 수도 있지만 할 수는 있다.</td><td></td></tr>
<tr><td>T13. 오늘날의 곱셈과 어떤 점이 같은가? 또 어떤 점이 다르다고 생각하는가?</td><td>C16. 가로 셈으로 써보면 같음을 알 수 있고, 다른 점은 이집트 곱셈에서 구구단을 사용하지 않는 점이다.</td><td>▪ 배분성을 이해하며, 곱셈 구구를 사용하지 않고 덧셈과 갑절하기만으로도 곱을 구할 수 있다는 것을 안다.</td></tr>
<tr><td>T14. 오늘 공부한 이집트곱셈에 대하여 느낀 점이나 궁금한 점을 발표해 보자.</td><td>C17. 구구를 몰라도 곱셈할 수 있다.
C18. 나눗셈이 궁금하다.
C19. 오늘날의 곱셈은 언제부터 이런 방법으로 하게 되었는지 궁금하다.
C20. 분수나 소수의 곱셈도 가능한지 알아보고 싶다.</td><td>▪ 곱셈과 관련하여 바람직하게 나눗셈까지 관심을 갖는 발전적 사고를 하고 있다.

▪ 분수와 소수의 곱셈으로 확장하고 있다.</td></tr>
</table>

chapter 4 고대 오리엔트 수학

고대 이집트 수학 수준의
상징 기자의 '대 피라미드'

세상 모든 것은 그 나름대로의 역사를 지니고 있다. 초등학교에서 가르치고 있는 수학의 많은 개념들이 수천 년, 심지어는 인류가 지구상에 나타났던 수만 년 전(3만 년보다 이전으로 추정)의 언제쯤인가 어디에서 어떤 연유로 생겨났을지도 모른다. 학교에서 다루고 있는 수 개념과 수의 표기 및 그 조작, 원주율의 추정, 다각형의 넓이, 각종 길이나 넓이 단위, 하늘에 대한 관찰과 축적된 기록 등 많은 것들이 수학의 유·소년기부터 탄생한 것임에는 틀림이 없을 것이다. 다만 우리는 기록에 의존하고 있으며, 그 이전의 사실에 대해서는 추정에 따르고 있을 뿐이다. 인류의 두뇌에 포착된 이와 같은 개념들은 인류 지성의 발달에 힘입어 보다 합리적이고 과학적인 모습으로 변화와 발전을 거듭하여 오늘에 이르렀을 것이다.

이 장에서는, 오늘날 학교 수학 중에서 대체로 형식화되기 이전의 모습인 초등학교 수학의 방법 및 내용과 깊은 관련이 있다고 여겨지는 고대 이집트나 바빌로니아 등지의 오리엔트 수학에 대하여, 그 특징과 침체 원인, 그 내용이 지금에 이르기까지 전달된 연유, 고대인들이 범했던 오류의 의미 등에 대하여 개괄적으로 알아보고자 한다.

I.

배경 및 특징

1. 고대 오리엔트 수학의 발생·발전에 대한 배경

기원전 5천 년에서 3천 년에 걸쳐 메소포타미아(Mesopotamia)와 이집트(Egypt)가 중심이 된 이른바 오리엔트(Orient) 지역에서는 청동기와 문자의 사용, 농경 사회와 도시의 출현, 정치 조직으로서 전제국가의 발생 등과 같은 다양한 문화가 지구상의 다른 어느 곳보다도 급진적으로 발전하였다. 이는 신석기 시대의 미개 상태로부터 벗어나 문명사회로의 진입이 이루어졌다고 볼 수 있다. 인류의 생활 양상이 농경 사회로 접어들면서 보다 조직화된 고대 국가를 형성하게 되었으며, 여기에는 농토의 관리와 생산물의 분배 및 조정, 그리고 적절한 세금의 징수 등이 필연적으로 수반되었다.

신(新)플라톤 학파 철학자인 고대 로마 말기의 프로클로스(Proclos, 기원후 410–485?)는 다음과 같이 학문의 기원을 설명하였다.

> 현실적인 필요 때문에 기하학을 비롯한 여러 학문이 발전하였으며, 그러기에 불완전한 것에서부터 완전한 것으로 향하는 노력이 이루어지고, 그것을 위한 형식적인 법칙이 성립한다. 또 감각에서 합리적인 판단으로, 더욱 나아가서 순수한 지성으로 …라는 자연스러운 발전의 과정을 볼 수 있는 것이다.

세계 최고(最古)의 문명국 중 하나였던 이집트는 건조한 기후로 인해 사막 지대였지만, 다행히도 빅토리아 호수로부터 시작된 나일 강이 이 나라의 중심부를 관통하고 있으며, 해마다 생기는 홍수는 상류 지역의 비옥한 토양을 하류 지역인 이집트의 메마른 땅에 뿌려 주어 농사가 잘 되었으므로, 흔히 "고대 이집트의 문명은 나일 강이 안겨준 선물이다."라는 말이 생겨날 정도였다. 그러나 이 홍수는 선물을 주는 것만은 아니었다. 이집트 전체를 물바다로 만들어 버리는 홍수에 미리 대처해야 하는 부담은 실로 컸으며, 홍수 뒷정리 또한 만만치 않았고, 평소에도 나일 강을 다스리기 위해 거대한 토목 공사를 해야만 했다.

역사의 아버지로 일컬어지는 그리스의 헤로도토스(Herodotos, 484–425년경 B.C.)는 그의 저서에서, 고대 이집트에 이미 기하학이 존재했음을 다음과 같이 서술하고 있다.

… 세소스트리스 왕은 제비뽑기를 통해 모든 이집트인에게 사각형의 땅을 분배하고, 그 땅으로부터의 수확에 대해 세금을 징수하였다. 홍수로 인해 땅이 황폐화되면 백성은 왕에게 이 사실을 호소하였고, 왕은 곧 관리를 시켜 땅을 다시 측량하고 세금도 재조정하였다.

이와 같은 여러 현상을 미루어볼 때 당시의 이집트 사람들에게는 수학적 지식이 필수불가결의 중요한 요소였던 것이다

티그리스 강과 유프라테스 강 사이에 자리 잡은 메소포타미아 평원에서도 사정은 이집트와 마찬가지였다. 메소포타미아의 남부에 기원전 5천 년경에 비로소 수메르(Sumer) 문화가 발생했다. 원래 메소포타미아는 여러 민족의 고향이며, 수메르인을 위시해서 셈족, 아리아족 등이 뒤섞여 서로 패권을 다투고 있었다. 우선 기원전 2350년에 아카드인(Akkadian) 사르곤(Sargon)이 최초로 메소포타미아를 통일하고 강력한 전제왕국을 건설하였다. 그 후 수메르가 쇠퇴한 기원전 1800년경에는 셈족에 의한 바빌론(Babylon) 제1왕조가 탄생했다. 이어서 기원전 16세기 중엽에는 인도·유럽계의 카시트족(Kassites)에 의한 왕조가 약 5백 년 간 메소포타미아 문화의 침체기를 만들었다. 그리고 또다시 셈족에 의한 신바빌로니아 제국이 기원전 612년에 건설되어 왕년의 번영을 되찾았으나 기원전 539년 페르시아의 키루스 대왕에게 멸망당해 메소포타미아의 역사는 일단락을 짓게 된다. 이상과 같이 여러 나라들이 흥망성쇠를 거듭했으나 이 지역은 일반적으로 바빌로니아인에 의해서 대표되기 때문에, 이 지역의 수학을 바빌로니아 수학이라고 칭하게 되었다.

2. 고대 수학의 특징

고대 오리엔트 수학은 그 성립·발전의 배경에서 알 수 있듯이, 우선 토지의 측량, 역(曆)의 제작, 농지의 매매, 징세 등으로부터 하나의 실용적 과학으로서 발생하였으며, 특수한 몇 가지 문제에 대한 풀이나 수표(數表)를 다루고 있을 뿐 일반적 규칙이나 논증의 형태에는 이르지 못 했다는 특징이 있다. 그리고 당시로서는 이와 같은 수학적 지식을 기록·보존할 수 있는 재료가 많지 않았기 때문에, 기껏해야 파피루스(papyrus), 점토판, 양피지(羊皮紙), 송아지 피지, 대나무, 나무껍질, 짐승 뼈 또는 돌 등에 새겨 두었으나 오늘날까지 전해지고 있는 것은 극히 일부분에 불과하다.

3. 고대 수학의 침체 원인

과학적 발전관에 따르면, 모든 과학은 앞을 내다보며 끝없이 발전해 가는 것이 상식이다. 그러나 인간의 훌륭한 창조물인 고대 오리엔트 수학이 긴 세월 동안 정체되었던 이유는 무엇인가? 이에 대하여 다음과 같은 몇 가지 원인을 들 수 있다(김용운·김용국, 1997, pp. 30-32).

첫째, 현실에 안주했기 때문이다. 고대의 수학은 그 발생 동기가 그랬듯이, 실용적인 문제의 해결과 산술 계산 위주였기 때문에 현실적인 문제의 해결에 만족해 버렸다. 사회의 기본 구조가 진전되지 않는 한 새로운 요구가 생기지 않았으며 일정 수준에 도달한 수학은 정체될 수밖에 없었다.

둘째, 지나치게 성전화(聖典化)했기 때문이다. 고대 수학 중 특히 이집트와 중국 수학의 정체성(停滯性)이 심했던 바, 이에 대한 수학사가(數學史家) 카조리(Florian Cajori, 1859-1930)의 지적은 다음과 같다.

> 이집트는 중국처럼 정치는 물론, 과학에서도 일찍 정체된 나라라고 할 수 있다. 왜냐하면 수학의 발견이나 의학에 관한 문헌이 일찍 성전으로 취급되었고 그 이후 이에 대한 수정·보완을 하면 이단자로 몰렸기 때문이다. 이는 과학의 발전을 저해하기에 충분했다.

셋째, 서로 다른 지역의 사람들끼리 수학적 지식을 공유할 수 있는 기회가 적었기 때문이다. 고대에는 타 지역 간에 교통이나 통신의 미발달로 인해 정보의 유통이 거의 이루어지지 않았기 때문에 한 지역에서 발생한 수학이 그대로 사장되어 버린 경우도 많았을 것이다.

이 밖에도, 필요 이상의 고전(古典) 숭상 정신이 조상의 수학적 업적을 갈고 다듬어서 새로운 지식을 창조할 수 있는 여건 마련에 걸림돌이 되었던 것을 들 수 있다.

II. 바빌로니아 수학

1. 개요

메소포타미아(Mesopotamia)란 고대 그리스의 역사가가 말하는 "강 사이의 지역 – 메소(사이)와 포타모스(강: 티그리스 강과 유프라테스 강)의 합성어 –"을 뜻하며, 대략 현재의 이라크에 해당하는 지역을 가리키고 있다. 이곳은 티그리스 강과 유프라테스 강이 페르시아 만으로 흘러드는 하구 근방의 갈대로 뒤덮인 늪지대나 습지를 제외하면 대부분이 진흙의 황량한 벌판이다. 두 줄기 큰 강의 품에 안긴 이 땅에 인류 최고(最古)의 문명이 개화했다. 문명이라는 말에는 많은 빛나는 뜻이 포함되어 있다. 어떤 사람에게는 문명이란 대도시와 기술의 진보 등을 뜻하며, 다른 사람에게는 고매한 도덕과 윤리에 합당한 생각 그리고 예술상의 주된 성과 등을 의미한다. 그런데 메소포타미아는 이 가운데 어느 것을 기준으로 하더라도 문명 탄생의 땅이라고 할 수 있다. 왜냐하면 메소포타미아는 인간의 도시, 문자의 사용, 학문과 예술을 싹틔우고, 농사에 필요한 물을 공급하기 위한 관개 시설 등의 수준 높은 기술을 가진 사회를 만들고 그것을 3000년 이상이나 유지했으며, 그 사회에 속한 사람들이 공통의 가치관과 지식에 관한 공동의 견해를 가진 최초의 땅이기 때문이다.

수메르인은 일찍부터 문자와 수 기호를 가지고 있었다. 그것은 설형(楔形) 문자라는 것으로서 쐐기의 모양을 하고 있다. 문자를 쓰기 위해 사용된 재료는 점토로서, 점토판은 영구보존을 위해 볕에 말리거나 불로 구워냈다.[1] 발굴된 점토판이 고고학자에 의해 해독되기 시작한 것은 19세기 중엽 헨리 롤린슨(Henry Creswicke Rawllinson, 1810–1895)이 베히스툰 비문(Behistun Inscription)의 해독에 성공함에서부터이다.

바빌로니아인들은 메소포타미아를 결실이 많은 땅으로 바꾸고 창조의 장소로 만든 것이다. 관찰력이 예민하고, 사려가 깊고, 실제적이었던 메소포타미아 사람들은 기본적인 것을 파악하고 가능한 것을 이용하는 능력에 뛰어났다. 그들은 고대의 다른 많은 민족과는 달리 중용을 존중했고 균형 잡힌 생활 방식을 발전시켜 갔다. 메소포타미아가 인류에게 남기고 간 유산은 기술 분야에서 말한다면 바퀴를 상용한 승용물, 쟁기들의 실용품이 그것이다. 과

1) 진흙을 뭉쳐 판을 만들어서 첨필(尖筆)로 60진법에 따른 숫자나 기하 도형을 새기고 이를 햇볕 또는 약한 열로 말려서 보관한 것이다. 지금까지 50만여 개의 점토판이 발굴되어 세계 여러 박물관에 소장되어 있으며, 이 중에는 100여 개의 문제 판과 200여 개의 수표 판이 있다.

학 분야에서는 천문학을 창시하여 오늘날에도 원의 각도나 시간의 분과 초에 사용하고 있는 60진법의 수 체계를 궁리해 내었으며, 메소포타미아의 천체 관측이 계기가 되어 적분과 미분들이 발견되는 등 우리 인류문화 발전에 많은 공적을 쌓았다.

19세기에 들어서서 발굴된 다량의 점토판(기원전 2100 또는 기원전 2400 – 서기 300)에 써진 쐐기문자(주로 기원전 2200)와 수학에 관한 문제 및 표의 해독에 의해 많은 내용들이 밝혀지고 있다. 바빌로니아의 수학은 생활에 필요한 실용적인 수학으로서, 논증적이며 과학으로서의 수학이라기보다는 다분히 기술적이라고 할 수 있다.

그림 4-1 바빌로니아의 점토판: 16개의 문제와 해법이 기록되어 있음.

2. 산술과 대수

바빌로니아인들은 수메르인의 문자라든가 수 기호를 이어받아 보다 발전시켰으며, 10을 기초로 하고 자리 원리를 갖는 60진법의 기수법을 사용하였다. 그들은 이 수 체계로 산술에 있어서는 제곱수 표, 세제곱수 표, 역수 표, 제곱근 표, 등차수열, 등비수열 및 급수 등을 취급하고 있으며, 산문 형식의 대수에 대해서는 1차, 2차, 3차는 물론 4차(또는 그를 초월하는) 방정식들에 상당하는 문제까지도 풀이하고 있다.

이차방정식: 두 수의 합(또는 차)과 곱으로부터 두 수를 구하는 문제

연립방정식: 직사각형의 가로와 세로의 합은 10이고, 가로에 세로의 $\frac{1}{4}$ 을 더하면 7이다. 가로와 세로의 길이는 얼마인가?

이에 대하여 바빌로니아인들은,

$$7 \times 4 = 28,\ \ 28 - 10 = 18,\ \ 18 \times \frac{1}{3} = 6(\text{가로}),\ \ 10 - 6 = 4(\text{세로})$$

와 같이 해결했을 것으로 추정하고 있다.

그리고 그들이 $\sqrt{2}$ 의 근삿값을 정밀하게 구했는 바,2) 다음 [그림 4-2]와 같이 정사각형의 변의 길이가 30일 때 대각선의 길이는 42;25,35이고 그 비가 1;24,51,10이라는 사실이 기술되어 있는데, 이를 오늘날 방식으로 계산하면

$$\sqrt{2} = 1{,}24{,}51{,}10 = 1 + \frac{24}{60} + \frac{51}{60^2} + \frac{10}{60^3} = 1.41421296\cdots$$

으로 놀랄 만큼 정확하다(土垣 涉, 1992, pp. 48-49).

---

2) [그림 4-2]의 "Yale Babylonian Collection 7289"에 이 내용이 잘 나타나 있다. 바빌로니아의 수 체계는 60진법에 따르므로 1, 24, 51, 10을 오늘날의 10진법으로 고쳐 써보면,

$$1{,}24{,}51{,}10 \cdots\cdots 1 + \frac{24}{60} + \frac{51}{60^2} + \frac{10}{60^3}$$
$$= 1 + 0.4 + 0.0141666 + 0.000046296296 = 1.414212962$$

와 같다. 우리는 한 변의 길이가 1인 정사각형의 대각선의 길이가 $\sqrt{2}$ 이고, 그 근삿값은 대략 1.41421356임을 잘 알고 있다. 이를 바빌로니아 점토판에서의 값과 비교해 보면, 그 일치하는 정도가 대단히 높다는 점을 알 수 있으며, 그들이 지금으로부터 약 4000년 전에 이렇게 정밀도가 높은 값을 구했다는 것은 참으로 놀랄 만한 일이다. 그들이 이 값을 구한 방법을 재현해 보자.

지금 $\sqrt{a}$ 를 구하기 위해, 그 제1근삿값을 a_1 이라 하자. 그러면 $\frac{a}{a_1}$ 도 $\sqrt{a}$ 의 근삿값이 된다. 이것을 b_1 이라 하자. 다시 말해 $b_1 = \frac{a}{a_1}$ 인데, 만일 a_1 이 참값보다 과소(과대)하면, b_1 은 참값보다 과대(과소)하게 됨을 알 수 있다. 따라서 $a_2 = \frac{1}{2}(a_1 + b_1)$ 으로 구해지는 값 a_2 는 a_1 보다 정밀도가 높은 제2근삿값이 된다. 나아가 $\frac{a}{a_2}$ 를 구해 이것을 b_2 로 두면, 같은 이유로 인해, $a_3 = \frac{1}{2}(a_2 + b_2)$ 은 더욱 정밀도가 높은 근삿값이 되는 것이다. 이러한 과정을 반복하면, $\sqrt{a}$ 의 참값에 점점 가까워질 수 있다.

그런데, $\sqrt{2}$ 의 제1근삿값을 1.5로 하는 것은 자연스러운 일이므로 여기서 출발해 보자. 1.5를 60진법으로 1 ; 30 과 같이 표현하고, 이하 전체 60진법으로 계산하였다. $a_1 = 1;30$ 이라 하면,

$$b_1 = \frac{2}{1;30} = 1;20,\ \ a_2 = \frac{1}{2}(1;30 + 1;20) = 1;25$$

다음으로, 제2근삿값 $a_2 = 1;25$ 로 해서, b_2 를 구하면,

$$b_2 = \frac{2}{1;25} = 1;24,42,\ \ a_3 = \frac{1}{2}(1;25 + 1;24,42) = 1;24,51$$

또, 제3근삿값을 $a_3 = 1;24,51$ 이라 하고, 마찬가지로 이를 이용하여 제4근삿값을 구하면 1 ; 24, 51, 10이 되는데, 이것이 바빌로니아 점토판에 기록되어 있다.

 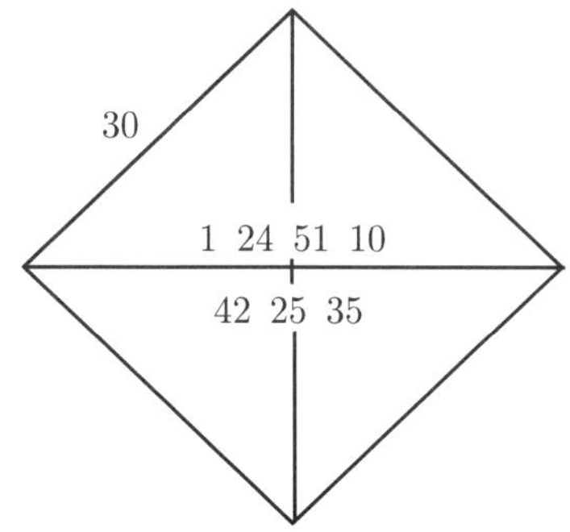

그림 4-2 정사각형의 대각선을 나타내는 점토판: 정사각형의 한 변의 길이와 대각선의 길이를 나타내고 있는 고대 바빌로니아의 점토판(예일대학 소장)

3. 기하

바빌로니아인들은 원둘레를 360등분하는 습관을 최초로 출발시켰다. 이에 60진법을 사용하면 1도는 60분, 1분은 60초가 되는 것이다. 그들은 또한 변의 길이가 반지름과 같은 정육각형이 그 원에 내접하며, 이로부터 원주율의 근삿값으로 3을, 즉 원 넓이는 '원주의 제곱의 $\frac{1}{12}$'이라고 알고 있었다.[3)]

또 그들은 평행선이라든가 정사각형, 직각이 존재함을 알고 있었으며, 직사각형, 직각삼각형, 이등변삼각형의 넓이를 구했고, 몇 가지 다면체의 체적의 계산법 등도 알고 있었다. 나아가 변의 길이의 비가 3 : 4 : 5인 삼각형의 한 각이 직각이 됨(흔히 피타고라스 정리라고 알고 있는)을 알고 있었다.[4)]

[그림 4-3]의 '플림프톤(Plimpton) 322'에 대하여 좀 더 자세히 알아보기로 한다. 〈표 4-1〉에 나타난 바와 같이, 그들은 m, n의 값으로 60의 소인수분해에서 얻어지는 소인수인 2, 3, 5를 택하고 있다. [그림 4-3]에서 오른쪽 그림의 위에서 둘째 줄에 4825 (11521)가 있다. 이는, $z=m^2+n^2$을 구할 때 $z=(m+n)^2-2mn$와 같이 구해도 된다. 이때 $2mn=2\cdot64\cdot27$을 빼야 하는데 그들이 실수하여 $2mn=2\cdot60\cdot27$을 더하는 오류를 범했

---

3) 1936년에 발굴된 점토판에는 정육각형에 외접하는 원을 이용하여 π의 근삿값으로 $\frac{25}{8}$를 구해서 사용한 흔적도 있다.

4) [그림 4-3]은 "Plimpton 322"이라고 알려진 바빌로니아의 점토판이다. 이는 기원전 1900~1600년의 것으로 추정되고 있다. 노이게바우어(Otto Neugebauer)와 작스(A. J. Sachs)에 의해 분석되었으며, 이에 의하면 피타고라스 시대로부터 1000년 이상 이전에 바빌로니아인들은 놀랍게도 이미 피타고라스 정리를 알고 있었던 것임이 드러났다.

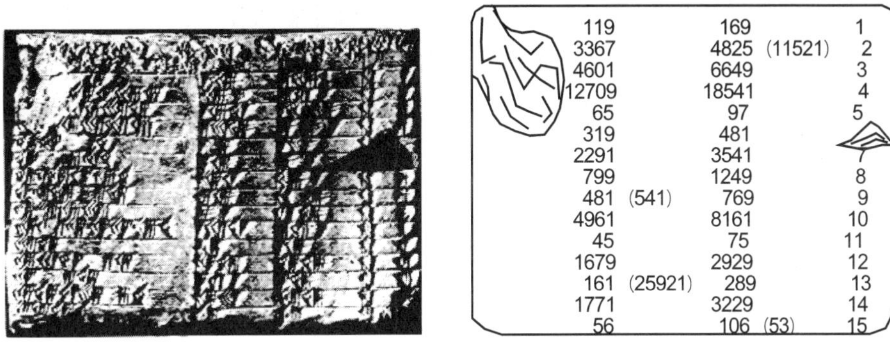

그림 4-3 바빌로니아의 점토판 '플림프톤 322': 기원전 1600 이전에 고대 바빌로니아인들이 이미 피타고라스정리를 알고 있었다는 증거

던 것으로 해석되고 있다.

그리고 아홉째 줄의 481 (541)은, 60진법으로 계산하는 과정에서 60이 8개인 것을 9개로 잘못 계산한 경우이고, 13째 줄의 161 (25921)은 161의 제곱수를 표기한 오류이며, 마지막 줄의 106 (53)은 106의 반으로, 이는 106을 잘못 표기한 것으로 해석되고 있다(David M. Burton, 1991, pp. 74-77).

이밖에도 그들은 네 변의 길이가 순서대로 a, b, c, d 인 사변형의 넓이를 $\frac{(a+c)(b+d)}{4}$ 와 같은 공식으로 구했으며,[5] '두 닮은 직각삼각형의 대응변이 비례한다', '이등변삼각형의

<표 4-1> 바빌로니아인들이 구한 피타고라스 세 조수

m	n	$x=2mn$	$y=m^2-n^2$	$z=m^2+n^2$
$2^2 \cdot 3$	5	120	119	169
2^6	3^3	3456	3367	4825
$3 \cdot 5^2$	2^5	4800	4601	6649
5^3	$2 \cdot 3^3$	13500	12709	18541
3^2	2^2	72	65	97
$2^2 \cdot 5$	3^2	360	319	481
$2 \cdot 3^3$	5^2	27000	2291	3541
2^5	$3 \cdot 5$	960	799	1249
5^2	$2^2 \cdot 3$	600	481	769
3^4	$2^3 \cdot 5$	6480	4961	8161
예외		60	45	75
$2^4 \cdot 3$	5^2	2400	1679	2929
$3 \cdot 5$	2^3	240	161	289
$2 \cdot 5^2$	3^3	2700	1771	3229
3^2	5	90	56	106

꼭짓점에서 밑변에 내린 수선은 밑변을 2등분한다', '반원에 내접하는 각은 직각이다'라는 사실 등과 직원기둥의 부피를 구하는 방법을 알고 있었으나, 원뿔대 또는 피라미드 절두체의 부피를 '밑면과 윗면의 합의 반과 높이의 곱'으로 구하였다.[6]

Ⅲ. 이집트 수학

1. 개요

이집트라고 하면 장대하고 빛나는 고대 문화로 가득 찬 나라를 연상하게 된다. 나일 강의 강줄기를 따라 긴 골짜기에 인류가 처음 정착한 것은 지금으로부터 1만 년 이상이나 거슬러 올라간 선사시대라고 한다. 생명의 강인 나일 강의 은총을 받아 번영한 이집트 최초의 왕 파라오(Pharaoh)가 나타나고, 찬란한 문화가 일제히 개화한 것은 기원전 3000년 이전의 일이다. 고대 문화 중에서도 그 유례가 없는 이집트 문화는 그 후 장장 2700년 동안이나 계속된다.

기원전 5세기에 그리스의 위대한 역사가 헤로도토스는 이집트를 한 바퀴 돌고 나서 경이롭고 위대하다는 말로는 아무리 해도 모두를 형용할 수 없는, 유례를 찾을 수 없는 기막힌 업적에 대해 쓰고 있다. 당당한 위용을 자랑하는 피라미드, 가로수처럼 늘어선 스핑크스 등의 거대한 모습에 압도당하고 또 신전의 벽면을 메운 신성문자에 넋을 잃는다. 이는 이집트가 참된 의미에서의 장대한 문화를 최초로 쌓아올린 고대국가라는 것이며, 더욱이 그 문화의 빛이 2500년 이상이나 쇠퇴하지 않고 계속되었다는 데에 있다.

수천 년 동안 나일 강은 이집트 사람들의 생명의 젖줄이었으며, 고대 이집트의 문명은 물론 특히 기하학을 탄생시킨 것은 너무나도 잘 알려진 사실이다. 나일 강이 범람하면 경작지의 경계가 없어지고 따라서 또다시 구획을 정하고 고치기 위해 측량의 필요성을 절감했고,

---

5) 기원전 51년에 죽은 프톨레마이오스 6세(Ptolemy XI)의 무덤에서 발견된 이집트의 비문에 똑같은 내용이 있다. 이와 같은 부정확한 공식을 2000년 세월의 차이를 두고 바빌로니아인과 이집트인 모두가 알고 있었다는 사실은 대단히 흥미롭다.

6) 사다리꼴 넓이를 구하는 공식으로부터 한 차원 높여 유추한 것으로 추정된다. 비록 그 방법은 오류를 범한 것이지만 교육적 의미는 충분히 있는 것으로 판단된다.

범람이 일정한 시기에 일어나기 때문에 그 시기를 예측하기 위해 정확히 정기적인 변화를 나타내는 천체를 관측함으로써, 천문학상의 여러 가지 과학적 지식을 얻게 되었다. 이집트 사람들은 수천 년 전에 이미 1 년이 365 일과 $\frac{1}{4}$ 이라는 것을 알고 있었다. 이와 같이 토지 측량과 천체 관측의 발전으로부터 도형의 여러 가지 성질을 알게 되었고, 이것이 기하학의 기원이 되었다고 추론하는 것은 너무나도 타당하다.

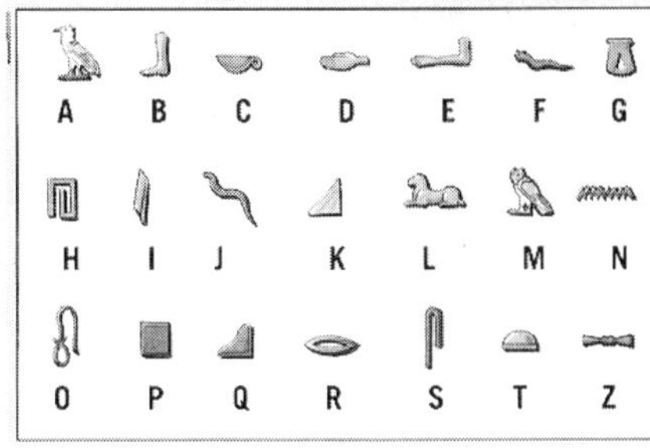

그림 4-4 상형문자(hieroglyph)
오늘날 알파벳의 기원이라고 함

고(古)왕국 시대의 파라오는 권좌에 앉자마자 자기의 무덤이 될 피라미드를 계획하기 시작했다. 오늘날까지도 세계 최대의 건조물인 쿠푸 왕의 거대한 피라미드는 쿠푸 왕이 통치한 23년의 기간 내에 완성되었다. 이는 기원전 2600년 전후의 일이며, 초보적인 연장을 사용하여 인간이 만들어낸 걸작이다.7)

이집트의 상형문자는 특히 로제타석(Rosetta stone)과 린드 파피루스에 의해서 널리 알려졌다. 이집트인들의 신성문자는 기념비와 오벨리스크(obelisk), 그리고 신전의 벽 등에서 발견된다. 이집트인들은 신성문자뿐만 아니라 신관문자와 민중문자도 갖고 있었다. 이집트의 기하학은 그리스의 기하학과 같이 공리와 정의에 의해서 엄밀하게 논리적 체계로 구성된 것이 아니고, 개개의 구체적 예제의 집성에 불과한 이른바 실용을 기하였기 때문에 과학으로서 또한 학문으로서 크게 발전하지는 못했다.

다음은 주로 린드 파피루스와 모스크바 파피루스에 써진 내용의 해독에 의하여 밝혀진 것들을 정리한 내용이다.8)

---

7) 기제(Gizeh)의 피라미드는 기원전 2560년경 제4왕조 파라오 쿠푸왕이 축조한 것으로, 규모가 ① 높이: 146 m, ② 밑면의 한 변의 길이: 230 m, ③ 총 중량: 570만 톤(평균 2.3톤의 돌이 230만 개, 천장에는 54톤의 것도 있음), ④ 재료의 운반 거리: 나일 강변의 채석장으로부터 약 1000 km 운반, ⑤ 동원된 연인원: 10만 명이 30년 동안 축조한 셈이며, ⑥ 정확도: 상대오차가 정사각형인 밑면에 대해서는 $\frac{1}{14,000}$ 이고, 직각에 대해서는 $\frac{1}{27,000}$ 미만이라 하므로, 이는 가히 불가사의(不可思議)의 대상이다. 이 거대한 피라미드를 만들기 위해서, 파라오 휘하의 건축 기사들은 피라미드의 토대로 하기에 알맞은 장소로서 주위의 사막보다 한층 높은 바위로 된 언덕을 골랐다. 이어서 측량 기사들이, 피라미드의 밑면이 완전한 네모꼴이 되도록 그 윤곽을 잡았다. 그 위의 석재를 쌓아올려야 하므로 완전한 수평이 아니면 전체가 기울어지기 때문에 그 둘레에 물을 채운 수로 망이 부설되었다. 수면을 표준삼아 520 아르나 되는 대지를 수평으로 만든 것이다. 현대의 정밀한 측량 결과 피라미드의 남쪽 구석이 북서쪽 구석보다 겨우 1 cm 쯤 높을 뿐이라고 한다. 기하학의 어원인 그리스어의 geometria가 토지 측량이라는 뜻은 이러한 점에서도 수긍이 간다.

8) 나일 강 유역의 수초인 'papu'라는 물 갈대의 줄기를 붙여서 만든 판 두 장을 다시 엇갈리게 붙이고, 이를 물에 불려 햇볕에 말리고 방망이 같은 물건으로 눌러서 부드럽게 하여 종이로 사용했던 것을 파피루스라 한다. 이는 1858년 겨울 스코틀랜드의 젊은 고고학 연구가 린드(A. Henry Rhind)가 이집트에 머무는 동안 테베에 있는 고대의 어떤 폐건물에서 찾아내어 사들인 것이라고 전해진다. 린드는 5년 후에 결핵으로 죽었고 그의 파피루스는 대영박물관에 소장되어 있다.

2. 산술과 대수

이집트인들은 십진 기수법(위치적이 아님)과 몇 가지 기호를 사용하였으며(더하기, 빼기[9], 같다, 미지), 두 종류의 파피루스에 수록되어 있는 110개의 문제를 보면 대부분 실용적인 기원을 가졌으나 그 중에는 다소 이론적인 것들도 포함되어 있다.

린드 파피루스에는 이집트 사람들이 다른 계산에 활용하기 위해 3부터 101까지의 홀수 각각을 2로 나누고 그 결과를 다음 〈표 4-2〉와 같이 나타낸 것이 실려 있다. 그리고 그들은 $\frac{2}{3}$를 제외한 모든 분수를 단위분수의 합으로 표시하였으며,[10]

고대 이집트의 신관(神官) 아메스(Ahmes)가 당시까지 알려진 수학 내용을 필사한 것으로 여겨지기 때문에 그 이름을 따서 '아메스 파피루스'라고도 하는 이것은 기원전 1650년경의 것으로 추정되며, 여기에는 85개의 문제가 수록되어 있고, 1877년 아이젠롤(A. Eigenlohr)에 의해서 판독되었다. 린드가 찾아낸 그 문서는 본래의 것 그대로가 아니었다. 분명히 그것은 원래대로 길이가 거의 5.4m, 폭이 33cm이나, 두 군데가 파손·유실되었다. 고고학에서 때때로 일어나는 기묘한 현상이 여기서도 생겼다. 잃어버린 조각의 부분은 뉴역역사협회(New York Historical Society)의 기탁문에서 반세기 후에 발견되었다. 그것들은 주목할 만한 의학 파피루스와 함께 수집가 스미스(Edwin Smith)에 의해 얻어졌다. 그 조각들은 전체 작품에 대한 이해를 상당히 명백하게 했다. 그것은 오늘날 이집트인들이 어떻게 셈하고 측정했느냐에 대한 우리의 주요한 지식의 원천으로 남아 있다.

모스크바 파피루스는 현존하는 가장 오래된 수학적 문서로, 1893년 러시아의 골레니세프(Golenishev)가 이집트에서 구입한 것인데, 수집가의 이름을 따서 '골레니세프 파피루스'라고도 한다. 기원전 1850년경의 것으로 추정되며, 25개의 문제가 수록되어 있고, 현재 모스크바 국립미술박물관에 소장되어 있다. 이는 폭이 8cm로 린드 파피루스의 $\frac{1}{4}$이고 길이가 544cm이다. 수록된 문제들의 풀이 방법은 린드 파피루스에 주어진 규칙과 동일하다. 그 가운데 중요한 문제 하나는 이집트인이 피라미드 절두체의 부피를 구하는 공식 $V=\frac{h}{3}(a^2+ab+b^2)$을 알고 있었다는 점이다. 사르톤(Sarton)은 이 풀이를 그들의 기하학의 "명작"이라고 불렀다. 그것은 3천 년 이상의 이집트 수학에서 탁월한 것이었으며 정말로 감명 깊은 진보였다. 이들 파피루스에 의하면 그들의 방법은 서툴렀고 그들은 그리스인의 탁월한 능력인 총괄적인 일반화는 하지 못했다. 그러나 그들의 기술과 이 원문 안에 존재하는 상상력을 경시하고 이집트인이 수학적 사고에 기여한 것을 과소평가한다는 것은 무의미하다.

9) 린드 파피루스에 나타난 바에 따르면, '더하기'는 왼쪽에서 오른쪽으로 걸어가는 다리 한 쌍, '빼기'는 오른쪽에서 왼쪽으로 걸어가는 다리 한 쌍으로 나타냈다.

10) 이집트 사람들이 이와 같은 단위분수에 의한 표현 방법을 어떻게 알아냈을까? 하는 의문은 많은 수학자들을 자극하여 연구를 하게 만들었다. 그 중 모든 진분수를 단위분수의 합으로 유일하게 나타내는 방법에 대해 실베스터(J. J. Sylvester, 1814-1897)가 제안한, 소위 실베스터 과정은 다음과 같다.

(1) 주어진 진분수보다 작은 최대의 단위분수(최소 분모를 갖는 단위분수)를 찾는다.
(2) 주어진 진분수로부터 (1)에서 찾은 단위분수를 뺀다.
(3) 위 (2)의 결과인 차로서의 분수보다 작은 최대 단위분수를 찾는다.
(4) 위 (2)에서 찾은 분수로부터 위 (3)의 분수를 뺀다. 그리고 이와 같은 과정을 반복해 간다.

예컨대, $\frac{13}{28}$을 실베스터의 과정에 따라 서로 다른 단위분수의 합으로 나타내 보자.

$\frac{13}{28}-\frac{1}{3}=\frac{11}{84}$, $\frac{11}{84}-\frac{1}{8}=\frac{1}{168}$ 따라서 $\frac{13}{28}=\frac{1}{3}+\frac{1}{8}+\frac{1}{168}$ 와 같은 해를 얻는다.

그러나 $\frac{13}{28}=\frac{7+4+2}{28}=\frac{1}{4}+\frac{1}{7}+\frac{1}{14}$ 도 성립하므로, 일반적으로는 어떤 분수가 단위분수의 합으로 유일하게 표현되는 것은 아니다. 이 밖에도 어떤 분수를 단위분수의 합으로 나타내는 몇 가지 공식을 소개하면 다음과 같다.

① $\frac{2}{n}=\frac{1}{2}\frac{1}{n}+\frac{3}{2}\frac{1}{n}$ (n이 3의 배수일 때),

$$\frac{2}{m}=\frac{1}{m\cdot\frac{m+1}{2}}+\frac{1}{\frac{m+1}{2}}$$

와 같은 일반적인 공식은 후세 수학자들에 의해 알려졌지만, 당시에도

$$2\div n=\frac{2}{n}=\frac{1+\bar{2}+\bar{3}+\bar{6}}{n}=\bar{n}+\overline{2n}+\overline{3n}+\overline{6n}=\frac{1}{n}+\frac{1}{2n}+\frac{1}{3n}+\frac{1}{6n}$$

와 같은 공식을 사용한 흔적이 $2\div 101$에서 나타나고 있다. 즉, 다음 〈표 4-2〉에

$$2\div 101=\frac{1}{101}+\frac{1}{202}+\frac{1}{303}+\frac{1}{606}$$

이 나타나고 있는데 이는 실로 놀라운 사실이다.

예 린드 파피루스에 있는 빵의 분배 문제

"100개의 빵을 10사람이 분배한다. 대장, 선두, 문위에게는 2배로 준다. 어떻게 분배하면 될까?"

이는 결국 13사람에게 나누어주는 것과 같으므로, 13을 곱해 100이 되는 수를 구하는 경우이고, 이집트 사람들은 이의 계산을,

$$100\div 13=(13\times 7+9)\div 13=7+\frac{9}{13}=7+\frac{9\times 3}{13\times 3}=7+\frac{26+1}{39}=7+\frac{2}{3}+\frac{1}{39}$$

와 같이 하였다. 그 결과, 한 사람 몫이 "7개와 大半$\left(\frac{2}{3}\right)$, 그리고 39등분한 것 중 1개"가 된다. 따라서 대장, 선두, 문위에게는 모두

$$\left(7+\frac{2}{3}+\frac{1}{39}\right)\times 2=15+\frac{1}{3}+\frac{2}{39}=15+\frac{1}{3}+\frac{3+1}{78}=15+\frac{1}{3}+\frac{1}{26}+\frac{1}{78}$$

만큼씩 주면 된다고 하였다.

---

② $\frac{2}{n}=\frac{1}{3}\frac{1}{n}+\frac{5}{3}\frac{1}{n}$ (n이 5의 배수일 때),

③ $\frac{2}{mn}=\frac{1}{m}\frac{1}{k}+\frac{3}{n}\frac{1}{k}\left(k=\frac{m+n}{2}\right)$

〈표 4-2〉 $2 \div n$ 을 계산한 표

$$2 \div 3 = \ddot{3}$$

$$2 \div 5 = \dot{3} \quad \dot{15}$$

$$2 \div 7 = \dot{4} \quad \dot{28}$$

$$2 \div 9 = \dot{6} \quad \dot{18}$$

$$2 \div 11 = \dot{6} \quad \dot{66}$$

$$2 \div 13 = \dot{8} \quad \dot{52} \quad \dot{104}$$

$$2 \div 15 = \dot{10} \quad \dot{30}$$

………

$$2 \div 101 = \dot{101} \quad \dot{202} \quad \dot{303} \quad \dot{606}$$

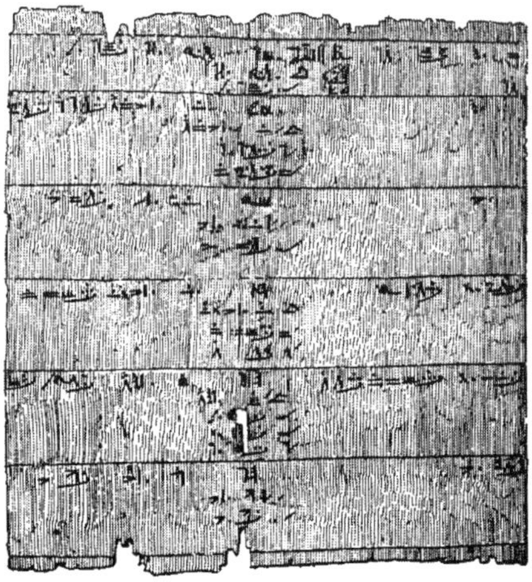

그림 4-5 린드 파피루스의 첫 쪽

이집트인들은 특수(분모가 2의 멱으로 된)한 단위분수를 취급하기도 했는데, '호루스의 눈(Eye of Horus) 분수'라는 것(그림 4-6)이 있다. 이는 계속 반으로 쪼개나가는 방식에 바탕을 두고 있으며, 마른 곡식의 부피 측정 단위로 사용한 헤캇(hekat)을 쪼갠 일부분이다.[11)]

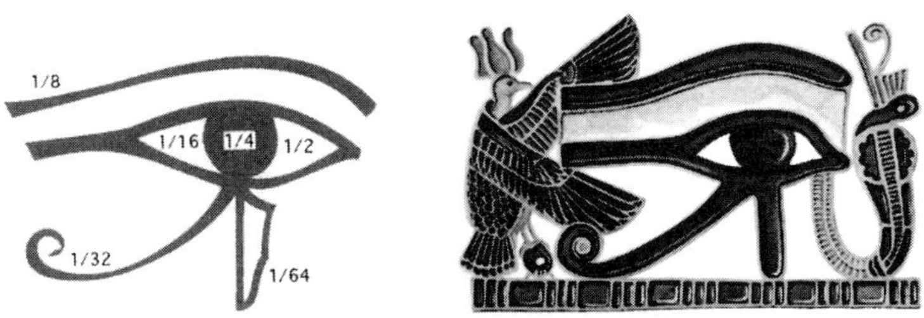

그림 4-6 특수한 단위분수를 나타내는 '매의 눈'

이미 제3장에서 알아본 바와 같이 그들의 곱셈과 나눗셈은 '2의 멱의 합'으로의 표현에 기초를 두었고, 임시 위치법(method of false position)에 바탕을 둔 1차 방정식을 실용적으로 이용하였다.

---

11) 이집트 신화에 따르면 호루스는 오시리스(Osiris)의 아들이고, 오시리스는 동생 세트(Seth)에 의해 살해되었다. 호루스는 삼촌을 죽이는 복수는 했지만 싸우면서 눈을 잃었는데, 나중에 신 토트(Thoth)가 부서진 조각들을 모아 그에게 눈을 돌려주었다고 한다.

예 $x+\frac{x}{7}=24$, $x+\frac{x}{7}=19$, $x+\frac{x}{5}=17$

3. 기하학

이집트 기하학 지식은 실제적 측량으로부터 유래된 것으로 두 파피루스에는 26개의 기하 문제가 수록되어 있다. 그들은 원의 넓이를 '지름의 $\frac{8}{9}$의 제곱'을 사용하여 구했으며,[12] 직원기둥의 부피를 '밑넓이와 높이의 곱'으로 구했고, 삼각형의 넓이는 '밑변과 높이의 곱의 반'임을 이미 알았던 것으로 추정하고 있다.

예 "직경 9게트인 둥근 토지의 넓이"를, "지름의 $\frac{1}{9}$인 1을 빼고 제곱하면 64, 따라서 토지의 넓이는 64세다트이다."[13]와 같이 설명하고 있다.

이집트에서도 바빌로니아에서와 마찬가지로 일반적인 사변형의 넓이를 구할 때 오류를 범했으며, 피타고라스 정리에 대한 직접적인 암시는 밝혀진 바가 아직 없다.[14] 그러나 그들은 피라미드 절두체의 부피를 구하는 정확한 공식을 알고 있었다. 즉, [그림 4-8]에서,

$$V=\frac{(a^2+ab+b^2)\cdot h}{3}$$

이다.[15] (여기서, V는 부피, a는 윗면의 한 변, b는 밑면의 한 변, h는 높이를 나타낸다.)

---

12) 제9장 원의 구적에 대한 발달을 참조하기 바란다.

13) 오늘날의 표기로는 다음과 같으며, 이는 원주율이 $\pi=3.16049\cdots$임을 나타내고 있다.

$$d=2r \Rightarrow S=\left(d-\frac{d}{9}\right)^2=\left(\frac{8d}{9}\right)^2=\left(\frac{16}{9}\right)^2 r^2=\pi r^2 \quad \therefore \pi=\left(\frac{16}{9}\right)^2=3.16049\cdots$$

14) 피타고라스 정리에 대한 직접적인 언급은 문헌상에 나타나지 않으나, "새끼줄師"라고 불리는 측량사들이 이미 3 : 4 : 5의 비율을 알고 이를 이용하여 직각을 만들고 확인했을 것으로 짐작된다.

15) 기원전 1850년경의 것으로 추정되는 모스크바 파피루스의 문제 14에는 다음과 같은 문제가 있다;
『당신에게 수직 높이가 6, 밑면의 한 변이 4, 윗면의 한 변이 2인 상단부가 잘린 피라미드가 주어져 있다. 당신은 4를 제곱해서 16을 얻는다. 당신은 4를 2배해서 8을 얻는다. 당신은 2를 제곱해서 4를 얻는다. 당신은 16, 8, 4를 더해서 28을 얻는다. 당신은 6의 $\frac{1}{3}$을 택해서 2를 얻는다. 당신은 28을 2배하여 56을 얻는다. 보라, 이것이 56이다. 당신은 옳음을 발견할 것이다.』
앞에서 다뤘던 바빌로니아인들의 틀린 공식(산술평균 이용)에 비해, 순전히 경험을 바탕으로 하여 윗면(넓이: A)과 밑면(넓이: B)의 헤론 평균, 즉 $\frac{1}{3}(A+\sqrt{AB}+B)$을 이용하는 정확한 공식을 찾았다는 사실은 실로 놀라운 일이다.

그림 **4-7** 밧줄 타래를 든 측량기사

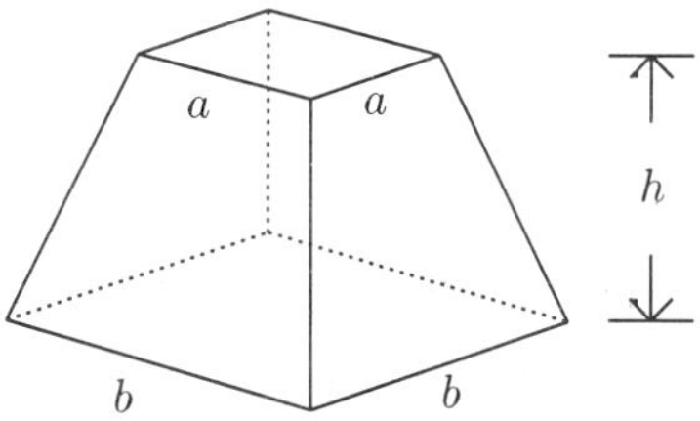

그림 **4-8** 피라미드의 절두체

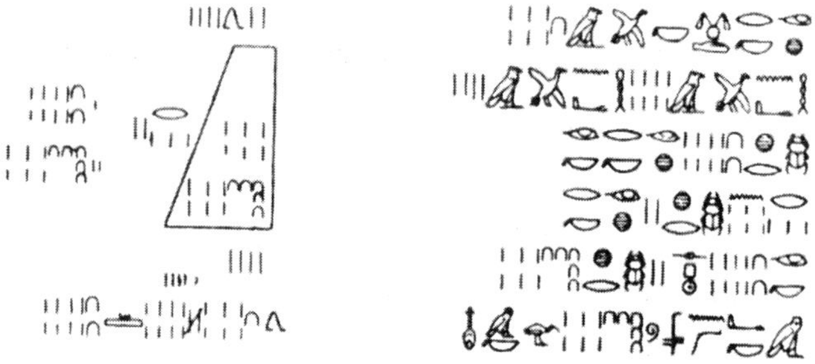

그림 **4-9** 모스크바 파피루스 14번 문제 '피라미드 절두체의 부피'

한편 린드 파피루스에는 오늘날 최고(最古)의 퍼즐로 일컫는 다음과 같은 이상한 문제가 수록되어 있다.

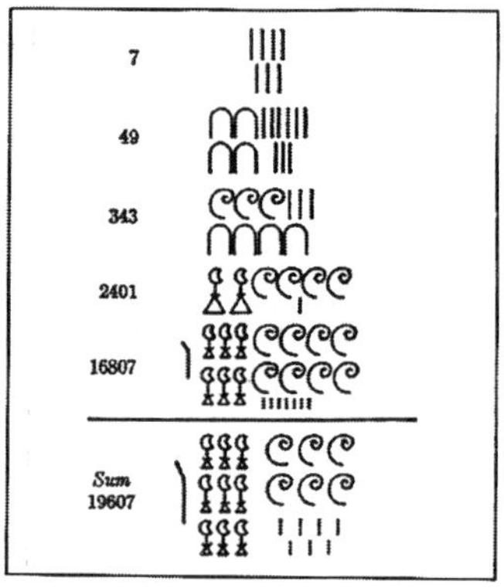

그림 4-10

재산	
집	7
고양이	49
쥐	343
밀이삭	2401
홉	16807
합	19607

그림 4-11

■ 칸토어(Moritz Cantor, 1829–1920)의 해석

일곱 채의 집으로 이루어져 있는데, 각 집에는 일곱 마리의 고양이가 있었고, 각 고양이는 일곱 마리의 쥐를 먹었고, 각 쥐는 일곱 개의 밀 이삭을 먹었고, 각 밀 이삭은 일곱 홉의

곡식을 만들 수 있다. 집, 고양이, 쥐, 밀 이삭 및 홉 모두를 합하면 재산은 얼마나 되는가?

■ 레오나르도 피보나치(Leonardo Fibonacci, 1170?–1250?)의 해석

"로마로 가는 길에 일곱 명의 늙은 여인이 있었다. 각 여인은 일곱 마리의 노새를 데리고 있었고, 각 노새는 일곱 개의 부대를 짊어지고 있었고, 각 부대에는 일곱 개의 빵이 있었고, 각 빵에는 일곱 자루의 칼이 있었고, 각 칼에는 일곱 개의 칼집이 있었다. 로마로 가는 길 위에 있는 여자, 노새, 부대, 빵, 칼 그리고 칼집을 합하면 모두 얼마나 되는가?"

☞ 로제타석과 베히스툰 비문

고대 이집트와 바빌로니아는 거의 동시대에 고대 문명을 일으키고 찬란한 문화를 향유하는, 어쩌면 '문화친구'라고도 부를 수 있을 것이다. 그런데 그 사이에 다른 것은 아주 확연하게 다르고 같은 것은 이상하리만치 같은 것이 있다. 그 가운데 하나로 고대 문자를 해독할 수 있는 열쇠에 관한 이야기가 있는데, '로제타석(Rosetta Stone)'과 '베히스툰 비문(Behistun Inscription)'의 경우이다.

1. 이집트의 5천 년 역사와 문명을 알려준 로제타석

로제타석은 1799년 나폴레옹의 이집트 원정 시 그의 탐험대가 로제타 지방에서 발견한 것으로, 가로 72cm, 세로 114cm의 현무암 표면에 글씨가 새겨진 기념비이다.

여기에는 기원전 196년 3월 27일 프톨레마이오스 5세의 즉위를 기념하는 내용이 상형문자(Hieroglyphic), 서민문자(Demotic) 그리고 그리스어로 쓰여 있다.

프랑스의 천재 언어학자 샹폴리옹(Jean-François Champollion)이 그리스어로 표기된 부분에서 '클레오파트라'와 '프톨레마이오스'를 판독의 열쇠로 삼아 1822년 9월 14일 완전한 해독에 이름으로써, 이집트 문명은 전설적·신화적 범주로부터 분명하고 막중한 역사 개념으로 끌어올려졌다. 이로부터 1300여 년 동안 완전히 잊혀 있던 이집트의 상형문자를 다시 읽을 수 있게 됨으로써 고대 이집트의 역사와 문명에 관한 5천 년의 수수께끼가 서서히 풀리게 되었다.

프랑스가 워털루의 패전으로 영국에게 항복했을 때 영국으로 가져간 것이 계기가 되어, 이는 현재 대영박물관에 소장되어 있다.

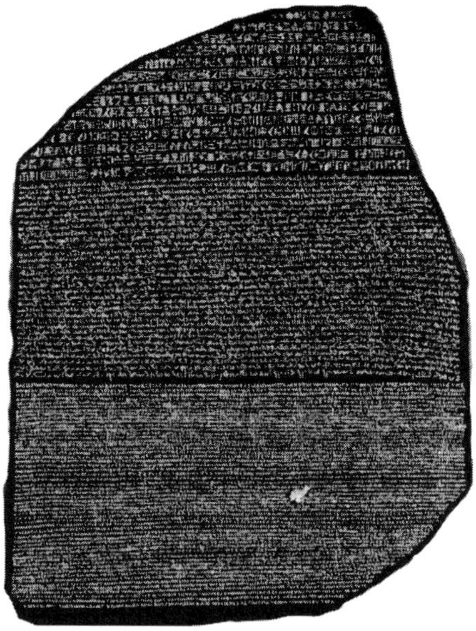

이집트 고대사 연구의 결정적 사료 로제타석

샹폴리옹(1790-1832)

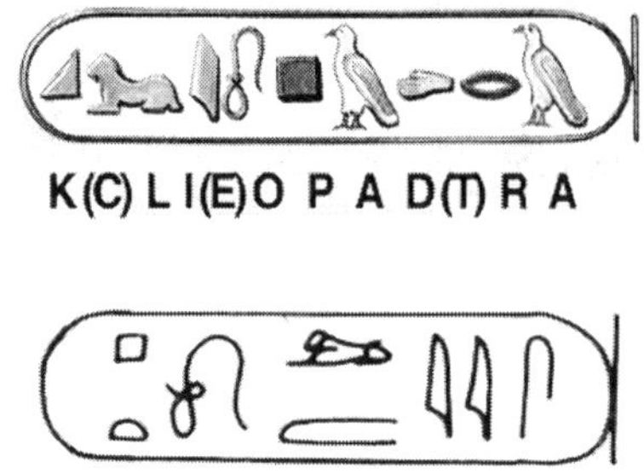

상형문자의 판독 열쇠가 된
클레오파트라와 프톨레마이오스

2. 바빌로니아 고대사 해독의 열쇠 베히스툰 비문

설형문자 해독의 열쇠 베히스툰 비문

영국 육군 장교 헨리 롤린슨(Henry Creswicke Rawlinson, 1810–1895)은 인도군의 관리로 근무하면서, 왕의 기병대 고문으로 1835년 페르시아에 배속되었을 때 설형문자로 새겨진 명문(銘文)에 관심을 갖게 되었다.

그는 바그다드 동쪽 250km에 있는 베히스툰(Behistun) 산 암벽 높은 곳에 새겨져 있는 비문을 베껴와 처음으로 해독하는 데 성공하였다. 그는 암벽을 타고 120m 가량 기어올라 밧줄에 매달린 채 목숨을 걸고 이 비문을 베꼈다. 이 비문은 페르시아의 다리우스 1세가 페르시아제국의 왕좌에 오르게 된 과정을 새긴 것으로, 기원전 519년에 그의 명에 의하여 만들어졌다. 여기에는 똑같은 내용이 고대 페르시아어(Old Persian), 엘람어(Elamite), 아카디아어(language of Babylonians)의 서로 다른 세 가지 설형문자로 새겨져 있는데, 롤린슨은 1846년 그 해독에 성공했으며, 1857년 그는 이를 바탕으로 더 어려운 설형문자의 해독도 해내었다. 이와 더불어 노이게바우어의 책 《*Mathematical Cuneiform Texts*》이 고대 바빌로니아 수학 문서 해독에 크게 도움이 되었다. 이 베히스툰 비문 이야기는 신기하게도 이집트의 로제타석에 얽힌 그것과도 매우 흡사하다. 그래서 이를 메소포타미아의 로제타석(Mesopotamian Rosetta Stone)이라고도 한다.

생각해 볼 문제

문제 4-1 1936년에 발굴된 바빌로니아의 점토판에는, 정육각형에 외접하는 원의 원주에 대한 본래 정육각형의 둘레의 비가 $\frac{57}{60}+\frac{36}{3600}$ 으로 주어져 있다. 이로부터 그들이 사용한 π 의 근삿값을 구하여라.

문제 4-2 바빌로니아 사람들이, 자연수의 제곱들의 합 $1^2+2^2+3^2+\ldots+10^2$을 $\left[1\left(\frac{1}{3}\right)+10\left(\frac{2}{3}\right)\right]55=385$ 와 같은 계산으로 수행한 이유를 생각해 보고, 이의 일반화도 가능한지 알아보아라.

문제 4-3 바빌로니아 사람들이 수행했다고 알려진 근사 방식을 써서, $\sqrt{17}$ 의 제4근삿값을 구하여라.

문제 4-4 고대 이집트 사람들이 원 넓이를 구했던 방법을 음미해 보아라. 그리고 이로부터 그들이 원주율로 $\pi=\left(\frac{4}{3}\right)^4$ 을 사용했음을 밝혀라.

문제 4-5 평균에 대한 착상은 경험적 과정에서 보편적으로 드러나는 현상인 것 같다. 변의 길이가 차례로 $a,\ b,\ c,\ d$ 인 사변형의 넓이를 구하면서 고대 바빌로니아나 이집트 사람들이 사용했던 공식 $S=\left(\frac{a+c}{2}\right)\left(\frac{b+d}{2}\right)$ 에 대하여, 직사각형이 아닌 사각형의 경우 어떤 결과가 나타나는지 알아보고, 이 공식에 바탕을 둔 삼각형의 구적 공식을 유도해 보아라.

문제 4-6 두 양수 $p,\ q$에 대한 산술평균, 헤론평균, 기하평균을 각각 $A=\frac{p+q}{2}$, $H=\frac{p+\sqrt{pq}+q}{3}$, $G=\sqrt{pq}$ 에 대하여 $A\geq H\geq G$임을 보이고, 등호는 어떤 경우에 성립하는지 알아보아라.

문제 4-7 $\frac{11}{24}$과 $\frac{2}{73}$을 실베스터의 과정('Fibonacci-Sylvester method'라고도 함)에 따라 단위분수의 합으로 고쳐라. 또 다른 해를 구해보아라.

문제 4-8 $\frac{1}{2}, \frac{1}{3}, \frac{1}{4}, \ldots$ 등을 두 개의 서로 다른 단위분수의 합으로 나타내어 보고, 어떤 패턴을 찾아낼 수도 있는지, 그리고 이 사실을 발전시켜 1을 다섯 개의 서로 다른 단위분수의 합으로 나타내어 보아라.

문제 4-9 린드 파피루스에, "어떤 양 및 그것의 $\frac{2}{3}, \frac{1}{2}, \frac{1}{7}$의 합은 33이다. 그 양은 얼마인가?"라는 문제가 있다. 이를 임시 위치법을 써서 풀어라.

문제 4-10 린드 파피루스에, "$\frac{1}{5}$의 $\frac{2}{3}$가 무엇인지에 대한 질문을 받으면, $\frac{1}{5}$을 둘로 나누고 그것들을 다시 여섯으로 나누어라. 이것의 $\frac{2}{3}$가 구하는 답이다. 모든 다른 분수에 대해서도 이와 같이 해결할 수 있다."라는 것이 있는데 이를 해석하고 일반적인 경우를 음미하여라.

chapter 5 초기 그리스의 수학

피타고라스와 그의 삼각형 상
(Maor, Eli, 2007)

오늘날 학교수학에서 다루는 내용 중에는 이미 2천 년 이상 이전에 그리스 사람들이 이루어 놓은 업적들이 많은 부분을 차지하고 있다. 도형의 닮음과 합동에 대한 탈레스의 천재적 업적, 피타고라스학파의 수론과 기하에 걸친 폭넓은 수학 내용, 나아가서는 플라톤의 수리철학, 무한과 운동에 대한 논법을 신랄하게 다루면서 변증법을 출발시킨 제논의 역설(逆說), 그리고 도형의 작도 가능성 문제를 야기한 그들의 사상과 방법론에 있어서도 후세 인류에게 남긴 유산은, 그들의 찬란했던 문화 속에서 일구어낸 수학의 열매로 지금까지도 그 빛을 발하고 있다. 수학을 공부하는 사람이라면 그리스 수학만큼은 뛰어넘어버릴 수 없는 필수 과정으로 알려져 있다. 거기에는 그럴 만한 이유가 충분히 있는 것이다.

그들은 현실에 안주하거나 계산에 연연하지 않고 감각을 떠난 이성적 사고(logos)를 향해 노력하였다. 그 과정에서 그들은 기하학적 정신 세계를 개척하였으며, 분석과 종합이라는 중요한 과학적 방법론을 일구어 내었다. 또 최초 제안자는 알 수 없지만 3대 난문의 해결을 위한 그들의 부단한 노력은 고등기하의 분야를 개척하기도 하였다.

이 장에서는 이상과 같은 그리스적 정신의 토대 마련에 공헌한 초기 그리스의 몇몇 수학자들의 주요 업적과 이와 같은 소산(所産)의 배경을 더듬어 보기로 한다.

Ⅰ. 그리스 수학의 성립 배경

기원전 2천여 년 동안의 마지막 세기에는 정치·경제적인 측면에서 많은 변화가 일어났다. 이집트와 바빌로니아가 쇠퇴한 반면 헤브루, 아시리아, 그리스 등의 민족국가들이 점점 두각을 드러내기 시작했다. 철기시대의 도래, 알파벳 및 화폐의 발명, 미지의 땅의 발견, 무역의 성행 등으로 새로운 형태의 문명에 대한 채비를 갖추었다. 새로운 문명이 시칠리아 섬, 그리스 본토, 이탈리아 연안 등에서 출현하면서 고대 오리엔트의 정적(靜的)인 사고방식은 빛을 잃게 되고 합리주의의 분위기가 고조되었다. 이로 인해 사람들은 "어떻게(How)"뿐 아니라 "왜(Why)"라는 보다 근본적이고 과학적인 질문에 눈을 돌렸고 또 이에 답하지 않으면 안 되었다. 따라서 논증적 방법에 대한 시도가 불가피하게 되었으며, 이것이 곧 오늘날까지도 수학의 특성으로 여기고 있는 연역적 사고방식인 것이다.

한편 "모든 문명은 그리스에서 시작된다."는 말이 있듯이 고대 유럽 문명은 그리스가 중심이 되었다. 후에 그리스 전역을 정복하고 많은 도시를 유린한 로마인들조차도 그리스에서 깊은 영향을 받지 않을 수 없었다. 고대 그리스의 민주주의 사고방식은 지금도 이 지구상의 모든 인류의 생활 속에 깊이 뿌리 박혀 있다. 오늘날의 세계에 미치고 있는 그리스 문화의 영향은 그만큼 크다. 세계의 거의 모든 나라들이 절대군주제로 통치되고 있던 시대에도 그리스인들만은 인간을 권력자의 도구로서가 아니라 한 사람의 인간으로서 존중되어야 한다고 확신하고 있었다. 이것이 그리스인이 의미하는 자유였다. 정복당하기를 무엇보다도 싫어한 그들은 자기가 속한 사회에서 하고 싶은 일을 하는 자유, 자기가 지닌 모든 가능성을 개발하고 자기가 믿는 것을 거침없이 말하며 자기의 길을 주저 없이 나아가는 자유를 주장했다. 이와 같은 민주주의 사고방식은 마침내 그들이 논리적이며 창조적인 사색을 할 수 있는 인간형성의 기틀이 되었던 것이다.

하천 시대의 이집트, 바빌로니아, 인도 및 중국의 하천 시대 사람들이 천문학이나 관개사업 등에서 이미 실용적인 성과를 올리고 있었으나, 그리스인들이 한층 더 공헌한 것은 실용과학에 이론적인 뒷받침을 부여한 점이었다. 그들은 오로지 사물의 원리를 추구한 결과 과학의 시조가 되었을 뿐만 아니라, 철학의 창시자가 된 것이다. 그리스인에게 과학과 철학은 서로 밀접한 분야로서 쌍방이 모두 사물의 성질을 더욱 많이 알기 위한 수단이었고, 하나의 가설에서 다음 가설로 증명과 논리에 의지하여 나아가는 방법과 학문의 체계를 구축해 나갔다. 특히 유럽문명의 해양시대에 있어서 수학의 학문체계를 세우는 데 큰 공헌을 한 사람은 탈

레스와 피타고라스 그리고 유클리드를 들 수 있다.[1)]

이상과 같은 내용은 대체로 다음과 같이 요약될 수 있다.

- 바빌로니아·이집트의 하천문명(河川文明) → 지중해 연안의 연해문화(沿海文化)

$$\text{경험} \cdot \text{생활수학} \xrightarrow{\text{추상화} \cdot \text{형식화}} : \text{이론} \cdot \text{논증수학}$$ [2)]

- 고대 그리스인의 자연관: 인간과 자연을 대립하는 것으로 봐서 객관적 존재인 자연의 통일성, 공통성에 주목, 원리의 존재를 의식하고 모든 학문도 원리로부터 출발한다는 논리적 연역의 방법을 중시.
- 플라톤 철학(Idea론): 영원히 존재하는 것은 순수 사유(思惟: 비물체적, 비감각적)에 의한 것, 따라서 수란 '사고할 수 있을 뿐 어떤 방법으로도 다룰 수 없는 것', 수학자는 '사각형 그 자체, 원 그 자체를 문제 삼으며, 그들이 그리는 것은 도형의 그림자나 닮은 모습에 불과'하다. '그 자체'는 가시적(可視的)이 아니고 가지적(可知的)이므로 이는 이데아의 세계에만 존재.

II.

탈레스

밀레투스(Miletos) 태생인 탈레스는 오늘날 자연철학이라 불리는 이오니아(Ionia) 학파의 창시자이다. 젊은 시절에는 소금, 기름 등을 거래하는 상인으로 이집트 등지를 여행하면서 많은 것을 공부하였다. 그는 정치외교가, 상담자, 기술자, 사업가, 철학자, 천문학자, 그리고 수학자로서의 폭넓은 명예를 획득했다. 오늘날 우리는 그를 논증기하의 창시자, 고대의 7현인

---

1) 고대 그리스 수학의 무대로는 주로 지중해의 동서를 잇는 지역에 산재해 있다. 탈레스는 소아시아의 밀레토스, 피타고라스는 크로토나, 제논은 엘레아, 아르키메데스는 시라쿠사에서 그리고 유클리드, 아폴로니오스 등은 알렉산드리아에서 그리스 수학의 찬란한 꽃을 피웠다. 그리스 수학에 대하여 좀 더 깊게 들여다보면 하나의 역사적 아이러니를 구경할 수 있다. 민주적인 아테네를 상징하는 것은 귀족주의적인 철학자 플라톤이며, 왕이 신의 권능을 이어받았음을 내세운 철저한 전제적 도시 알렉산드리아에서 사실상 수학이 학문적으로 발달했는가 하면, 당시 가장 문명이 발달한 로마에서는 그리스 수학이 아예 사장되어 버리고 말았던 것이다(김용운·김용국, 1997, pp. 34-35).

2) 그리스인들은 선조가 성취한 수학을 그들 나름대로의 수학으로 변환시켰다. 즉, 수학적 사실은 경험적 과정이 아니라 연역법에 의해 증명되어야 한다고 고집했다. 이는, 철학적 탐구에 대한 그들 고유의 지적 경향, 미(美; 질서 정연, 무모순성, 완전성, 설득성 등)에 대한 애착, 그리고 사회 제도(유한 계급과 노예 계급) 때문이었을 것이다. 그리고 그리스 초기의 수학에 대해서는, 5세기 프로클로스(Proclus)의 'Eudemian Summary(에우데모스 요약)'에 기인하고 있다. 여기에는 그리스 초기(기원전 6세기경)부터 유클리드까지 약 300년에 걸친 수학의 발달에 관한 개요가 적혀 있다.

중의 한 사람, 그리스 철학의 아버지 등으로 알고 있다.[3)]

탈레스
(Thales, 기원전 624? – 546?)

탈레스는 그의 스승들이 이미 알고 있었던 실제 측량 방법을 더욱 추상화하여 맞꼭지각의 크기가 같다, 이등변삼각형의 두 밑각이 같다, 원은 임의의 직경에 의하여 2등분된다, 반원에 내접하는 각은 직각이다[4)], 또 삼각형의 합동조건과 닮음조건 등의 정리(定理)들을 역사상 최초로 발견하였다. 이는 측량술의 혁신이라는 실용적 측면을 넘어 그리스 수학의 철학적 밑바탕을 견고히 다졌다는 엄청난 의미가 있다.

그는 [그림 5-1]과 같은 방법으로, 직각삼각형의 닮음, 그림자와 막대의 길이 및 비례 관계(본인이 발견한 정리들)를 이용해 피라미드의 높이를 실제로 측정하여 당시 이집트의 아마시스 왕과 사람들을 놀라게 했다고 한다.[5)]

그리고 그는 지구가 둥글다는 사실을 알고 있었으며, 1년이 $365\frac{1}{4}$ 일임을 그리스에 알렸다. 또 기원전 585년 5월 28일의 일식의 예언·적중을 통해 더욱 유명해지기도 하였다.

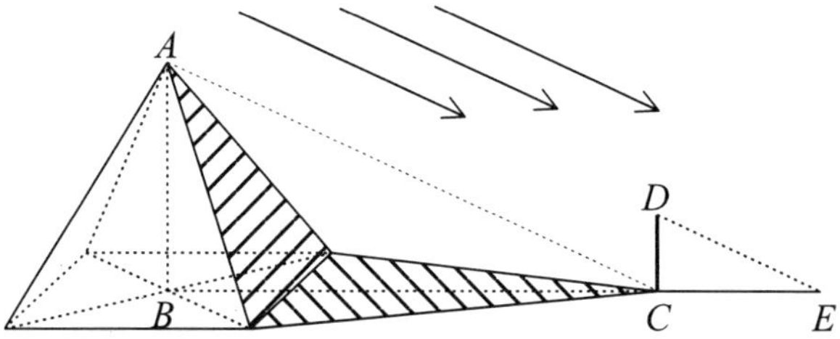

그림 5-1 탈레스가 발견한 피라미드 높이 측정법

III.

피타고라스

1. 피타고라스학파와 그 철학

피타고라스(Pythagoras)는 에게 해의 사모스(Samos) 섬에서 출생하였다. 이집트, 바빌론, 동

---

3) 그에 대해서는, 소금 장수 시절의 나귀 이야기, 올리브 기름틀 이야기, 하늘을 관측하다가 개울에 빠진 이야기 등의 많은 일화가 전해지고 있다.

4) 이 사실을 그로부터 1400년 전의 바빌로니아인들이 이미 알고 있었으나 연역적 증명의 어떠한 흔적도 그들에게서는 찾아볼 수 없다.

5) 이 밖에도, 중간에 장애물이 있어서 직접 측정이 불가능한 두 지점 사이의 거리, 바다 위에 떠 있는 배까지의 거리 등을 자신이 발견한 몇 가지 정리를 이용하여 구했다.

양의 각 지역 등을 30여 년간 여행한 후 귀향했으나 당시 폴리크라테스(Polycrates)의 폭정이 심하여 이를 피해 남이탈리아의 항구 도시인 크로토나(Crotona)로 이주하였다. 거기서 그는 피타고라스학파(철학, 수학 및 자연과학의 아카데미로서 비밀스럽고 신비적인 의식을 행하는 결속 단체)를 창설하여 많은 연구를 했으나, 남부 이탈리아 민주세력에 의해 학파가 파괴되기에 이르렀다. 피타고라스는 피신하였으나 추격자들에 의해 70대 중반의 나이에 피살된 것으로 추정된다. 이때 그의 학파가 일단 해체되었으나 그 뒤에 재건되어 2백여 년간 더 존속했던 것으로 알려져 있다.

피타고라스(기원전 572? - 497?)

이 학파의 철학은 수(자연수)가 만물의 근원이며 수의 법칙은 우주의 신비를 밝혀내는 열쇠라 믿었다. 그들은 그와 같은 철학 체계를 발전시키기 위해 수 그 자체로서 정수론(整數論), 수의 응용으로서 음학(音學), 정지된 도형으로서 기하학(幾何學), 움직이는 도형으로서 천문학(天文學) 등과 같은 네 가지에 중점을 두고 연구하였다.[6)]

2. 산술(算術, 數論) 분야의 업적

친화수의 발견

두 정수 m, n에 관하여, S_m, S_n을 m, n 각각의 모든 약수의 합(合)이라 하자. 이때 $S_m - m = n$이고 동시에 $S_n - n = m$이면 m과 n은 서로 우호적(友好的; amicable)이라 한다.[7)] 이에 대한 간략한 역사는 다음과 같다.

- 284와 220이 친화수(親和數, amicable number)임을 최초로 피타고라스가 발견

---

6) 이는 동양적 사고방식이며, 그가 동양을 여행하면서 배웠을 것으로 여겨진다. 그들은, "1, 2, 3, 4를 '네 수: tetractys', 이들의 합인 10은 이상적인 수로서 우주, 1은 이성, 2는 여자, 3은 남자, 4는 정의, 5는 결혼"을 뜻한다고 하는, 수의 신비주의(Numerology)를 신봉하였다. 이 학파는 『① 자연이 수학적 원칙에 따라 만들어지며, ② 수적 관계가 자연의 질서를 밝혀내고, 통합하며 그 기초가 된다.』는 두 가지 학설을 주창하였다. "만물은 수이다."라는 그들의 신념은 플라톤에게 계승되어 더욱 다듬어졌으며 후에 코페르니쿠스, 갈릴레이, 케플러, 뉴턴으로 이어지는 서양 사상사에 결정적인 영향을 끼쳤다.

7) 이와 같은 관계를 가진 수는 현재까지 1000쌍 이상이 밝혀져 있다. 아라비아 수학자 쿠라(Thabit ibn-Qurra, 826-901)는 친화수를 찾는 체계적인 다음과 같은 방법을 제시하였다. $x > 1$인 정수 x에 대하여 세 수 $a = 3 \times 2^x - 1$, $b = 3 \times 2^{x-1} - 1$, $c = 9 \times 2^{2x-1} - 1$을 구성했을 때, 세 수가 모두 소수이면 $2^x ab$와 $2^x c$는 친화적이다.

- 1636년에 둘째 쌍 17,296과 18,416을 페르마(Fermat)가 발견
- 1638년, 데카르트(Descartes)는 셋째 쌍(9,363,584와 9,437,056)을 발견
- 1747년, 오일러(Euler)는 체계적으로 연구하여 30쌍을 발견하고 그 후 60쌍을 더 발견했으나 그 중 두 쌍은 오류임.
- 1830년에 르장드르(Legendre)가 한 쌍을 발견
- 1866년, 파가니니(Paganini, 이탈리아의 16세 고등학생)는 1184와 1210이 우호적인 수임을 발견

완전수, 부족수 및 과잉수의 발견

자연수 n의 진약수(眞約數)들의 합 p_n에 대하여 $p_n = n$, $p_n < n$, $p_n > n$일 때 각각 n을 완전수(完全數, perfect number), 부족수(不足數, deficient number), 그리고 과잉수(過剩數, abundant number)라 한다.[8)]

- 유클리드 《원론》 제9권의 마지막 정리

  '$2^n - 1$이 소수이면 $2^{n-1}(2^n - 1)$은 완전수[9)]'......(*)

- '홀수인 완전수는 존재하는가?'와 '완전수는 무한히 많이 존재하는가?'의 두 가지 문제가 오늘날까지 미해결 문제[10)]
- 1876년까지 12개의 완전수(6, 28, 496, 8128, …)가 발견되었고, 1952년에는 로빈슨(Robinson)이 17번째 완전수까지 발견하였으며, 오늘날 컴퓨터를 이용하여 2016년까지 49개의 완전수를 발견하였다.[11)]

---

8) 이들은 수비학적인 의미를 띠고 있다. 모든 자연수는 반드시 이들 중의 어느 한 가지에만 해당된다. 자연수 6, 8, 12 등으로 확인해 보아라.

9) 한편, 이런 완전수에 대해서는, "모든 완전수는 삼각수이며, 어떤 완전수도 그것의 모든 약수의 역수의 합은 2이다. 6 이외의 모든 완전수에 대하여, 각 자리의 수의 합은 9의 배수보다 1 크다. 6 이외의 모든 완전수는 연속적 홀수의 세제곱의 합이다." 등의 재미있는 성질들이 밝혀져 있다.

10) 만약 홀수인 어떤 완전수가 존재한다면, 이는 10^{50} 보다 커야 한다고, 하기스(Hagis)는 그의 논문 〈홀수인 완전수의 집합에 대한 下界〉에서 1970년대에 주장하였다. 1980년대는 그것이 10^{100} 보다 커야 하고, 적어도 11개의 소수인자(素數因子)를 가져야 한다고 밝혔는데, 90년대 문턱에서 브랜트와 코헨(R. Brent & G. Cohen)은 '300자리 미만의 홀수인 완전수는 존재하지 않는다.'는 사실을, 3,000줄짜리 증명을 통해 명확히 밝혔다. 2012년에는 만약 홀수인 완전수가 존재한다면 $10^{1,500}$보다 커야 한다고 밝혔다.

11) 1983년에 28번째로 찾아낸 완전수는 $2^{86,243}(2^{86,244} - 1)$로서, 51,294자리의 거대한 수이며, 2006년 9월 4일 $n = 32,582,657$인 메르센 소수(9,808,358자리의 수)를 찾았고, 이에 따른 44번째 완전수는 19,616,714자리의 수인 $2^{32,582,656}(2^{32,582,657} - 1)$이다. 2009년 11월에는 $n = 43,112,609$인 메르센 소수가, 2013년에는 $n = 57,885,161$인 경우의 메르센 소수가, 또 2016년에는 $n = 74,207,281$인 경우 44,677,235자리의 완전수가 발견되었다. 얼마나 큰 수인가를 생각해보는 것은 별 의미가 없어 보인다.

음정이 비례에 따른다는 사실의 발견

- 현(絃)의 길이의 비가 2 : 1일 때는 8도 음(한 옥타브), 3 : 2일 때는 5도 음, 4 : 3일 때는 4도 음의 차이가 있다는 이론의 정립. 즉, 현의 길이가 $1, \frac{2}{3}, \frac{1}{2}, \cdots$ 과 같이 조화수열을 이룰 때 현의 진동수는 각각 $1, \frac{3}{2}, 2, \cdots$ 로서 등차수열이 된다는 사실 밝힘.[12)]

그림 5-2 피타고라스의 음악

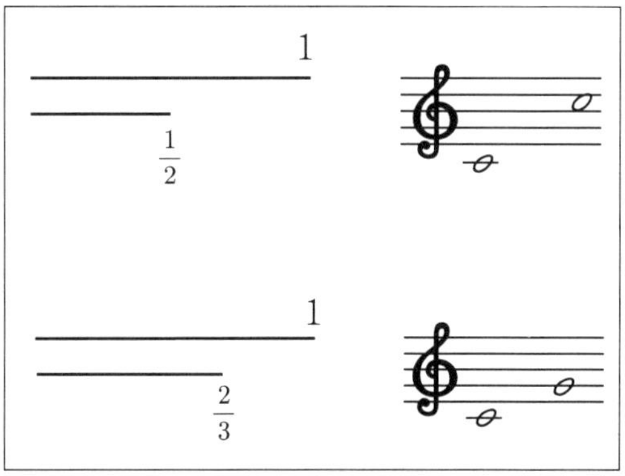

그림 5-3 현의 길이와 화음

- 피타고라스 음계와 보통 음계에서 현의 진동수 및 현의 길이를 밝힘.[13)]

	도	레	미	파	솔	라	시	도
피타고라스 음계의 진동수:	1	$\frac{9}{8}$	$\frac{81}{64}$	$\frac{4}{3}$	$\frac{3}{2}$	$\frac{27}{16}$	$\frac{243}{128}$	2
보통 음계의 진동수:	1	$\frac{9}{8}$	$\frac{5}{4}$	$\frac{4}{3}$	$\frac{3}{2}$	$\frac{5}{3}$	$\frac{15}{8}$	2
피타고라스 음계에서 현의 길이:	1	$\frac{9}{8}$	$\frac{64}{81}$	$\frac{3}{4}$	$\frac{3}{2}$	$\frac{16}{27}$	$\frac{128}{243}$	$\frac{1}{2}$

12) 피타고라스학파는, ① 현을 튕김으로써 생기는 소리는 현의 길이에 의존하고, ② 정수의 비로 주어지는 길이를 가지며 같은 정도로 팽팽한 두 현을 동시에 튕기면 화음이 얻어진다는 사실을 발견하였다. 이는 피타고라스가 대장간 앞을 지나다가 쇠를 두드리는 소리를 듣고 이로부터 체계적으로 연구하여 발견했다고 알려져 있다.

13) 피타고라스는, 우선 최초의 진동수를 2배 하여 8도 높은 음을 얻고, 그 진동수를 $\frac{2}{3}$배 하여 5도 낮은 음을 얻었다. 이는 결국 처음의 진동수를 $\frac{4}{3}$배 한 것이므로 처음 진동수를 1로 보면 결과는 진동수가 $\frac{4}{3}$인 음을 얻은 셈이다. 따라서 처음의 음을 '도'라고 하면 결과적인 음은 '파'에 해당된다. 또, 최초의 진동수를 $\frac{3}{2}$배 하여 5도 높은 음을 얻고, 그 진동수를 $\frac{3}{4}$배 하여 4도 낮은 음을 얻었다. 결국 처음의 진동수 1을 $\frac{9}{8}$배 한 진동수에 해당하는 음으로서 '레'를 얻었다. 이와 같은 방법에 따라 다른 음도 만들어서 음계를 구성하였다고 한다.

형상수(形象數, figured number)의 발견[14)]

- 삼각수(三角數, triangular number): $T_n = 1+2+3+\ldots+n = \dfrac{n(n+1)}{2}$

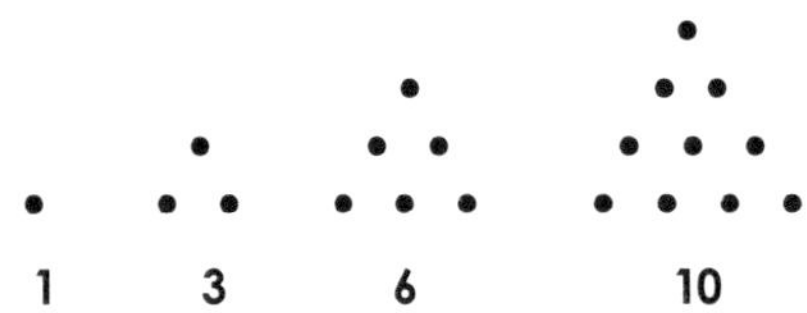

그림 5-4 삼각수의 배열

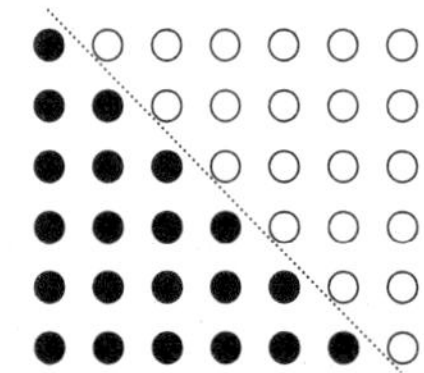

그림 5-5 자연수 합

- 사각수(四角數, square number): $S_n = 1+3+5+\ldots+(2n-1) = n^2$

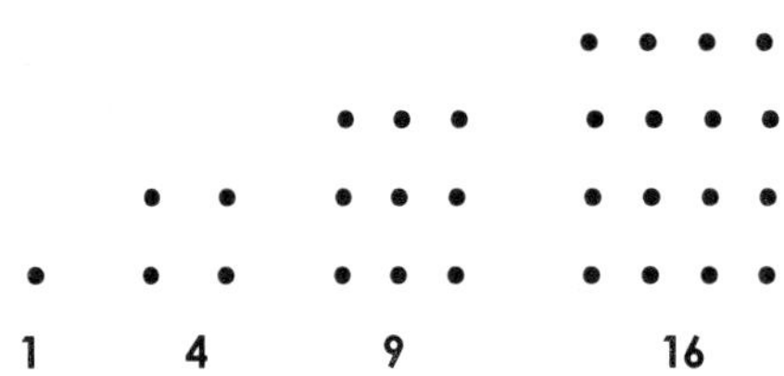

그림 5-6 사각수의 배열

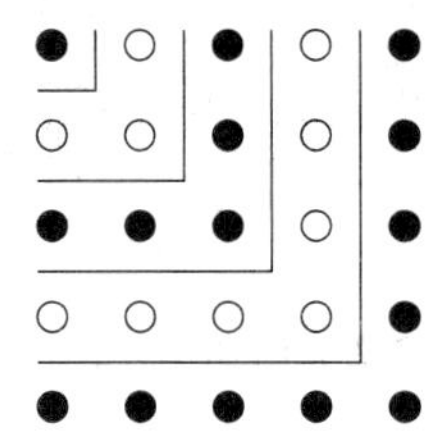

그림 5-7 홀수 합

이밖에도 다음과 같은 오각수(pentagonal number)와 육각수(hexagonal number)뿐 아니라 계속 확장해나갈 수 있다.

$$P_n = 1+4+7+\ldots+(3n-2) = \frac{n(3n-1)}{2}$$

$$H_n = 1+5+9+\ldots+(4n-3) = n(2n-1)$$

또 이 도형수와 관련하여, 인접하는 두 삼각수의 합은 사각수($T_{n-1} + T_n = S_n$), 1부터 차례로 임의 개수의 홀수의 합은 완전제곱수,[15)] n번째 오각수는 n과 $(n-1)$번째 삼각수의

---

14) 이를 다각수(多角數, polygonal numbers) 또는 도형수라고도 한다. 그들은 별자리가 천공(天空)에 그리는 기하학적 도형과 그때의 별의 수에 관심을 가짐으로써, 즉, 별자리 모양의 관찰로부터 '산술과 기하는 하나'라는 생각 아래 '수를 점의 모임'으로 나타내어 형상수를 발견하고 수 이론을 전개했다.

15) 이는 사각수의 나열에서 알 수 있듯이, 노몽(gnomon, 曲尺)을 이동하면서 이때 변화되는 현상을 덧셈식과 곱셈식으로 나타내면 홀수의 합과 제곱수와의 관계를 쉽게 발견할 수 있으며, 규칙 발견에 대한 교육적인 의의도 충분히 있다. 그리고 그 시대의 사람들은 노몽을 평평한 지면 위에 수직으로 세움으로써, ① 하루에 한 차례 정확한 시각의 감지: 노몽의 그림자가 가장 짧을 때가 정오(正午)이므로, ② 나침반으로 활용: 정오에 나타난 그림자는 북쪽을 가리켰기 때문에, ③ 원시적인 달력으로 이용: 매일 정오에 측정한 그림자의 길이는 1년을 주기로 하기 때문에, 더욱이

3배의 합과 같으며($P_n = n + 3T_{n-1}$), n번째 오각수는 $(n-1)$번째 삼각수와 n번째 사각수와의 합($P_n = T_{n-1} + S_n$)과 같음이 성립한다(예증 가능).

피타고라스 세 수의 무한 존재성 발견 · 증명

[그림 5-8]에서 알 수 있듯이, 크기순으로 나열된 홀수 열에서 1을 제외한 임의의 제곱수를 하나 택하면, 바로 직전까지의 수의 합은 사각수로서 제곱수이고 여기에 선택한 제곱수를 더해도 그 합은 제곱수가 된다.[16)]

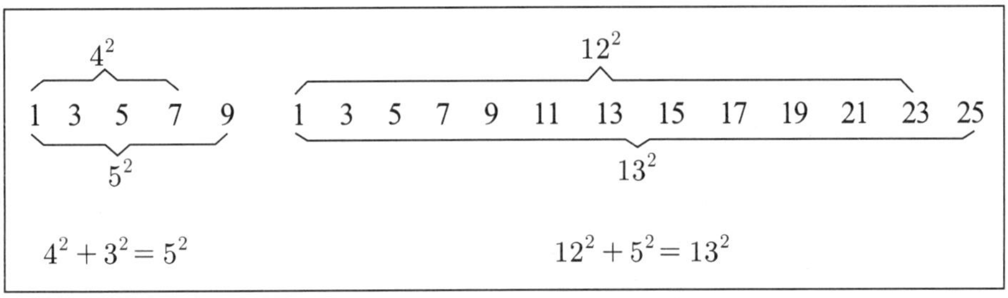

그림 5-8 피타고라스 세 수의 무한 존재성

3. 기하(幾何) 분야의 업적

피타고라스정리의 증명(證明) 발견

유클리드 《원론(原論)》의 제1권 명제 47에 의하면 피타고라스정리는, "직각삼각형에서 직각의 맞변 위의 정사각형은 직각을 낀 두 변 위의 정사각형들의 합과 같다."로 주어졌는데, 이의 대수적 표현은 "직각삼각형에서 직각을 낀 두 변의 길이를 각각 a, b 빗변의 길이를 c라 하면 $a^2+b^2=c^2$이 성립한다."와 같다.[17)]

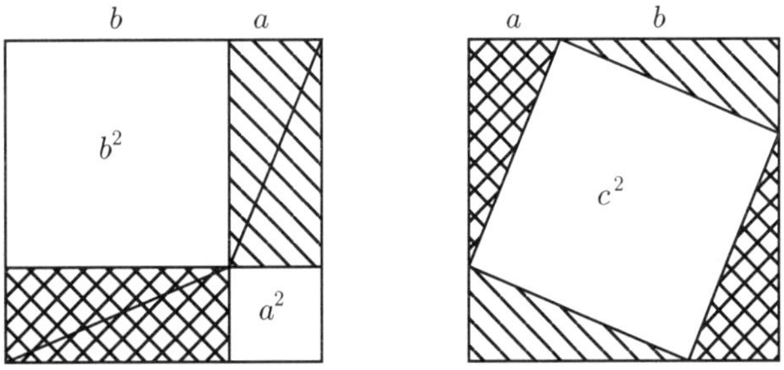

그림 5-9 피타고라스 자신의 증명

---

④ 태양의 고도를 측정하는 등의 다양한 형태로 아주 유용하게 활용하였다.

16) 사각수 n^2에 노몽, 즉 $(2n+1)$을 더하면 $(n+1)^2$이 된다. 따라서, $(2n+1)$이 제곱수, 즉 $2n+1=m^2$인 모든 경우에 $m^2+\left(\frac{m^2-1}{2}\right)^2=\left(\frac{m^2+1}{2}\right)^2$이 된다. 이 경우에는 m이 분명히 홀수이지만 $(2m)^2+(m^2-1)^2=(m^2+1)^2$과 같이 변형될 수 있으므로, m은 홀수나 짝수의 제약을 받지 않는다.

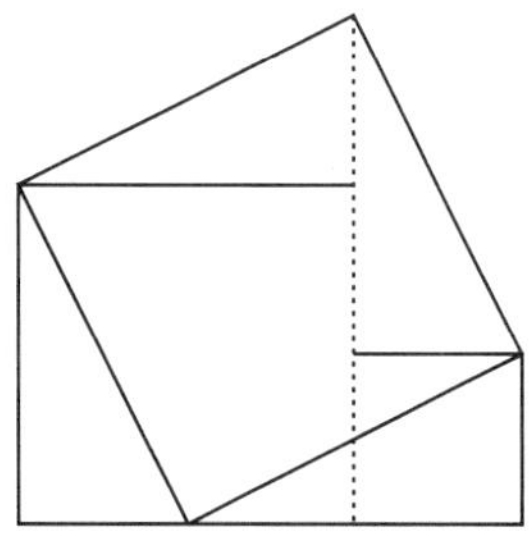

그림 5-10 페리갈(Perigal)의 증명

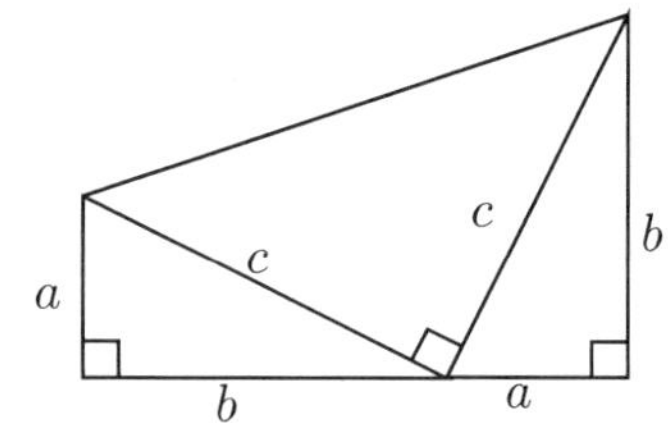

그림 5-11 가필드(Garfield)의 증명

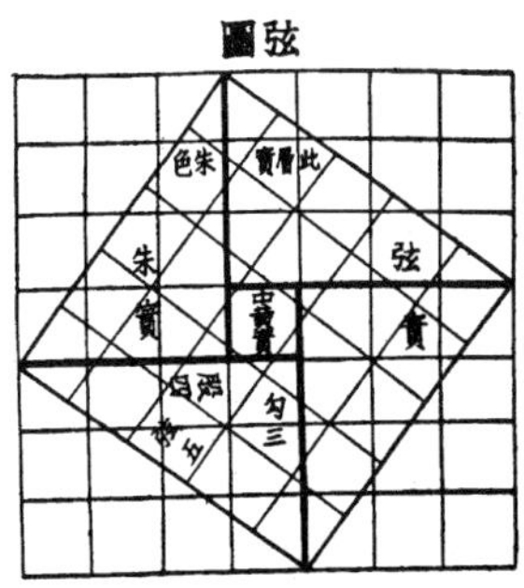

그림 5-12 《주비산경》

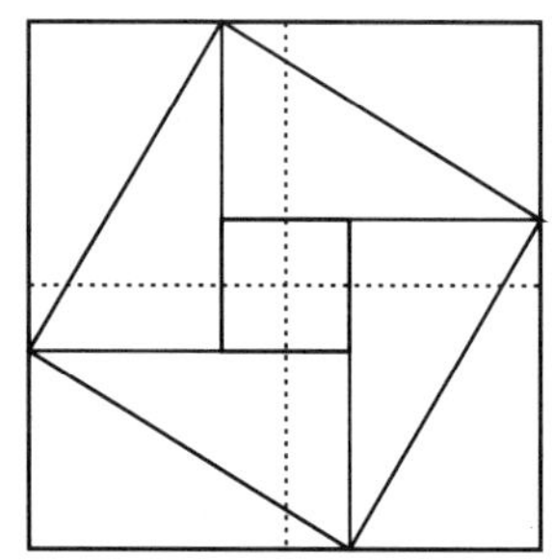

그림 5-13 유휘의 해

정다면체는 다섯 종류만 존재한다는 사실의 발견 · 증명[18]

'정다면체는 적어도 3종류가 있다.'라는 사실을 발견했다는 설도 있으나, 이 사실은 이전의 이집트인들도 알고 있었던 것 같다.

---

17) 노이게바우어(Otto Neugebauer)와 작스(Sachs)는 1945년 플림프톤(Plimpton) 322에서, 피타고라스 시대보다 1000년 이상 이전에 이미 고대 바빌로니아 사람들이 피타고라스 정리를 알고 있었음을 분석하였다. 뿐만 아니라 거의 피타고라스 시대까지 거슬러 올라갈 수 있는 고대 인도와 중국의 문헌에서도 그 내용이 나타난다. 그러나 그리스 이외의 어떠한 지역의 것에서도, 또 그리스 이전의 어떤 것에서도 이 정리에 대한 증명은 찾아볼 수 없으므로, 피타고라스 또는 그 학파의 어떤 구성원이 이 정리에 대한 논리적인 증명을 최초로 발견했을 것으로 추정하고 있다. 지금까지 알려진 이 정리의 증명 방법은 대략 370가지 이상이나 되며, 이 정리는 다양하게 확장될 수 있어 수학적 사고의 보고(寶庫)라 할 수 있다.

18) 정다면체란, "(1) 모든 면은 합동인 정다각형으로 구성되고, (2) 한 꼭지점에 모이는 정다각형의 개수는 모두 같으며, (3) 볼록인 다면체"인 조건을 모두 만족하는 입체도형을 말한다. 피타고라스 학파의 사람들이 발견했을 것으로 여겨지는 '정다면체는 다섯 종류 밖에 없다'는 명제의 증명은 다음과 같다.
정다면체의 각 면은 정n 각형이므로 이 입체의 하나의 꼭짓점에 주목해 보자. 일단 k개의 정n각형이 정다면체의 한 꼭짓점에 모여 있다고 가정하자. 정n각형의 한 내각의 크기를 α 라 할 때, 분명히 $k\alpha < 360°$ 즉, $k < \frac{2n}{n-2}$ 이 성립한다. 한편, $k \geq 3$이므로 $n = 3,\ 4,\ 5$이며 이외의 정n각형은 정다면체를 만들 수 없다. 따라서 이들 정n각형으로부터 얻어지는 정다면체는 위와 같은 다섯 종류뿐이다.
정다면체 중 어떤 것은 자연 속에 실제로 나타나고 있다. 정4면체, 정6면체 및 정8면체는 각각 황산나트륨, 소금 및 크롬명반 등의 결정에서 발견되었다. 나머지 두 개는 결정 형태로 발견되지 않았으나, 레디오알리아라고 불리는 바다 동물의 해골에서 발견되었다.

$\sqrt{2}$ (무리수)의 존재 발견

수직선 위의 어떤 점도 두 자연수의 비, 즉 분수로 나타낼 수 있다는 믿음이 허물어지면서, 어떤 두 길이에 대하여는 이들을 잴 수 있는 공통 단위가 존재하지 않는다는, 통약불가능(通約不可能, incommensurable)의 경우가 있음을 확인하였다(허민·오혜영, 1994, pp. 48-51 참조).[19)]

정오각형과 황금분할에 관한 연구

고대 그리스인들은 적절한 수학 기호가 부족했기 때문에 이른바 대수학을 기대할 수는 없었으며, 따라서 넓이를 이용하는 기하학적인 대수를 사용하였다. 이러한 방법은 프로클로스가 지적했듯이 피타고라스학파에서 유래한 것이다. 그들이 외중비분할(황금분할)에 관한 실질적 내용을 알고 있었다는 것은 다음 두 가지 예를 통해서 드러난다.[20)]

■ 넓이에 착안한 외중비분할

[그림 5-14]에서, 주어진 선분 AB를 한 변으로 하는 정사각형 $ABDC$를 그린다. AC의 중점 E를 잡고, CA의 연장선상에 $EB=EF$인 점 F를 취해 AF를 한 변으로 하는 정사각형 $AFHG$를 만든다. HG를 연장하여 CD와의 교점을 K라 한다. 이와 같이 작도한 그림에서 구형(矩形) $GBDK$ [즉, 전체(AB)와 하나의 부분(GB)으로 둘러싸인 구형]과 정사각형 $AFHG$ [즉, 나머지 부분(AG) 위의 정사각형]가 같게 된다는 주장이다. $AB=x$, $AG=1$, $GB=x-1$이라 하면, 구형과 정사각형의 넓이가 같아서 $x(x-1)=1$이 되고,

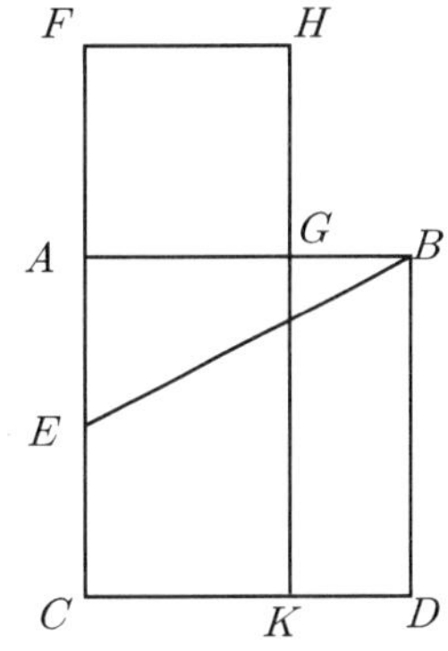

그림 5-14 외중비분할

---

19) 정사각형의 변과 대각선을 같은 단위로 측정할 수 없다. 사실, 즉 $\sqrt{2}$를 두 자연수의 비로 나타낼 수 없다는 사실을 확인하고는, 그때까지 그들의 수 세계에서 볼 수 없었던 수의 존재(무리수)를 발견하였기 때문에 대단한 곤경에 처하게 되었다. 이로 인해 그들에게 있어서 수와 도형의 조화는 이루어질 수 없는 꿈이 되고 말았다. 수와 도형 그리고 피타고라스정리 사이의 이러한 모순을 없애려고 그들은

$$\frac{2}{1}=\frac{8}{4}=\frac{18}{9}=\frac{32}{16}=\frac{50}{25}=\frac{72}{36}=\frac{98}{49}=\frac{128}{64}=\cdots$$

와 같은 분수를 생각해 내었다. 분모가 충분히 커지면 언젠가는 분자도 완전제곱수로 되는 것이 발견되어 결국 $\sqrt{2}$를 나타내는 분수를 찾을 수 있을 것으로 기대하면서 필사의 노력을 하였다. 그러나 제논의 역설이 등장하면서 그들의 꿈은 무산되고 말았다.

20) 보다 상세한 내용은 "제10장 황금분할과 피보나치수열"을 참조하라.

$x = \dfrac{1+\sqrt{5}}{2}$가 된다. 따라서 선분 AB는 점 G에 의해 외중비로 분할된다.

■ 기호에 담긴 황금분할

[그림 5-17]과 같은 별 모양 오각형(pentagram)은 피타고라스학파의 징표이었다. 이는 정오각형의 다섯 개의 대각선에 의해 만들어지기 때문에 그들이 정오각형의 작도에 관심을 갖고 있었음을 충분히 추측할 수 있다. 피타고라스학파의 사람들이 앞에서와 같이, 넓이 적용에 따른 기하학적 대수 방법에 의한 외중비분할을 알고 있었으므로 정오각형도 충분히 작도할 수 있었을 것이다.

그림 5-15
별 모양 오각형

대수적 항등식에 대한 연구

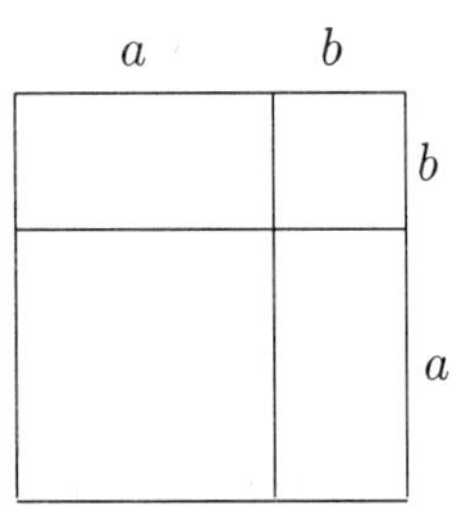

$(a+b)^2 = a^2+2ab+b^2$

그림 5-16

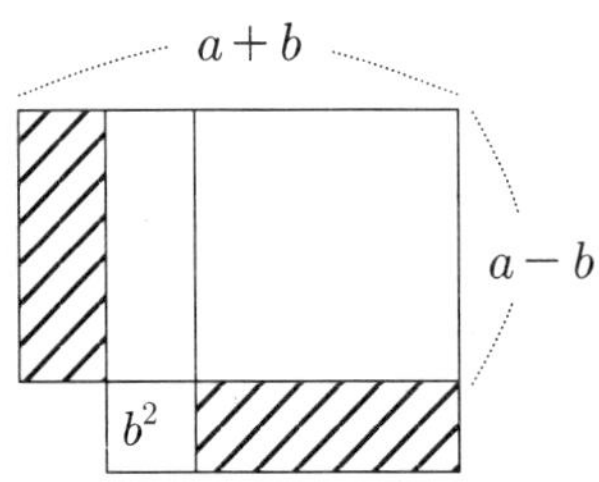

$a^2-b^2=(a+b)(a-b)$

그림 5-17

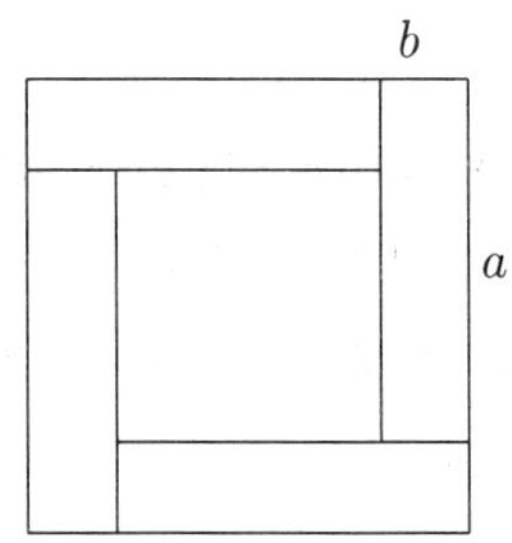

$4ab+(a-b)^2=(a+b)^2$

그림 5-18

등적변형(等積變形)에 관한 연구

[그림 5-19]는 직사각형을 정사각형으로 변형하는 작도 방법이다. 직사각형의 가로와 세로의 비례중항을 한 변으로 하는 정사각형을 작도하면 원래 직사각형의 넓이는 보존된다. 즉, $ab=x^2$임을 나타내고 있다.

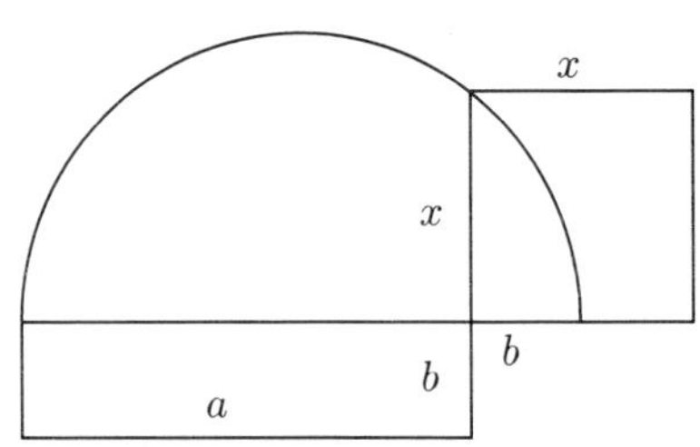

그림 5-19 직사각형의 정사각형화

또 [그림 5-20]에서 점선 AD와 EF는 평행이고, 점선 BF와 AG가 평행이다. 따라서 $\triangle ABCDE = \square ABCF = \triangle BCG$임을 쉽게 알 수 있다. 그리고 모든 삼각형은 그것과 넓이가 같은 직사각형으로의 변형 작도가 가능하다.21)

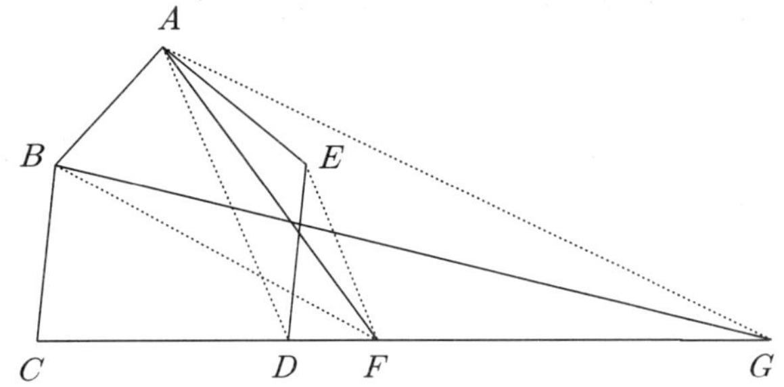

그림 5-20 등적변형에 의한 오각형의 삼각형화

합동인 정다각형으로 평면 메우기에 대한 연구

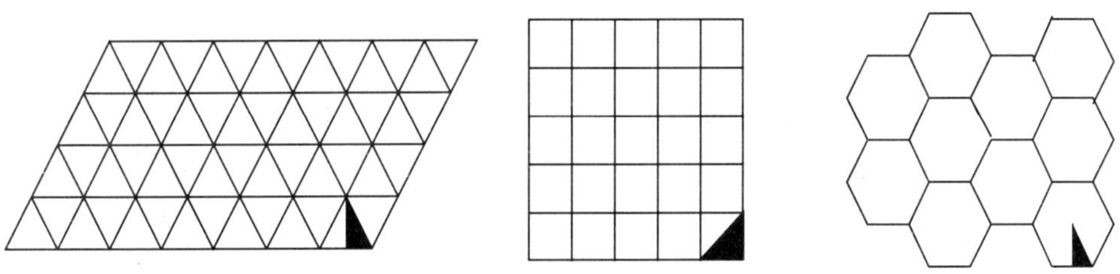

그림 5-21 합동인 정다각형으로 평면 메우기

"동일 종류의 합동인 정다각형으로, 그들의 꼭짓점을 공유하도록 하여 평면 메우기가 가능한 정다각형은 정삼각형, 정사각형 그리고 정육각형뿐이다."22)

---

21) 어떤 볼록다각형도 삼각형의 넓이 개념에 바탕을 둔 등적변형 방법을 써서 넓이가 변하지 않는 삼각형으로 변형시킬 수 있으며, 또 이로부터 넓이가 변하지 않는 정사각형을 구성할 수 있다. 이는 그 후 유명한 원적 문제를 야기시킨다.

22) 이를 증명해보자. 우선 정n각형으로 평면을 채우는 경우를 가정하자.
정n각형의 한 내각의 크기는 $\alpha = \frac{180 \times (n-2)}{n}$이고, k개의 정n각형이 한 꼭짓점에 모아져야 하므로 $k\alpha = 360^\circ$가 된다. 이를 앞의 식에 대입하면 $k = \frac{2n}{n-2}$이고, 여기서 $k \geq 3$이어야 하므로 $3 \leq \frac{2n}{n-2}$, 즉 $n \leq 6$이며, 또 $n \geq 3$이어야 하므로 $n = 3,\ 4,\ 5,\ 6$뿐이다. 그러나 정오각형의 경우는 부적당하므로 정삼각형, 정사각형 그리고 정육각형의 경우뿐이다.

‘임의의 삼각형의 내각의 합이 두 직각임’의 증명

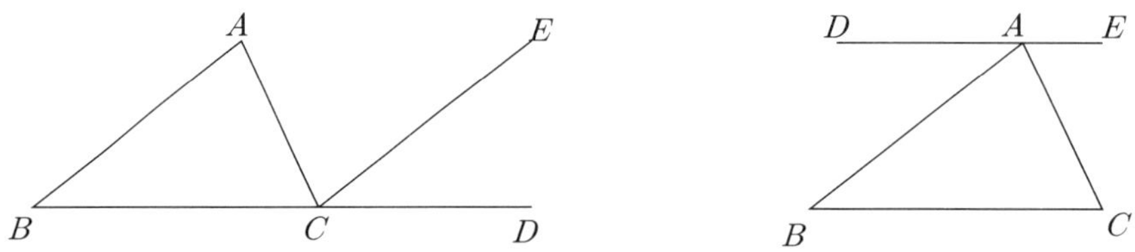

그림 5-22 삼각형의 내각의 합에 대한 논증

IV. 제논

엘레아학파의 철학자 제논(Zenon)은 다(多)도 운동도 존재할 수 없음을 부정적 논법으로 설파하여 스승 파르메니데스의 일자설(一者說)을 변호하였다. 무한과 운동에 대하여 다음과 같은 네 가지의 충격적이고 유명한 역설(逆說, paradox)을 제기함으로써, 수학에 심대한 영향을 끼쳤는 바, 이것이 곧 변증법의 시조라고 잘 알려져 있다.[23)]

제논(495 - 435 B. C.)

이분법(二分法, Dichotomy)

A에서 B에 이르기 위해, 우선 그 중점 M_1을 지나야 하고, M_1에 이르기 위해 먼저 M_1과 A의 중점 M_2를 통과해야 한다. 이러한 과정은 무한히 반복되어야 한다. 따라서 운동이란 존재할 수 없다.

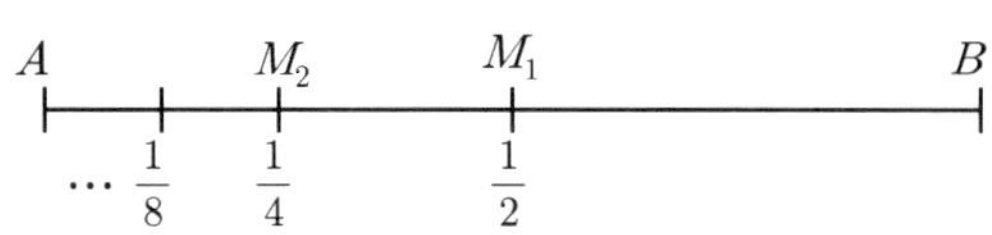

그림 5-23 이분법

23) ‘Paradox’는 원래 para(against)와 dox(opinion)로서, 일반적으로 진리라고 인정된 것에 반하는 결과를 끌어내는 논리가 있어, 그 설에 반론하는 정당한 근거를 잡아내기 힘들 경우, 또는 어떤 명제 및 그 부정명제가 모두 논리상 동등한 것으로 보이는 논거를 가지고 주장되어, 이들 두 명제가 모두 성립된다고 결론짓는 추론 속의 오론(誤論)을 명확하게 지적할 수가 없을 때, 이들 두 명제를 역설, 역리 또는 이율배반(二律背反, antinomy)이라 한다. ‘러셀의 역리’, ‘제논의 역설’ 등이 유명하다. ‘제논의 역설’에 대해서는 옛날부터 여러 가지 해석이 내려져 있다(김효춘, 1990, pp. 134-142 참조). 한편 동시대의 중국에서 많은 사상가가 배출되었으며 그중 ‘명가(名家)’라는 논리학파의 중심인물이었던 공손룡(公孫龍)도 제논과 비슷한 역설을 제기하였다.(김용운 · 김용국, 1996, 《수학의 약점》 참조)

아킬레스와 거북이

그림 5-24 아킬레스와 거북이

[그림 5-24]는, 아킬레스(Achilles)가 거북보다 빨라도(예컨대, 2배 빠른 경우), 거북이 아킬레스보다 앞에서 동시에 출발하면, 아킬레스가 원래 거북이 있던 지점에 도착했을 때 거북은 그보다 앞서 있다는 것을 보여 준다. 그리고 이러한 상황은 무한히 계속된다. 따라서 아킬레스는 영원히 거북을 따라잡지 못한다.

화살

관찰하는 임의의 순간에 화살은 일정한 장소에 위치한다. 이런 현상은 모든 시점(時點)에 해당한다. 따라서 나는 화살(矢)은 정지하고 있다.

그림 5-25 화살 운동=화살 정지

경기장(Stadium)

[그림 5-26]과 같이, A열은 정지해 있고 B열과 C열은 각각 화살표 방향으로 같은 속도의 운동을 한다고 하자. 어느 시각에 이르러 그림의 아래 부분과 같이 세 열이 나란하게 될 것이다. B는 A의 물체 둘을 통과하면서 같은 시간에 C의 물체 넷을 통과한 셈이다. 따라서 일정한 시간과 그 절반과는 서로 같다.

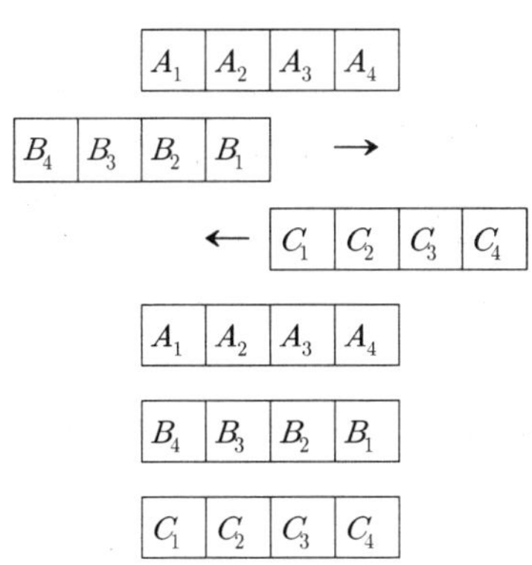

그림 5-26 스타디움

V. 플라톤(Platon)

아카데미아(Academia)의 문

"기하학을 모르는 자는 이 문 안으로 들어오지 마시오."24)

플라톤(기원전 429 - 348년)

해석법(解析法)의 창시

구하고자 하는 것을 우선 가정하고, 이 가정으로부터 이미 시인된 것에 도달하여 본래의 가정이 참임을 주장하는 방법 (↔ 종합법(綜合法))

플라톤의 정다면체

플라톤은 우주 생성의 구성 요소를 정사면체(불), 정육면체(흙), 정팔면체(공기) 및 정이십면체(물)와 같은 4가지 정다면체로 나타내었으며, 이에 정십이면체(우주)를 첨가하여 정돈된 우주 생성 이론을 완성시켰다. 고대 그리스에서 이 도형들은 구(球)에 내접 가능한 정다면체로 알려졌으며, 그 후 유클리드와 파포스에 의해 다루어지기도 하였다. 16세기 케플러는 플라톤 입체를 둘러싸는 구에 관심을 가졌으며, 태양계의 조화로운 질서를 연구하여 행성운동법칙을 발견하였다.

그림 5-27 그리스 수학의 지성 '플라톤의 정다면체'

24) 이는 기하학적=연역적 사고가 모든 학문의 기본이 된다는 그의 신념의 표출이다.

☞ 그리스 수학의 3대 난문

1. 그리스 초기 수학 발전의 경향

그리스의 민주정치는 페르시아 대제국의 절대왕권 정치에 대한 심각한 도전의 양상이었으므로, 기원전 480년에 페르시아 전쟁이 발발했던 바, 이 전쟁에서 그리스가 승리했기 때문에 기원전 431년 펠로폰네소스 전쟁이 일어나기 전까지 다양한 문화와 학문이 번영할 수 있었다. 특히 수학 분야에서는 《원론(The Elements)》으로 통합된 각종 자료의 발전, 미적분의 발명 이후 명확해졌지만, 몇 가지 초기 개념(무한소, 극한, 합의 과정 등)의 발전, 그리고 원이나 직선보다 곡선, 구면이나 평면보다 곡면 등에 대한 고등기하의 발전을 그 경향으로 정리할 수 있다.

그리스 문명의 개화에 공헌한 피타고라스학파, 밀레토스학파 및 엘레아학파 등은 상반되는 사상을 지녔으나 '인간의 이성을 중시하며 그 힘을 믿는다.'는 공통점을 가졌으며, 이는 철학과의 밀월 시대를 유지하면서 수학을 발전시킨 원천이 되었다. 당시 학문적 지식에 대한 수요의 증가로 지식을 공급하는 소피스트(sophist)들이 출현하였다. 이들 중에는 학문 연구만을 위한 부류와 지식을 물질적으로 거래하는 부류가 있었다. 이들은 궤변으로 자신의 주장을 펼쳤기 때문에 소크라테스와 같은 철학자로부터 많은 비난을 받기도 하였다. 이들 소피스트들과 관련이 깊은 것으로 알려진 것이 바로 '3대 난문(難問)'이다.

2. 제기된 삼대 난문

눈금이 없는 직선 자(尺)와 컴퍼스만을 유한 번 사용하여 조건에 맞는 도형을 그리는 것을 '그리스 방식 작도'라고 한다. 그리스인들은 이 두 종류의 기구를 가장 순수한 수학적 도구(Euclidean tools)로 여겼으며, 이를 써서 작도한 것을 '기하학적 곡선'이라 하였고, 그 외의 도구로 그린 곡선을 '기계적 곡선'이라 하여 수학적 작도로 인정하지 않았다. 그리고 이 두 가지 도구만으로 작도할 수 있는 연산은 가감승제와 개평(開平)의 5가지뿐이다. 이 5가지 연산만 허용하는 3가지 작도 문제는 다음과 같다.

- 각의 3등분
  '주어진 임의의 각을 3등분 작도'하기
- 입방배적(立方倍積)
  '주어진 정육면체의 2배의 부피를 갖는 정육면체의 한 모서리를 작도'하기

■ 원적(圓積)

'주어진 원과 같은 넓이를 갖는 정사각형을 작도'하기

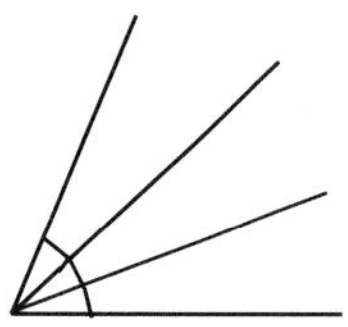

각의 3등분

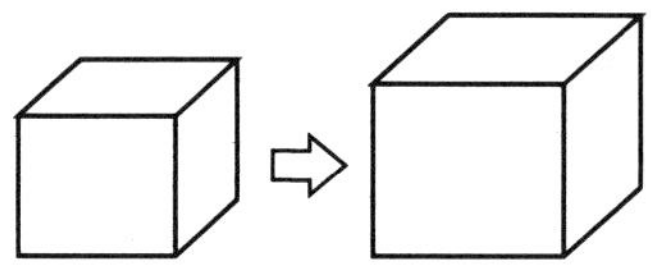

입방배적

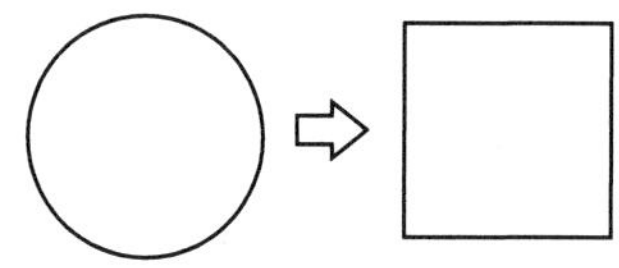

원적

3. 시도된 해법들

■ 각의 3등분을 위한 아르키메데스의 해법과 토마호크(tomahawk)의 이용 해법

3등분 하려는 각을 AOB라 하고, CDG는 반지름 r인 반원이라 하자. 점 F는 지름의 연장선에 있으며, EF의 길이는 반지름 r과 같다고 하자. 그러면 각 EFG는 각 AOB의 3등분 각이 된다. 즉, $\angle\alpha = 3\angle\beta$이다.

각 XOY를 3등분 하기로 한다. 막대 AD의 3등분점을 각각 B, C라 하고, 점 B에 수직으로 막대 BE를 결합한다. 그리고 BD를 지름으로 하는 반원을 결합한다. 이때 세 삼각형 AOB, COB 및 COT는 모두 합동이다. 따라서 주어진 각의 3등분이 가능하다.

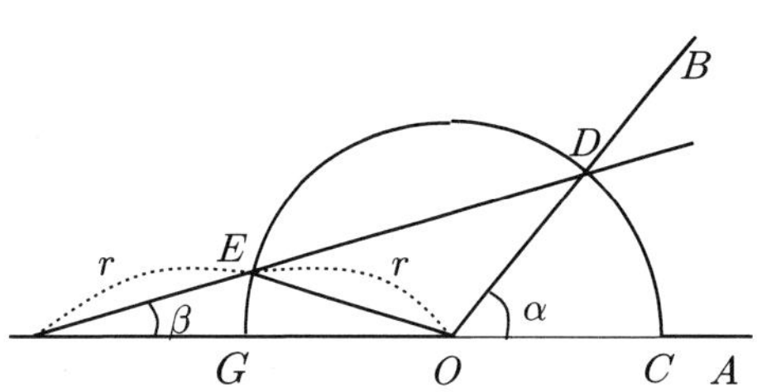

아르키메데스의 해법

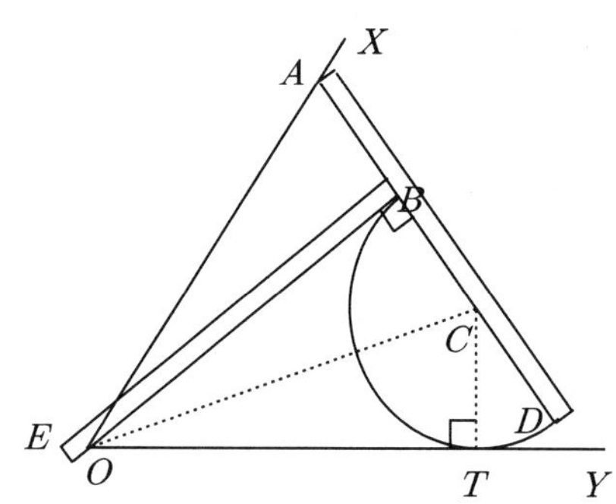

토마호크(tomahawk)를 이용한 해법

이밖에도 히피아스(Hippias, 기원전 460년경)의 해법, 극한을 이용하는 해법, 세 발 컴퍼스를 활용하는 해법 등 많은 방법들이 있지만 모두 그리스 방식 작도에 어긋나는 것들이다.

■ 입방배적의 해결을 위한 노력

기원전 5세기경 그리스의 델로스(Delos) 섬에 발생한 유행병과 관련된 전설이 있다. 그래서 이를 델로스 문제라고도 한다. 이 문제에 대해서도 그럴싸한 많은 해결 방법이 제시되었으나 모두 정해진 도구만을 사용한 것이 아니기 때문에 실격이다. 한 예로, 기원전 430년경에 히포크라테스(Hippocrates)는 포물선을 이용하여 풀었으나, 포물선은 자와 컴퍼스만으로는 작도가 되지 않는다. 철학자 플라톤의 지혜를 빌리기 위해 그와 상의한 때부터 이에 대한 연구가 본격화되었다. 아르키타스(Archytas, 기원전 430년경), 에우독소스(Eudoxos, 기원전 370년), 아폴로니오스(Apollonios, 기원전 225년) 등의 해법이 기준에 맞지 않아 실격이었지만 고등기하의 발전에 크게 기여하였다. 위 그림에 보이는 플라톤의 도구(김용운·김용국, 1997, p. 49에 상세한 설명이 있다)는 스스로도 수학적 작도로 인정할 수 없다고 했던 점이 주목된다.

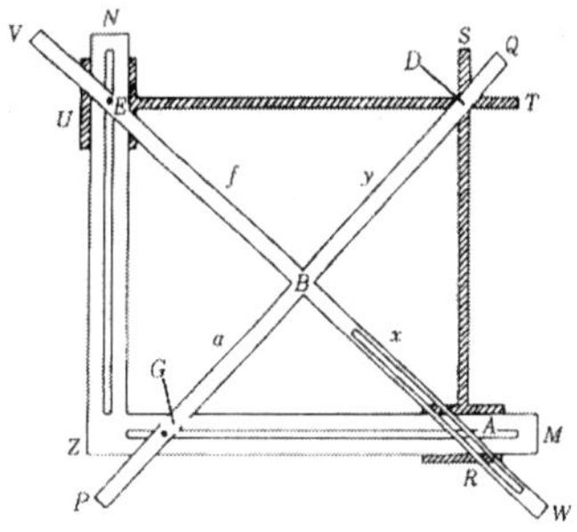

플라톤의 입방배적 해결 도구

■ 원적 문제의 해결 노력

'히포크라테스의 초승달' 문제에서, 두 원호로 둘러싸인 초승달 모양을 정사각형으로 등적변형하는 것이 가능하므로 이에 힘입어 해결하려는 시도, 히피아스의 쿼드라트릭스(quadratrix)를 이용한 해결의 시도, 그리고 아르키메데스의 나선을 이용한 해결의 시도 등이 있었으나, 근본적으로는 π의 초월성과 관련되어 있기 때문에 π의 정체를 밝히는데 걸린 2천 년 이상의 세월 동안의 모든 시도는 수포로 돌아갔다.

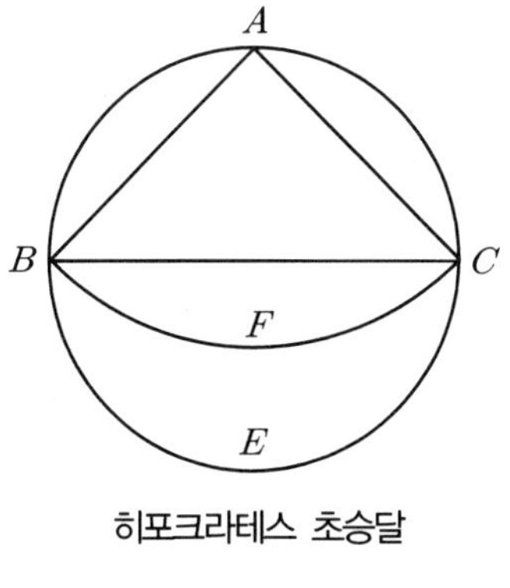

히포크라테스 초승달

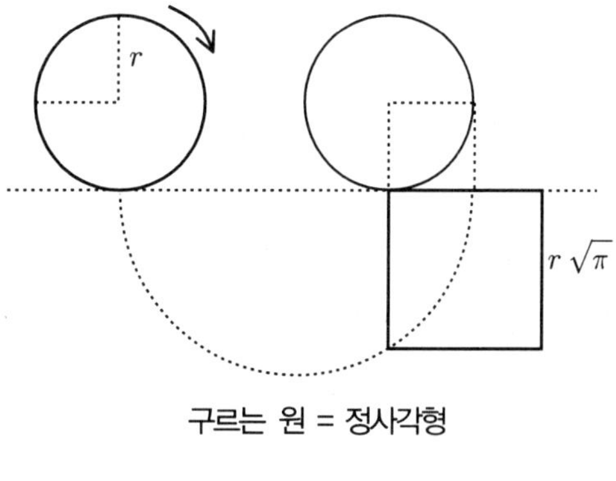

구르는 원 = 정사각형

4. 이 문제들이 던진 시사점, 비록 실패했던 문제들이지만...

세 가지 작도 문제는, 그 정확한 기원이 알려져 있지 않으나 대체로 기원전 5세기경 소피스트들에 의해 제기된 것으로 보고 있다. 모두 2천 년 이상 미해결 문제였으나, '각의 3등분'과 '입방배적'은 1837년 방첼(Wantzel)에 의해 대수적으로, 그리고 '원적'은 1882년 린데만(Lindemann)이 π의 초월성을 밝힘으로써 모두 작도불능임이 증명되었다. 결국 작도 불가능으로 판명될 문제를 2천 년 이상이나 인류는 헛수고만 했다는 셈인가! 그렇지는 않다. 많은 경우 그러하듯이, 미해결 수학 문제를 풀려는 시도들이 수학의 발전에 엄청난 영향을 주었다는 것이 역사적으로 입증되었다. 이 경우도 그리스 기하학에 심대한 영향을 끼친 것은 물론 작도법의 발달, 히피아스(Hippias)의 원적곡선과 유선형의 콩코이드(conchoid)곡선의 발견, 원뿔곡선의 연구, 초월곡선의 발견, 군론(群論)과 같은 대수학의 발달 촉구, 제도 기구의 발명 등 이루 헤아릴 수 없을 정도의 많은 수확이 있었으며, 그 자체는 수학적 사고, 나아가서는 수학이라는 학문 자체가 시대와 사회의 변천에 따라 얼마나 달라지는가를 여실히 말해 주는 역사적 사건이라고 할 수 있다.

이들 문제의 최초 제기자는 알 수 없으나, '이것이 가능하면 일부를 바꾼 어떤 유사한 것도 할 수 있지 않을까?(What if not...?)'와 같은 사고가 바탕이 되어 발생·제기되었을 것이다. 즉 이는 그리스 사람들이 할 수 있었던 문제들의 부산물로 출현했을 것이다.

- 어떤 각이든 2등분 작도가 가능하고, 직각은 3등분 작도도 가능하다. 그렇다면 어떤 각이라도 3등분 작도를 할 수 있지 않을까?
- 주어진 선분의 길이의 2배, 주어진 정사각형의 2배 넓이를 갖는 정사각형의 작도가 가능하다. 그렇다면 주어진 정육면체의 부피를 2배로 하는 정육면체의 작도도 가능하지 않을까?
- 어떤 볼록다각형도 정사각형으로 등적변형이 가능하다. 그렇다면 정다각형의 극한도형인 원도 같은 넓이의 정사각형으로 작도할 수 있지 않을까?

이는 수학교육의 측면에서도 대단히 중요한 시사점을 주고 있다. 어떤 문제의 답을 알았을 때 조금만 눈을 돌려보면 보다 많은 문제들이 그 뒤에 도사리고 있음을 알려줌으로써, '문제의 제기'라는 수학에서의 중요한 창의적 활동을 부추기고 있다.

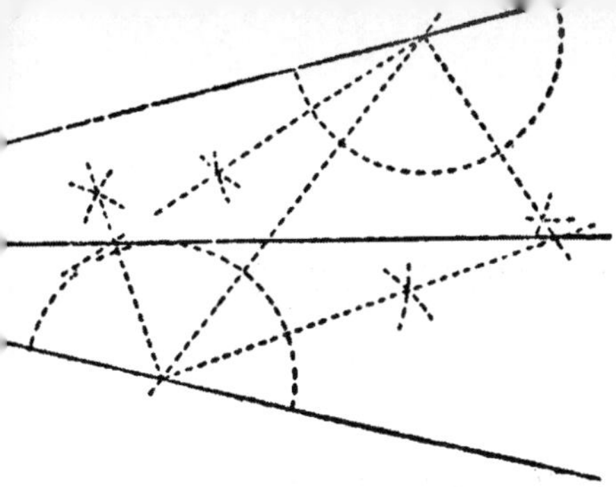

생각해 볼 문제

문제 5-1 고대 이집트 수학과 그리스 수학과의 차이점에 대하여 알아보아라.

문제 5-2 이데아론과 그리스 기하학과의 관계를 논하라.

문제 5-3 완전수를 구하는 유클리드의 공식에 따라 차례로 6개의 완전수를 구하고, 그들 완전수에서 볼 수 있는 특징을 알아보아라.

문제 5-4 피타고라스학파의 수학 내용 가운데 초·중학교에서 교재화하기가 용이하며, 그렇게 할 가치가 있는 것을 선택하여 적절한 교재를 개발하여라.

문제 5-5 도형수를 구(九)각수까지 구해 보고 이들에서 볼 수 있는 패턴을 되도록 많이 찾아보아라.

문제 5-6 평면에 원을 배열하는 도형수의 개념을 공간상으로 확장해 보아라. 이는 크기가 같은 구슬을 이용하여 삼각피라미드, 사각피라미드, 육각피라미드를 구성하는 문제로 볼 수 있다. 이때 필요한 구슬의 수를 '피라미드 수'라 한다. 여러 가지 패턴을 찾아보아라.

문제 5-7 피타고라스 정리에 대한 페리갈, 두드니, 바스카라 및 가필드의 증명 방법을 설명하여라.

문제 5-8 피타고라스 정리에 대하여 대수적 의미에서의 확장을 생각해 보고, 확장된 내용의 기하학적 의미를 부여해 보아라.

문제 5-9 높이가 10자인 대나무의 중간 부분이 꺾여서, 원래의 꼭대기는 뿌리 부분으로부터 3자 떨어진 곳에 닿았다. 얼마만큼의 높이에서 꺾였는가? 기원전 300년경 중국에서 제기된 이 문제를 해결하고, 시사하는 바를 제시하여라.

문제 5-10 유클리드 평면에서 성립하는 피타고라스정리가 구면, 원기둥면, 원뿔면, 원환체(torus)면 등에서는 어떻게 되겠는지 알아보아라.

문제 5-11 흔히 사용하고 있는 A4, B4 등의 여러 가지 복사 용지의 가로와 세로가 어떤 비로 되어 있는지, 종이 접기 활동을 통해 알아보고 설명해 보아라.

문제 5-12 합동인 정다각형으로 평면을 메우는 문제를 음미해 보고, '바닥 메우기(tessellation)'기법으로 적당한 모양을 만들어 보아라.

문제 5-13 임의의 육각형을 같은 넓이의 정사각형으로 등적 변형하는 과정을 자와 컴퍼스만으로 작도해 보고, 이로부터 알 수 있는 사실을 찾아보아라.

문제 5-14 주어진 선분을 2등분 하면 합동인 두 개의 선분이 되며, 정삼각형이나 정사각형의 각 변을 2등분씩 하면 합동인 4개의 정삼각형이나 정사각형으로 된다. 이 사실을 입체도형으로 확장해 보고 어떻게 되는지 조사하여라.

문제 5-15 임의의 길이의 선분을 한 변으로 하는 정오각형을 작도해 보고, 대각선과 한 변의 길이의 비를 조사해 보아라. 또 주어진 원에 내접하는 정오각형을 자와 컴퍼스만으로 작도해 보아라.

문제 5-16 다섯 가지의 정다면체를 아크릴이나 두꺼운 종이 등으로 구성해 보고, 이들의 꼭짓점, 변, 면의 수를 각각 v, e, f라 할 때 v, e 및 f 사이의 관계를 알아보아라.

문제 5-17 $\sqrt{2}$ 가 무리수임을 기하학적으로 증명하여라.

문제 5-18 무한개의 항을 갖는 식 $S=1-1+1-1+1-1+\cdots$를 계산하는 방법에 따라 $S=1$, $S=-1$, $S=\frac{1}{2}$ 및 $S=0$이 됨을 보여라. 과정상의 어떤 오류에 의해 이와 같은 현상이 일어날 수 있는지 알아보아라.

문제 5-19 사각수 배열을 이용하여 $\sqrt{18}$, $\sqrt{23}$ 의 근삿값을 구하여라.

문제 5-20 눈금이 없는 직선 자와 컴퍼스만으로 다음 각각을 작도해보아라(☞ 다음에 '주어진'의 의미는 각자 임의로 채택할 수 있다는 것임).

(1) 주어진 (임의의) 삼각형과 같은 넓이를 갖는 직각삼각형

(2) 주어진 직각삼각형과 같은 넓이를 갖는 직사각형

(3) 주어진 (임의의) 삼각형과 넓이가 같은 직사각형

(4) 주어진 직사각형과 같은 넓이를 갖는 정사각형

chapter 6 헬레니즘 시대와 그 후의 그리스 수학

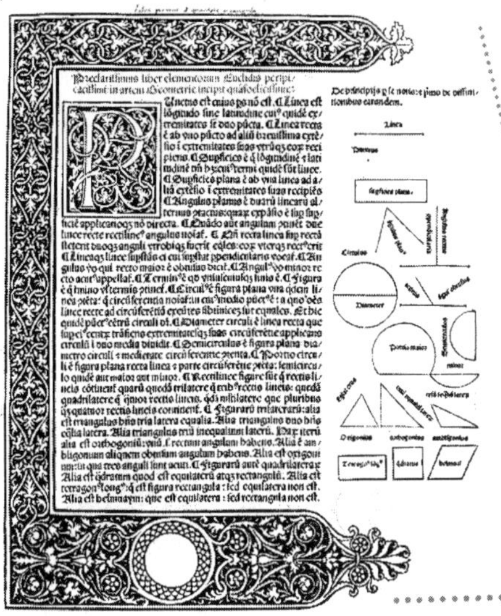

인류 지성사의 큰 획, 유클리드 《원론》

펠로폰네소스 전쟁 이후 66년간 아테네는 정치적인 쇠퇴를 보인 반면 사상적으로는 발전하였으나, 기원전 338년 마케도니아의 필리포스 2세에 의해 정복당했다. 필리포스 2세의 뒤를 이은 알렉산드로스 대왕이 반항하는 폴리스들을 재정복한 후, 기원전 334년부터 10년 간의 동방 원정에 나서서 동으로는 인더스 강, 서로는 마케도니아, 남으로는 이집트, 그리고 북으로는 카스피해에 이르는 대제국을 건설하였다. 기원전 323년 알렉산드로스 대왕의 요절로 거대한 마케도니아 제국은 다시 셋으로 분열되었다. 그 가운데 이집트를 포함한 영역은 프톨레마이오스 장군이 통치를 맡은 왕이 되었다. 그는 나일강 하구 근처의 알렉산드리아를 수도로 정하고, 그곳에 기원전 300년경에 알렉산드리아대학교를 개교했으며, 당대 최고 수준의 학자들을 교수로 불러들여 학문을 연구하게 하였다. 이것이 곧 알렉산드리아를 세계 지식의 중심으로 만드는 계기가 되었다.

이 장에서는 알렉산더 대왕의 동방 원정이 시작된 기원전 334년부터 로마가 이 지역을 통합한 기원전 30년까지의 소위 '헬레니즘(Hellenism) 시대'를 대표하는 수론과 기하 분야에서의 유클리드의 원론, 아르키메데스의 수학과 수리물리학에 이르는 광범위한 연구, 아폴로니오스의 원뿔곡선론, 에라토스테네스의 소수 찾는 체와 지구 둘레 측정법, 헤론의 폭넓은 업적, 프톨레마이오스의 알마게스트, 아리스타르코스의 태양중심설, 히파르코스의 삼각법, 메넬라오스의 구면삼각법, 그리고 파포스의 수학집성에 의해 초기 그리스 수학의 위대한 전통을 되살리기까지 많은 거장들이 일구어 낸 수학적·천문학적 업적에 대하여 개괄적이나마 음미해 보기로 한다.

I. 알렉산드리아의 유클리드

" 수학에는 지름길이 따로 없다."

" 당장 이득을 원하는 자에게는 동전 몇 닢 주어서 보내라."

유클리드
(기원전 330 - 275년(?))

플라톤의 아카데미아가 낳은 천재 유클리드는 플라톤 철학을 기하학에 반영시켜 이전의 기하학 및 수학 전반에 관한 내용을 집대성하여 13권의 《(기하학) 원론》을 저작함으로써 소위 말하는 '유클리드 기하학'을 건설하였다. 프로클로스의 주석에 의하면, 기원전 300년경에 프톨레마이오스 1세의 초청을 받아 이집트의 알렉산드리아에서 연구 활동을 한 것으로 알려져 있으나 애석하게도 그의 생애에 대해서는 알려진 것이 거의 없다.

1. 《원론(Stoicheia)》의 저작에 의한 '유클리드기하학'의 건설

제1권부터 제13권까지의 내용을 개관하면 대략 다음과 같다.

- 1~3권: 필수적이고 예비적인 내용과 함께 합동, 평행선, 직선으로 이루어진 도형, 기하적 대수학, 원, 피타고라스의 업적
- 4권: 정다각형의 작도[1)]
- 5, 6권: 에우독소스(Eudoxos)의 비율 이론과 이의 평면 기하와의 결합
- 7~9권: 약수와 배수, 유클리드 호제법, 등비수열, 소수 존재의 무한성, 소인수분해 등과 같은 초등 수론(數論), 모두 102개의 정리 포함

---

1) 정n각형의 작도는, 원주를 n 등분하는 방법이 있으나 작도 불능인 경우도 많다. 유클리드의 《원론》 4권에는 정 3, 4, 5, 6, 15각형의 작도에 관한 언급이 있다. 18세기 이전까지는 정다각형의 작도에 관한 별다른 진전이 없었으나, 가우스(Gauss)가, "소수 n에 대하여 정n각형이 작도가능일 필요충분조건은 n이, $n=f(k)=2^{2^k}+1$ ($k=0,\ 1,\ 2,\ 3,\ ...$)와 같이 표현되는 것이다."는 정리를 발표함으로써, 이에 대한 연구가 본격적으로 활성화되었다. 이에 따르면, $n=3,\ 5,\ 17,\ 257,\ 65537,\ \cdots$일 때 정$n$각형은 작도 가능이다. 그 뒤, "두 소수 n, m 에 대하여 정n 각형과 정m 각형이 모두 작도 가능이면 정nm 각형도 작도 가능이다." 또, "n이 합성수일 때, 가우스의 정리에서와 같은 꼴의 서로 다른 소수 $p_1,\ p_2,\cdots,p_r$에 대하여, $n=2^k p_1 p_2 \cdots p_r$ ($k=0,\ 1,\ 2,\cdots$)의 꼴로 소인수분해가 되는 정n 각형은 작도 가능이고, 그 외는 작도 불능이다."등도 밝혀졌다. 가우스는 정 17 각형의 작도에 그의 일생을 바치다시피 했으며, 리헬로트(Richelot, 1808~1875)는 정 257 각형의 작도에 관하여 연구했고, 에르메스(Hermes) 교수는 10년 동안 정 65537각형의 작도를 연구하여 1894년에 발표하였다.

- 10권: 아르키메데스의 공리, 무리수에 관한 이론, 대부분의 내용이 테아이테토스(Theaetetos)의 업적
- 11, 12권: 입체, 원기둥과 구의 체적비
- 13권 : 플라톤의 다면체(5종의 정다면체)

2. 《원론》 제1권의 내용 개관

제1권의 1페이지부터 딱딱한 정의가 이어져 있으나, 이들 정의는 '말의 정확한 규정', '어떤 것의 본질을 말로 나타내는 명제'라는 뜻이다. 이 제 1 권에는 23개의 정의(定義), 5개의 공준(公準), 5개의 공리(公理) 그리고 48개의 명제(命題; 定理)가 수록되어 있다. 그 중 일부를 소개하면 다음과 같다.2)

[정의]

1. 점은 부분이 없는 것이다(A point is that which has no part).
2. 선은 폭이 없는 길이이다(A line is breadthless length).
3. 선의 끝은 점이다.
4. 직선은 그 위에 점들이 고르게 놓인 선이다.
5. 면은 단지 길이와 폭만을 갖는 것이다.
6. 면의 끝은 선이다.
7. 평면은 그 위에 직선들이 고르게 놓인 면이다.

……

15. 원은 평면 도형으로, 그 도형 내부에 놓인 하나의 특별한 점으로부터 한 선에 이르는 모든 직선이 서로 같은 그런 선으로 둘러싸인 것이다.
16. (정의 15의) 특별한 점을 그 원의 중심이라 부른다.
17. 원의 지름은 그 원의 중심을 지나고 양끝이 그 원의 둘레에서 끝나는 임의의 직선이다. 이와 같은 직선은 또한 그 원을 이등분한다.
18. 반원은 하나의 지름과 그것에 의해 잘린 원둘레로 둘러싸인 도형이다. 반원의 중심은 그 원의 중심과 같다.

……

---

2) 상세한 내용은, 허민·오혜영 역(1995), 《수학의 기초와 기본 개념》과 Thomas L. Heath(1956), *The Elements of Euclid, Vol.1*, Dover Publications Inc.를 참조하여 알아보기 바란다.

23. 평행선은 같은 평면 위에 있고 양방향으로 한없이 연장되지만 어느 방향에서도 서로 만나지 않는 직선들이다.

[공준]

1. 임의의 점으로부터 임의의 점으로 직선을 그릴 수 있다.
2. 유한 직선은 연속적으로 직선으로 연장할 수 있다.
3. 임의의 중심과 임의의 거리로 원을 그릴 수 있다.
4. 모든 직각은 서로 같다.
5. 한 직선이 두 직선과 만나서 같은 쪽에 있는 내각의 합이 두 직각보다 작을 때, 두 직선을 한없이 연장하면 내각의 합이 두 직각보다 작은 쪽에서 두 직선은 만난다.[3)]

[일반 개념]

1. 같은 것에 같은 것은 또한 서로 같다.
2. 같은 것에 같은 것을 더하면 전체는 서로 같다.
3. 같은 것에서 같은 것을 빼면 나머지는 서로 같다.
4. 서로 겹치는 것은 서로 같다.
5. 전체는 부분보다 크다.

[명제]

〈명제 1〉 주어진 유한의 직선 위에 등변삼각형을 만드는 것. 즉, 주어진 유한의 직선을 AB라 할 때, 이 AB 위에 등변삼각형을 만드는 것(이 가능하다.)

> 설명(증명): 중심 A와 거리 AB로 원 $B\Gamma\triangle$을 그려라. 또 중심 B와 거리 BA로 원 $A\Gamma E$를 그려라. 그리고 이들 원이 만나는 점 Γ로부터 점 A, B를 향하여 직선 ΓA, ΓB를 그려라. 그러면,
>
> ……
>
> 따라서 삼각형 $AB\Gamma$는 등변삼각형이고, 주어진 유한의 직선 AB 위에 만들어졌다. □

3) 이 '공준 5'를 흔히 '평행선 공준'이라 하는데 이에 대해서는 제 8 장 '기하학의 역사'에서 보다 구체적으로 다룬다.

〈명제 2〉 주어진 점을 끝점으로 하고, 주어진 직선과 같은 직선을 긋는 일

……

〈명제 47〉직각삼각형에서, 직각의 맞변 위의 정사각형은 직각을 낀 두 변 위의 정사각(의 합)과 같다.[4]

〈명제 48〉삼각형에서, 한 변 위의 정사각형이 나머지 두 변 위의 정사각형(의 합)과 같으면, 삼각형의 나머지 두 변이 이루는 각은 직각이다.[5]

3. 《원론》의 특징

1) 순수하다

(1) 공리적 방법의 최초 사용으로 오늘날 순수 수학의 원형(原形; 순수한 사고, 논증에 의한 추론)을 구성하였다.[6]

(2) 실제 응용에 대한 언급은 전혀 없다.

2) 이론적 구조와 전개 방법(형식)

여러 과학의 학문적 구성의 규범이 되었음은 물론, 지금까지 기하 교육의 전형적 모델이 되어 오고 있다.[7]

---

4) 이 명제가 피타고라스 정리이다. 이 명제에 대한 유클리드의 증명을 주의 깊게 살펴봄으로써, 그리스인들의 논증 정신을 음미할 수 있을 것이다.

5) 이 명제가 피타고라스 정리에 대한 역(逆)정리이다.

6) 고대 그리스인들의 수학에 대한 가장 뛰어난 공헌은 공리적 과정의 공식화, 그리고 수학은 그와 같은 과정에 의해 체계화되어야 한다는 주장이었다. 유클리드의 《원론》은 최초로 광범위하게 전개된 공리적 과정의 예이며, 이 책은 실질적 공리학의 양식에 따라 기술되었다. 실질적 공리학(material axiomatics)은 최근에 이르러 중대한 정제 과정을 거쳐 좀더 추상적인 논설(discourse)의 형태인 형식적 공리학(formal axiomatics)으로 발전되었다. 실질적 공리학의 양식은 다음과 같다.
(1) 논설의 어떤 기초적인 전문적 용어들에 대한 초기 설명(定義: definition)이 주어진다.
(2) 초기 설명에 의해 제시된 성질에 근거해서 기초적인 용어에 관해 참이라 받아들여진 주요 명제들이 나열된다. 이 명제들을 그 논설의 공리(公理, axiom) 또는 공준(公準, postulate)이라 한다.
(3) 논설의 다른 모든 전문적 용어는 그 이전에 도입된 용어를 사용하여 정의된다.
(4) 논설의 다른 모든 명제는 그 이전에 받아들였거나 증명된 명제들로부터 논리적으로 유도된다. 이렇게 유도된 명제를 그 논설의 정리(定理, theorem)라 한다.

7) 1901년 영국에서 시작된 수학교육 개혁 운동(Perry Movement)의 선두 주자로 잘 알려진 페리(John Perry)가 "이제 수학교육은 유클리드 원본 일변도로부터 과감하게 탈피해야 한다."고 주장한 내용을 보더라도, 금세기 초반까지 영국에서마저도 수학 교과서로 유클리드 《원론》을 주로 사용했음을 알 수 있다. 이렇듯 《원론》은 2천 년 이상 인류 지성사의 발전에 심대한 역할을 해왔다.

3) 공리적 방법의 사용

몇 가지 간단한 공준을 추출하고 이를 바탕으로 465개의 명제를 추론하였다. - 불후(不朽)의 명저[8)]

II. 시라쿠사의 아르키메데스

"나에게 딛고 설 곳과 긴 막대를 달라. 지구를 번쩍 들어 보이겠다."

시실리 섬(옛 그리스 Syracuse)에서 천문학자 페이디아스의 아들로 태어났다. 이집트에 건너가 알렉산드리아 대학에서 유클리드의 직속 후계자로 공부했을 것으로 추정하고 있다. 가우스, 뉴턴과 더불어 역사상 가장 훌륭한 3인의 수학자 중 한 사람으로 꼽힌다. 수리과학(數理科學)의 아버지, π의 과학적인 계산의 긴 역사를 출발시킨 사람, 최초의 수리물리학 논문을 쓴 사람, 최초의 과학적 공학자, 근세의 적분법 사상을 발아시킨 사람 등으로, 너무 잘 알려져 있는 고대의 수학자이다.[9)]

아르키메데스(기원전 287~212?년)

8) 유클리드의 《원론》은 기하학은 물론, 철학, 과학, 정치 등 많은 분야에 오늘에 이르기까지 큰 영향을 끼치고 있다. 데카르트는 "유클리드적 방법만 따라가면 기하의 확실성을 이해할 수 있다"고 하였고, 스피노자는 저서 《기하적인 질서에 입각한 윤리학》에서 공리, 공준과 정리를 사용하고 신의 존재를 증명하고는 'QED'를 썼다. 뉴턴은 저서 《*Principia Mathematica*》에서 운동 법칙을 '공준' 중력 법칙을 '정리'로 다루었으며, 제퍼슨은 〈독립선언문〉에서 "우리는 모든 인간이 평등하게 창조되었다는 것을 자명한 진리로 받아들인다."고 했으며, 'prove', 'therefore' 등의 단어를 사용하였다(김연미, 2017, pp. 52-53).

9) 그의 사망에 대해서는 여러 가지 설이 있으며, 그는 생전에 친했던 사람들에게 자기 무덤의 비석에 구와 그에 외접하는 원기둥을 새기고 그 부피의 비(2 : 3)를 나타내 달라고 부탁했다고 한다.

1. 로마 사학자들이 전하는 내용

로마 사학자 플루타르코스(Plutarchos), 디오도로스(Diodoros) 등에 의하면, 아르키메데스는 시라쿠사가 로마 군대에게 2년 이상 포위당해 있던 동안 투석기, 기중기, 이동 발사장치, 볼록렌즈, 복합도르래 등을 발명하여 로마와의 전쟁 무기로 활용했다고 한다. 이 밖에도 나선형 펌프를 고안하여 농사에 큰 도움을 주었다고 한다.10)

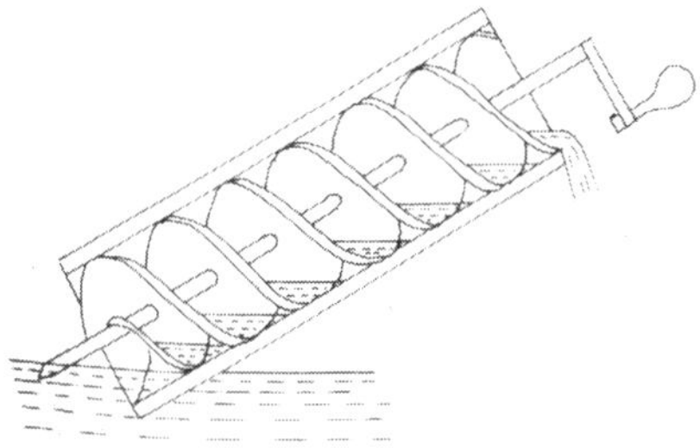

그림 6-2 아르키메데스의 나선형 펌프
(Petr Beckmann, 1971, p.63)

그림 6-3 부력 법칙의 산실. 아르키메데스의 욕조

2. 유체정역학(流體靜力學) 제 1 법칙의 발견

유체 속에 정지해 있는 물체가 유체로부터 받는, 지구 중력과 반대 방향의 힘을 부력(浮力)이라 한다. 부력의 크기는 유체 속에 있는 물체의 부피와 같은 부피의 유체의 무게이다.

이와 같은 영구불멸의 진리를, 그는 당시 히에론 왕의 금관이 순금으로 만들어졌는지의 여부를 알아보기 위한 방법을 궁리하던 중 목욕탕에서 발견했다고 한다.11)

---

10) 그의 생애에 대하여 알려진 것은 거의 없지만, 시라쿠사를 점령했던 로마의 장군 마르켈루스(Marcellus)의 일생을 소개한 로마 사학자 플루타르코스의 글 속에 전해지고 있는 몇 가지이다.

11) 비트로비우스(Vitruvius, 기원전 1세기경)의 저서에 의하면, "그를 총애했던 시라쿠사의 히에론(Hieron)왕이, 아르키메데스에게 금세공업자가 제작한 금관이 진짜인지, 금관을 손상시키지 않고 확인해 달라는 부탁을 하였다. 이를 고민하던 그는, 어느 날 목욕탕에서 욕조에 들어갔을 때 물이 흘러넘치고 자신의 몸이 가벼워진다는 사실로부터, '유체 속에 있는 물체는 그 물체와 똑같은 부피의 유체의 무게만큼 부력(浮力)을 받는다.'고 하는, 소위 유체정역학 제1법칙을 발견하였다. 그리고는 너무 기뻤던 나머지, 옷을 벗은 채 아테네 거리를 질주하여 자기 집으로 돌아갔다."고 한다. 이 사실에 대하여, 오스트레일리아 《수학회보》(1974년 12월호)에는 다음과 같은 사행시가 게재되어 있어서 2300년 전의 사건을 떠올려 보게 한다.
"Archimedes of Syracuse
To get into the news
Called out 'Eureka'
And became the first streaker."

3. 현존(現存)하는 작품들

그가 남긴 논문으로서 현재까지 전해지는 것들은 다음과 같다.[12)]

(1) 원의 측정(On the measurement of circle) – 1, 2 권

- 원에 내·외접하는 정 96각형을 이용하여 π값을 측정하였다.[13)]

  $$\Rightarrow 3.1409\cdots = 3\frac{10}{71} < \pi < 3\frac{1}{7} = 3.1429\cdots$$

- 원과 삼각형 및 사각형 등에 대한 넓이 관계를 밝혔다.

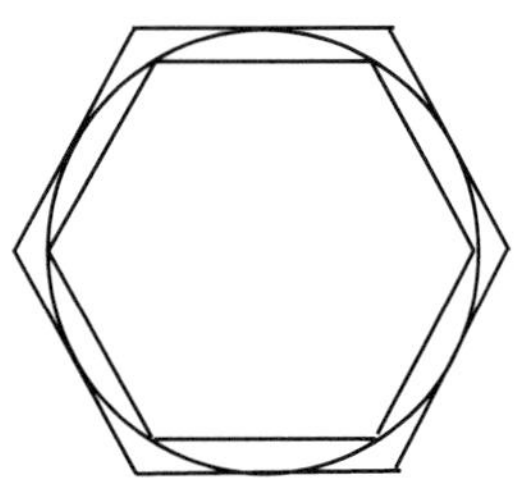

그림 6-4 π의 측정

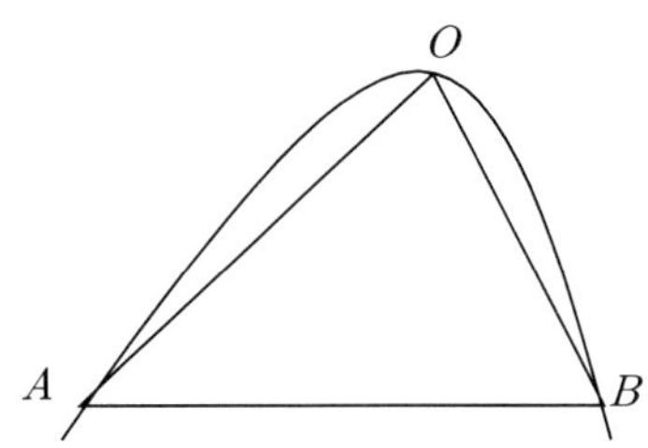

그림 6-5 포물선의 구적

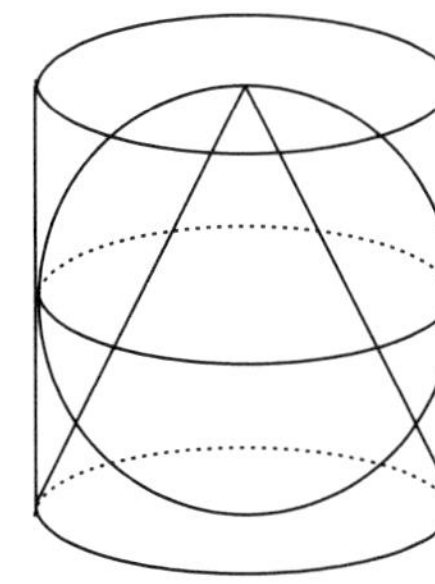

그림 6-6 원기둥, 구, 원뿔의 부피

(2) 포물선의 구적(Quadrature of the parabola)

포물선 절편의 넓이와 현에 의해 생기는 도형의 넓이 관계를 밝혔다. - [그림 6-5]에서

⌓AOB : $\triangle AOB = 4 : 3$이다.

(3) 보조정리집(Book of lemmas)

반원으로 둘러싸인 도형의 넓이에 대하여 연구하였다.

(4) 나선(螺線)에 관하여(On spirals)

펌프에서 나오는 물줄기에 착안하여 아르키메데스의 나선을 발견하였다.

(5) 부체(浮體)에 관하여(On floating bodies)

유체정역학의 기초적인 연구를 하였다.

---

12) 그는 대부분의 저서에서 유클리드의 접근 방식을 사용하고 있다. 즉, 간단한 공준의 집합으로부터 무모순적 논리로 명제를 연역해 내는 방법으로 수학과 물리학을 연결시켰다. 그가 발견한 결과를 '명제'의 형태로 기술하고 그 명제를 간접증명법(귀류법)에 의해 증명하는 방법을 사용하였다. 아리스토텔레스의 '물리학'은 그의 여러 저서보다 세기 정도 앞섰지만 그것은 밝혀지지 않은 추측들에 불과할 뿐 전체적으로 정량적인 것은 아니었다.

13) 자세한 내용은, P. Beckman의 저서 《*A HISTORY OF π (PI)*》(The Golem Press, New York, 1971, pp. 62-72)를 참조할 것.

(6) 구(球)와 원기둥에 관하여(On the sphere and cylinder)

[그림 6-6]과 같은 반지름이 r인 구(球)의 겉넓이 S와 부피 V는 각각 $S=4\pi r^2$, $V=\frac{4}{3}\pi r^3$ 이고, 구(球)의 겉넓이과 부피는 외접 직원기둥의 겉넓이와 부피의 $\frac{2}{3}$임을 발견하였다.

(7) 평면의 평형(平衡)에 관하여(On the equilibrium of planes) – 1, 2권

기하학 이론으로 역학의 기본 원리를 설명하였다(여러 도형의 무게중심을 구하고 지레의 원리를 일반적으로 증명).

(8) 방법(Method)

많은 정리의 발견에 이용한 방법론을 개발하였다.14)

(9) 모래 계산가(Psammites, sand reckoner)

[그림 6-7]과 같이 큰 수에 대한 명수(命數) 체계를 구성하였다.15)

◆ first period
- 1st order $1 \sim 10^8$
- 2nd order $10^8 \sim 10^{16}$
- 3rd order $10^{16} \sim 10^{24}$

…………………………………………

10^8 th order $10^{8\cdot(10^8-1)} \sim 10^{8\cdot 10^8}$

※ $10^{8\cdot 10^8} = P$ 라 하면 다음과 같이 구성 가능

◆ second period
- 1st order $P\cdot 1 \sim P\cdot 10^8$
- 2nd order $P\cdot 10^8 \sim P\cdot 10^{16}$

…………………………………………

10^8 th order

…………………………………………

◆ 10^8 th period
- 1st order $P^{10^8-1}\cdot 1 \sim P^{10^8-1}\cdot 10^8$
- 2nd order $P^{10^8-1}\cdot 10^8 \sim P^{10^8-1}\cdot 10^{16}$

…………………………………………

10^8 th order :

$P^{10^8-1}\cdot 10^{8\cdot(10^8-1)} \sim P^{10^8-1}\cdot 10^{8\cdot 10^8} (= P^{10^8})$

그림 6-7 아르키메데스가 구성한 수의 무한성

---

14) 1906년, 덴마크의 학자 하이베르크(J. L. Heiberg)가 콘스탄티노플에서 양피지 위에 완전히 지워지지 않고 남아 있는 아르키메데스의 《방법》을 기적적으로 발견하였다. 이 책에는 아르키메데스가 에라토스테네스에게 보낸 편지 내용이 많이 들어 있다. 여기에 포함된 명제의 내용은 모두 도형의 넓이와 부피 그리고 무게 중심의 위치에 관한 것이며, 도형의 평형관계를 이용하여 수학적 결과를 정확히 예측하는 방법을 기술하고 있다. 아르키메데스는 이 책에서, 방법론의 개척자답게 "…과 같다"는 개념에서 "…에 얼마든지 가까운" 또는 "원하는 만큼 …에 가까운"과 같은 개념으로 단계를 발전시켜 미적분학의 시초에 이르렀다.

15) 그리스 사람들의 수 개념의 범위를 대폭 확장하였다. 여기에는 수의 구성 가능성 및 무한성 사상이 들어 있다. 그는 이를 이용하여 (지구상에 있는 모래의 수) $<10^{51}$이며, (우주를 꽉 채우는 모래의 수) $<10^{63}$이라는 결론을 내렸다 (James R. Newmaan, 1988, pp. 415-416).

⑽ 의원뿔(擬圓錐)과 회전타원체에 관하여(On the conoids and spheroids)

회전 2차 곡면의 부피에 대하여 연구하였다.

⑾ 지레에 관하여(분실되었음)

파포스의 《수학집성》에서 언급하고 있다.[16)]

⑿ 역법(曆法)에 관하여, 구 제작에 관하여(모두 분실되었음)

태양과 달, 당시 알려진 5개의 혹성(惑星) 운동에 관한 내용이었을 것으로 추정

Ⅲ. 페르가의 아폴로니오스

아폴로니오스(기원전 262 - 200?년)

아폴로니오스(Apollonios)의 생애에 대해서도 알려진 것은 거의 없다. 하지만 유클리드, 아르키메데스와 함께 기원전 3세기 수학의 3대 거인 중 한 사람으로 꼽히고 있다. 아르키메데스보다 약 25세쯤 아래인 그는 남부 소아시아 지역의 페르가(Perga)에서 출생하였다. 알렉산드리아의 유클리드로부터 배운 후 서부 소아시아 지방의 페르가뭄(Pergamum)을 방문하고, 다시 알렉산드리아로 돌아가 그 곳에서 여생을 마친 것으로 알려져 있다.

그는 뛰어난 천문학자였으며 수학에 있어서도 다양한 주제의 많은 업적을 남겼으나, 《원뿔곡선론(圓錐曲線論, conic section)》으로 위대한 기하학자의 명성을 얻은 것은 너무나 유명하다.

그의 업적 몇 가지를 소개하면 다음과 같다.

⑴ 400개 명제가 실린 《원뿔곡선론》 총8권을 저작했으나 7권까지 현존한다.

⑵ 원뿔을 평면으로 자를 때의 단면(斷面)인 평면곡선을 원, 타원(elleipsis: 부족), 포물선(parabolē: 일치) 및 쌍곡선(hyperbolē: 초과)으로 분류하고 명명하였다.[17)]

⑶ 6편의 논문(비례절단, 공간절단, 일정절단, 접촉론, 삽입론, 평면자취론) 중 삽입론만

---

16) 그는 '지레의 원리'를 발견하고 나서 "나에게 디디고 설 만한 곳을 달라. 그러면 나는 지구를 번쩍 들어 올리겠다." 라는 말을 했다고 한다.

17) 원뿔곡선으로 타원, 쌍곡선 및 포물선이라는 이름은 그에 의해 붙여진 것인데 피타고라스학파의 면적에 사용한 용어로부터 따온 것이라 한다.

현존하고 나머지에 대해서는 파포스가 간단히 언급하고 있다.

(4) 평면자취론에 소개된 ‘아폴로니오스의 원’

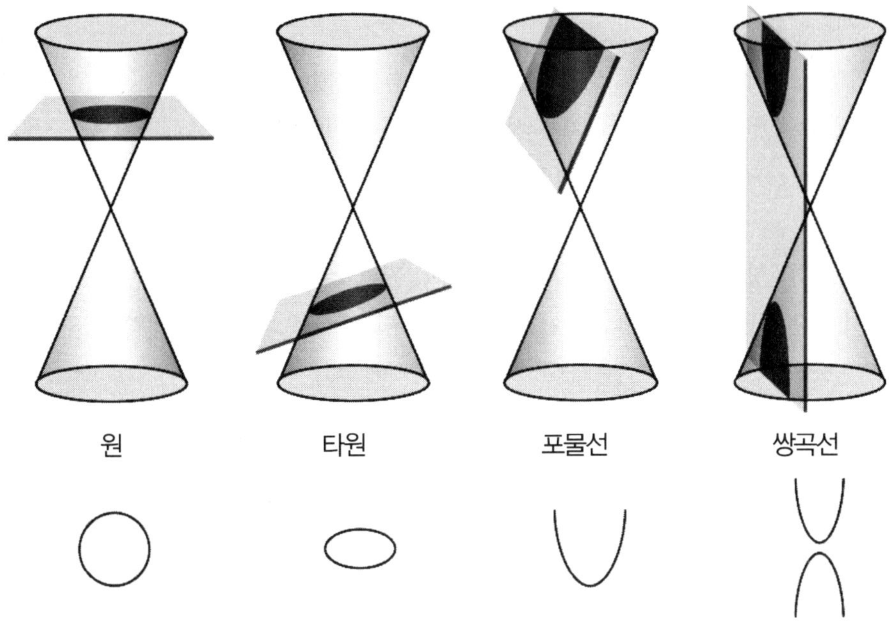

그림 6-10 아폴로니오스의 원뿔곡선. 각각의 단면이 원, 타원, 포물선, 그리고 쌍곡선을 나타낸다.

[정리] 두 정점(定點) A, B에 이르는 거리의 비가 $m:n$인 점 P의 자취 $\{P \mid PA:PB = m:n\}$에 대하여,

① $m=n \Rightarrow$ 이 자취는 선분 AB의 수직이등분선,

② $m \neq n \Rightarrow$ 선분 AB를 $m:n$으로 내분, 외분하는 두 점을 각각 C, D라 할 때, 이 자취는 선분 CD를 지름으로 하는 원이다. 즉, 다음 관계가 성립함을 밝혔다.

$PA : PB = CA : CB = DA : DB = m : n$

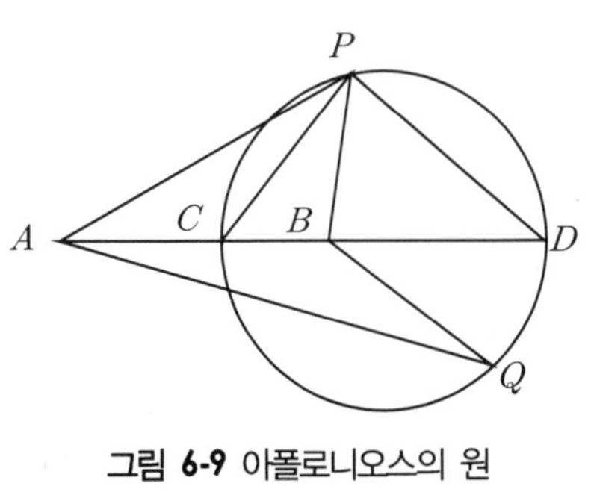

그림 6-9 아폴로니오스의 원

IV.

에라토스테네스

에라토스테네스(Eratosthenes)의 생애도 잘 알려져 있지는 않다. 그는 지중해 연안 키레네(Cyrene)에서 태어나 아테네에서 젊은 시절을 보내다가, 40세쯤에 프톨레마이오스 3세의 초청으로 알렉산드리아에 가서 도서관장을 지내다가 눈병으로 장님이 되자 단식으로 자살했다고 한다.

그는 도서관장답게 순수수학, 역사학, 천문학, 지리학, 철학, 시, 운동 등과 같은 다방면에 걸쳐 박식했다고 한다. 그의 박식함은 오히려 그를 늘 제 2인자의 자리에 머물게 했다고 한다. 지금까지 전해지고 있는 그의 업적으로는, 어떤 주어진 수보다 작은 소수(素數)를 찾는 방법과 지구의 둘레를 계산한 방법이 유명하다.

에라토스테네스(기원전 275 - 194?년)

다음에 그 몇 가지를 알아본다.

(1) 태양력(4년마다 윤년, 1평년은 365일)을 제안하였다.

(2) 황도의 경사각을 계산하여 23° 51' 29" 라고 하였다.

(3) [그림 6-10]과 같이 소수를 찾는 방법을 제시하였다.[18)]

(4) [그림 6-11]과 같이 지구의 둘레를 계산하였다.[19)]

---

18) 에라토스테네스는 주어진 어떤 자연수 n보다 작은 모든 소수를 찾아낼 수 있는 방법인 '에라토스테네스의 체(Sieve of Eratosthenes)'를, 2 이상인 자연수 a가 $p \le \sqrt{a}$ 인 어떠한 소수 p의 배수도 아닐 때, a는 그 자신이 소수라는 사실을 바탕으로 고안하였다(그림 6-10).

19) 태양이 지구로부터 충분히 먼 거리에 있으므로 태양 광선을 하나의 평행광선으로 간주하면, 하지 날 정오에 시에네(Syene)의 깊은 우물을 통과하는 태양 광선은 지구의 중심을 통과할 것이다. 따라서 같은 시각에 그로부터 정북(正北)으로 5000 스타디아(stadia)만큼 떨어진 알렉산드리아에 지표와 법선 방향의 막대기를 세우고, 엇각의 개념과 비례식을 이용하면 다음과 같이 지구 둘레의 길이를 구할 수 있다. 측정된 α는, $\alpha = 7°12' = \frac{360°}{50}$ 이므로, $\frac{\alpha}{360°} = \frac{\text{두 도시 사이의 거리}}{\text{지구의 둘레의 길이}} = \frac{5000}{x} = \frac{1}{50}$ 즉, $x = 250,000$ stadia이고, 이를 오늘날의 길이 단위로 환산하면(이집트에서 1stadia는 516.73feet임) 약 39,460km가 된다. 이는 정확한 값보다 약 390km가 작은 값이다. 당시로서는 실로 놀라운 근삿값이라 할 수 있다(그림 6-12).

1	2	3	4	5	6	7	8	9	10
11	12	13	14	15	16	17	18	19	20
21	22	23	24	25	26	27	28	29	30
31	32	33	34	35	36	37	38	39	40
41	42	43	44	45	46	47	48	49	50
51	52	53	54	55	56	57	58	59	60
61	62	63	64	65	66	67	68	69	70
71	72	73	74	75	76	77	78	79	80
81	82	83	84	85	86	87	88	89	90
91	92	93	94	95	96	97	98	99	100

그림 6-10 에라토스테네스의 방법에 따라 찾은 100 이하의 모든 소수

그림 6-11 소수를 찾는 에라토스테네스의 체(sieve)

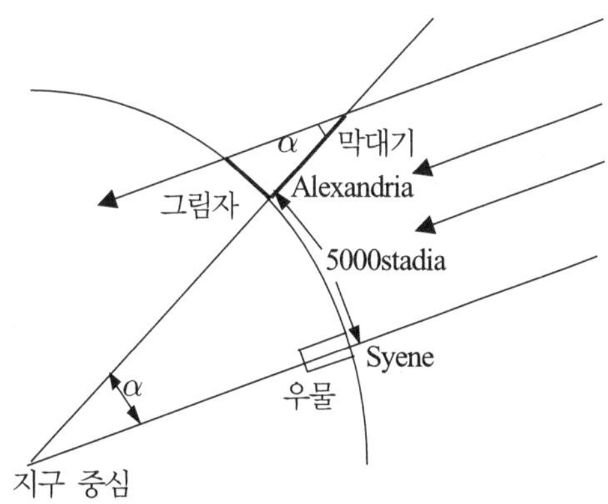

그림 6-12 지구의 둘레 측정법

V. 알렉산드리아의 헤론

헤론(Heron, 150? B. C.)이 살았던 연대에 대하여 기원후 100년, 혹은 75년, 또는 250년 등과 같은 여러 의견이 있다. 생애에 대하여 알려진 것은 거의 없으나 그의 수학적 업적에 대해서는 많은 내용이 알려져 있다. 그의 저작은 주로 기하, 기계, 공학, 측지 등의 실용적이고 광범위한 분야에 걸쳐 있어서 실로 백과사전적 작가로 일컬어지고 있으며, 그의 업적은 그리스 문명과

오리엔트 문명의 진기한 혼합체라고 한다. 그의 업적을 소개하면 대략 다음과 같다.

(1) 삼각형의 넓이를 구하는 '헤론의 공식'을 발견하고 이를 증명하였다.
삼각형의 세 변 a, b, c에 대하여 $s = \dfrac{a+b+c}{2}$라 하면 그 넓이는,
$S = \sqrt{s(s-a)(s-b)(s-c)}$ 이다.[20]

(2) 완전제곱이 아닌 정수의 제곱근을 근사시키는 법을 발견하였다.[21]

(3) 원뿔, 원기둥, 평행육면체, 각기둥, 피라미드 등의 부피에 관하여 연구하였다.

(4) 원뿔, 피라미드, 구 등의 절두체, 원환체, 정다면체 등의 부피를 연구하였다.

(5) 면적과 체적을 주어진 비로 나누는 문제를 연구하였다.

(6) 기체역학(100여 개의 기계 및 소품 설명), 반사광학(거울의 기본 성질 취급) 등의 저작도 남겼다.

VI. 프톨레마이오스

당대 유명한 천문학자이며 수학자였던 프톨레마이오스(Ptolemaios)의 개인적 생애에 대해서는 잘 알려져 있지 않다. 메넬라우스, 파포스, 디오판토스 등과 함께 제2 알렉산드리아 학파의 한 사람이다. 그러나 그는 유명한 《알마게스트(Almagest)》를 저술함으로써, 이를 마치 수학에서 유클리드의 《원론》과 같은 지위에 올려놓았으며, 지도 제작에 필수적인 내용을 담고 있는 책 《지리학(Geography)》를 저술하였다.

프톨레마이오스(100?-178?)

그가 활약하던 이 시기에는 신플라톤주의, 신피타고라스 학설 등이 생겨났으며, 수론의 연구가 대

20) 아라비아 학자들은, 흔히 '헤론의 공식'으로 알려져 있는 이 공식을 아르키메데스의 업적이라고 주장하고 있다.

21) 주어진 자연수 n에 대하여 $n = ab$일 때, $s_1 = \dfrac{a+b}{2}$, $s_2 = \dfrac{s_1 + \frac{n}{s_1}}{2}$, $s_3 = \dfrac{s_2 + \frac{n}{s_2}}{2}$, $\cdots$ 와 같이 하여 $\sqrt{n}$ 의 값을 근사시키는 방법을 창안하였다.

부분이었고 천문학과 삼각법에 관한 연구도 많이 이루어졌다. 그가 남긴 많은 업적 가운데 몇 가지를 소개하면 다음과 같다.

(1) 천문학의 표준서로서 전13권으로 된 《알마게스트》를 저작하였다.[22)]

(2) 프톨레마이오스의 정리 "사각형 $ABCD$가 원에 내접할 때,

$$AB \cdot CD + BC \cdot AD = AC \cdot BD$$

이다[그림 6-12]"를 발견하였다.[23)]

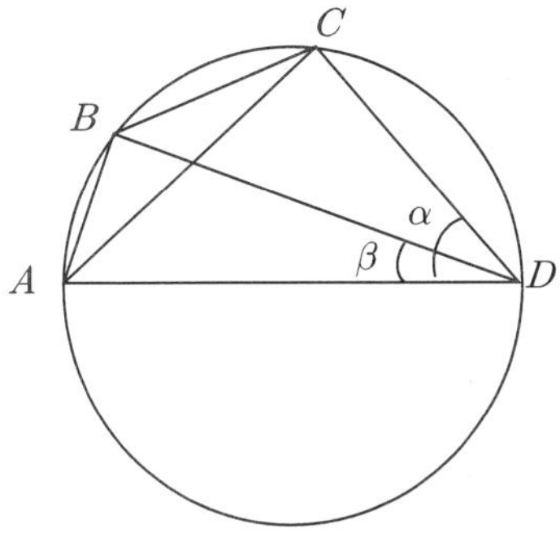

$BC = \sin\alpha\cos\beta - \cos\alpha\sin\beta$

그림 6-12 프톨레마이오스 정리

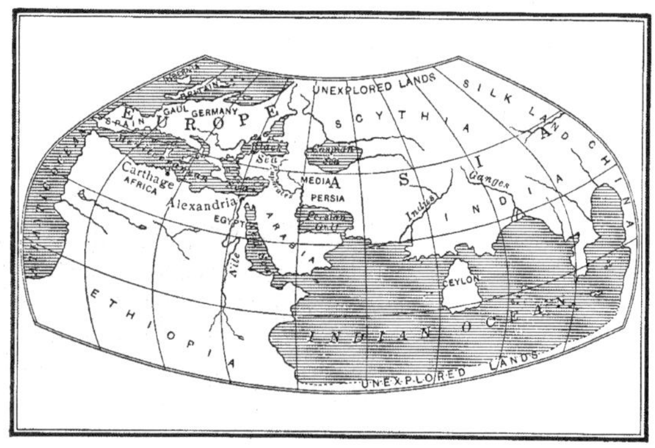

그림 6-13 프톨레마이오스의 세계지도

(3) 반각 공식을 발견하였다.

(4) 소수 4자리까지의 π 값을 계산하였다.

(5) 일식(日蝕) 이론 및 1028개의 항성(恒星)에 대하여 연구하였다.

(6) 유클리드의 제5공준에 대해 연구하였다.

(7) 기타 광학·음악에 대한 저술도 있다.

(8) 전8권으로 된 지리학(Geography)을 저술하였다.[24)]

---

22) 처음에는 《수학대계(數學大系, *Syntaxis Mathematica*)》였으나, 형용사 'mageste(위대한)'와 그 앞에 관사 'al'을 붙여서 《*Almagest*》로 통용되고 있다. 이는 코페르니쿠스(Copernicus)나 케플러(Kepler) 시대까지 천문학의 표준서 역할을 하였다. 그 제 1 권에는 천문학의 예비지식으로 현표(弦表, table of chords)가 실려 있다. 그는 180°까지의 각에 대하여 0.5°간격으로, 주어진 원의 중심각에 대한 현의 길이를 나타냈는데 이것이 바로 현표이다. 그는 원의 반지름을 60 등분한 작은 구간을 단위로 하여 60 진법으로 현의 길이를 나타냄으로써 표를 작성하였다. 현표에 $\mathrm{crd}\,36° = 37^{\mathrm{p}}\,4'\,55''$ 와 같은 기록이 있다. 이는, 중심각이 α 인 현의 길이를 $\mathrm{crd}\,\alpha$ 로 나타내면 중심각이 36°인 경우가 되며, 이때의 현의 길이는 소구간의 37배(또는 반지름의 $\frac{37}{60}$배), 소구간의 $\frac{4}{60}$배 그리고 소구간의 $\frac{55}{3600}$배를 모두 더한 것과 같다는 뜻이다.

23) 그의 현표를 작성하는 데 기본 원리가 되었던 정리로서, 특히 사각형의 한 변이 외접원의 지름인 경우에는 이로부터 sine, cosine의 가법정리와 감법정리를 얻었다.

24) 당시 지리학자들로부터 '성서'로까지 인정받았던 이 책에는, 정사영도법(正射影圖法)과 구면상의 점을 평면상으로

VII.

아리스타르코스

아리스타르코스((Aristarchos, 기원전 310? – 230?년)는 피타고라스의 고향인 사모스 섬에서 태어났다. 그는 그리스 최초의 천문학자 중 한 사람으로서 '고대의 코페르니쿠스'로 일컬어지고 있다. 그는 수학을 천문학에 응용한 사람으로 알려져 있다. 지금까지 남아 있는 저서는, 그가 태양 중심설을 제창하기 전인 기원전 260년경에 발표한 논문 〈태양과 달의 크기와 거리에 관하여(On the sizes and distances of the sun and moon)〉뿐인 것으로 알려져 있다.

그림 6-14 아리스타르코스 이름이 붙은 사모스 공항

그의 알려진 업적은 다음과 같다.

(1) 지구중심설 가정하에 [그림 6-15]에서와 같이 태양과 달의 크기, 그에 이르는 거리를 측정하였다.[25)]

(2) 최초로 태양중심설을 주장하였다.[26)]

투영하는 입체투영법(立體投影法)이 제시되어 있다.

25) 그는 월식 때 달에 비친 지구의 그림자를 관측하여 $ME:SE=\sin 3^\circ$ 임을 알아내고, $\frac{\sin\alpha}{\sin\beta} < \frac{\alpha}{\beta} < \frac{\tan\alpha}{\tan\beta}$ $(0^\circ < \beta < \alpha < 90^\circ)$으로부터, $\frac{1}{20} < \sin 3^\circ < \frac{1}{18}$ 이 성립한다는 사실과 $18ME < SE < 20ME$ 임을 유도하여 지구에서 태양까지 거리는 달까지 거리의 18~20 배라고 주장했다는 설이 있다. 또 한편, 반달일 때 지구에서 태양과 달에 대한 시선의 각은 직각보다 4분원의 $\frac{1}{30}$ 만큼 작으므로 시선의 각이 87°라고 주장하고, 이에 근거하여 계산했다는 설도 있다. 실제로는 시선의 각이 약 $89^\circ 50'$이므로 상당한 관측오차가 있다.

26) 코페르니쿠스보다 1800년 전에 태양중심설과 지구 구형설(球形設)을 주장한 놀라운 일이었다.

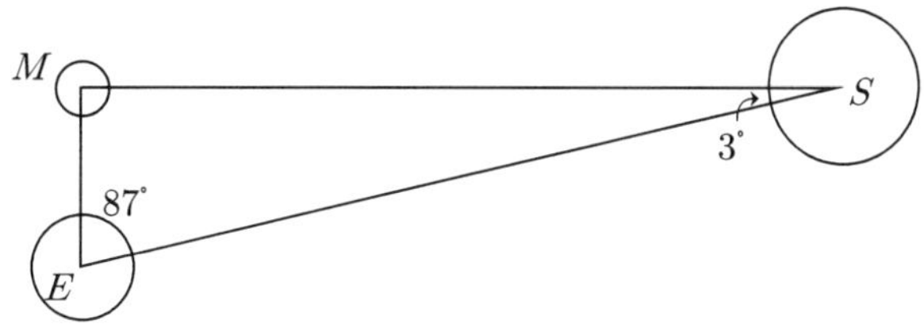

그림 6-15 태양과 달까지의 거리

VIII.
히파르코스

아리스타르코스 다음으로 알려진 고대 그리스의 수학자이며 천문학자로는 '삼각법의 아버지'로 불리는 히파르코스(Hipparchos)를 들 수 있다. 그의 업적은 대략 다음과 같다.

(1) 최초로 삼각표(현에 대한 수표)를 작성하였다.[27)]

(2) 평균 음력 한 달 길이와 황도의 경사각을 측정하였다.[28)]

(3) 850개 항성의 목록을 작성했으며 달의 시차를 계산하고 근지점을 결정하였다.

(4) 원의 360°분할 소개 및 지표의 각 점에 대한 위도, 경도 표현을 주장했다.

히파르코스(기원전190? - 125?년)

---

27) 4세기의 주석가인 알렉산드리아의 테온(Theon)은, 프톨레마이오스의 현표도 히파르코스의 삼각표를 각색한 것이라고 주장하였다. 히파르코스가 스스로 수표를 작성한 것은 틀림없으나 그 근거가 무엇인지는 알려져 있지 않다.

28) 오늘날 사용하고 있는 음력의 한 달에 비해 1초 이내의 오차밖에 생기지 않는 고도의 정밀한 결정을 하였다. 이 밖에도 황도와 적도와의 경각(傾角)을 23° 51′(참값: 23° 46′), 태양 궤도의 편심율을 0.042(참값: 0.04) 그리고 세차(歲差)를 50″(참값: 50.2″)이라고 측정하였다. 이는 당시로서 대단히 면밀하고 뛰어난 관측값이라 할 수 있다.

IX.
메넬라우스

제2알렉산드리아 학파의 한 사람인 메넬라우스(Menelaus, A.D. 100 년경)는 고대 그리스의 천문학자이며, 구면삼각법의 개척자로 일컬어지고 있다. 그는 원의 현에 대한 여섯 편의 논문을 썼으나 전해지지 않는다고 후세 주석가들이 언급하고 있다. 그러나 다행히도 전3권으로 된 《구면론(球面論, Spherica)》은 아라비아어로 아직까지 전해지고 있어서, 고대 그리스의 삼각법 발달에 관한 많은 정보를 제공해 주고 있다. 그 주요 내용 몇 가지는 다음과 같다.

(1) 제1권: 구면삼각형의 정의, 구면삼각형에 대하여 성립하는 여러 성질 등을 포함하고 있다.

  [정리] 두 구면삼각형은 대응각이 같으면 합동이다.

  [정리] 구면삼각형의 내각의 합은 두 직각보다 크다.

(2) 제2권: 천문학에 관한 여러 정리가 들어 있다.

(3) 제3권: 횡단선 정리, 메넬라우스의 정리가 평면과 구면에서 모두 성립한다는 것에 대한 증명이 들어 있다.

X.
파포스

유클리드, 아르키메데스, 아폴로니오스로 이어져 오다가 대수, 삼각법, 천문학 등의 발달의 뒤꼍으로 밀려 있던 고대 그리스의 위대한 기하학적 전통이, 아폴로니오스가 죽은 지 500여 년이 지난 3세기 말엽에 알렉산드리아의 유능한 학자 파포스(Pappos, 300년경)에 의해 잠시 되살아났다.

그는 유클리드의 《원론》, 프톨레마이오스의 《알마게스트》등에 관한 주석을 남김으로써 후세 수학자들에게 큰 영향을 끼쳤다. 그러나 그의 명성을 쟁쟁하게 만든 것은 무엇보다 전8권으로 된 거작 《수학집성(Mathematical Collection)》이다. 이는 당시까지 알려져 있던 기하학의 연구에 대한 주석 및 안내서로서, 많은 독창적인 명제, 개정, 확장, 역사적인 내용 등을 담고 있다. 제 1, 3권의 일부 내용은 분실되었지만 나머지는 현존하는 기하학의 보고(寶

庫)이며, 그 주요 내용은 다음과 같다.

(1) 제2권: 큰 수(大數)의 취급 방법

(2) 제3권: 선분 사이에 비례중항을 끼워 넣는 문제를 포함한 평균에 관한 이론, 삼각형에서의 부등식, 구에 정다면체를 내접시키는 문제 등

(3) 제4권: 피타고라스 정리에 대한 파포스의 확장, 아르키메데스의 나선, 3대 작도 문제 등

(4) 제5권: 등주도형론(等周圖形論): 둘레가 일정할 때 평면도형의 넓이, 겉넓이가 일정할 때 입체도형의 부피)

(5) 제6권: 천문학에 관한 내용

(6) 제7권: 유클리드의 〈보조론〉, 〈곡면자취론〉, 아폴로니오스의 〈원뿔곡선론〉, 에라토스테네스의 〈평균에 관하여〉 등에 대한 논의로서, 전문 수학자를 위한 중요한 자료의 설명

(7) 제8권: 주어진 5개의 점을 지나는 원뿔곡선의 작도 문제

☞ 아르키메데스는 오늘도 우리 곁에…

역사상 가장 위대한 세 사람의 수학자로는 아르키메데스, 뉴턴, 그리고 가우스가 알려져 있다. 여기에 한 사람을 더 추가하면 오일러가 강력한 후보자일 것이다. 그렇다면 '위대한'의 기준은 어디서 찾을 수 있는가? 아마 객관적 기준일 수도 있는데, 수학의 발전에 얼마만큼 공헌했느냐 하는 것이다. 수학이 인류 문명을 일궈내고 또 그 발전에도 지대한 공헌을 했다는 점에서 보면, 결국 위대한 수학자들은 인류의 삶을 개선해오는 데 큰 공을 세웠음이 틀림없다. 만약 옛날부터 필즈상이 있었다면 이들 세 사람은 메달 몇 개씩은 받아 갔을 것이다.

1. 전해 듣는 역사의 위험성

이들 한 사람 한 사람의 업적과 생애를 언급한다는 것은 매우 벅찬 일이다. 그 중에서 가장 어른 격인 아르키메데스에 대하여서만 그의 생애 위주로 대략 알아본다. 아르키메데스의 학문적 또는 그 밖의 일들에 관한 이야기는 많은 문헌에서 소개하고 있다. 그러나 스타인(Sherman Stein)은, 아르키메데스에 관한 이야기는 분명한 사실보다 전해내려 오는 이야기에 더 의존하고 있다고 지적한다. 그는 "불행히도 사실이 부족한 나머지 전설이 그 공백을 적당히 메워서 결국 사실과 전설이 뒤범벅되어 나중에는 어떤 것이 사실인지 알 수 없게 되어버린다. 전설은 마치 컴퓨터 바이러스처럼 책에서 책으로 전해지면서 점점 더 사실로 굳어지고 끝내는 박멸하기 불가능해진다."고 한다(이우영 역, 2006, p. 17).

가장 위대한 수학자, 아르키메데스의 초상으로 남아 있는 모습들

2. 아르키메데스의 생몰(生歿)

아르키메데스는 지중해의 시실리 섬 시라쿠사에서 기원전 287년경에 천문학자의 아들로 태어났다. 당시 학문의 중심지였던 알렉산드리아대학에서 몇 년간의 유학을 마치고 고향 시라쿠사로 돌아와 많은 연구 활동과 그에 따른 독창적인 걸작들을 남기고 제2포에니 전쟁 중 로마 병사에게 살해당했다. 아르키메데스의 생애에 대하여는 많은 사람들이 여러 가지를 전하고 있다.

플루타르코스(Plutarchos)는 자신의 책에서 아르키메데스의 죽음에 대하여, "시라쿠사는 그 후 로마군에 의해 함락되었다. 도시가 약탈당하던 중 아르키메데스는 자기 집에서 지면에 기하 도형을 그려놓고 수학 연구에 몰두하고 있었다. 그때 로마 병사가 돌연 나타나 그를 연행하려고 하였다. 그가 자신의 도형 문제를 풀기 전에는 가지 않겠다고 버티자 로마 병사는 이에 화가 치밀었으며, 마르켈루스(Marcellus)가 살려두라고 명령했던 기하학자 아르키메데스인 줄은 모른 채 칼을 휘둘러 그를 찔러 죽였다."고 전하고 있다. 또 "아르키메데스는 생전에 친구나 지인에게 자신이 죽은 후, 하나의 구에 원기둥을 외접시킨 그림과 그 내·외접 입체의 부피의 비를 밝힌 묘비를 세워줄 것을 부탁하였다."는 에피소드를 말한다(伊達 文治, 1993).

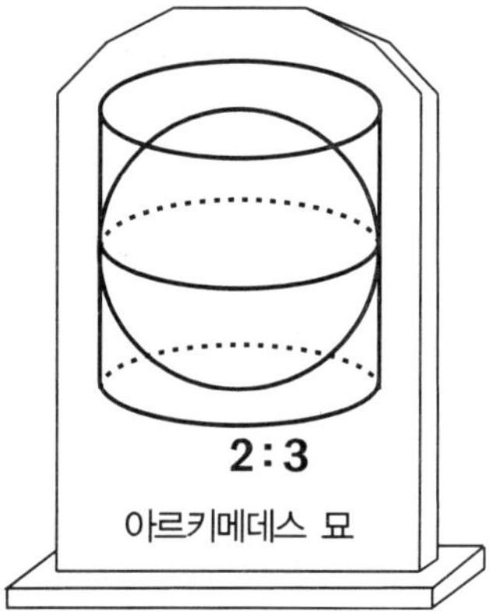

3. 역사학자들이 전하는 아르키메데스

탁월한 군사전문가: 역사가 플루타르코스는 그의 저서 《대비열전(對比列傳)》의 마르켈루스 편에서 로마 장군 마르켈루스가 육·해군을 이끌고 시라쿠사를 공격했을 당시의 양상을, "시라쿠사의 아르키메데스는 가까이 온 적의 군함을 독특한 모양의 갈고리 기중기 등을 사용하여 뒤집어버린다거나, 다소 멀리 있는 군함은 그가 발명한 투석기를 사용하여 침몰시켰다."고 썼다. 또 여러 문헌에 따르면, 거대한 포물면의 유리거울을 만들어 이로써 태양과 같은 방향에 있는 적의 군함에 초점을 맞추어 불을 질렀다고 전한다. 만약 이것이 사실이라면 거대한 볼록 렌즈도 만들어서 태양과 반대 방향에 있는 군함에 불을 질렀을 수도 있었겠다는 생각이 든다. 그가 아르키메데스이기에.

그러나 스타인은 "폴리비우스, 리비, 플루타르코스 등 시라쿠사의 방어 관련 얘기를 쓴 초기 저작자들은 거울이나 렌즈를 언급하지 않았는데, 아르키메데스 사후 4세기가 지나서야 이런 얘기가 나오기 시작했다"고 말한다. 그리고 그는 심스(D. L. Simms)의 논문을 인용하여, "아르키메데스가 불태우는 거울을 사용했다는 역사적 근거가 희박하고 그 자체 모순이기 때문에 이야기의 근원을 신뢰할 수 없다. 더욱이 동시대 역사가들은 아무 언급도 없으며, 현대적 실험에서도 움직이는 배에 거울이 불 지르는 것은 불가능하다."고 하였다(이우영 역, 2006, pp. 26-27).

역학(力學)의 달인: 역학의 기초를 다지게 된 발견으로서는 '지레의 원리'와 '부력의 법칙'이 유명하다. 플루타르코스는 "아르키메데스가 평소 친한 시라쿠사의 히에론 왕(Hieron II, 기원전 270년경부터 216년경까지 재위)에게 편지를 써서 작은 힘으로 어떤 무거운 물체라도 움직일 수 있다고 하였다. 그는 만일 또 다른 세계가 있다면 거기에 가서 이 지구를 움직일 수 있다고 하였다"고 하였다(이우영 역, 2006, p.26). 그런데 4세기에 파포스(Pappus)의 《수학집성》에는 아르키메데스가 '지레의 원리'를 발견하고는, "나에게 디디고 설 땅을 주면 지구를 움직여 보여주겠다."라고 말했다고 써져 있다. 시켈로스(Diodoros Sikelos, 기원전 1년)의 저서 《역사문고(歷史文庫)》에는 아르키메데스의 알렉산드리아 유학 시절에 대하여, "이집트에서는 나일강 델타지대의 경지 전체를 용이하게 관개할 수 있는 기계가 지금도 사용되고 있다. 이는 아르키메데스의 스크루 또는 나선형 펌프로 불리는 것으로, 그가 이집트에 거주할 때 고안했던 것이다."를 기술하고 있다(伊達 文治, 1993).

유체정역학 제1법칙의 발견자: 비트루비우스(Vitruvius, 기원전 1년)의 책 《건축서》는 아르키메데스의 '부력의 법칙'의 발견 이야기를 전하고 있다. 히에론 왕에게서 왕관('화관'이라는 설이 있음) 제작을 위한 금의 일부를 은으로 바꾸어 관을 만들었을 것으로 의심되는 세공업자의 부정을 밝힐 방법을 강구해달라는 부탁을 받고 고민하던 시기에, 어느 날 그는 목욕 중 물속에 잠긴 자신의 몸과 같은 부피의 물이 넘치는 것을 알아채게 되었다. 이를 아주 근사한 발견이라고 기뻐했던 그는 "유레카(Eureka, 발견했다.)"를 외치면서 벌거벗은 채 곧장 뛰어서 집으로 돌아왔다고 한다. 이때 그가 발견한 것이 곧 '유체정역학 제1법칙'이었다. 만약 금 세공업자가 금을 훔쳤다면 이는 어떤 이유로든 나쁜 행위이다. 히에론 왕이 이를 의심하지 않았던들 아르키메데스에게 검토를 부탁하지 않았을 것이고, 아르키메데스는 목욕탕에서 '유레카'를 외치는 일도 없었을 것이다. 이 중요한 물리법칙은 그 뒤 누군가에 의해 발견되었겠지만, 인류문명의 발전은 그만큼 지연되었을 것이다. 그렇다면 그 세공업자도 인류 발전의 공헌자로 봐야 하는가!

4. 아르키메데스의 수학적 업적

아르키메데스는 다양한 독창적인 기계(큰 배라도 간단히 진수시킬 많은 도르래와 지레가 들어 있는 기계 등)를 많이 발명하고, 또 그 기초가 되는 기계학(역학)의 여러 이론을 발견한 것으로 인기가 높다. 이러한 기계에 관한 것이 그에 대한 전설의 주요 부분을 차지하고 있지만, 정작 그 자신은 이와 같은 기계의 고찰에는 그다지 가치를 인정하지 않았던 것 같다. 그보다 그는 순수과학으로서의 수학에 큰 가치를 부여하고, 생애를 통해 전력투구했던 것은 무엇보다 수학의 연구이었다. 그래서 그는 아마도 '구와 그 외접 원기둥과의 부피의 비가 2 : 3'이라는 명제를 특별히 묘비에 새겨 달라고 했었을 것이다.

아르키메데스의 그 많은 업적 중에서도 〈구와 원기둥에 관하여(On the Sphere and Cylinder)〉와 〈방법론(Method)〉은 매우 중요하다. 전자에 구의 겉넓이와 부피 각각을 나타내는 공식 $S=4\pi r^2$과 $V=\frac{4}{3}\pi r^3$이 실려 있는데 이는 독창적, 단계적이며 적분의 개념을 품고 있다. 후자는 분실된 논문으로 오랫동안 잊혀 있었는데, 1906년 콘스탄티노플에서 역사학자 하이베르크(J. L. Heiberg)에 의해 10세기 판이 발견되었다. 이는 거듭 쓴 양피지의 사본이었는데, 그 본래 바닥에 알렉산드리아대학의 에라토스테네스에게 아르키메데스가 보낸 편지가 2천 년이 지난 후에 다시 나타남으로써, 아르키메데스가 부활한 셈이 되었다.

5. 다시 돌아온 아르키메데스

아르키메데스가 로마 병사에 의해 죽은 후, 마르켈루스는 이 위대한 수학자의 죽음을 애도해 성대히 장례를 치르고 생전에 그가 원했던 묘비도 세워주었다. 수년의 세월이 흐른 후 로마 재무관 키케로(Cicero)가 공무로 시라쿠사를 방문해 아르키메데스의 무덤을 탐문했으나 아는 사람이 없어 어려운 조사 끝에 겨우 무성한 가시덤불 사이에서 묘비를 찾아냈으며, 인력을 동원해 무덤을 복원하고 잘 정리해주었다. 또다시 세월이 흐르면서 그의 무덤은 사람들의 기억에서 사라졌고 황폐화되었다. 그러던 1965년 시라쿠사에서 호텔 신축공사를 하던 중 중기 삽에 그 독특한 묘비가 담겨 올라왔다. 이로써 아르키메데스의 무덤을 다시 찾았으며, 그는 또 한 번 태어나게 되었다.

아르키메데스에 관한 많은 얘기들이 정확한 사실에 근거하여 써진 것이 아니라 할지라도, 그래서 일부 왜곡이나 와전이 있을지라도 그는 그 이상의 평가를 받을 만했던 것이다. 하지만 그는 자신을 미화해주는 사실무근의 백 마디 찬사보다 자신이 수학 연구에 쏟은 열정과 업적을 바르게 평가해주는 한 마디 말을 듣고 싶어 할 것이다. 그는 위대하고 진정한 수학자였기에….

생각해 볼 문제

문제 6-1 유클리드의 《원론》에는 어떤 논리적 결함이 있는지 조사해 보아라.

문제 6-2 유클리드는 원을, '선에 포함되는 평면 도형으로, 그 도형 내부에 놓인 하나의 특별한 점으로부터 한 선에 이르는 모든 직선이 서로 같도록 만드는 것'으로 정의했다. 현대적인 원의 정의와 이것을 비교·설명하여라.

문제 6-3 유클리드의 호제법을 써서, 5913과 7592의 최대공약수를 구하여라. 그리고 어떤 두 선분의 길이의 비가 정수비로 나타내어질 경우를 가정하라. 이것과 유클리드 호제법과의 관계를 설명하여라. 또 이와 같은 관계를 세 수와 세 선분의 길이에 대해서도 확장하여 설명할 수 있는가?

문제 6-4 아르키메데스가 취급했던 원기둥, 구, 원뿔에 대하여, 그것들의 부피 및 겉넓이 사이의 관계를 아르키메데스는 어떻게 유도했을까를 상상해 보고, 이를 수업에 활용할 수 있는 방안을 모색해 보아라.

문제 6-5 무게가 w g인 왕관이 금 w_1 g과 은 w_2 g으로 되어 있다고 하자. w g의 순금과 순은 그리고 왕관을 물속에서 무게를 달면 각각 v_1, v_2 그리고 v g씩 감소한다고 하자. 이 때 관계식 $\dfrac{w_1}{w_2}=\dfrac{v_2-v}{v-v_1}$이 성립함을 보여라.

문제 6-6 위 [문제 6-5]에서 왕관을 물이 가득 찬 수조에 잠기게 하면 $h\,(\mathrm{cm}^3)$의 물이 넘쳐나고, 왕관과 같은 무게를 갖는 순금 및 순은을 같은 수조에 잠기게 하면 각각 h_1, $h_2\,(\mathrm{cm}^3)$의 물이 넘쳐난다고 하자. 이때 $\dfrac{w_1}{w_2}=\dfrac{h_2-h}{h-h_1}$이 성립함을 보여라.

문제 6-7 에라토스테네스의 체를 이용하여 1000보다 작은 소수를 모두 찾으려고 한다. 이때 어떤 수까지만 그 배수를 지워나가면 되겠는지 알아보아라. 그리고 그 이유를 생각해 보아라.

문제 6-8 아래 그림의 두 삼각형 중 어느 쪽의 넓이가 더 클 것 같은지 예상해 보고, 헤론의 공식을 써서 실제로 구하여라. 그리고 왜 그와 같은 결과가 나타나는지 이유를 설명해 보아라.

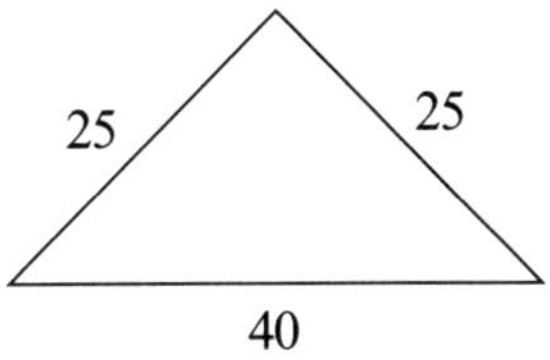

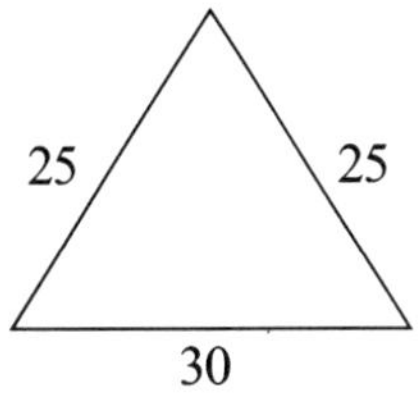

문제 6-9 헤론의 제곱근 근사 방법에 따라 60의 제곱근을 구하되, 60의 인수들 중 최초의 두 수를 여러 가지로 선택하여 계산해보고 각 경우를 비교·설명하라.

문제 6-10 프톨레마이오스의 정리를 증명해 보아라.

문제 6-11 메넬라우스 정리란 어떤 것인지 알아보고, 실제로 증명해 보아라.

문제 6-12 평행사변형의 대변의 길이가 같음을 증명하여라. 두 대각선이 서로 중점에서 만난다는 것을 증명하여라.

문제 6-13 직각을 낀 한 변과 빗변의 길이가 각각 같은 두 직각삼각형은 합동임을 증명하여라.

문제 6-14 비행기나 배의 운항에 필요한 항공술이나 항해술이 유클리드의 평면기하에만 바탕을 두지 않고, 구면기하에 근거해야 하는 이유에 대하여 직관적으로 설명해 보아라.

문제 6-15 아래 그림에서 선분 OH는 선분 OA, OB의 조화 평균임을 보여라(이는 파포스의 《수학집성》에 있는 문제이다. 삼각형의 닮음을 이용하라).

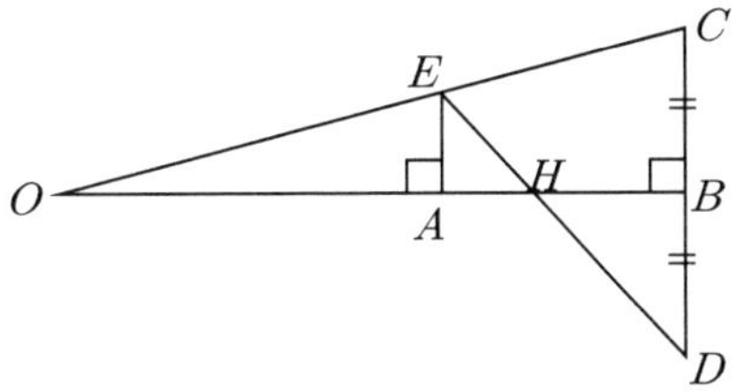

chapter 7 산술, 수론 및 방정식의 역사

디오판토스의 《산수론(Arithmetica)》 라틴어로 번역(1670)된 'Arithmetic'의 표지이다. 페르마는 바셰가 번역(1621)한 'Arithmetic'을 성전으로 삼았으며 많은 주석을 달았다. 이는 그의 사후 아들이 아버지의 주석을 함께 실은 개정판으로, 여기에 유명한 '페르마의 마지막 정리'가 실려 있다.

열 살배기 영국 소년 앤드류 와일즈(Andrew Wiles)에게 30년 이상 걸려서 풀어야 할 숙제를 360여 년 전에 내주었던 사람은 17세기 프랑스의 아마추어 수학자 페르마(Pierre de Fermat)였다. 그러나 페르마로 하여금 그런 숙제를 와일즈에게 내주도록 했던 사람은 2700여 년 전의 고대 그리스 수학자 피타고라스였다.

1993년 6월 23일 케임브리지 대학의 뉴턴 연구소에서, 프린스턴 대학의 수학교수 와일즈가 수론 분야의 가장 유명하고 핵심 문제인 '페르마의 마지막 정리'의 증명에 대한 세기의 대 강연을 가졌다. 그러나 그에게도 과거 300년 이상 많은 천재 수학자들을 괴롭혀 왔던 악마가 다시 찾아오는 듯했다.

그로부터 4년 후인 1997년 6월 27일 와일즈는 노벨상과는 비교되지 않는 영광을 차지했다. 과거 360년 동안 지구상의 전 인류 중 오직 그 한 사람만이 선정되었을 뿐, 앞으로 영원히 누구도 그와 같게 되지는 못 할 것이기 때문이다.

이 장에서는 고대 그리스 시대부터 디오판토스를 거쳐 발달해 온 수론 및 '페르마의 마지막 정리'의 역사, 중세 인도와 아라비아에서 많은 발전을 보게 된 산술과 대수의 발차취, 그리고 방정식의 역사 및 마방진에 대하여 다루기로 한다.

Ⅰ. 대수학의 발달

1. '대수학' 용어의 기원

고대 이집트나 그리스의 수학은 대부분 기하학에 관한 내용이었다. 대수학은 3세기경 알렉산드리아의 디오판토스(Diophantos)를 그 창시자로 보고 있다.

대수학의 영문 표기 'algebra'는, 초기 아라비아의 천문학자이며 수학자인 알콰리즈미(al-Khwârizmî; 780-850?)[1]가 쓴 논문 〈Hisâb al-jabr w'al muqâbalah〉에서의 'al-jabr'가 유럽 방식으로 변질된 용어이다. 여기서 그의 논문 제목이 뜻하는 바는 'the science of reunion and reduction'으로, 특히 al-jabr는 방정식에서 음수항(陰數項)이 있을 경우, 양변에 양수 항을 더해 이를 없앤다는, 즉 '이항(移項)한다'는 뜻이며, jabr의 원래 의미는 '부서진 뼈를 접골(接骨)하다'이다.

중국 원(元, 1260-1367)시대의 초기 사람인 주세걸(朱世傑)이 1299년에 저작한 《산학계몽(算學啓蒙)》 가운데 '대수(代數)'라는 용어가 처음으로 쓰였다. 그 후, 1852년 상해에서 이선란(李善蘭; 1809-1882)과 영국인 와일리(Alexander Wylie)가 드모르간(De Morgan; 1806-71)의 저서 13권의 《대수학 원론(Element of Algebra)》을 중국어로 번역할 때, Algebra를 '대수학(代數學)'으로 옮긴 것이 이 용어의 기원이다.

2. 수 연구의 두 가지 방향

고대 그리스 시대 이래 수의 연구에 있어서 수들 사이의 관계를 고찰하는 방향(arithmetic)과 계산 기술을 개발하는 방향(logistic)이 15세기 말까지 지속되었다. 15세기 말에 이르러서는 이들 모두를 arithmetic이라 하였다. arithmetic을 오늘날 유럽대륙에서는 원래의 의미대로 사용하고 있는 반면, 영국과 미국에서는 고대의 logistic의 의미로 사용하고 있으며, 수 연구의 이론적인 면에 대해서는 number theory로 통칭하고 있다.

이를 도표로 나타내면 다음 [그림 7-1]과 같다.

---

1) 중앙아시아 콰리즘 출신인 그는 바그다드에서 거의 일생을 보냈으며, 당시 신설된 지혜의 집(Bait al-Hikma) 도서관장을 역임했다. 그는 아부 자파르 무하마드 이븐 무사 알콰리즈미(Abu Jafar Muhammad ibn Musa al-Khwârizmî)라는 긴 이름을 가졌다.

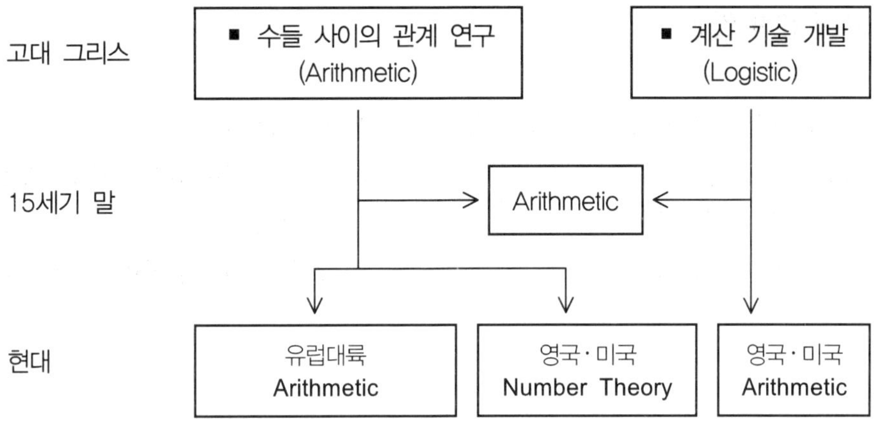

그림 7-1 수의 연구에 대한 분류 개관

3. 피타고라스학파로부터 출발된 자연수론

(1) 우호수의 개념은 오늘날에 이르러 더욱 확장되어 '친근한 사슬', 그리고 이의 특수한 경우로서 '패거리(crowd)'라는 개념도 생겼다.[2]

(2) 완전수의 개념이 더욱 일반화되어 'k-배 완전수'는 물론, 초과잉수의 개념이 탄생하기까지에 이르렀다.[3]

---

2) 셋 이상의 수의 열에 대하여, 각 수의 진약수들의 합이 그 열의 다음 수와 같게 되는 수들의 열을 '친근한 사슬(sociable chain)'이라 하며, 1,000,000 이하의 수들을 포함하는 것으로는, 12,496부터 시작되는 다섯 개의 수의 고리와 14,316부터 시작되는 28개의 수의 고리로 단 두 개의 친근한 사슬만 알려져 있으며, 1,000,000 이상의 수를 포함하는 네 개의 수로 된 친근한 사슬이 몇 개 알려져 있다. 그리고 정확하게 세 개의 수들로 이루어진 친근한 사슬을 '패거리(crowd)'라 하는데 아직까지 발견된 패거리는 없다(허민·오혜영, 1994, p. 128).

3) $\sigma(n)$을, n의 모든 약수의 합을 나타낸다고 할 때, $\sigma(n)=2n$이면 n을 '완전수'라 하고, 이의 일반화의 한 형태로서, 임의의 자연수 k에 대하여 $\sigma(n)=kn$이면 n을 'k-배 완전수(k-tuply perfect)'라 한다. 이에 대해 무한히 많은 k-배 완전수가 존재하는지의 문제, 또 홀수인 k-배 완전수가 존재하는지의 문제는 아직 풀리지 않고 있다. 120과 672는 3-배 완전수임이 알려져 있다.
한편, 1944년에 탄생된 개념으로, 어떤 자연수 n이 초과잉수(superabundant number)이기 위한 필요충분조건은, $k<n$ 인 모든 k에 대하여 $\frac{\sigma(n)}{n}<\frac{\sigma(k)}{k}$ 이 성립하는 것이다. 무한히 많은 초과잉수의 존재성도 밝혀져 있다(허민·오혜영, 1994, p. 130).

4. 소수에 관한 연구

- 소수(素數)는 무한히 많이 존재한다(유클리드 《원론》 제9권).
- $(a,d)=1$인 임의의 등차수열 $a,\ a+d,\ a+2d,\ \cdots$는 무한히 많은 소수를 포함한다는 사실을 디리클레(P. G. Lejeune Dirichlet, 1805–1859)가 밝혔다.
- 소수 정리: $\pi(n)$을 양의 정수 n보다 작은 모든 소수의 개수라 하면 다음이 성립한다.[4)]

$$\lim_{n\to\infty}\frac{\pi(n)\cdot\log_e n}{n}=1$$

5. 소수에 관한 미해결 문제

수론 분야에는 다음과 같이 직관적으로도 이해되는 몇 가지 문제를 포함하여 많은 미해결 문제들이 그 해결을 기다리고 있다. 그리고 새로운 미해결(?) 문제도 생겨날 수 있을 것이다.

- n^2+1꼴의 소수는 무한히 많이 존재하는가?
- n^2과 $(n+1)^2$ 사이에는 소수가 반드시 존재할까?
- 어떤 수 이후의 임의의 정수 n은 제곱수이거나, 또는 어떤 소수와 어떤 제곱수의 합인가?
- $2^{2^n}+1$꼴의 소수(페르마 소수)는 무한히 많이 존재하는가?
- 골드바흐(Christian Goldbach; 1690–1764)의 추측: "4 이상의 모든 짝수는 2개의 소수의 합으로, 또 9 이상의 모든 홀수는 3개의 홀수인 소수의 합으로 나타낼 수 있다" 증명도 반증(反證)도 미발견 상태이다.
- 쌍둥이소수(twin prime number)는 무한히 많이 존재하는가?

6. 소수 연구 자료로서의 약수표

소수의 분포에 대하여 보다 확실히 알고자 하는 수학자들의 노력 가운데 17세기 중엽부

---

4) 소수 정리는 가우스가 15세 때 소수표를 조사하여 추측하였고, 1896년 아다마르(J. Hadamard; 프랑스)와 푸생(C. J. Poussin; 벨기에)이 상호 독립적으로 증명하였다.

터 20세기에 이르는 동안 정수의 약수표를 작성한 성과(허민·오혜영, 1994, p. 134)를 요약하여 다음 〈표 7-1〉로 정리한다.

〈표 7-1〉 자연수의 약수표

연도	수학자	내용
1659	란(J. H. Rahn)	24,000까지 모든 수에 대한 약수표 작성
1668	펠(John Pell)	소수표를 100,000까지 확장
1776	펠켈(Antonio Felkel)	람베르트(J.H. Lambert)의 제안에 따라 408,000까지의 모든 수에 대한 약수표 작성하여 책으로 발간[5)]
19세기	체르낙(Chernac), 글레이셔(Glaisher)와 다제(Dase)	공동으로 1,000만까지의 모든 수에 대한 약수표 작성
19세기	쿨릭(J. P. Kulik, 1773-1863)	1억까지의 모든 수에 대한 약수표 작성[6)]
20세기	레머(D. N. Lehmer, 1876-1938)	1,000만까지의 약수표 작성, 가장 효용 가치가 높음.

7. 디오판토스의 업적

1) 디오판토스(Diophantos, 3세기경)가 남긴 작품[7)]

- 《Arithmetica(算學)》: 대수학 책으로서는 세계 최고(最古)이며, 전13 중 제6권만 현존한다.
- 《On Polygonal Numbers(다각수에 대하여)》: 일부 현존한다.
- 《Porisms(否定命題論)》: 분실되었다.

2) 《산학》

(1) 《산학(算學)》의 출판 역사

- 1463년, 레기오몬타누스(Regiomontanus)가 라틴어로 번역하였다.

---

5) 이 수표는, 1776년 오스트리아 제국 재무성이 출자하여 책으로 초판이 출판되었으나 구독자가 너무 적어서 재무성은 거의 모든 책을 회수하여 탄약통으로 만들어 터키와의 전쟁에서 활용했다고 한다.

6) 이 약수표는, 쿨릭(Kulik)이 그의 20년 동안의 취미 생활의 결과로 얻은 것이라 하는데 아직까지는 미발간 상태이다.

7) 디오판토스의 묘비문 : "디오판토스는 전 생애의 1/6을 소년, 1/12을 청년, 1/7을 독신으로 보냈다. 그리고 그가 결혼한 5년 후 아들을 낳았으나 그 아들은 아버지 나이의 반이 되는 해, 아버지보다 4년 먼저 죽었다.… "

- 1575년, 크실란더(Xylander)가 많은 주석을 붙여 번역하였다.
- 1621년, 바세(Bachet)가 라틴어 초판을 발행하였다.
- 1670년, 바세 번역서의 2판이 출판되었다.[8)]

(2) 《산학》의 내용

1, 2차 부정방정식에 관한 130개의 문제와 특수한 형태의 고차방정식의 해법이 수록되어 있다.[9)]

① 제2권 - 제곱수들로서, 그들의 곱을 각각에 더해도 제곱수가 되는 두 개의 제곱수: $\left(\frac{3}{4}\right)^2, \left(\frac{7}{24}\right)^2$.

② 제3권 - 세 수의 합이 제곱수이고, 임의의 두 수의 합도 제곱수가 되는 세 수: $80, 320, 41$.
등차수열을 이루는 세 수에 대해, 임의의 두 수의 합이 제곱수인 세 수: $\frac{241}{2}, \frac{1681}{2}, \frac{3121}{2}$.

③ 제4권 - 두 수의 합의 각각의 세 제곱수의 합과 같은 두 수: $\frac{5}{7}, \frac{8}{7}$.

④ 제6권 - 빗변에서 다른 한 변을 뺀 값이 각각 세 제곱수인 피타고라스 삼각형: $40, 96, 104$.

8. 페르마의 마지막 정리

1) '《산학》 제2권의 문제 8

"주어진 제곱수를 두 개의 제곱수의 합으로 분할하기(피타고라스정리)"와 관련하여 이 문제 옆의 여백에 아마추어 수학자이자 법률가인 페르마(Pierre de Fermat)는 다음과 같은, 소위 '페르마의 마지막 정리(Fermat's Last Theorem)'를 발견 · 증명했다고 써놓았다.[10)]

---

8) 페르마는 이 책을 읽고 많은 메모를 남겼는데 이것이 수론의 광범위한 연구를 자극하였다.

9) 디오판토스는, 양의 유리수 해 하나씩만 언급했기 때문에 일반해는 결여되어 있으나 문제해결을 위한 우수한 수학적 도구를 창안한 셈이다.

10) 디오판토스의 업적에 영감을 받은 페르마가 1637년경에 제시한 이 문제는 '피타고라스 세 수'의 풍부한 토양 위에 그 근본을 갖는다. 이러한 세 수는 $x^2+y^2=z^2$ 를 만족하는 양의 정수이다. 예는 쉽게 찾아질 수 있고 무한히 많은 세

2) 페르마의 마지막 정리

페르마(1601-1665)

유명한 '페르마의 마지막 정리'는 직관적으로도 쉽게 이해되는 다음 내용이다.[11)]

"$n \geq 3$인 임의의 자연수 n에 대하여,
$x^n + y^n = z^n$, $xyz \neq 0$을 만족하는 자연수
x, y, z는 존재하지 않는다."

3) $n = 3$에 대한 오일러의 부분적 증명

오일러(Leonhard Euler, 1708–1783)는 $n = 3$인 경우에 대한 증명을 제공했으며 또, $3^3 + 4^3 + 5^3 = 6^3$에서 페르마 문제를 모방하여, $A^4 + B^4 + C^4 = D^4$인 자연수 A, B, C, D와 $A^5 + B^5 + C^5 + D^5 = E^5$인 자연수 A, B, C, D, E의 존재성을 부정했으나, 컴퓨터 프로그램을 이용하여 $27^5 + 84^5 + 110^5 + 133^5 = 144^5$ 임을 1966년에 밝힌 사람이 있으며, 1987년에는 $2682440^4 + 15365639^4 + 18796760^4 = 20615673^4$ 임을 하버드 대학의 엘키스(Noam Elkies) 교수가 타원곡선면을 사용하여 밝혔다.

4) 르장드르와 디리클레의 $n = 5$인 경우에 대한 증명

1825년경, $n = 5$인 경우에 대해 르장드르(Adrien M. Legendre)와 디리클레(Lejeune P.P. Dirichlet, 1805–1859)가 각각 독립적으로 이를 증명하였다.

5) $n = 7$에 대한 라메의 증명

1839년에는 라메(Cabriel Lamé, 1795–1870)가 $n = 7$의 경우를 증명하였고 그 뒤, 쿠머(E. Kummer; 1810–1893)가 이 문제에 대한 중요한 진전을 가져왔다.[12)]

수가 존재한다. 한편 페르마의 마지막 정리를 최초로 해결하는 사람에게는, 1816년 프랑스 과학원이 제정한 3000프랑의 상금과 금메달을 받게 되어 있으며, 독일의 수학자 볼프스켈(Paul Wolfskehl)이, 2007년 9월 13일까지 100년 동안 유효하도록 1908년에 괴팅겐 왕립과학원에 유증(遺贈)한 10만 마르크를 받게 된다. 그리고 필즈상(Fields Prize)을 수상하는, 수학자로서의 최고의 영광을 안게 된다. 이러한 이유 때문이기도 하겠지만, 당시까지 괴팅겐 대학의 수학연구소에는 1주일에 평균 한 편 정도의 풀이가 접수되어 평가받았다고 한다. 그러나 볼프스켈 상이 제정되었던 그 해에는 모두 621편의 풀이가 접수되었다고 한다.

11) 내용 자체가 수학의 전문 지식이 없는 사람들도 쉽게 이해할 수 있다는 점과, 뛰어난 수학자를 포함하여 많은 사람들이 풀려고 노력했으나, 수학의 역사상 잘못된 증명을 가장 많이 양산(이 과정에서 '대수적 정수론'과 '산술기하학'이라는 현대 수학의 분야가 탄생하였다)했을 뿐, 미해결 문제로 360여 년 간 존속되었다는 점에서 대단히 유명하다.

12) 쿠머는 그가 생각한 확실한 증명을 디리클레에게 1843년에 제출했다. 그의 주장은 대수적인 수의 분석에 기반을 둔

6) 팔팅스의 증명

1983년 팔팅스(G. Faltings)는 3 이상의 임의의 정수 n에 대하여 서로소인 기껏해야 유한 개의 수에 대하여만 $x^n + y^n = z^n$을 만족하는 x, y, z가 존재한다는 것을 증명하였다.

르장드르(1752-1833)

7) 미야오카의 증명

1986년, 일본인 미야오카(Miyaoka)가 이 문제를 풀었다고 주장하여 세상이 떠들썩했으나 추론상에 미흡한 부분이 있어 발표 내용을 회수했던 사건으로 유명하다.

8) 와일즈의 해결

1993년 6월, 프린스턴 대학의 영국인 수학자 와일즈(Andrew Wiles) 교수는 그의 강연 'Elliptic forms, modular forms and Galois representations'에서 이에 대한 일반적인 증명($n \leq 4{,}000{,}000$인 모든 n에 대하여 그 전까지 증명되어 있었음)을 발견했다고 주장했다(1993. 8. 31. 조선일보). 6명의 심사위원에게만 논문의 검토를 의뢰했는데 그 해 10월, 그 중 한 사람이 논리적인 비약을 발견하고 그 증명을 요구하였다. 그 해 12월, 이 사실을 인정하는 내용을 인터넷에 올려놓고 케임브리지 대학의 테일러(Taylor) 교수의 도움을 받아 논리의 비약을 메우는 것도 성공함으로써 1995년 7월 현재, 와일즈 교수의 증명이 완벽하다고 평가되고 있다(대한수학회 뉴스레터1995년 7월호, 통권 제43호).

페르마의 마지막 정리를 증명한 후
즐거워하고 있는 와일즈 교수

이 내용을 보완하여 1994년 말에 프린스턴 대학의 시몬 코언 교수가 정확한 증명을 발표할 것이라 하였는 바, 그러나 이를 검증하는 데는 몇 달이 소요될 것이라 하였다(1994. 10.

것이었다. 디리클레는 쿠머의 증명에서 오류를 금방 발견해냈다. 쿠머는 그의 증명에서 소수에 의한 유일한 표현인 '산술의 기본정리'를 적용하였다. 물론 이러한 고전적인 정리는 모든 수의 형식에 적용할 수는 없으며, 따라서 이것이 쿠머의 장애물이 되었음도 증명되었다. 완고한 수학자인 쿠머는 그 문제에 다시 도전했다. 이 시기에 그의 업적은 '아이디얼 이론'과 페르마 문제에 대한 조건을 최종적으로 규정한 것이었다. 계속되는 연구에 있어서 19세기의 주된 진보는 쿠머에 의해 이루어진 것이다.

28. 동아일보).

9) 알렉산드르 카자노프의 증명

1995년 2월, 러시아계 2세인 미국 소년(15세) 알렉산드르 카자노프가 이 정리를, 단순한 행렬(行列)들만을 이용하여 간단하게 증명하였다고 보도되었다(1995. 1. 27. 조선일보 등의 일간 신문 및 주간 잡지). 그러나 이는 다음 이유로 완전한 오보였다.

$\because$ 그가 풀었다고 하는 것은, 자연수 대신 행렬을 쓰면, 방정식 $X^4 + Y^4 = Z^4$ 을 만족하는, 영(zero)이 아닌 행렬 $X,\ Y,\ Z$가 존재한다는 것이다. 예컨대 다음과 같은 3×3 행렬 $X,\ Y,\ Z$에 대하여 ,

$$X=\begin{bmatrix}1&0&0\\0&1&-1\\0&3&-2\end{bmatrix},\quad Y=\begin{bmatrix}0&1&0\\-1&1&-1\\-2&0&-1\end{bmatrix},\quad Z=\begin{bmatrix}1&1&0\\-1&2&-2\\-2&3&-3\end{bmatrix}$$

$X+Y=Z$이고, $X^3=Y^3=Z^3=I$ 이므로 $n=3k+1\,(k>0)$인 모든 정수 n에 대해, $X^n+Y^n=X+Y,\ Z^n=Z$가 되어 $X^n+Y^n=Z^n$ 이 성립한다.(대한수학회 뉴스레터 1995년 7월호, 통권 제43호)

II. 인도와 아라비아의 대수

1. 인도의 산술과 대수

과거 인도의 수학자들은 재능 있는 산술가로서 대수 발전에 중요한 공헌을 하였다. 특히 많은 문제들을 역산법(逆算法)이라 불리는 방법을 선호하여 해결하고 있다.[13] 예컨대, 바스카라(Bhāskara; 1114–1185)의 《릴라바티(Lilavati)》[14]에 나오는 다음 문제를 생각해 보자.

---

13) 역산법이란 주어진 정보로부터 거꾸로 거슬러 올라가며 계산하는 방법이다.

14) 과거 인도의 수학에 관한 대부분의 자료는 바스카라의 《릴라바티》에 의한 것이다. 《릴라바티》와 관련하여 다음과 같은 로맨틱한 이야기가 전해지고 있다. "한 점성가가 바스카라의 외동딸 릴라바티는 특정일 특정 시간 이외에 결혼을 하게 되면 무서운 재앙이 닥칠 것이라고 예언하였다. 그때가 점점 가까워짐에 따라 초조해진 신부는 물시계의 수위가 낮아지고 있는 것을 바라보고 있었는데 갑자기 머리 장식에 붙어 있던 진주가 떨어져 물시계 속의 출구를 막아

반짝이는 눈을 가진 아가씨, 역산의 올바른 방법을 안다면 내 말을 들어보시오. 어떤 수에 3을 곱해서 그 곱의 $\frac{3}{4}$을 증가시키고, 7로 나눈 다음, 그 나눈 값의 $\frac{1}{3}$을 빼서, 그 자신을 곱한 뒤 52를 다시 빼고, 그것에 제곱근을 취해서 8을 더하고 10으로 나누면 2가 되는 거요. 그 수는 얼마이겠소?

이 문제를 역산법에 의해 2를 출발점으로 하여 거슬러 올라가며 계산을 해보자. 그러면,

$$(2\times 10-8)^2+52=196,\ \sqrt{196}=14,\ 14\times\frac{3}{2}\times 7\times\frac{4}{7}=28$$

과 같이 되어 그 답이 28이다. 그러나 구하려는 수를 x로 놓고 원래의 문제가 의미하는 바를 식으로 나타내면 다음과 같이 된다.

$$\frac{\sqrt{\left(\dfrac{3x\times\frac{7}{4}}{7}\times\dfrac{2}{3}\right)^2-52}+8}{10}=2$$

여기서 특이한 점은 대수 문제가 시가(詩歌)의 형태로 표현된 것인데 당시 인도인들의 관습을 보여주는 셈이다. 즉, 당시 학교 교과서가 운문(韻文)으로 써졌고, 또 수학 문제들이 자주 사교적인 오락의 도구로 애용되었기 때문이라고 한다.

당시 인도인들은 등차수열과 등비수열의 합을 구할 수 있었으며, 단리, 복리, 할인 등과 같은 상업과 직관되는 문제들도 다루고 있었다.

과거 인도의 대수는 축약적 대수라고 할 수 있다. 즉, 덧셈은 디오판토스처럼 보통 옆으로 나란히 나타내었고, 뺄셈은 감수(減數) 위에 점을 찍어 나타냈으며, 곱셈은 인수(因數) 뒤에 'bha'('곱'을 의미하는 단어인 'bhnavita'의 첫음절)를 썼고, 나눗셈은 피제수 밑에 제수를 썼으며, 제곱근은 'ka'('무리(無理)'라는 뜻의 'karana'의 첫음절)를 그 수 앞에 써서 나타내었다. 브라마굽타(Brahmagupta; 598?–660?)는 미지수를 'ya'('만큼의'라는 뜻의 'yavattavar'의 첫음절)로 나타내었다. 그리고 기지(旣知)의 정수들은 'ru'('절대수'라는 뜻의 'rupa'의 첫음절)로 나타내었고, 추가되는 미지수들은 여러 가지 색깔을 의미하는 단어의 첫음절로 나타내었다. 예를 들면, 두 번째의 미지수는 'ka'('검정'이라는 뜻의 'kalaka'의 첫음절)로 나타내었다. 그러면 현재 우리가 쓰고 있는 기호 체계를 이용한 다음의 식이 어떻게 표현되고 있었는지 알아보기로 한다.

버렸다. 물이 흘러 나가는 것이 멈춰지게 됨으로써 행운의 순간에 대한 기대도 영원히 무산되고 말았다는 것이다. 바스카라는 이 불행한 딸을 위로하기 위해 딸의 이름을 따서 그의 책이름을 《릴라바티》로 정했다고 한다.

$$8xy + \sqrt{10} - 7 \Rightarrow \text{ya ka 8 bha ka 10 ru 7}$$

당시의 인도인들은 음수와 무리수를 인정하고 있었으며, 2차 방정식이(실근을 갖는 경우) 두 개의 근을 갖는다는 사실 또한 이미 알고 있었다. 제곱근과 관련해서 바스카라는 다음과 같은 중요한 항등식을 만들어내고 있다.

$$\sqrt{a \pm \sqrt{b}} = \sqrt{\frac{a + \sqrt{a^2 - b}}{2}} \pm \sqrt{\frac{a - \sqrt{a^2 - b}}{2}}$$

이 항등식은 현재의 대수 교과서에서도 이항무리수의 제곱근을 구하는 데 사용되고 있다. 물론 이 식은 유클리드의 《원론》의 제10권에서도 나오기는 하지만 이해하기가 어려운 복잡한 설명으로 소개되어 있다.

아리아바타(476?-550?)

인도인들은 부정해석학(不定解析學) 분야에서도 탁월한 능력을 보여주었으며, 그들이 이 분야에서 최초로 일반적인 방법을 고안한 것으로 평가되고 있다. 디오판토스는 부정방정식에서 한 유리해(有理解)를 구했지만 인도인들은 그와는 달리 모든 가능한 정수해를 찾으려고 노력했었다. 아리아바타(Āryabhata)와 브라마굽타는 부정방정식 $ax + by = c$ (단, a, b, c는 정수)의 정수해들을 구하고 있다. 2차 부정방정식 $xy = ax + by + c$는 뒤에 오일러가 재발명한 방법에 의해 풀리고 있다. 그리고 소위 '펠(Pell) 방정식'이라고 불리는 $y^2 = ax^2 + 1$ (단, a는 비제곱 상수)에 관한 브라마굽타와 바스카라의 연구는 높이 평가되고 있는 업적이다. 펠 방정식에 대한 완전한 이론은 1766년에서 1769년 사이에 라그랑주(Lagrange)에 의해 완성되었다. 이와 같은 부정방정식에 관한 인도인들의 탁월한 연구는 불행히도 유럽에 너무 늦게 알려졌기 때문에 유럽의 방정식에 대한 연구에 특기할 만한 발전적인 영향을 끼치지는 못하였다.

2. 아라비아의 산술과 대수

마호메트 이전의 아라비아 사람들은 모든 숫자들을 기호가 아닌 말로 나타내었다. 그러나 그 후 정복지가 확대됨에 따라 정복지의 관리 규모가 증가하게 되고, 따라서 복잡한 수학이 필요하게 되면서 이를 해결하기 위한 수단으로 수학에서 간편한 기호체계의 도입의 필요성을 느끼게 되었다. 따라서 점차 부분적인 수 체계가 사용되기도 하면서 뒤에는 이오니아식 그리스 문자처럼 28개의 아라비아 문자를 이용한 아라비아 수 체계를 사용하는 것이 일반화되었다. 이 표기 방식은 다시 인도의 기호체계에 의해 대체되고, 상인이나 산술에 관한 책의 저자들이 이 기호체계를 사용하기 시작했다.

알콰리즈미(780-850)

후세에 잘 알려진 최초 아라비아의 산술 책은 알콰리즈미(al-Khwarizmî)가 저술한 것이며, 그 뒤를 이어 후대의 저자들이 많은 아라비아 산술 책을 저술하였다. 일반적으로 이들 산술 책은 인도의 연산 방식을 본떠서 만든 계산 규칙에 대하여 설명하고 있다. 이 책에는 또 산술 계산을 검산하는데 사용된 '구거법'15)으로 알려진 방법과 대수 문제를 비대수적으로 해결하는 방법 등이 설명되어 있다. 또 제곱근, 세제곱근, 분수, 삼항법(三項法, rule of three) 등에 대해서도 설명하고 있다.

삼항법은 고대 중국에서부터 유래하여 인도를 통하여 아라비아에 전해진 것으로 보이며 실제로 그 이름도 브라마굽타와 바스카라에 의하여 붙여진 것이다. 수세기 동안 상인들에게 있어서 이 법칙은 중요하게 여겨졌다. 이 법칙은 증명 없이 기계적으로 기술되었으며 이 법칙과 비례와의 관계는 14세기 말까지도 인식되지 못했다. 브라마굽타는 그 법칙을 다음과 같이 기술하고 있다.

> 삼항법에서는 논의(Argument), 결실(Fruit), 요구(Requisition)가 각 세 항들의 이름이다. 처음 항과 마지막 항은 서로 유사하여야 된다. '요구'항에 '결실'항을 곱하고 '논의'항으로 나누면 '산출(Produce)'항이 된다."

이 개념을 명확히 하기 위해서 우선, "$\frac{2}{3}$만원으로 $\frac{15}{2}$kg의 생선을 살 수 있다면 7만원으로 같은 생선 몇 kg을 살 수 있겠는가?"와 같은 문제를 생각해 보자.

이 문제를 삼항법의 관점에서 보면, $\frac{2}{3}$와 7은 같은 종류로서 '논의'항과 '요구'항이 되고 $\frac{15}{2}$는 '결실'항이다. 그리고 이 문제의 답인 '산출'항은

---

15) 어떤 자연수를 주어진 자연수 n으로 나누어 나머지를 얻는 조작을 'n거법(n去法, casting out n's)이라 한다.

$$\frac{7 \times \frac{15}{2}}{\frac{2}{3}} = 78\frac{3}{4}$$

가 된다. 오늘날 이와 같은 문제는 비례와 관련된 기초적인 응용에 불과하다고 할 수 있다.

초기 유럽의 산술에 관한 내용을 담고 있는 책은 이와 같은 삼항법을 많이 포함하고 있으며, 이 기계적인 법칙의 성질을 운문으로 표현하고 있거나 종종 도표를 이용하여 설명하고 있는 것을 볼 수 있다.

알콰리즈미가 저술한 대수에는 독창적인 것이 별로 없다. 그의 대수에는 사칙연산에 대한 설명과 1차 및 2차 방정식의 풀이가 들어 있는데 2차 방정식의 풀이는 산술적인 방법과 기하학적인 방법으로 되어 있으며, 그밖에 몇 가지 기하학적 측정과 상속에 관한 문제들도 포함되어 있다.

카얌(1050?-1130?)

이슬람교도 수학자들은 기하학적 대수 분야에 가장 큰 공헌을 하고 있다. 특히, 오마르 카얌(Omar Khayyam)의 3차 방정식의 해법이 체계적으로 정리되고 있고, 또 어떤 근은 원과 직각쌍곡선의 교점 또는 두 직각쌍곡선의 교점 외 가로 좌표로 구해지고 있다. 여기서 카얌은 음근(陰根)을 인정하지 않았으며 모든 양근(陽根)을 구하는 데 있어서 빈번한 실수를 하고 있다. 본래 3차 방정식은 정7각형의 작도 문제나 구를 주어진 비의 두 부분으로 나누는 아르키메데스의 문제로부터 유래된 것이다. 한편, 아불-웨파(Abû'l-Wefâ)는 몇 가지 특수한 4차 방정식의 기하학적 해법을 제시하고 있다.

일부 이슬람교도의 수학자들 중에는 부정해석학에 관심을 보이고 있는데, 예를 들어 두 양의 정수의 세제곱의 합이 한 정수의 세제곱이 되는 그런 두 정수를 구하는 것이 불가능하다는 정리의 증명을 제시하고 있다. 물론, 이는 페르마의 유명한 '마지막 정리'의 한 특별한 경우라고 할 수 있다. 알-카르키(Al-Kharkhî)는 1부터 n까지의 자연수의 제곱과 세제곱의 합을 구하는 정리와 그 증명을 처음으로 제시한 아라비아의 수학자이다.

종합하면 아라비아의 대수는 후기 서부 아라비아인들의 경우를 제외하고는 모두 수사적 대수라고 할 수 있다.

Ⅲ. 방정식의 역사

여기서는 고대 이집트나 바빌로니아에서부터 시작된 방정식이 어떻게 발달해 왔는가에 대하여, 1, 2차 방정식에 대해서는 기하학적 해법도 함께 알아보고, 3차 이상의 방정식에 대해서는 간단히 그 역사를 개관해 보기로 한다.[16)]

1. 1차 방정식

1) 대수적 해법

최초의 1차 방정식은 린드 파피루스(Rhind papyrus, 기원전 1650년경)에 등장한다. 아메스(Ahmes)는 한 개의 미지량(未知量)을 갖는 1차 방정식이 되는 문제 11개를 다루었다. '어떤 수에 그 수의 $\frac{1}{7}$을 더하면 24가 된다'는 문제도 그 중의 하나이다. 그러한 1차 방정식에 대한 표현과 풀이는 오늘날과는 달리 단위분수를 이용해서 이루어졌다. 이에 대한 고대 이집트와 그 뒤의 유럽에서 '임시위치법'이라고 불렸던 해법을 알아보면 다음과 같다.[17)]

《해법》 위의 방정식 $x+\frac{x}{7}=24$을 풀기 위해, $x=7$이라고 임시로 가정하면 24 대신 $x+\frac{x}{7}=8$을 얻게 된다. 원하는 수 24를 얻기 위해 8에 3을 곱해야 하므로 x의 정확한

16) 방정식(方程式)이라는 용어는 중국 한(漢)나라 때의 수학 책《구장산술(九章算術)》제8장의 이름인 '方程'으로부터 유래되었다. 그러나 'equation'을 방정식으로 번역한 것은 훨씬 후의 일로, 그것은 李善蘭과 位烈亞力(Alexander Wylie)의 책 《代數學》(1859년)에서부터이다.

17) 고대 그리스 시대의 대수 문제에 대한 연구의 중요한 자료는《팔라틴 선집(Palatine Anthology)》또는《그리스 선집(Greek Anthology)》으로 알려진 책인데, 여기에는 500년경에 문법학자 메트로도러스(Metrodorus)가 모은 경구(警句) 형식의 46개 문제가 실려 있다. 그중 대부분의 문제는 당시(A.D. 500년경)보다는 상당히 오래된 고대에 만들어졌다고 생각되는 문제들이다. 즉, 고대 그리스 시대에 정신적 유희(遊戱)를 위하여 만들었을 것으로 생각되는 문제들로 개중에는 린드 파피루스에 있는 문제와도 매우 흡사한 문제들도 포함되어 있다. 이 책에 실려 있는 문제의 절반 가량은 간단한 1원1차 방정식에 관한 것이고, 12문제는 간단한 2원 연립방정식에 관한 문제이고, 3원 연립방정식, 4원 연립방정식과 관련된 문제도 각각 한 문제씩 들어 있다. 또 1차 부정방정식도 두 개나 들어 있다. 많은 문제들이 오늘날의 초등 대수 교과서에 나오는 문제들과 매우 흡사하다. 물론, 이 문제들이 현대적인 대수 기호 체계 아래서는 쉽게 풀릴 수는 있지만 수사적인 표현으로 이루어져 있기 때문에 주의해야 한다. 그런데 이러한 많은 문제들이 기하학적 대수로 쉽게 해결될 수 있다고 언급되어 있긴 하지만 실제로는 대부분 산술적 방법으로 해결하였을 것으로 생각된다. 즉, 그리스의 대수가 기하학적 형태에서 산술적 형태로 탈바꿈한 시기는 정확하지는 않지만 대략 유클리드 시대의 초기인 것으로 예상하고 있다(Howard Eves, 1989, pp. 179-180).

값은 $3\times7=21$이다.

2) 기하학적 해법

방정식 $ax=b$에서 x를, $a:b=1:x$, 즉, a, b, 1을 길이로 갖는 세 선분에 대한 넷째 비로 해석하고 오른쪽 [그림 7-2]에서 x를 작도하는 것으로 이를 풀었다.

여기서, $\angle COD$는 임의의 각, $OA=a$, $OB=b$, $AC=1$, $BD=x$, $AB\parallel CD$이다.

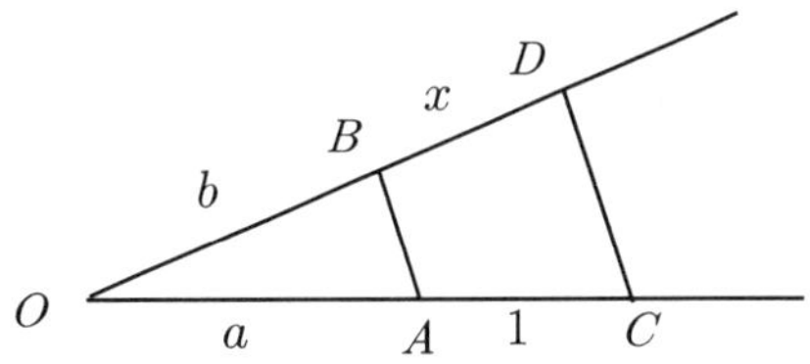

그림 7-2 1차 방정식의 해법

2. 2차 방정식

1) 대수적 해법

완전 제곱에 의한 방법과 근의 공식에 의한 방법 모두와 동등한 해법을 이미 2000년 전의 바빌로니아인들이 알고 있었던 것으로 여겨진다. 미지수가 1개인 2차 방정식 풀이의 고전적인 형태는 바빌로니아에서 찾아볼 수 있는 바, 예컨대, "어떤 정사각형의 넓이에서 그 정사각형의 한 변의 길이를 뺀 것이 14,30 (즉, $14\times60+30=870$)일 때, 이 정사각형의 한 변의 길이를 구하여라"라는 문제의 풀이에 나타난다. (이 문제를 현대적으로 표기해 보면, 2차 방정식 $x^2-x=870$의 해를 구하는 문제이다.) 이 문제의 풀이는 다음과 같다.

1의 절반을 택하면 0;30 (즉, $\frac{30}{60}=\frac{1}{2}$)이다. 다시 0;30에 0;30을 곱하면 0;15 (즉, $\frac{15}{60}=\frac{1}{4}$)를 얻는다. 이것을 14,30에 더하면 14,30;15 (즉, $870\frac{1}{4}$)를 얻는다. 이것은 29;30의 제곱이다. 이제 29;30에 0;30을 더하면 이 정사각형의 한 변의 길이 30을 얻는다.

이러한 풀이는 2차 방정식 $x^2-px=q$의 양수해

$$x=\frac{p+\sqrt{p^2+4q}}{2\cdot1}=\frac{p}{2}+\sqrt{\left(\frac{p}{2}\right)^2+q}$$

를 구하는 오늘날의 풀이와 정확히 일치한다.

기록에 의하면 고대에서 중세까지 2차 방정식은,

① $x^2+px=q$　　② $x^2=px+q$　　③ $x^2+q=px$

와 같은 세 가지 형으로 구분되었다고 한다. (단, p, q는 모두 양수)

예컨대, 방정식 $11x^2+7x=6;15$는 양변에 11을 곱해

$$(11x)^2+7\cdot(11x)=1,8;45$$

와 같이 만든 다음, 다시 $11x=y$로 치환하여 ①의 형으로 변형해서 풀었다. 방정식 $x^2-x=870$을 $x^2=x+870$과 같이 변형하면 이는 ②의 형 방정식이 된다. 또 ③의 형은 연립방정식

$$x+y=p,\quad xy=q$$

와 같은 것으로 취급되었다. 이 문제는

$$x+y=p,\ x-y=\sqrt{p^2-4q}$$

와 같이 변형해서 해결했다.

2차 방정식을, 그리스 사람들처럼 기하학적으로 풀지 않고, 기호를 사용하여 대수적으로 풀이한 시도는 디오판토스에 의해서이다. 이를테면 디오판토스는 합이 20이고, 제곱의 합이 208인 두 수를 찾는 문제를 그 자신의 기호를 사용해서 해결하고 있는 바, 이를 현대적인 기호를 사용해서 나타내면 다음과 같다.

두 수를 각각 $10+x$, $10-x$ 라고 하면

$$(10+x)^2+(10-x)^2=208$$

이다. 디오판토스는 이것을 풀어 $x=2$ 를 구함으로써, 두 수 8, 12를 찾았다. 그러나 디오판토스는 2차 방정식의 해를 구하는 과정에서 두 양수인 해가 나오면 큰 것만을 해로 인정했고 또 음수인 해는 인정하지도 않았다.

2차 방정식의 해로 음수가 인정된 것은 인도인에 의해서이다. 한 예로 바스카라는 2차 방정식 $x^2-45x=250$ 의 해로 50과 -5를 택하고 있다. (그러나 이 음수인 해가 실제적으로 널리 인정된 것 같지는 않았다.) 또, 인도인들은 무리수도 보통의 유리수와 똑같이 취급하고 그것을 참다운 수로 간주했기 때문에 이 당시에는 그들이 음수인 해뿐만 아니라 무리수인 해에 대해서도 알고 있었던 것으로 생각된다.

2) 기하학적 해법

고대 그리스인들의 방법으로, 2차 방정식 $x^2-px+q^2=0$ (p, q는 양수)의 두 근을 r, s라 하면, $r+s=p$, $rs=q^2$이므로, 이때 주어진 두 길이 p와 q로부터 두 실근 r과 s를 찾아내는 방법이다. 이는, 높이 r과 밑변 s의 합이 주어진 선분의 길이 p와 같고, 주어진 제곱수 q^2과 넓이가 같은 직사각형의 작도 문제로 귀착된다.

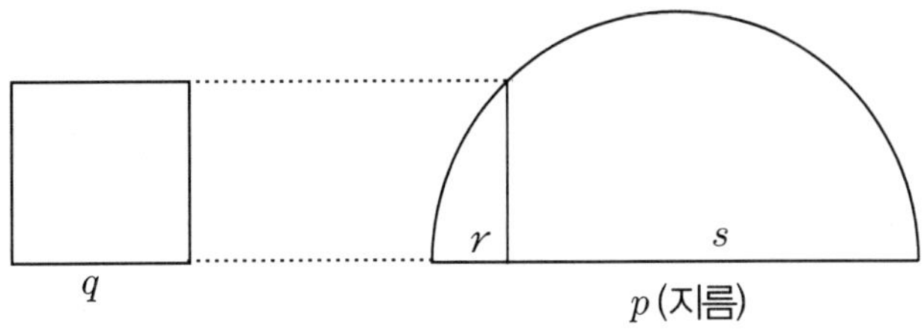

그림 7-3 2차 방정식의 해법

한편 선분 AB가 있을 때 $\overline{AB} : \overline{AH} = \overline{AH} : \overline{HB}$가 되는 선분 AB 내의 한 점 H를 찾는 문제가 피타고라스 시대에 이미 대두되었다. 즉, 주어진 선분 a를 두 개의 짧은 선분으로 분할하여 짧은 선분의 제곱의 차가 짧은 선분들의 곱과 같아지도록 하면 긴 선분은 짧은 선분과 전체 선분 사이의 비례중항이 된다. 그런데 이 문제는 결국 $a : x = x : a-x$가 되고 이것은 2차 방정식 $x^2 = a^2 - ax$로 환원된다. 이것은 바로 ①의 유형의 방정식이긴 하지만, a가 유리수이면 이것을 만족하는 유리수 x는 존재하지 않는다. (왜냐하면, $x = -\frac{a}{2} \pm \frac{a}{2}\sqrt{5}$ 가 되기 때문이다.) 따라서 이 문제는 대수적으로 해결될 수 없었고, 단지 유클리드 《원론》에서 볼 수 있는 것처럼 기하학적으로 해결될 수밖에 없었다. (피타고라스 학파는 비록 무리수 $\sqrt{2}$를 발견했으면서도 그것을 수로 인정하지 않았기 때문이다.)

3. 연립방정식

연립방정식에 대한 기록은 고대 이집트 시대의 파피루스에서 찾아 볼 수 있다. 이를테면 아메스 파피루스와 동시대의 것으로 생각되는 테베 파피루스에는 "2개의 정사각형에 대해 변의 비가 $1 : \frac{3}{4}$ 이고 넓이의 합은 100이 되도록 하여라"라는 문제가 있다.

이 문제를 최근의 기호를 사용하여 나타내어 보면, 2개의 정사각형의 한 변의 길이를 각각 x, y라고 할 때,

$$x^2 + y^2 = 100, \ x : y = 1 : \frac{3}{4} \qquad \cdots\cdots\cdots\cdots\cdots ①$$

과 같은 연립 2차 방정식이 됨을 알 수 있다. 이 문제에 대한 당시의 풀이법은 미지량 중의 어느 하나를 1로 가정하는 가정법이었다. 즉, $x = 1$로 가정하면 $y = \frac{3}{4}$이므로,

$$x^2+y^2=\frac{25}{16}\text{ , 여기서 }\sqrt{\frac{25}{16}}=\frac{5}{4}\quad\cdots\cdots\cdots\cdots\cdots\text{ ②}$$

가 된다. 그런데 ①에서 $x^2+y^2=100$이고 여기서 $\sqrt{100}=10$이다. 이때 $10\div\frac{5}{4}=8$이므로 $x=8\times1,\ y=8\times\frac{3}{4}=6$임을 알 수 있다.

한편, 바빌로니아 시대에도 연립방정식을 취급하고 있었다. 이를테면 오늘날의 표기로는

$$x+y=6\,;30,\quad xy=7\,;30\quad\cdots\cdots\cdots\cdots\cdots\text{ ③}$$

와 같은 연립방정식을 다음과 같이 풀었다.

③에서 $\frac{x+y}{2}=3;15$이고, 따라서 $\left(\frac{x+y}{2}\right)^2=10;33,45$가 된다.

(이때, $10\,;33\,,45=10\frac{33}{60}+\frac{45}{60^2}=10\frac{9}{16}$이다.) 다시,

$$\left(\frac{x+y}{2}\right)^2-xy=3\,;3\,,45\ ,\quad\therefore\sqrt{\left(\frac{x+y}{2}\right)^2-xy}=1\,;45$$

이것은 $\frac{x-y}{2}=1\,;45$와 같다. (당시에는 음수가 인정되지 않음) 따라서 결국,

$$\left(\frac{x+y}{2}\right)+\left(\frac{x-y}{2}\right)=3\,;45+1\,;45$$

$$\left(\frac{x+y}{2}\right)-\left(\frac{x-y}{2}\right)=3\,;45-1\,;45$$

가 된다. 여기서 $x,\ y$를 구하면 $x=5,\ y=1\frac{1}{2}$이 된다.

또, 250년경에 쓴 디오판토스의 《산학》에도 "합이 20이고, 제곱의 합이 208인 두 수를 찾아라"와 같이 연립방정식으로 볼 수 있는 문제가 실려 있다. 그러나 디오판토스는 이러한 문제를 미지수가 두 개인 연립방정식으로 취급하기보다는 앞에서 알아보았듯이 단지 미지수가 한 개인 방정식으로 환원하여 해결했었다.

지금부터 2천여 년 전에 쓰인 중국의 《구장산술(九章算術)》에도 연립방정식 문제가 취급되고 있다. 《구장산술》에서의 풀이 방법은 미지수가 있는 등식을 사용하는 그런 방법이 아니었고, 대신 산목(算木)을 사용해서 미지수의 계수(係數)와 상수항(常數項)을 나타내는 방진(防塵)을 만들어 그 방진을 조작(이 조작은 본질적으로는 가감법에 해당하는 과정을 나타낸다)하는 그런 방법이었다. 예컨대 연립방정식

$$\begin{cases} 3x + 2y + z = 39 \\ 2x + 3y + z = 34 \\ x + 2y + 3z = 26 \end{cases}$$

를 풀 때, 계수와 상수항의 방진

$$\begin{matrix} 1 & 2 & 3 \\ 2 & 3 & 2 \\ 3 & 1 & 1 \\ 26 & 34 & 39 \end{matrix} \quad \text{를} \quad \begin{matrix} 0 & 0 & 3 \\ 0 & 5 & 2 \\ 36 & 1 & 1 \\ 99 & 24 & 39 \end{matrix}$$

가 되도록 조작함으로써,

$$36z = 99, \ 5y + z = 24, \ 3x + 2y + z = 39$$

를 얻어내고 있고, 여기서 다시 x, y, z의 값을 구하고 있다.[18)]

4. 3차 방정식

고대 바빌로니아인들이 주어진 n에 대한 $n^3 + n^2$의 값을 미리 계산해 놓은 점토판의 도움을 얻어서 특수한 경우의 3차 방정식을 풀었고, 아르키메데스는 3차 방정식의 양의 실수근을 갖는 조건에 대해서 논의했지만 3차 방정식에 대한 일반적인 대수적 해법은 16세기 이탈리아 수학자들에 의해서 이루어졌으며, 그보다 500여 년 전인 11세기, 페르시아의 수학자이자 시인인 카얌은 기하학적 해법을 발견하였다.[19)] 그는 또 유명한 천문학자였으며 달력을 정교하게 개정하였고, 그의 유클리드 평행선 공준에 대한 비판적 논의는 사케리에게 영향을 끼쳐 비유클리드 기하 발견의 견인차 역할을 했다. 또한 그는 모든 형태의 3차 방정식의 기하학적 해법을 발견하기도 했다.

삼차와 사차방정식의 대수적 해법에 관해서는 16세기 중반에 이탈리아 수학자들 사이에서 생긴 놀라운 일화가 있다(이 장의 끝 부분 참조).

5. 4차 방정식

1540년 다 코이(da Coi)가 "10을 세 수로 분할하여, 그 세 수가 연비례하고, 첫 두 수의 곱이 6이 되게 하라"는 문제를 카르다노에게 제시하였다. 세 수를 a, b, c로 나타내면 $a + b + c = 10$,

18) 이는 마치 오늘날 행렬의 행연산을 이용하여 연립방정식을 푸는 방법과도 같다고 할 수 있다.

19) 상세한 내용은, 허민·오혜영 공역, 《수학의 위대한 순간들》(경문사, pp. 178-179)를 참조하라.

$ac = b^2$, $ab = 6$을 얻게 되며 a, c를 소거하면 4차 방정식 $b^4 + 6b^2 + 36 = 60b$를 얻는다. 이에 대한 페라리의 해법이 유명하다.

3차 항이 없는 4차 방정식에 대하여 데카르트(R. Descartes, 1596–1650)가 미정계수법에 의한 해법을 발견했으며, 비에트(F. Viete)도 페라리와 유사한 해법을 찾았다.

6. 5차 이상의 방정식

오일러(Leonhard Euler)는 1750년경, 4차 방정식이 3차 방정식으로 간주됨에 착안하여 5차 방정식을 4차 방정식으로 전환해서 해결코자 했으나 실패했으며, 라그랑주(Lagrange)도 1780년경, 오일러와 마찬가지의 시도를 했으나 실패하였다. 그리고 카르다노, 페라리 등의 많은 수학자들도 5차 이상의 대수방정식의 대수적인 풀이에 대하여 연구했으나 모두 실패하였다. 그 후, 5차 이상의 대수방정식에 대하여는 아벨(Niels Henric Abel, 1802–1829)과 갈루아(Évariste Galois, 1811–1832)가 연구하여 많은 업적을 남겼다(이 장의 끝 부분 참조).

IV. 마방진의 발달사와 기본 성질

1. 마방진과 그 개략적 역사

마방진(魔方陣)이란 잘 알려진 바와 같이, $n \times n$개의 칸 안에 1부터 n^2까지의 자연수를 넣어 가로, 세로, 대각선에 놓인 수들의 각각의 합이 같도록 한 것으로 '마법(魔法)의 방진(方陣), 즉 magic square'의 의미를 지니고 있다. n이 3일 때 3차 마방진 또는 3방진, … 등으로 부르며, 최소 마방진은 3방진이고 2방진은 존재할 수 없다.

고대 중국의 서울이었던 낙양의 남쪽 지방에 중국 문명의 발상지로 알려진 황하의 지류인 낙수(洛水)가 있다. 당시 황하와 그 지류는 잦은 범람으로 홍수 후의 복구가 무척 골치 아픈 국사로 등장했다고 한다. 농민들은 황하를 다스릴 수 있는 왕을 필요로 했고, 중국 왕의 가장 중요한 일은 일기 관측과 치수 공사였다. 이 낙수는 마방진과 관련하여 다음과 같은 재미있는 이야기 한 토막을 전해주고 있다.

지금으로부터 약 4천 년 전 중국 하(夏) 왕조의 황제 우(禹)왕이 낙수의 치수 공사를 직접 지휘하고 있을 때 강 한복판에 커다란 거북 한 마리가 나타났는데, 그 거북의 등에 [그림 7-4]와 같은 신비한 문양이 새겨져 있었다고 한다. 이 그림을 낙도(洛圖) 또는 낙서라 하였는데, 이 모양에서 동그라미의 개수를 수로 나타내면 [그림 7-6]과 같은 3차 마방진이 된다. 이때부터 중국에서는 낙서가 세상의 비밀과 진리를 함축하고 있다고 믿었다. 이는 주역의 원리가 함축된 그림으로 인식되기도 했고, 우주의 진리를 표상하는 그림으로도 생각됐다.

그림 7-4 마방진이 새겨진 거북의 등

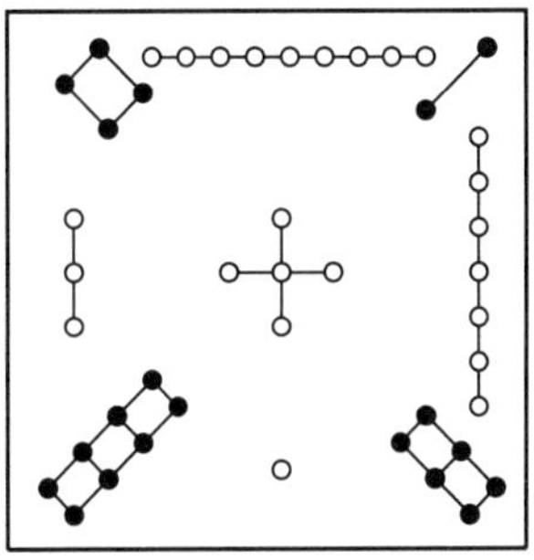

그림 7-5 낙도(洛圖 또는 洛書)

4	9	2
3	5	7
8	1	6

그림 7-6 3차 마방진

이런 것들은 운세, 길흉, 방각(方角) 등의 점을 치는 데 사용됨으로써 많은 미신을 만들기도 하였다고 한다. 이와 같이 옛날 사람들은 마방진의 수 배치에 어떤 신비스러움이 깃들어 있다고 생각했던 것이다.

이를 보면 중앙에 5가 있고 네 귀퉁이에는 짝수, 그밖에는 홀수가 배열되어 있다. 5라는 수는 옛날부터 동서양을 막론하고 성수(聖數)의 하나로 알려져 있다. 피타고라스학파의 사람들도 5는 최초의 짝수와 홀수인 2와 3의 합이 되므로, 이는 결혼이라는 인간의 완전한 모습을 나타내는 수로 생각하였다. 중국에서는 예부터 음양오행설(陰陽五行說)을 통해 짝수는 음수, 홀수는 양수로 취급되어 왔으며, 이에 따라 천문(天文), 역학(易學)에 커다란 영향을 미쳤다고 전해지고 있다. 짝수는 2로 나누어지는데, 여성은 출산을 하면서 몸이 둘로 나뉘므로 짝수는 여성에 해당한다고 생각한 것이다.

3차 마방진에서 한 열의 합 15는 히브리어로 YaHa이며, 이는 신 야훼의 이름을 나타내는 문자 YHWH(Yahweh)의 축약형이라 한다. 이 때문에 사람들은 3차 마방진에는 특별한 마력이 있다고 생각하였다. 아라비아 사람들도 마방진에는 어떤 마력이 있다고 생각했기 때문에 순산(順産)을 원하는 산모의 경우나 병사의 속옷 등에 마방진 부적을 소지했다고 한다. 인도에서도 마방진은 마귀를 쫓는데 효과가 있다고 생각했으며 오늘날에도 마방진이 기록된 약용 컵이나 부적을 볼 수 있다.

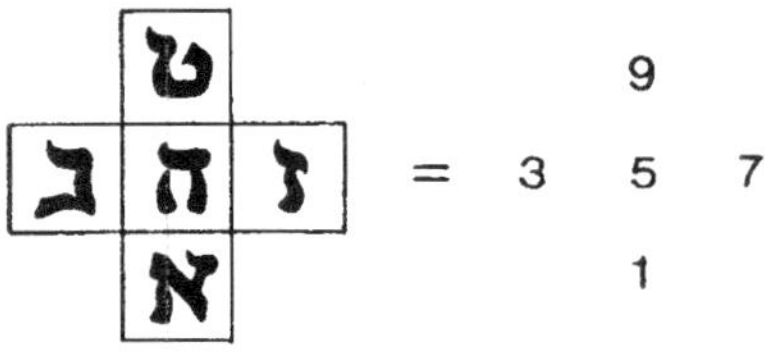

그림 7-7 Yahweh

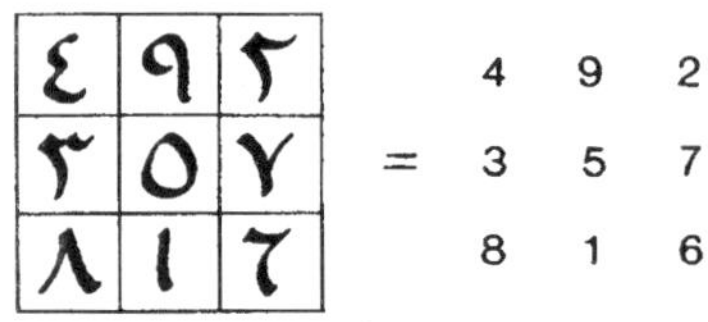

그림 7-8 Clean plate 부적

마방진과 관련하여 독일 뒤러(Albrecht Dürer)의 동판화([그림 7-9]) 〈멜랑콜리아(Melancholia)〉가 유명한데, 여기에 [그림 7-10]과 같은 4차 마방진이 나타나고 있으며, 이 마방진의 맨 아랫줄 중앙에는 작성한 해인 1514년이 제시되어 있다. 이 마방진에서 네 귀퉁이에 있는 수들의 합 $16+13+4+1$이나 중앙의 네 수들의 합 $10+11+6+7$이 34가 된다. 또한 각각의 귀퉁이마다 네 수들의 합 $16+3+5+10$, $2+13+11+8$, $\cdots$ 등은 모두 34가 된다. 이와 같은 수의 흥미로운 배열은 예부터 인간의 지적 호기심을 자극해왔던 것이다.

뒤러(1471-1528)

그림 7-9 뒤러의 〈멜랑콜리아〉

16	3	2	13
5	10	11	8
9	6	7	12
4	15	14	1

그림 7-10 〈멜랑콜리아〉에 나타난 4차 마방진

우리나라에서도 마방진은 조선후기 유학자이자 수학자인 최석정(병자호란 때의 명재상 최명길의 손자)에 의해 깊이 연구되었다. 그는 《구수략》이라는 수학 책을 지었는데, 그 책에는 3방진에서부터 10방진까지의 마방진이 언급되어 있고, 특히 자신이 고안한 9차 마방진은 매우 놀랄 정도이다. 다음 [그림 7-11]이 9방진인데 이것은 수학적인 공식으로 만들 수도 없을뿐더러, 아직 만들어진 적도 없는 절묘한 것이다. 이것은 1부터 81까지의 정수를 중복 없이 배열한 것으로 큰 사각형 전체가 마방진이 될 뿐 아니라, 안의 9개의 정사각형도 모두 그 자체로서 마방진이 된다. 즉, 큰 정사각형의 가로, 세로, 대각선의 합은 항상 369가 되고, 작은 정사각형의 가로, 세로의 합은 123이 된다.

최석정(1645-1715)

이 마방진은 연구 결과 직교 라틴방진이라는 매우 명쾌한 이론 아래서 이루어진 것으로, 그의 수학에 대한 이해와 독창성을 잘 드러내 주고 있다. 직교 라틴방진은 종횡으로 숫자를 겹치지 않게 배열하고 이러한 배열의 두 쌍을 결합시켰을 때에도 겹치는 숫자 쌍이 없는 방진이다.

다음 [그림 7-12]는 1부터 30까지의 정수를 중복 없이 배열하여 육각형을 이루고 있는데 육각형의 수를 합하면 각각 93이 되는 지수귀문도이다. 이것은 '구문면'이라고 불리기도 하는데 거북의 등 모양을 한 것에서 붙여진 이름이다. 육각형 하나로도 만들 수 있고, 4개, 9개 등 여러 모양을 만들 수 있으며 배열하는 숫자의 개수에 따라 무한히 확장할 수 있다.

50	18	55	70	5	48	3	76	44
66	31	26	29	81	13	52	11	60
7	74	42	24	37	62	68	36	19
54	67	2	65	25	33	28	23	72
59	21	43	9	41	73	15	61	47
10	35	78	49	57	17	80	39	4
79	6	38	20	69	34	32	64	27
30	71	22	45	1	77	16	51	56
14	46	63	58	53	12	75	8	40

그림 7-11 최석정의 9차 마방진

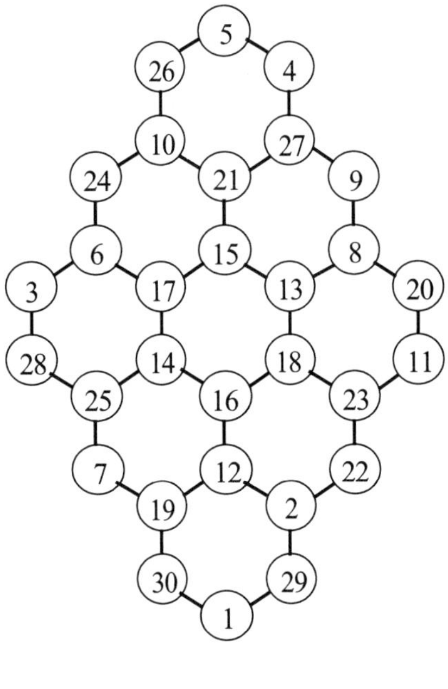

그림 7-12 최석정 마방진(지수귀문도)

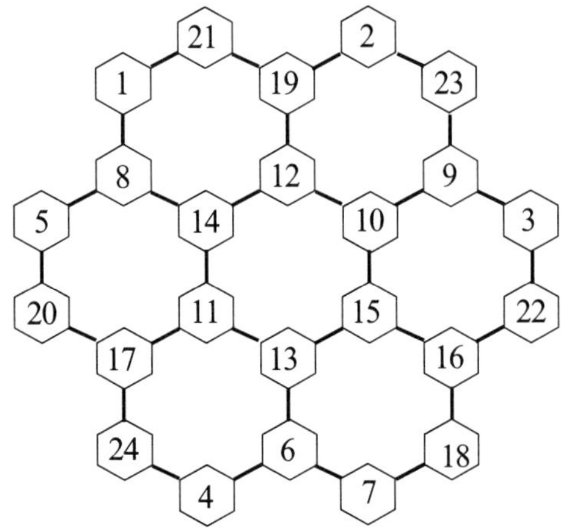

그림 7-13 지용기의 '지수귀문도'

이 지수귀문도를 연구하는 과정에서 한 학생은 6각형의 합이 90이 되는 배열도 만들 수 있다는 것을 알아내었고, 1992년 수학자 베카는 수의 합이 92가 되는 특수해를 하나 찾아내었다. 그리고 신문광고에 나온 지수귀문도를 보고 호기심이 발동한 지용기(개인사업) 씨는 자기가 독자적으로 새로운 배열을 만들어 내어 수의 개수가 6, 16, 24, 30, 48, 70, 96, 126 등으로 만들어지는 다양한 크기의 지수귀문도를 완성하였다. 위의 [그림 7-13]은 1부터 24까지의 수를 사용한 지수귀문도이다. 그리고 지용기 씨의 보도를 본 이지원(한국기초과학지원 연구원 생체고분자실) 씨는 89, 91, 95, 97 등의 다양한 값으로 나타나는 배열도를 완성했다. 이지원씨의 방법은 만들어 가는 과정이 너무 간단해서 초등학생도 이해할 정도이다.

그러나 수학 연구자들은 최석정이 제시한 93의 배열이 가장 안정적이라고 한다. 그것은 30개의 각 꼭짓점을 채우는 1에서 30까지의 수를 6개 골라냈을 때 기댓값이 93이라는 사실로부터 얻은 것이다. 최석정의 마방진은 이 외에도 사각 마방진, 원형 마방진, 구분면 마방진 등이 있다. 최석정은 수학적 목적으로도 마방진을 연구하였지만, 수학적 목적 이외에도 각 마방진마다 역술에 관련된 명칭을 붙여, 미신적인 것으로 신비적인 신앙을 추구하려고 하였다.

2. 마방진의 기본 성질과 교육적 의의

1) 마방진의 몇 가지 성질

(1) 3 차 마방진의 한가운데 수는 항상 5이다.

이론적인 문제로서 3차 마방진에서는 중앙의 수는 반드시 5가 된다. 5 이외의 수를 중앙에 위치시키면 3차 마방진이 되지 않는다는 것을 직접 만들어봄으로써 알게 된다. 이를 다음과 같이 증명할 수 있다.

[그림 7-14]에서 가로, 세로, 대각선 각각에 놓인 수들의 합은 15이다.

$$(a+e+i)+(c+e+g)+(b+e+h)+(d+e+f)=15\times 4=60,$$

좌변을 변형하면 $3e+(a+b+c+d+e+f+g+h+i)=60$,

1부터 9까지 수의 합은 45이므로 $3e+45=60$이고 따라서 $e=5$이다.

(2) 3차 마방진에는 어느 귀퉁이에도 1이 위치할 수 없다.

만약 $a=1$ 이라 가정하면 $i=9$, 그러므로 $c+g=10, g+h=6$ 이 된다.

여기서 c, g와 g, h의 조합을 생각해 보면 다음과 같음을 알 수 있다.

(c,g): $(2,8)$, $(3,7)$, $(4,6)$, $(6,4)$, $(7,3)$, $(8,2)$

(g,h): $(2,4)$, $(4,2)$

먼저, $g=2$ 라 하면 $c=8$ 이므로 $c+f+i=8+f+9=17+f$가 되어 불가능이고, 또 $g=4$로 하면 $c=6$이 되고 $c+f+i=15+f$가 되어 이 경우도 불가능이다. 따라서 네 귀퉁이의 어느 수도 1 이 될 수 없다는 것이 증명된다.

a	b	c
d	e	f
g	h	i

그림 7-14

이밖에도 4차 마방진에 관한 여러 성질이 있으나 여기서는 그 취급을 생략한다. 3차 마방진의 경우는 돌리거나 뒤집어도 마찬가지이므로 그 종류는 한 가지밖에 없다. 그러나 4차 마방진의 종류 수는 무려 880가지가 있다고 한다. 그 가운데 하나는 [그림 7-15]와 같은 것으로, 이를 '완전 4차 마방진'이라 한다. 한 정점을 공유하는 4개의 수의 합은 언제나 34가 되는 것이 그 특징이다.

8	10	15	1
11	5	4	14
2	16	9	7
13	3	6	12

그림 7-15 완전마방진

2) 마방진의 교육적 의의

이상에서 알아본 바와 같이 마방진은 수학교육의 소재로서 대단히 많은 장점을 지니고 있다. 비록 이것이 식의 계산이나 방정식의 해결 연습용으로 사용되었을 때의 효과는 크게 기대할 것이 없겠지만, 활용 목적이나 방법에 따라서는 학생에게 '발견의 기쁨', '생각하는 기쁨'을 체득시킬 수 있을 뿐 아니라, 수리적인 고찰·처리의 장점을 이해하게 하는데 좋은 자료가 될 수 있을 것이다. 이런 관점에서 본다면 충분한 가치가 있는 것으로 여겨진다. 마방진의 매력에 이끌려 수학의 길을 걷기 시작한 사람도 있다고 한다. 교육과정에서도 종래 줄곧 논리적 사고력, 통찰력, 그리고 직관력 육성의 중요성을 언급해오고 있는 바, 이러한 지도에 좋은 역할을 할 수 있을 것으로 보인다.

학생들에게 마방진을 직접 만들어보는 기회를 제공함으로써, 학생 자신의 힘으로 앞에서 고찰한 여러 가지 규칙을 발견하고, 그것을 사용해 새로운 마방진을 만드는 것에 성공하도록 돕는 것은, 그들로 하여금 성취감이나 만족감을 맛보게 하여 수학학습에 대한 의욕을 고취시킬 수 있을 것이다.

☞ 방정식은 천재들의 운명조차 바꿔놓았다

1. 타르탈리아와 카르다노

타르탈리아(1500-1557)

타르탈리아(Tartaglia, 본명: Niccolo Fontana)는 이탈리아 수학자로서 3차 방정식 해법과 탄도과학에서 업적을 남겼다. 12세 때 브레시아를 점령한 프랑스 군대의 잔학한 탄압에 두개골이 갈라지고 턱과 입천장이 쪼개지는 상처를 입었다. 이 때문에 평생 말더듬이로 남게 되었고, Tartaglia(말더듬이)라는 별명을 얻게 되었다.

카르다노(Girolamo Cardano)는 이탈리아 수학자, 생리학자, 점성가로 활동했으며, 유명한 대수학 책인 《위대한 술법(Ars Magna)》을 저술하였다. 이 책의 내용인 3차 방정식 해법은 타르탈리아의 발견이며, 4차 방정식의 해법은 페라리(Ludovico Ferrari, 1522–1565)의 업적이었다. 확률론에 대한 선구적 업적도 남긴 천재이면서 개인적인 삶은 칭송받지 못하고, 자신의 점성술에서 밝힌 시점에 자살로 생을 마감한 것으로 알려져 있다.

2. 3차 방정식에 얽힌 일화

카르다노(1501-1576)

1515년경 볼로냐 대학 교수 페로(Scipione del Ferro, 1465–1526)가 $x^3+mx=n$꼴(2차 항이 없는)의 방정식 해법을 발견하여, 이를 제자 피오르(Antonio Fior)에게 알려주었다. 1535년경 타르탈리아가 $x^3+px^2=n$꼴(1차 항이 없는)의 방정식의 해법 발견을 주장했는데, 이를 허세로 생각한 피오르는 타르탈리아에게 공개 시합을 갖자고 도전했다. 타르탈리아는 시합 전에 2차 항이 없는 방정식 해법도 터득했기 때문에 시합에서 그의 완승이 당연했다. 당시 수학을 가르치는 의사 카르다노가 타르탈리아를 속여 해법을 알아냈고, 그는 1545년 《위대한 술법》에 타르탈리아의 해법을 마치 자기 업적인양 실었다. 타르탈리아가 격렬히 항의했으나 카르다노의 제자 페라리와의 논쟁에서 완패했으며 겨우 살아남았다(허민 · 오혜영, 1994, pp. 201-202).

3. 아벨과 갈루아

"그가 남긴 업적 때문에 앞으로 500년 간 수학자들은 무척 바쁠 것이다."

– 에르미트(Chales Hermite, 1822–1901)

아벨(1802-1829)

이는 아벨(Niels Henric Abel)의 천재성과 그의 위대한 업적을 잘 묘사한 한 마디 찬사이다. 아벨은 노르웨이 수학자로서 근대 수학의 많은 분야를 연구했으며 현대 수학의 서장을 여는 데 기여하였다. 시골태생으로 1815년 오슬로의 중학교에 입학했으나 그다지 우수성을 보이지 못하다가 신임 교사 홀름보에로부터 수학을 배우면서 그의 천재성이 드러나기 시작했다. 홀름보에는 대 천재의 발굴 공로로 수학사에 이름을 떨치고 있다. 아벨은 16세에 거장들(뉴턴, 오일러, 라그랑주)의 업적을 소화해 버렸다.

18세에 아버지를 잃은 그의 집안은 끼니를 잇지 못할 정도였다. 그는 홀름보에의 도움으로 대학을 마치고 파리로 국비 유학을 갔다. 24세 때 대수함수 적분론과 아벨정리가 포함된 초월함수에 관한 논문을 파리과학원에 제출했으나, 수학자들은 무명 유학생의 논문을 외면했다. 그 논문이 인정받지 못해 실의에 찬 그는 귀국하여 겨우 중학생 과외로 연명하다가 영양실조와 폐결핵으로 27세에 요절하였다.

귀국 후 어려운 시절에 천문학 잡지에 실린 자신의 연구와 내용이 같은 야코비(Karl G. Jacobi)의 논문을 보고 기절해 버렸다. 한편 공정한 야코비는 아벨이 독립적으로 자기와 같은 연구 결과를 얻었음을 알고 파리과학원에 항의했으며, 아벨의 논문을 서랍 속에 쳐박아두었던 심사위원은 그때서야 놀랐다고 한다.

아벨은 15세 때부터 대수방정식에 관하여 연구하였고, 드디어 "5차 이상의 대수방정식은 풀 수 없다."는 것을 증명하여 제출했으나 불행히도 이 심사를 맡은 가우스의 묵살로 빛을 보지 못했다. 방정식의 근의 존재성에 대해서는 가우스가 이미 증명하였고, 이를 바탕으로 방정식론이 구축되었다. 그러나 아벨이 실수하여, 논문의 표제에 '대수적으로 풀 수 없다'고 해야 할 것을, '대수적으로'라는 말을 빠트리고 말았다. 이것 또한 불행의 씨앗이 되고 말았던 것이다.

이렇듯 아벨의 생애는 불운의 연속이었다. 특히 논문이 번번이 묵살되는 일은 수학의 천재인 그에게 결정적인 타격이 되었으며 절망의 늪에서 헤어나지 못하게 하였다. 베를린 대학으로부터 정식 교수로 초빙한다고 그의 장례식 날 통보가 왔던 일이나, 프랑스 정부에서 주는 아카데미 수학대상을 야코비와 공동으로 수상하게 된다는 영예도 그가 죽은 후의 일임을 볼 때 방정식이론, 함수방정식, 유한 형식의 적분, 이론역학 등의 많은 업적을 남긴 이 위대한 창조자의 비운을 더욱 가중시키고 있다.

갈루아(1811-1832)

프랑스 파리 근교 태생인 갈루아(Évariste Galois)는 아벨과 거의 비슷한 시기에 대수방정식을 연구한 젊은 천재이다. 아벨과는 대조적으로 그는 물질적 궁핍을 모르고 자랐으나, 그의 천재성을 아무도 알아주지 않았다는 점에서는 아벨보다 더욱 불우했다. 대수적으로 풀 수 있는 방정식의 공통 성질을 추상화·일반화했다는 점에서는 아벨과 마찬가지였으나, 방정식 그 자체를 다루기보다는 군(群, group)의 개념을 도입하여 방정식의 해집합이 이루는 군(치환군 또는 갈루아 군이라 함)의 구조에 대한 일반적 원리를 연구했다는 점이 다르다. 예컨대 $ax^2+bx+c=0\ (a\neq 0)$와 같은 2차 방정식의 근의 공식이 있었듯이 4차 이하의 방정식에 대한 해법은 이미 알려져 있었다. 갈루아는 5차 이상의 방정식에 대한 대수적인 해법이 없다는 것을 발견하고 이를 증명하였다.

수학을 좋아하고 재능도 뛰어났던 그는 본격적으로 수학을 연구하고 싶어서 프랑스 최고의 명문 에콜 폴리테크니크(파리공과대학)의 입학시험에 두 번 응시했으나, 그때마다 아이러니하게도 수학 점수의 과락 때문에 불합격하고 말았다. 이 학교에 입학하기 위해 17세에 대수방정식에 관한 논문을 써서 파리과학아카데미에 제출했으나 유명한 수학자 코시(Augustin Louis Baron Cauchy)의 경솔한 취급으로 분실되고 말았다. 그가 대학 입시 준비를 하던 중 〈방정식의 일반해에 관하여〉라는 논문을 파리과학아카데미에 제출했으나 이번에도 심사위원인 푸리에(Joseph Baron Fourier)가 그것을 집에 가져가서 읽는 도중 급사해버려 결국 논문이 행방불명되는 불운을 겪었다. 도리 없이 에콜노르말(고등사범학교)에 입학했으나 교장에게 매우 비판적인 편지를 보낸 이유로 퇴학을 당했다.

이와 같은 일련의 논문 분실 사고를 우연으로 볼 수 없었던 그는 "천재는 천대받고 속물이 잘되는 것은 세상이 잘못되었기 때문이다"라고 선언하고, 고등학생으로 사회 참여의 선봉에 나섰다가 퇴학, 투옥, …, 그리고 가석방된 상태에서 비밀경찰의 계략에 빠져 매춘부를 사이에 두고 당시의 풍조에 따라 결투를 벌이다가 21세의 나이로 요절하고 말았다.

이런 흉계를 결투 바로 전날 알아챈 갈루아는 그날 밤 한잠도 못 자고 유서를 갈겨썼던 바, 그것이 바로 현대수학의 서막을 알리는 유명한 '갈루아 이론(Galois Theory)'이다.

결국 현대수학의 기초는 비참한 생애를 마친 이들 두 젊은이에 의해 마련된 셈이다.

생각해 볼 문제

문제 7-1 디오판토스의 묘비 문제를 풀어서 그가 몇 살에 죽었는지 알아보아라.

문제 7-2 고대 바빌로니아의 점토판에서와 같이 $n=1$부터 10까지에 대한 n^3+n^2의 표를 만들고, 이를 이용하여 3차 방정식 $x^3+2x^2-3136=0$을 풀어라. 그리고 연립방정식 $xyz+xy=\frac{7}{6}$, $y=\frac{2x}{3}$, $z=12x$를 풀어라

문제 7-3 금, 구리, 주석, 쇠로 60돈중의 왕관을 만든다고 하자. 금과 구리는 전체의 $\frac{2}{3}$, 금과 주석은 전체의 $\frac{3}{4}$, 금과 쇠는 전체의 $\frac{3}{5}$이라 할 때 금, 구리, 주석, 쇠 각각의 무게를 구하라.

문제 7-4 1차 방정식과 2차 방정식에 대한 기하학적 해법을 설명하여라.

문제 7-5 3차 마방진의 구성을 하나의 문제로 삼아 그 해결을 지도한다고 할 때, 학년에 따른 문제 제시 방법과 지도 방안에 대하여 생각해보아라.

문제 7-6 3차 마방진의 아홉 개의 칸을 적당한 분수로 채워 가로, 세로, 대각선 각각의 합이 1 이 되도록 하여라.

문제 7-7 예컨대 3차, 4차의 기본마방진에서 1부터 차례로 수를 따라 직선으로 연결해 보고, 어떤 패턴이 있는지 조사해보아라.

문제 7-8 각 행(열)에 있는 수들의 곱이 일정한 마방진을 찾아보아라.

문제 7-9 마방진에 얽힌 일화나 이야기를 찾아보고, 이를 수학의 지도에서 활용할 수 있는 방안에 대하여 강구해보아라.

문제 7-10 소수 마방진(prime magic)을 완성하여라. 즉 빈칸에 소수만 써넣어서 마방진을 만들어라. 또 다른 소수 마방진을 만들어 보아라.

47		101
	59	

157		43
	127	

	7	
	13	
		37

수업 사례

마방진의 신비를 탐구해보자

1. 본시의 제재

"마방진의 신비를 탐구해보자"[20]

2. 본시 수업의 전개 개요

초등학교에서 이와 같은 3차 마방진을 교재로 채택하여 수업에서 활용할 때 여러 수준에서 접근이 가능하다. 예컨대, 2학년 정도에서는 몇 개의 칸에 수를 제시하고 나머지를 채워서 그 합이 15가 되도록 하고, 4학년 정도의 수준에서는 모든 칸을 비워두되 그 합이 15가 되도록 채우는 활동을 생각할 수 있을 것이며, 6학년이라면 본시와 같이 15는 숨겨둔 채 '합이 같도록'만 제시하는 정도가 적당할 것이다. 6학년을 대상으로 하는 본시의 수업을 개관해 보면 다음과 같다.

① 우선 4차 마방진의 예를 하나 보여주면서 그 신비함을 느끼게 하고 마방진 탐구에 대한 동기를 불러일으킨다.

② 3차 마방진의 구성 문제로서 이 시간의 학습 과제를 제시한다.

③ 각자 나름대로 문제를 해결하게 한다.

④ 해결한 방법에 대하여 충분히 논의하도록 한다.

⑤ 3차 마방진의 기본 성질에 대하여 토론하게 한다.

⑥ 몇 가지 발전 과제를 다룬다.

⑦ 3차 마방진 응용문제의 예를 이야기로 들려준다.

⑧ 앞으로 생각해볼 만한 자료를 제공해주고 수업을 마친다.

---

20) 이는 정동권 교수가 2003년 11월 18일 인천작전초등학교와 11월 21일 인천서운초등학교에서 각각 6학년 한 반씩을 대상으로 실제 수업을 실시한 내용이며, 여기서는 그 지도안만 소개하기로 한다.

3. 본 교재의 발전

마방진은 수학사적 소재의 하나로 이를 직접 수업에 활용함으로써, 수학에 대한 흥미를 고조시킬 수 있으며 의욕적이고 활기 있는 수업의 전개를 가능토록 한다. 따라서 본시와 같이 3차 마방진의 구성 문제를 원문제로 채택하여 1시간의 수업을 진행하는 데서 그칠 것이 아니라, 여유 시간 확보나 과제 학습의 부과에 따라 이 교재를 더욱 발전적으로 다루어보는 것은 여러 면에서 매우 유익할 것으로 생각한다. 초등학교뿐 아니라 그 이상의 수준으로까지 발전시킬 수 있는 몇 가지 내용만 제시해보면 다음과 같다.

① 기본마방진의 변형, 짝수 마방진이나 홀수 마방진의 구성과 그 성질 탐구

② 분수 마방진의 구성

③ 소수(素數) 마방진의 구성

④ 홀수 차수의 마방진 구성 및 그에 대한 탐구 활동

⑤ 4차 마방진의 탐구와 짝수 차수의 마방진 구성

⑥ 각 행(열)에 있는 수들의 곱이 일정한 마방진 알아보기

⑦ 3차원으로 확장하기

⑧ 육각마방진, 별꼴마방진, 삼각마방진 등으로 확장하기

⑨ 수가 배열된 위치의 기하학적 의미 찾기

⑩ 반(反) 마방진 구성하기

⑪ 마방진에 얽힌 일화나 이야기를 찾아 발표하기

4. 본 수업의 목표

- 마방진의 구성 활동을 통해 시행착오, 규칙성 찾기, 논리적 추론 등의 문제해결 전략을 학습하게 하고, 마방진의 성질 탐구 및 발전과제 해결을 통해 연역적 사고, 발전적 사고, 유추적 사고, 일반화의 사고 등과 같은 수학적 사고를 경험시키며, 조리 있는 행동을 하도록 한다.
- 고대로부터 관심을 가져온 마방진의 학습을 통해, 인류는 오래 전부터 수학을 필요로 했으며 그것을 발전시켜 왔다는 역사성과 수학의 신비감을 인식시키고 수학에 대한 관심을 고양시키며 지적 호기심을 유발한다.

5. 교수 · 학습과정(안)

<table>
<tr><th>교사의 주된 발문 및 조언</th><th>어린이의 예상되는 반응</th><th>유의 사항</th></tr>
<tr><td>[동기 부여]
T1. 이 마방진에서 알 수 있는 사실을 말해보자.</td><td>C1. 1부터 16까지의 수가 한 번씩만 들어 있다.
C2. 각각의 가로줄과 세로줄에 짝수 2개, 홀수 2개가 있다.
C3. 각 가로줄과 세로줄 모두 수들의 합이 34이다.
C4. 2개의 대각선에 대해서도 그러하다.
C5. 귀퉁이에 있는 4개의 수들의 합도 34이다.</td><td>▪ 뒤러의 〈멜랑콜리아〉에 나오는 4차 마방진을 보여주면서, 이런 유형의 마방진에 대하여 어느 정도 알고 있는지 파악하고, 마방진의 명칭에 대해 약속한다.
<table><tr><td>16</td><td>3</td><td>2</td><td>13</td></tr><tr><td>5</td><td>10</td><td>11</td><td>8</td></tr><tr><td>9</td><td>6</td><td>7</td><td>12</td></tr><tr><td>4</td><td>15</td><td>14</td><td>1</td></tr></table></td></tr>
<tr><td>T2. 수의 배열에 대해 매우 바람직한 관찰을 하였다. 이 마방진의 관찰에서 느낀 점을 말해보자.</td><td>C6. 한가운데 네 수의 합도 34가 된다.
C7. 맨 윗줄(왼쪽 줄)의 가운데 두 수와 맨 아랫줄(오른쪽 줄)의 가운데 두 수의 합도 34가 된다.
C8. 참 신기하다.
C9. 한번 만들어보고 싶다.</td><td>☞ C5-C7은 수감각을 바탕으로 발전적 사고를 하고 있다.
▪ C5-C7과 같은 반응은 기대하기 어려울 것으로 예상된다. 적당한 발문으로 이를 유도하거나, 3차 마방진의 구성 활동 후의 여유 시간에 다시 다룰 수도 있다.
▪ 맨 아랫줄의 가운데 두 수는 이 마방진이 소개된 1514년과 일치한다는 것을 말해 주어 호기심 자극을 돕는다.</td></tr>
<tr><td colspan="2">[문제 제시]
다음 9개의 빈칸에 1부터 9까지의 정수를 한번씩만 써넣어 가로, 세로, 대각선의 합이 항상 같도록 하시오.
<table><tr><td> </td><td> </td><td> </td></tr><tr><td> </td><td> </td><td> </td></tr><tr><td> </td><td> </td><td> </td></tr></table></td><td>▪ 준비한 학습지를 배포하고, 문제의 의미를 제대로 파악하게 한다.</td></tr>
<tr><td>T3. 남이 만들어놓은 것만 보고 얘기할 것이 아니라, 이제 여러분이 직접 마방진을 만들어보자.</td><td></td><td>▪ 마방진을 스스로 만들 수 있다는 기대감이나 의욕을 북돋운다.</td></tr>
</table>

<table>
<tr><td>[해결 구상 및 실제 해결]
T4. 어떻게 하면 될 것 같은지 먼저 생각해보고, 각자 이를 해결해보자.</td><td>(몇 가지 방법이 드러난다.)
C10. 무작정 1부터 수를 써넣고 있다.
C11. 수 1을 어느 한 귀퉁이에 넣은 후 따진다.
C12. 지우고 다시 쓰기를 반복한다.</td><td>▪ 개인별로 각자 해결하도록 하고, 해결할 수 있는 시간을 충분히 주면서 궤간 지도를 한다.
▪ C10-C12는 별도로 지도한다. 필요에 따라서는 합이 15라는 것을 일러준</td></tr>
<tr><td></td><td>C13. 가운데 빈칸에 5를 쓴다. (아홉 개 수 중에서 5가 한가운데 수이므로)</td><td>☞ C13은 수의 순서와 마방진의 구조를 직관적으로 통찰하고 있다.</td></tr>
<tr><td></td><td>C14. 각각의 행(가로줄) 또는 열(세로줄)에 놓인 수들의 합이 얼마이어야 하는가를 계산해본다.
C15. 각 줄에서의 합이 15임을 알고는 5를 가운데, 나머지 수들로 10을 만들어 가장자리에 적당히 배열한다.</td><td>☞ C14는 조리 있게 행동하려는 태도를 보이며 연역적 사고를 하고 있다.</td></tr>
<tr><td></td><td>C16. 한 가지만 찾고는 이에 만족하여 해결을 멈춘다.</td><td>▪ 개별 지도를 통해 발전적 사고를 하도록 돕는다.</td></tr>
<tr><td>[해결내용 발표 및 논의]
T5. 각자 해결한 방법과 그 결과를 발표해보자.</td><td>C17. (C10-C12가) 수를 막 써넣고 맞추다보니 되었다.
<table><tr><td>4</td><td>9</td><td>2</td></tr><tr><td>3</td><td>5</td><td>7</td></tr><tr><td>8</td><td>1</td><td>6</td></tr></table><C 17>
<table><tr><td>6</td><td>7</td><td>2</td></tr><tr><td>1</td><td>5</td><td>9</td></tr><tr><td>8</td><td>3</td><td>4</td></tr></table><C 18></td><td>▪ 되도록 C17과 같은 해결을 먼저 발표하게 한다.
▪ 왜 5가 가운데 들어가야 한다고 생각했는지 밝히도록 한다.</td></tr>
<tr><td>T6. 하나의 가로줄 또는 세로줄에 있는 수들의 합이 15가 된다는 것을 미리 알고 해결한 어린이가 있는가? 그것을 어떻게 알아내었는가?</td><td>C18. 아무래도 5가 한가운데 있어야 할 것 같아서, 5를 써넣고 나머지로 10을 만들었다.
C19. (C14-C15가) 1부터 9까지의 합을 구했더니 45가 되고, 이는 세로줄 또는 가로줄 3개의 합에 해당하므로 '45÷3'을 하여 15임을 알아내었다.
<table><tr><td>2</td><td>9</td><td>4</td></tr><tr><td>7</td><td>5</td><td>3</td></tr><tr><td>6</td><td>1</td><td>8</td></tr></table><C 19>
<table><tr><td>4</td><td>3</td><td>8</td></tr><tr><td>9</td><td>5</td><td>1</td></tr><tr><td>2</td><td>7</td><td>6</td></tr></table><C 20></td><td>☞ 6학년 정도의 수준을 감안하여 각 행(열)에 있는 수들의 합을 제시하지 않았는데, C14-C15는 스스로 이것부터 알아보려고 한다. 이는 다른 마방진 문제의 해결에까지 일반화할 수 있는 중요한 전략이다.
▪ 이와 같은 해결의 장점은 많은 어린이가 느낄 수 있도록 배려한다.</td></tr>
</table>

T7. 또 다른 방법이 있는가?	C20. C19와 마찬가지로 15를 먼저 알아내고, 세 수로 15를 만들었더니 5를 포함할 때 4개 조가 생기니까 5를 한가운데 넣고 맞추었다.	☞ 가능한 경우를 조리 있게 따지면서 조직적인 시행착오를 하고 있다.
T8. 지금까지 여러 가지 방법과 결과가 발표되었는데, 어떤 점이 서로 같거나 다른가?	C21. C19가 가장 좋은 것 같다. 왜냐하면 무턱대고 짜맞추지 않고 머리를 썼다... C22. 한가운데는 모두 5이다. C23. 마방진들이 서로 달라 보여도 실제로는 같다고 할 수 있다.	☞ 다른 사람의 좋은 해결을 바르게 평가하고 있다. ☞ 서로 달라 보이는 대상을 관점에 따라 동일시하는 통합적 안목을 가지고 있다.
T9. 어째서 같다고 보았는가?	C24. (C23이) 어느 것 하나를 뒤집거나 돌리면 다른 것들을 모두 만들 수 있으니까.	☞ 수의 배열을 하나의 도형으로 보면서 잘 발달된 공간감각을 살리고 있다.
[문제의 발전 및 해결] T10. 여러분이 만든 것을 바탕으로 다른 마방진은 만들 수는 없을까?	C25. 2부터 18까지의 짝수를 배열하여 만들 수 있을 것 같다.	☞ 조건 변경에 의한 “What-If- Not” 전략을 구사하고 있다.
T11. 좋은 생각인데, 짝수를 어떻게 배열하면 되겠는가?	C26. 가운데 10을 쓰고 합이 30이 되도록 하면 된다. C27. 방금 만든 마방진에서 각각의 수를 2배하면 된다.	☞ C17, C18로부터 유추하고 있다. ☞ 수 감각을 잘 살리고 있다.
T12. 또 어떤 마방진을 생각할 수 있는가?	C28. 홀수만 넣어서도 만들 수 있을 것 같다.	☞ 홀수로까지 확장하고 있다.
T13. 홀수를 어떻게 배열하면 되겠는가?	C29. 크기순서로 볼 때 한가운데 수를 한가운데에 넣고 맞추면 될 것 같다. C30. 아까 만든 마방진에서 1, 2, 3, … 이 있는 자리에 1부터 크기 차례로 홀수를 넣으면 쉬울 것 같다.	☞ 기본 마방진에 있는 집합수들을 순서수의 입장에서도 생각할 줄 아는 아이디어를 가지고 있다.
T14. 좋은 마방진을 계속 만들 수 있겠구나. 또 다른 것은 없겠는가?	C31. 우리가 만든 마방진에서 각각의 수마다 같은 수를 더해도 마방진이 될 것 같다. C32. 아까 2를 곱해서 만들 수 있었으니까 어떤 수로 나누어도 되지 않을까 하는 생각이 든다.	▪ C31과 같은 바람직한 반응을 살려 실제로 확인해 보도록 한다. 이는 중요한 일반화로 연결될 수 있다. ☞ 다른 연산의 경우로 확장하고 있다.

T14. 좋은 마방진을 계속 만들 수 있겠구나. 또 다른 것은 없겠는가? T15. 그렇다면 가로, 세로, 대각선에 놓여 있는 수들의 합이 1이 되도록 할 수 있겠구나. T16. 각자 직접 확인해보기로 하자.	C33. 모든 수를 15로 나누면 될 것 같다.	☞ 처음 마방진에서 합이 15라는 사실과 분수의 덧셈 구조를 잘 활용하고 있다. ▪ 시간이 허용되면 3차(기본)마방진의 귀퉁이에 왜 홀수가 들어갈 수 없는지, 3차 마방진을 바탕으로 5차 마방진도 만들 수 있는지 등에 관하여 다룰 수 있을 것이다.
[정리] T17. 이 시간에 공부한 내용을 정리해보자. T18. 마방진에 대해 공부하면서 느낀 점을 말해보자.	 C. 신기하다. 재미있다. 다른 마방진도 만들고 싶다. 다른 친구에게서 많이 배웠다 등.	 ▪ 마방진의 유래 및 그 활용에 관한 이야기를 들려주고 수업을 마친다.

chapter 8 기하학의 역사와 비유클리드 기하의 성립

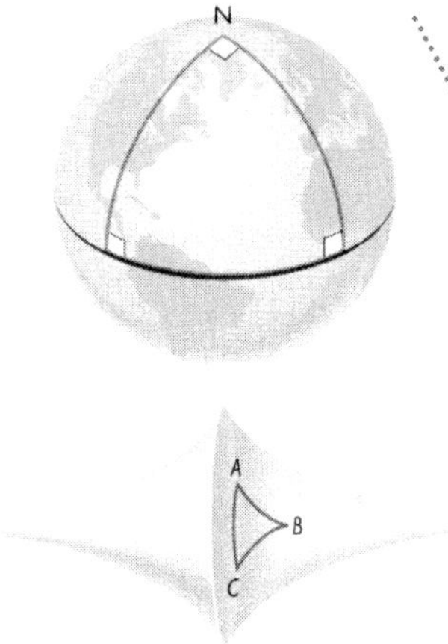

삼각형 내각의 합이 180°가 아닌 구면과 의구면

초등학교(당시 국민학교) 2학년 때쯤 교과서에서 앞이 뒤보다 훨씬 크게 그려져 있는 기차의 삽화를 보았다. 실제로 기차를 본 경험이 없었으므로 이상하다는 생각조차 들지 않았다. 다만 앞쪽에 짐을 많이 실을 수 있고, 키가 큰 사람들이 탈 수 있겠구나, 게다가 달릴 때 바람을 많이 타겠구나 하는 정도의 생각을 했던 것 같다. 그 뒤 중학교 3학년 때 서울로 수학여행을 오면서 유심히 살펴본 기차는 앞뒤의 크기 차이가 없었다. 그때서야 전에 내가 봤던 기차의 그림이 제대로 이해되었다. 그것이 바로 '사영기하'였음을 깨닫게 된 것은 그로부터도 한참의 세월이 흐른 뒤의 일이었다.

2300년 전의 알렉산드리아에서 그 뿌리를 찾을 수 있는, 긴 세월 동안의 잉태 끝에 불과 160년 전에 인류 지성의 일대 혁명을 일으키면서 모습을 드러낸 비(非)유클리드 기하의 탄생을 묘사한 다음의 말들을 음미해 보면, 우리가 모르는 사이에 실로 엄청난 일이 벌어졌던 것 같다.

> … 그것은 바로 코페르니쿠스적 대전환이요, 공간에 대한 유클리드적 관념에의 항거요, 근대 철학의 최고봉인 임마누엘 칸트의 아프리오리 위로 솟아오른 새벽이요, 인간의 인식이 체험한 하나의 구체적 사유(思惟)였다. … 아인슈타인과 같은 몇몇 출중한 과학자들은 그것이 환상이 아니었음을 여러 가지 방법으로 입증한 바 있다(이우영 역, 1990, p. vii).

이 장에서는, 고대인들의 기하에 대한 소박한 인식의 단계로부터 오늘날의 위상기하에 이르기까지의 약사를 개관하고, 비유클리드 기하를 낳게 한 평행선 공준의 주요 역사를 더듬어 보며, 새로운 우주로서의 비유클리드 기하의 탄생에 대하여 알아보기로 한다.

I.

기하학의 약사(略史)

기하학의 발전 과정은, 고대 이집트 문명권에서 시작된 경험적 기하로부터 출발하여, 이것이 고대 그리스의 유클리드(Euclid, 기원전 330? – 275?년)의 손을 거쳐 이른바 유클리드 기하학이라는 이론적 기하학으로 체계화되었다.[1] 그 후 17세기의 해석기하와 같은 방법론적인 변화의 과정을 거쳐, 사영기하와 같은 새로운 모습을 보이면서, 19세기 전반의 소위 '비유클리드 기하학'이라는 일대 변환적인 시기를 경유하여, 오늘날 20세기의 위상기하의 발생이라는 긴 역사적 명맥을 이어오게 되었다.

1. 원시인의 잠재적 기하학(Subconscious Geometry)

기하학의 기원을 언제 어디서부터 인정하느냐 하는 것은, 까마득히 먼 고대의 기록이 없음은 물론이고 어떤 맥락을 기하학으로 보느냐 하는 견해도 충분히 다를 수 있어서 무의미하다. 그러나 수의 역사를 복원하듯, 거의 무의식적으로 발생했을 초기 기하 개념에 대하여도 역시 비슷한 방법에 따라 더듬어보는 것은 가능할 것이다.

대부분의 아이들과 동물들이 인식할 것으로 여겨지는, 두 지점을 잇는 최단 경로로서의 직선과 거리 개념, 거의 본능적으로 귀퉁이를 설정하고 난 후 그들 사이를 직선의 담 또는 벽으로 연결하여 어떤 영역을 만들었을 것이다. 이때 직선으로 둘러싸인 도형에 대한 개념, 또 벽을 만들면서 거의 자연적으로 연직, 수직 및 평행의 개념이 형성되었을 것이며, 자연 현상에서 흔히 볼 수 있는 예컨대, 태양이나 보름달로부터 원, 무지개에서 원호, 돌을 던졌을 때 그 운동 경로에서 포물선, 식물 덩굴의 늘어진 모습에서 현수선, 꼬인 덩굴손으로부터 나선 모양 등의 개념이 점차 형성되었을 것이다.[2]

그리고 여러 가지 과일 또는 그들의 씨앗으로부터 구, 나무줄기에서 원기둥, 식물의 열매

---

1) 'Geometry'와 '기하(幾何)'의 유래: 'geometry'라는 단어는 그리스어의 'geometrein'에서 유래했는데, 'geo'는 '땅'을, 그리고 'metrein'은 '측정하다'를 의미한다. 즉, 기하학은 땅을 측정하는(測地) 측량술로부터 시작된 학문임을 알 수 있다. 한편, '기하(幾何)'라는 용어는 마테오리치(Matteo Ricci)가 중국에서 1605년 유클리드의 책을 번역할 때 처음으로 썼다고 알려져 있다.

2) 겨우 기어 다니는 수준의 아이에게 관심을 끌 만한 장난감을 보여주면 그것을 갖기 위해 접근하는 경로, 어릴 때 시골집 마당에서 어떤 이유로 닭을 쫓으면 집 건물 귀퉁이를 돌고나자마자 다음 귀퉁이까지 가려는 경로, 이들 모두 직선을 따라가는 길이라는 점에서 아이나 여타 동물에게도 직선에 대한 개념 이전에 본능적으로 느끼는 어떤 것이 있을 것으로 생각한다.

에서 원뿔 등과 같은 입체의 개념이, 두레박으로 우물을 길을 때마다 부피나 들이의 개념이, 또 동식물의 관찰로부터 대칭의 개념이 나타났을 것이다. 이와 같이 무의식, 무의도적으로 그저 보고 만지는 것만으로도 그들은 어떤 감동을 가졌을 것이고, 기하 개념에 대한 최초의 어떤 모호한 지식이 조금씩 누적되었을 것이며, 이와 같은 것들은 다음 단계인 일반화나 추상화를 이끄는 중요한 모체가 되었음이 확실하다(허민·오혜영, 1994, pp. 9-10).

2. 고대의 경험적 실용기하학의 시작

그리스의 사가(史家) 헤로도토스(Herodotos, 기원전 5세기)는 이집트의 측량사들이 많은 기하학적 지식을 가지고 있었다고 언급하였다. 그러나 이집트 이외에 바빌로니아, 고대의 인도, 중국과 같은 또 다른 문명권에서도 역시 많은 기하학적 지식을 가지고 있었던 것으로 알려져 있다.

조잡한 경험적 기하학은 수와 그 계산의 경우와 마찬가지로 먼 옛날에서부터 그 시초를 찾아볼 수 있다. 바빌로니아의 점토판, 이집트의 파피루스(papyrus)와 피라미드(pyramid) 등은 이들 고대 문명권에서 기하학적 지식의 정도를 알려주는 가장 오래된 증거들이다. 고대의 기하학은 유사한 것들에 대한 실험과 관찰, 추측 그리고 때로는 직관에 의해 이루어진 것이다. 예컨대, 홍수에 의한 강의 범람을 예방할 토목 공사에 활용하려고, 또 범람 후, 소유 토지의 구분이 불분명해진 것을 복원하기 위해 이러한 고대 기하학은 자연발생적으로 생겨났을 것이라고 믿어지고 있다.[3)]

삼각형과 사각형 정도의 도형이 주된 대상이었던 바, 이집트에서는 변의 길이가 3 : 4 : 5인 삼각형을 이용하여 수선(睡線)을 만들기도 했다. 그러나 어떻게 3 : 4 : 5를 발견했는지에 대해서는 아무런 기록도 남아 있지 않다. 바빌로니아에서는 길이가 30인 새끼줄로 세 변의 길이가 각각 5, 12, 13인 직각삼각형을 만들었다고 한다. 이것은 사실상 오늘날 우리가 피타고라스정리라고 부르는 것이 체계화되기 훨씬 전(약 1600년 전)의 일이다. 그래서 오늘날 그러한 사실은 아마도 실험, 관찰, 추측, 직관 등에

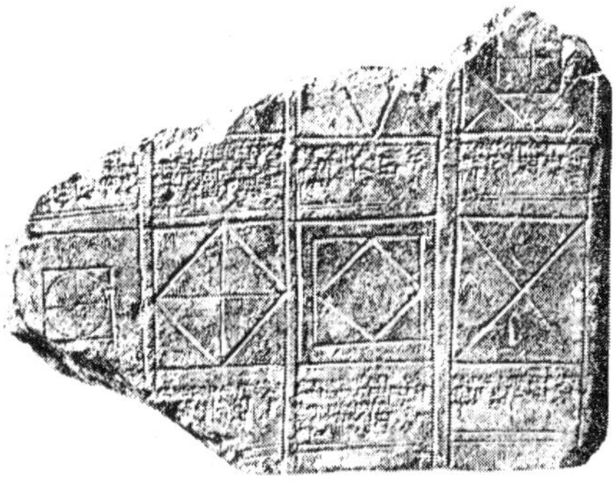

그림 8–1 기본도형이 새겨진 점토판

3) 실험실 단계의 이와 같은 기하학을 과학적(scientific), 실험적(experimental), 경험적(emperical) 또는 귀납적(inductive) 기하학이라고도 한다(허민·오혜영, 1994, p. 9).

의해 인식된 것으로 생각하고 있을 뿐이다. 원주를 그 반지름의 길이만큼씩 잘라나가면 정육각형이 만들어진다는 사실도 알고 있었으므로 건축물의 기둥에는 이러한 모양이 많이 이용되었던 흔적이 있다.

그러나 고대의 기하학은 실용적인 면에 지나지 않았기 때문에 이론적으로 발달하지는 못했다. 그 결과 예컨대 이집트인들은 정사각뿔대(피라미드의 절두체)의 부피를 구하는 놀라울 정도의 정확한 공식을 알고 있었으나, 한편으로는 사각형의 넓이를 구하는 공식조차도 잘못 알고 있었다.

3. 논증기하의 발아(發芽)

고대 기하학은 길이, 넓이, 부피 등을 알아내기 위한 계산 규칙이었는데, 이러한 여러 지식들의 부정확성에 대해, 탈레스(Thales)를 비롯한 그리스 사람들은 기하학의 정확한 지식을 갖추기 위해서는 기하학적 명제들이 시행착오에 의해서가 아니라 연역적 추론에 의해서 진술되어야 한다고 주장하였다.4)

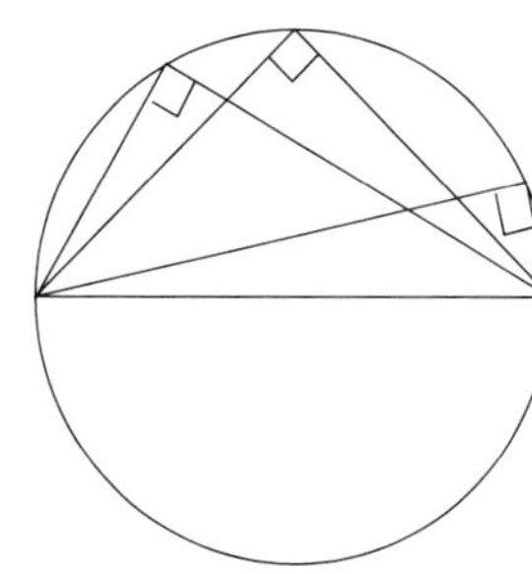

그림 8-2 반원에 내접하는 직각삼각형

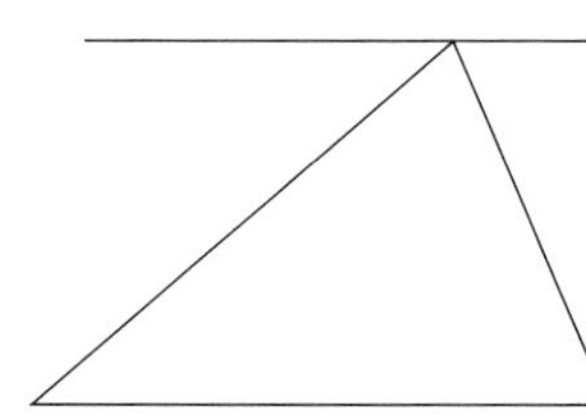

그림 8-3 삼각형의 내각의 합에 대한 논증

탈레스에 의해 시작된 기하학의 체계화는 피타고라스(Pythagoras)와 그의 제자들에 의해 그 다음 2세기 동안 계속 진행되었다.5) 피타고라스학파의 사람들이 많은 분야의 수학을 연구했지만, 특히 $\sqrt{2}$ 와 같은 무리수의 길이를 선분으로 나타내기 위해 대수를 기하의 형태로 변형하기도 하였다. 피타고라스학파의 평면기하학에 대한 여러 연구 결과들은 그 후 히포크라테스(Hippcrates, 기원전 약 400년)의 《원론》에 정리되었지만 분실되었고 1세기 후 유클리드 《원론》의 제 1~4권의 내용으로 정리되었다. 그리고 이 학파가 무리수 길이에 대한 비례이론을 만들지 못했지만, 에우독소스(Eudoxos)가 이를 성취하였

4) 탈레스가 발견하고 증명한 몇 가지 정리로는 다음과 같은 것들이 있다. 맞꼭지각의 크기는 일치, 이등변삼각형의 두 밑각의 크기는 일치, 삼각형의 합동조건과 닮음조건, 반원에 내접하는 각은 직각, 삼각형의 내각 합은 180°, 원은 임의의 지름에 의하여 2등분 됨.

5) 피타고라스학파가 연구한 기하의 내용으로는 다음과 같은 것들이 알려져 있다(제5장 참조). 피타고라스정리의 증명 발견, 평행선의 이론으로부터 삼각형의 내각의 합이 2직각임을 증명, 도형수에 대한 연구(삼각수와 사각수의 관계), 정다면체는 5 종류뿐임을 증명, $\sqrt{2}$ 의 작도(무리수의 존재), 합동인 도형으로 평면을 빈틈없이 채우기, 정5각형의 작도법, 대수적 등식을 도형을 써서 설명.

고, 이는 역시 유클리드 《원론》 5권에 실려 있다.

4. 유클리드 기하학의 건설

유클리드의 컴퍼스

탈레스를 비롯하여 피타고라스, 플라톤(Platon, 429－348 B. C.) 등의 여러 학자들에 의해 발견(발명)·증명된 수학의 단편적인 사실들을 기원전 3세기경 유클리드가 하나의 과학으로 체계화하였는데, 이것이 그 유명한 《기하학 원론(Elements)》이다.[6] 모두 13권으로 된 《원론》에서 그는 그리스의 기하학과 수론에 대한 명확한 논법을 이룩했다. 그 내용은 대체로 피타고라스의 업적, 평면기하, 기하적 대수, 비례론과 이의 평면기하와의 결합, 약수와 배수, 유클리드호제법, 등비수열, 소수 존재의 무한성, 소인수분해, 아르키메데스의 공리, 무리수론, 입체, 원주(圓柱)와 구의 체적비 및 플라톤의 다면체(5종의 정다면체) 등에 이르기까지 당시의 수학적 내용의 훌륭한 집대성이었다. 그 제1권에는, 정의 23개, 공준 5개, 공리 5개, 명제 48개의 내용을 싣고 있다.

유클리드는 먼저 이론의 전개에서 사용할 용어로서 점, 선, 평면 등을 정의하였다. 그는 보다 친숙한 개념을 사용하여 모든 것을 정의하려고 노력했으나, 이 때문에 오히려 애매모호함을 자초한 것도 많았다. 실제로 점, 선, 평면 등은 무정의 용어로서 더욱 적절하다.[7]

반면 유클리드는 길이, 거리, 기울기 등을 정의하지 않았으며, 제1권의 〈명제 1〉의 증명에서 사용해야 할 공준 "반지름들의 합이 중심 사이의 거리보다 크고, 그 차는 중심 사이의 거리보다 작은 두 원은 교점을 갖는다."를 명시하지도 않았다. 그러나 그는 다섯 개의 공준에서 정의한 대상들 및 그가 암암리에 가정했지만 서술하지는 않은 공준들 사이의 '상호 작용 규칙'을 사용하였다.

《원론》에서 체계적으로 제시된 유클리드의 기하학은, 사물에 대한 인간의 감각과 경험에

---

6) 기원전 4세기경에 이르러서는 플라톤의 과학과 철학의 아카데미가 번성하게 된다. 플라톤은 그의 저서 《국가》에서 "수학에 대한 연구는 수천 개의 눈보다 더 귀중한 정신 조직을 움직이고 발전시킨다. 그 이유는 수학을 통해서만 진리가 이해될 수 있기 때문이다."와 같이 쓰고 있다. 또 플라톤은, 진리는 오직 관념의 세계에서만 존재할 수 있다고 주장했다. 유클리드는 바로 이러한 전통을 가지고 있는 플라톤 학파의 제자였다. 《원론》의 부분적 내용에 대해서는 제6장에서 언급한 것을 참조하기 바란다.

7) 어떤 용어를 정의하기 위해 다른 용어를 사용해야 하고, 다시 그 용어를 정의하기 위해서는 또 다른 용어를 사용해야 한다. 따라서 어떤 용어를 정의하지 않은 채로 남겨두지 못한다면 무한회귀(無限回歸)에 빠지게 된다. 더 이상 정의할 필요가 없는 용어가 요구되는 바, 이를 바로 '무정의 용어'라 한다.

서 비롯된 구체적 대상에 대한 성질이나 원리, 법칙 등의 발견, 그리고 정의와 공리, 공준 등을 바탕으로 한 논리적이고 연역적으로 체계화된 학문의 구성이라 할 수 있다. 도형의 개념은 기원전 600년(탈레스 시대) 이전의 개념보다 훨씬 추상화, 이상화되어 순수 개념으로까지 승화되었다고 할 수 있다.[8)]

한편 《원론》은, 공리적 방법의 최초 사용으로 오늘날 순수 수학의 원형(原形; 순수한 사고, 논증에 의한 추론)이 되었으며, 실제 응용에 대한 언급이 전혀 없다는 순수성이 그 첫째 특징이라 할 수 있다.[9)] 그리고 이론적 구조와 전개 방법은 여러 과학의 학문적 구성의 규범으로 오늘날까지 기하 교육의 전형적인 모델이 되고 있으며, 몇 개의 간단한 공준을 추출하여 이로부터 465개의 명제를 추론해 내고 있는 특징은, 그것이 불후(不朽)의 명저로 지칭되기에 충분하다.

유클리드의 《원론》은 아르키메데스, 아폴로니오스 그리고 파포스(Pappos, 320?)로 이어지는 그리스 기하학을 위대하게 만들었으며, 2000년의 세월이 지난 후에 급기야는 '비유클리드 기하학'을 낳게 하였다.

5. 르네상스 이후 18 세기까지의 기하학

르네상스(Renaissance) 이후의 유럽에서는 아라비아의 영향을 받은 대수학이 발달하였고, 17세기 이후에 미적분학이 생겨남에 따라 기하학은 대수학, 해석학과 함께 수학의 3대 분야를 이루게 되었다. 그리하여 수와 도형 사이의 관계가 밝혀지면서부터 좌표법을 이용하여 기

---

8) 유클리드 기하학에서는 주로 도형을 겹쳐보거나 닮음을 알아보는 등의 기본적이며 정적(靜的)인 조작은 있어도 평행이동, 회전이나 확대, 축소와 같은 동적(動的)인 개념은 찾기 어렵다. 이와 같이 유클리드 기하학이 정적·종합적 방식을 취하고 있는 것은 바로 그리스의 사상에서 비롯되었다고 할 수 있다.

9) 정리를 발견하기 위해서는 시행착오나 특별한 경우의 계산, 영감에 의한 추측, 그 밖의 다른 방법들을 사용할 수 있다. **공리적 방법**이란 결과가 옳은가를 증명하는 방법이다. 예컨대, 만일 당신이 어떤 명제 a를 순수한 추론에 의해 갑이 믿도록 하려면, 갑이 이미 인정할 수 있을 만한 어떤 다른 명제 b로부터 a가 논리적으로 추론될 수 있다는 것을 보여주어야 한다. 그러나 갑이 만일 b를 믿지 못한다면, 결국 다른 어떤 명제 c로부터 b가 논리적으로 추론될 수 있음을 보여주어야 한다. 이 과정을 반복하여 갑이 이미 인정하고 있는, 그래서 더 이상 정당화할 필요가 없는 어떤 명제에 도달할 때까지 이를 몇 번이고 반복해야 한다. 그 명제가 바로 공리이다. 그러나 만약 갑이 논의의 기초로서 받아들이게 될 그런 명제에 도달할 수 없다면 논증은 끝없이 물고 물리는 무한회귀에 빠지게 된다. 따라서 증명이 옳다는 것을 동의하기 위해 꼭 합의해야 할 약속이 있다.

약속 1: 더 이상 그 정당성을 보일 필요가 없는 명제 즉 '공리'라 불리는 명제를 인정해야 한다.

유클리드가 사용한 방법도 이 방법이었던 바, 그는 5개의 공준을 택하고 있다. 물론, 증명이 옳다는 것을 동의하기 위해 꼭 합의해야 할 약속에는 공리의 인정 외에도 다음 두 가지가 더 있다.

약속 2: 한 명제가 다른 명제로부터 '논리적으로 추론될 수 있다'는 사실, 즉 추론에 관한 어떤 규칙에 동의해야 한다.

약속 3: 논의에서 사용되는 단어와 기호의 의미에 대한 상호 이해가 있어야 한다.

하학의 문제를 대수적으로 해결할 수 있게 되었으며, 17세기에는 페르마(Pierre de Fermat, 1601–1665)와 데카르트(René Descartes, 1596–1650)가 이와 같은 방법을 쓰는 해석기하학(解析幾何學, Analytic Geometry)을 창시하게 되었다.[10] 그 결과로 17세기 이후의 미적분학을 비롯한 해석학 발전의 초석이 다져졌다.

오일러(Leonhard Euler)에 의하여 18세기에는 해석기하학이 더욱 발전되었고, 아폴로니오스(Apollonius) 이래 2천 년 간 연구되던 원뿔곡선의 이론은 2차식으로 나타나는 2차 곡선과 2차 곡면의 이론으로 정리되었다.

해석기하학에 비하여 좌표를 쓰지 않고 직접 도형을 다루는 방법을 종합기하학이라고도 부른다. 이 방면에서는 파스칼(Blaise Pascal)이 원뿔곡선의 기본적인 성질을 발견한 것에서 비롯되어, 일반적으로 한 평면 위의 도형을 다른 평면으로 한 점에서 사영하였을 때, 변하지 않는 도형의 성질을 연구하는 사영기하학(Projective Geometry)이 활발히 연구되었다.[11] 데자르그(Girard Desargues, 1591–1661)의 정리와 파포스의 정리는 사영기하학의 기본이 된다.

그림 8–4 원근법이 적용된 화법

그림 8–5 사영기하의 한 모습

10) 근대 과학은 시간에 따라 변화하는 양을 중요한 연구 과제로 삼아야 했고, 이에 따라 움직이는 수치를 계산상 다루어야 할 필요가 생기면서 변수라는 개념이 등장하게 되었다. 모든 과학의 방법은 수학에 의해 이루어지고 있었으나, 유클리드 기하의 고전적, 시행착오적 문제해결 방법은 과학적 연구 방법이라고 할 수 없게 되었다. 이와 같은 연유로 발생된 해석기하학에서는 모든 양(量)들이 방향과 위치를 지니게 되었다. 즉, 좌표라는 새로운 개념이 나타났으며, 이는 엄밀한 논리 체계와 순서성을 지녔으므로 평면상의 점의 운동을 양 축으로부터 떨어진 거리에 의한 관계식으로 표현이 가능해졌다. 따라서 좌표 체계를 수단으로 기하의 세계와 대수의 세계가 서로 왕복 가능한 영역으로 바뀐 셈이다.

11) 사영기하는 17세기에 파스칼과 데자르그 등에 의해 고안된 기하의 한 방법으로, 공간의 도형 F를 우리가 보는 대로 평면 위에 옮겨 그리는 것은, 그리려는 도형과 현재 보고 있는 눈 사이에 투명한 평면을 놓아 '눈'이라는 한 점에서 도형을 그 평면에 투사하여 그림 F'을 만드는 것이라고 할 수 있다. 이와 같은 방법으로 F에서 F'을 구하는 것을, F를 평면 위에 사영(projection)한다고 말한다. 사영의 방법에 의하여 만들어진 F'은 F가 가지고 있는 모든 성질을 다 가지고 있지는 않으나 특정의 성질은 보존된다. 이와 같이 사영에 의해서도 불변인 도형의 성질을 연구하는 것이 사영기하인 셈이다. 즉, 사영기하는 유클리드 기하나 해석기하에 있어서의 선분의 길이, 각의 크기, 면적, 도형의 합동 등에 계량적인 성질을 고려하지 않고 사영과 절단의 새로운 조작에 의해서 도형이 갖고 있는 불변의 성질을 연구하는 것이다.

그 후 사영기하학의 많은 기본 정리는 프랑스의 공학자인 퐁슬레(Jean Victor Poncelet)가 1813년 러시아에 전쟁 포로로 수용되어 있으면서, 서적을 거의 접하지 못 하는 기간에 발견하였다.

오일러(1707–1783)

파스칼(1623–1662)

퐁슬레(1789–1867)

6. 기하에 대한 관점의 변화와 19세기의 기하학

유클리드의 평행선 공리(平行線公理; parallel postulate)는 오랫동안 '공리인가? 증명되는 것인가?'에 대하여 논란이 있어 왔는데 19세기 전반에 이 문제가 해결되었다. 즉 "직선 밖의 한 점을 지나 그 직선에 2개 이상의 평행선을 그을 수 있다."는 것을 공리로 하여도 모순이 없는 기하학을 만들 수 있다는 사실을 가우스(Carl Friedrich Gauss, 1777–1855), 로바체프스키(Nicolai Ivanovitch Lobachevsky, 1793–1856), 보여이(Janós Bolyai, 1802–1860)가 발견하였다. 이것을 '쌍곡적 비유클리드 기하학'이라 한다. 한편 가우스의 제자인 리만(Bernhard Riemann, 826–1866)은 "마찬가지 가정하에 평행선을 그을 수 없다."는 것을 공리로 하는 기하학을 발견하였는데, 이를 '타원적 비유클리드 기하학'이라 부른다.

평행선 공준과 피타고라스 정리가 성립함을 기초로 하여 《원론》의 기하학 부분을 발전시키고, 또 그것을 임의의 n차원 공간으로까지 확장하여 해석기하학의 방법으로 연구하는 것을 오늘날에 와서는 유클리드 기하학(Euclidean Geometry)이라고 부른다. 또 사영기하학이나 비유클리드 기하학에 대하여도 n차원의 경우를 생각할 수 있다. 이처럼 19세기 중반까지 여러 기하학에 대한 견해차가 있었는데, 이는 클라인(Felix Klein, 1849–1925)의 〈에르랑겐 목록(Erlangen Program)〉으로 해결되었다. 그는 "공간의 변환군(transformation group)에 의하여 불변인 성질을 연구하는 것이 기하학"이라 하여, 군(群; group)이 달라지면 기하학이 달라진다는 견해로 기하학을 통일하려고 하였다. 오늘날에는 약간 수정되었으나 그 정신은 그 속에 남아 있다.

17세기 이후, 미적분학이 계속 크게 발전함에 따라, 19세기에는 가우스가 곡면의 굽은 정도를 나타내는 곡률(曲率; curvature)이나 곡면 위의 두 점 사이의 최단곡선인 측지선(測地線; geodesic)을 직선 대신에 도입하여 '곡면 위에서의 기하학'을 창안하였다. 이를 더욱 확장시킨 리만의 연구는 리만기하학(Riemannian Geometry)이라 불리고 있다. 이는 그 뒤 아인슈타인(Albert Einstein)의 일반상대성원리에 적용되었다. 이처럼 미적분학과 그 확장을 써서 연구되는 기하학을 미분기하학(微分幾何學; Differential Geometry)이라 부른다. 이 분야는 크게 발전되어 일반적인 미분가능다양체(微分可能多樣體; Differentiable Manifold)의 기하학으로 바뀌었다.

한편, 유클리드 기하학의 공리에 대한 반성은 공리가 과연 무엇이냐 하는 문제를 낳았고, 또 유클리드 기하학의 바른 공리계는 어떤 형태이어야 하는가에 대하여 많이 연구되었다. 이에 대해 힐베르트(David Hilbert)가 크게 공헌하였다. 이와 같은 연구는 뒤에 '수학기초론'을 낳게 되었다.

아인슈타인(1879–1955)

힐베르트(1864–1943)

7. 위상수학의 태동과 20세기의 기하학

도형을 연구하는 데 있어 간단한 도형들이 모여 복잡한 도형을 이룰 때, 그 성질을 대수적으로 연구하는 위상수학(位相數學; Topology)이 푸앵카레(Henri Poincaré)에 의해 시작되었고, 칸토어(Georg Cantor)의 집합론 연구에 뒤이은 점집합의 성질에 대한 연구가 연속성의 성질을 다루는 학문으로서의 집합론적 위상수학(Set-Theoretic Topology)으로 나타나 지금도 활발히 연구되고 있다.

대수학이 크게 발전함에 따라 n차식으로 나타나는 대수곡선과 대수곡면을 연구하는 기하학의 한 형태가 태어나게 되었다. 이와 같은 기하학을 대수기하학(代數幾何學; Algebraic Geometry)이라 한다. 대수기하학은 해석학, 위상수학, 정수론 등 수학의 광범위한 지식을 동원하여 종합적으로 연구되는 수준 높은 기하로, 오늘날 활발히 연구되고 있는 분야이다.

푸앵카레(1854–1912)

칸토어(1845–1918)

II.

해석기하학(Analytic Geometry)

유클리드기하학과 같은 입장에서 기하 도형을 다루는 전통적인 방식은 수학에 대한 관점의 변화와 대수학, 해석학 등의 발전에 따라 바뀔 수밖에 없었다. 예를 들면, 유클리드 평면에서 하나의 원은 그냥 원일 따름이다. 그리고 그에 내접하는 삼각형이 있으면 관련 공리를 바탕으로 그 성질을 밝히면 된다. 그런데 좌표공간에서의 각 점을 수의 순서쌍으로 나타내어 대수적 조작에 따라 그 성질을 찾아 밝히는 기법이 많은 기하도형에도 적용되기 시작하였다.

좌표계의 원점이 중심이고 반지름이 r인 원을 $x^2+y^2=r^2$으로 나타낸다. 도형이라고는 하지만, 그 실체는 보이지 않고 그냥 대수식으로만 보인다. 그렇지만 이 하나의 식은 변화무쌍한 조작들이 뒤따른다. 예컨대, 이 원의 중심을 $(1, -2)$로 옮기고, 반지름을 3으로 확대하면 그 방정식은 $(x-1)^2+(y+2)^2=9$와 같이 바뀐다. 그리고 원주상의 어떤 점에서의 접선을 쉽게 구할 수 있으며, 다른 도형과의 관계를 논하거나 그들 사이에 생기는 기하학적인 양(量)을 구하는 것도 식의 대수적 조작으로 이루어진다.

이는 좌표공간을 도형의 활동영역으로 삼아 대수와 기하의 중요한 소통 채널이 만들어진 셈이다. 종래의 정적(靜的, static)인 기하에서 동적(動的, dynamic)인 수준으로 발돋움한 이러한 기법이 기하학의 한 종류라기보다 수학의 한 방법으로서의 '해석기하학'이다.

1. 변환 – 풀이 – 반전의 수법(Transform – Solve – Invert Technique)

이브스(Eves)는 어떤 어려운 문제에 당면하여 이를 풀기 위해 주어진 문제를 그와 동치인 보다 쉬운 문제로 변환시키고, 이 변환된 쉬운 문제를 풀고 난 다음 처음 문제의 해결을 위해 간단하게 만든 과정을 반전(反轉)시키는 방법을 "Transform - Solve - Invert Technique"이라 하였다(허민 · 오혜영, 1994, pp. 256).

예컨대, 대응하는 축들이 서로 평행이고, 접하는 세 개의 타원들 사이에 있는 각 변이 곡선인 삼각형 모양 A의 넓이는 타원의 상대적인 위치와 무관함을 증명할 때,

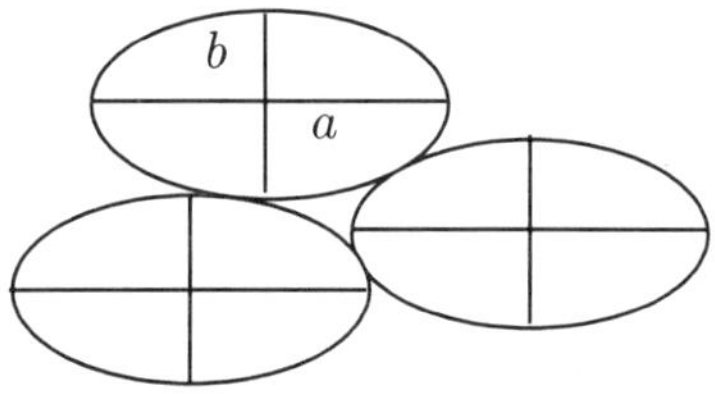

그림 8–6 서로 접하고 있는 세 개의 타원

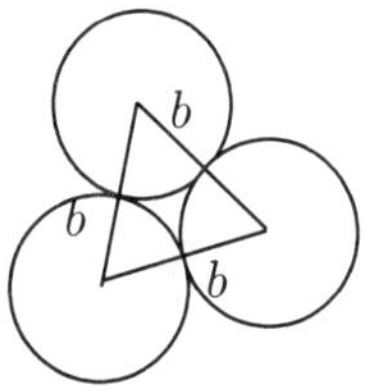

그림 8–7 서로 접하고 있는 세 개의 원

먼저, [그림 8-6]을 [그림 8-7]로 정사영(正射影)시키면(변환) 같은 넓이들은 같은 넓이들로 정사영 된다는 사실의 이용이 가능하다. 다음으로, [그림 8-7]에서 원호 3개로 둘러싸인 삼각형 모양 A'의 넓이는 접하고 있는 세 원의 위치관계에 무관하므로 A의 넓이도 원래 합동인 세 타원의 위치와는 무관함이 밝혀진다. 따라서 [그림 8-7]의 관찰에 따라 '성질을 발견'하며, 넓이를 쉽게 구하고(풀이) 원래 문제의 해결을 위해 변환하면(반전) 된다.[12)]

2. 기하학의 한 방법으로서의 해석기하학

해석기하학의 개념은 예컨대, 평면에서 실수의 순서쌍(x, y)와 평면의 점들 사이의 일대일 대응을 성립시킨다. 즉,

평면상의 곡선 또는 점집합 ↔ 2변수방정식 $f(x,y)=0$

곡선의 기하학적 성질 ↔ $f(x,y)=0$ 의 대수적, 해석적 성질.

기하학적 정리의 증명 → 대수학, 해석학의 정리의 증명

---

12) $A' = A\cos\theta$ (θ는 처음 도형과 사영된 도형 각각이 놓여 있는 두 평면이 이루는 사이 각)이며, 이때 $\cos\theta = \frac{b}{a}$이고, 따라서 $A' = b^2\left(\sqrt{3} - \frac{\pi}{2}\right)$이 된다. 그러므로 $A = A'\sec\theta = b^2\left(\sqrt{3} - \frac{\pi}{2}\right)\left(\frac{a}{b}\right) = ab\left(\sqrt{3} - \frac{\pi}{2}\right)$임을 알 수 있다.

따라서 대수학적, 해석학적 결과들은 새로운 기하학적 결과를 발견한다. 그러므로 해석기하학은 기하학에서 문제들을 해결하고 새로운 결과들을 발견해내는데 고도로 생산적인 방법이다.

3. 해석기하학의 발견에 대한 몇 가지 관점

해석기하학의 구성요소가 무엇인지에 대한 합의 부족으로 인하여, 발견자와 발견 시기에 대한 설이 여러 가지 존재한다. 먼저, 발견 시기를 고대로 보는 견해가 있는데, 이는 고대 이집트와 로마에서 적당한 좌표 사용으로 점의 위치를 결정하고 측량이나 지도 제작에 활용하였다는 데서 기인한다. 다음은 발견자를 아폴로니오스로 보는 견해인데, 이는 좌표들 사이의 관계, 즉 좌표방정식을 써서 원뿔곡선론을 전개했다는 입장이다. 또 다음의 오렘(Nicole Oresme)으로 보는 견해는 독립변수에 대응하는 종속변수를 그래프로 나타냄으로써, 최초의 직선의 방정식을 도입하였으며 2차원 공간을 3차원, 4차원으로 확장하는 최초의 시도를 했다는 점이다. 끝으로 데카르트(Rene Descartes)와 페르마(Pierre de Fermat)로 보는 견해인데, 이는 해석기하학의 진수를 '변환 – 풀이 – 반전'의 성격으로 간주하는 입장이다. 즉 기하학 문제를 대수학 문제로 변환하고, 대수적인 문제를 풀며, 최초 기하학 문제를 풀기 위해 대수적 문제를 반전하는 기법을 사용하였다.[13)]

데카르트(1596–1650)

페르마(1601–1665)

13) 수학사학자들은 대부분 이 분야의 현대적 정신의 근본적 기원을 두 사람에게 두고 있다. 데카르트는 《방법서설(方法序說)》에 딸린 부록(1637)에서, 몇 가지 곡선을 제시하고 궤적으로부터 방정식을 찾는 방법을 쓰고 있다. 반면, 페르마는 《평면 및 입체궤적입문(사후에 출판)》에서 많은 곡선을 제시하고 방정식에서 출발하여 궤적을 연구하는 방법을 쓰고 있다. 데카르트의 해석기하학 발견에는, 그가 군대 생활을 하던 중 다뉴브 강기슭에서 꿈을 꾸었을 때, '어떤 불가사의한 과학' '어떤 훌륭한 발견'을 신이 게시해 줌으로써 그의 인생행로가 결정되었다고 하는 얘기와 역시 군대 막사 방의 천장에서 움직이는 파리의 경로를 나타내는 방법으로, 접하고 있는 두 벽으로부터 파리까지의 거리를 관련짓는 관계를 찾았다는 얘기가 전해지고 있다. 이는 그의 해석기하학에 대한 첫 영감이었다고 하는데 대단한 교육적 시사가 내재되어 있다고 본다.

4. 종합기하와 해석기하 방법의 비교

종합기하적 방법은 미적(美的) 즐거움을 느낄 수 있지만, 증명을 기억해 내거나 스스로 발견하기가 어렵다. 즉, 처음에 무엇을 해야 할지, 보조선을 어떻게 그어야 할지 기억해 낸다거나 스스로 알아낸다는 것이 용이하지 않다. 그리고 증명에 접근하는 단계가 시사되지 않으며 많은 경험과 시행착오에 의존한다.

해석기하적 방법은 최초에 무엇을 해야 할지, 그 다음에 어떻게 해야 할지에 대한 의문이 생기지 않으나, 기하학적 공식뿐 아니라 해석학적 공식도 어느 정도 알고 있어야 한다(특히, 비율공식). 그리고 차원을 높여서 확장·유하기가 용이하다. 예로써 코만디노(Commandino)의 정리(사면체의 네 중선들은 각 중선의 4등분추 점에서 만난다.)를 들 수 있으며, 일반적으로 적용범위가 넓고, 적용이 용이하다.

III.
클라인의 에르랑겐 목록과 변환군

1872년, 23세로 에르랑겐(Erlangen) 대학 철학부의 교수와 이사로 취임하게 된 클라인(Felix Klein)은 전통에 따라 자신의 전공 분야에 대한 취임 강연을 하였다. 자신의 연구 결과와 노르웨이 수학자 리(Sophus Lie, 1842–1899)의 연구 결과에 근거한 이 강연에서 그는 당시에 존재했던 모든 기하학을 요약하여 기하학에 대한 놀랍고 새로운 정의를 발표하였다. 이 강연과 거기서 옹호하는 기하학의 연구 계획을 합쳐서 〈에르랑겐 목록(Erlangen Program)〉이라 한다.

1. 에르랑겐 목록

19세기에 들어 퐁슬레, 뫼비우스(A. F. Möbius, 1790–1868), 슈타이너(Jacob Steiner, 1796–1863), 플뤼커(Julius Plücker, 1801–1868) 및 케일리(Arthur Cayley, 1821–1895) 등의 수학자들에 의해 선분의 길이, 각의 크기를 다루는 유클리드 기하학과는 다른 입장에 선 사영기하학이 크게 발전하게 되었다. 이 외에도 반전기하학(反轉幾何學), 공형기하학(共形幾何學), 위상기하학(位相幾何學)과 같은 여러 가지 기하학이 만들어졌다. 그래서 이들 여러 가지 기하학을 어떤 통일된 개념으로 정의하고, 분류하려는 연구가 진행되었다. 모든 기하학의 바탕에는 "도형을 움직인다."라는 개념이 있다. 기하학적으로 말하면 변환이다.14) 이와 같이 기하학을 운동이라는 입장에서 논하고 여러 기하학에 대하여 그들을 통합하는 개념을 제시한 사람이 클라인이다.

클라인(1849–1925)

클라인은 교수 취임 강연에서, 〈최근의 기하학 연구에 있어서의 비교적 고찰(Vorgleichende Betrachtungen über neuere geometrische Forschungen)〉이라는 연구논문을 발표하였다.

이것은 기하학의 종합적 연구에 대한 획기적인 방향과 방법을 제시한 것으로서, 이를 〈에르랑겐 목록〉이라 한다.15)

클라인은 그 서문에서 여러 가지 기하학이 각각 독자적인 방법으로 연구되었고, 이들 사이에 어떤 통일성이 존재하지 않으므로, 이들을 통일하는 어떤 일반 원리를 찾는 것은 기하학의 연구에 매우 가치 있는 일이라고 강조하고 있다.

그는 여러 가지 기하학을 그 당시 새로운 학문으로 각광받고 있던 군의 개념으로 통일하고, 기하학적 성질을 군론적 입장에서 밝히는 데 성공했다. 그는 "기하학이란 주어진 변환군에 속하는 임의의 변환에 대해서 불변인 도형의 성질을 연구하는 학문이다."라고 정의하였다. 이 견해는 오늘날까지 기하학 연구의 하나의 지도적 견해로서, 다소의 수정은 가해졌으나 그 빛을 잃지 않고 있다.

클라인의 사상에 의하면, 사영공간에 있어서 사영변환군에 의하여 불변인 성질을 연구하는 것이 사영기하학이다. 그 중에서 일정한 직선(무한원직선; 無限遠直線)을 불변으로 하는 변환은 아핀(affine)변환이고 그 전체는 사영변환군의 부분군(部分群)을 이룬다. 그리고 아핀변환군에

---

14) 기하학적 변환의 종류

① 합동변환: 평면상의 점을 같은 평면상의 점으로 옮기는 일대일 점 대응에 의한 변환으로, 이 변환에 의하여 도형의 크기나 모양은 변하지 않는다.

② 닮음변환: 확대 또는 축소의 작용에 의해서 본래의 도형과 닮은 도형으로 옮겨지는 변환이다. 이 변환에 의하여 도형의 모양은 변하지 않는다.

③ 아핀(affine)변환: 평행광선 투영에 의한 변환으로 도형의 모양과 크기가 모두 변하게 된다.

④ 사영변환: 점광원의 투영에 의한 변환으로 도형을 구성하는 점의 위치의 순서 관계는 변하지 않고 선분은 선분으로 옮겨진다.

⑤ 위상변환: 가장 자유로운 변환으로 도형을 구성하는 점의 위치 관계는 변하지 않는다.

15) 집합 S에 어떤 방법으로 기하학적 구조가 주어져 있을 때, S를 공간이라 한다. 지금, 공간 S와 S의 변환군 G가 주어져 있다고 하자. S의 부분집합 즉, 도형은 여러 가지 성질을 갖는다. 이들 성질 중에서 G에 속하는 모든 변환에 의하여 불변인 성질이 존재한다. 이 불변인 성질을 연구하는 학문을 변환 G에 종속하는 S의 기하학이라 하고, (S, G)로 나타낸다. 따라서 (S, G) 기하학은 공간 S의 G에 의한 불변인 성질관계를 연구하는 학문이다. 기하학 (S, G)에 있어서, 군 G의 부분군 G'를 생각하여 G'에 의하여 불변인 성질만을 생각할 수 있다. 그렇게 하여 새로운 기하학 (S, G')을 얻을 수 있고, 이것은 (S, G) 기하학의 특수한 경우이다. 따라서 군 G의 부분군 계열 G', G'', ...에 대하여 기하학 계열 (S, G'), (S, G''), ...을 얻게 된다.

의하여 불변인 성질을 연구하는 것을 아핀기하학(Affine Geometry)이라 한다. 길이와 각의 크기는 아핀변환에 의하여 변하므로 아핀기하학에서는 의미가 없다. 그러나 평행선, 공점선(共點線), 공선점(共線點) 등의 성질은 아핀변환에 의하여 불변이므로 아핀기하학에서 성립하는 성질이다.

한편, 아핀변환 중에서, 허원점(虛圓點)이라 불리는 특별한 두 점을 불변으로 하는 변환을 합동변환 또는 유클리드 변환이라 하고, 이 변환군에 의하여 불변인 성질을 찾는 것이 유클리드 기하학이다. 그리고 사영평면상에서 절대형이라 부르는 하나의 정2차곡선을 불변으로 하는 변환 전체에 의하여 불변인 성질을 연구하는 것이 비유클리드 기하학이다.

이와 같이 당시의 여러 가지 기하학이 각각의 변환군에 종속하는 기하학으로서 통일되었다. 이상의 결과를 종합하면 다음과 같다.

사영변환군 ⊃ 아핀변환군 ⊃ 합동변환군
사영기하학 ⊃ 아핀기하학 ⊃ 유클리드 기하학

그러나 그들의 내포(內包)에 있어서는,

사영적 성질 ⊂ 아핀적 성질 ⊂ 유클리드적 성질

과 같은 관계가 있다.

클라인은 계속하여 일대일 양 연속(兩 連續)인 변환, 즉 위상변환에 의하여 불변인 성질을 연구하는 학문을 위상기하학(Topological Geometry)이라 정의했다.16) 그러나 이것은 오늘날의 위상기하학을 정의하는 데는 불충분하다.

클라인의 사상은 1920년대까지 기하학 연구에 있어서 지도적 역할을 했다. 그러나 그 당시 많은 발전을 보았던 미분기하학이 위상변환군에 종속하는 것만이 아니라는 사실에 유념하여, 그는 이 사상을 확대하여 보다 높은 견지에서 통일하려 했으나 뜻을 이루지는 못했다. 그런 다음, 리와 카르탕(Élie Joseph Cartan)은 접속(接續; connection)의 개념을 써서 모든 기하학을 통일하고, 〈에르랑겐 목록〉을 일반화하였다.

---

16) 20세기의 기하학은 힐베르트의 공리론적 기하학을 시작으로 위상기하학의 탄생을 맞게 된다. 힐베르트의 공리론적 기하학은 기하학을 모순 없게 구성하기 위해서 기하학의 5가지 공리(결합의 공리, 순서의 공리, 합동의 공리, 평행의 공리, 연속의 공리)를 기초로 하여 구성되었다. 위상기하학은 도형의 위치, 점의 연결상태, 내부와 외부 등 보는 관점에서 구별되는 성질에 대한 연구로, 위상이란 의미의 'Topology'는 Topos라고 하는 장소의 의미를 갖는 단어로부터 만들어진 것으로, '位'는 위치, '相'은 형상을 뜻한다. 일반적으로 선이나 면에서 그 자체의 연결 상태를 '相'이라 하고, 공간에 놓여 있는 모습을 '位'라고 한다. 즉, 위상기하학이란 일대일 연속 변환에서 변하지 않는 도형의 성질을 연구하는 분야이다.

2. 변환군(變換群; Transformation Group)

독일 본(Bonn) 대학의 플뤼커 밑에서 배우고, 역시 그의 조수를 지낸 클라인은 해석기하학에 대한 정열 못지않게, 아니 그 이상으로 여러 성과를 하나로 통일하는 방법을 찾는 일에 더 큰 관심을 모았다. 때마침 그가 방문했던 파리에서는 라그랑주(Joseph Louis La Grange)가 시사한 군론이, 특히 치환군(置換群)을 통해 대수학 분야에서 성장을 거듭하고 있었다. 클라인은 이 군의 개념이 지닌 통합적 성격에 깊이 감동하여, 그 후 생애의 대부분을 군의 개념의 발전, 응용, 보급에 힘썼다.[17)]

카르탕(1869–1951)

라그랑주(1736–1813)

IV. 비유클리드 기하학의 탄생

당신에게 어떤 사람이 "삼각형의 내각의 합이 몇 도냐"고 질문한다면, 어떤 반응을 보이겠는가? 아마 대꾸조차 하지 않거나, 아니면 서슴없이 180°라고 대답할 것이다. 두 가지 반응은 모두 당신이 유클리드 기하를 절대시하고 있다는 증거로 채택하기에 충분하다. 기하 도형이라는 것은 그렇게 간단하지 않다. 고정 관념 속에서는 자라지 못한다. 그것이 과연 어떤

17) 어떤 집합이 주어진 연산에 관하여 군을 이룬다는 것은, 주어진 연산에 관하여 닫혀 있고, 그 연산에 관하여 항등원(恒等元)을 가지며, 각 원소에 대하여 그 연산에 관한 역원(逆元)이 유일하게 존재하고, 또 그 연산은 결합법칙을 만족할 때를 뜻한다. 여기서 집합의 원소로는 수, 점, 변환, … 등, 무엇이라도 상관이 없다. 또, '연산'이라 하여도 사칙연산이든, 점이나 축 주위의 회전인 '기하학적 연산'이든 관계없이, 집합의 두 '원소'를 결합하여 제3의 원소를 만들어내는 조작이기만 하면 된다. 특히, '변환군'은 일반적으로 어떤 형의 (좌표)변환 전체의 집합이 군을 이룰 때를 말한다.

공간에 놓여 있는가에 따라 얼마든지 모습을 달리한다는 사실을 알아야 한다. 그러나 이것을 알아내는 데는 놀랍게도 2000년 이상의 세월이 요구되었다.

1. 유클리드의 공준

제 6 장에서 이미 언급한 바 있듯이, 유클리드의 공준은 다음 다섯 가지이다.

1. 두 점이 한 직선을 유일하게 결정한다.
2. 임의의 선분 AB는 한 주어진 선분 CD와 합동인 선분 BE에 의해 연장될 수 있다.
3. 임의의 두 점 O, A에 대하여, 중심이 O이고 반지름이 OA인 원이 존재한다.
4. 모든 직각은 합동이다.
5. 만약 한 직선이 두 직선과 만날 때 같은 쪽에 있는 내각들의 합이 두 직각보다 작으면, 두 직선을 무한히 연장하면 내각들의 합이 두 직각보다 작은 쪽에서 두 직선은 만난다.

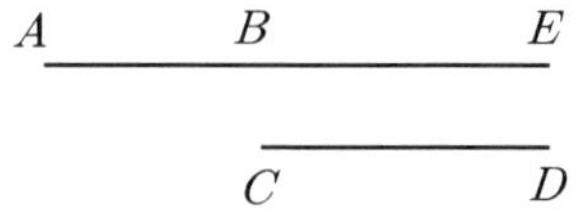

그림 8-8 선분의 연장

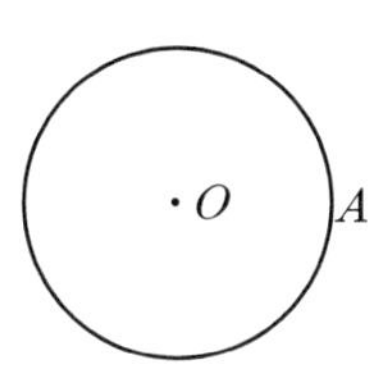

그림 8-9 원의 존재

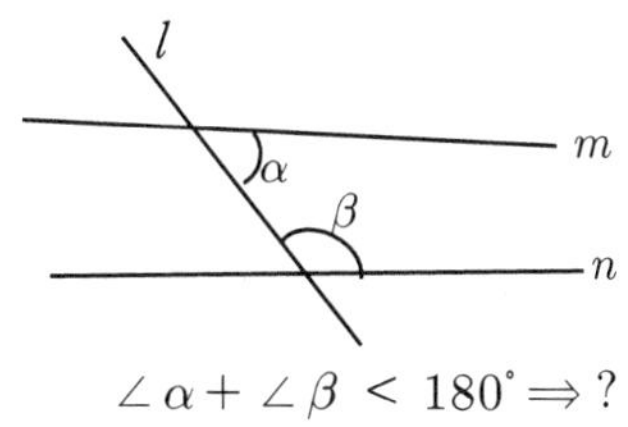

그림 8-10 평행선공준

이들 다섯 가지의 공준 중에서 공준 5는,

① 실측(實測), 실험에 의한 경험적, 귀납적 방법으로 얻어진 명제가 아니고,

② 다른 공준에 비해 간결함이 결여되어 있으며,

③ 자명(自明)함에 의한 수용성이 없다

는 특징을 지니고 있으나, 한편 직관적으로는 의심의 여지가 없어 보인다.[18]

---

18) 이 제5공준을 일컬어 케이저(Cassius J. Keyser)는, "과학사에 있어서 가장 유명한 단 하나의 발언"이라고까지 하였다. 이 공준을 그 성격상 흔히 '평행선 공준' 또는 '평행공리'라고 한다. 이 공준이 다른 네 개의 공준처럼 자명하지 않다는 사실을 유클리드도 느꼈다고 한다. 왜냐하면 그는 이 공준의 사용이 필요한 '명제 29'를 뒤로 미루면서 사용을 꺼린 흔적이 있다고 한다.

2. 평행선 공준의 역사

1) 연구 방향

(1) 수용하기가 용이한 간단한 동치인 명제로 대체하려는 시도가 있었으며,

(2) 다른 공리나 공준들로부터 하나의 정리로 유도하여 이를 공준에서 제거하려고 하였다.

2) 직접 증명법에 의해 시도된 증명들

17세기 중반까지 시도된 증명들의 몇 가지를 소개하면 다음과 같다.

(1) 2세기경, 프톨레마이오스(Ptolemy): "직선 밖의 한 점을 지나 이 직선에 평행인 직선을 오직 하나 그을 수 있다"라는, 증명하고자 하는 명제와 동치인 명제를 암암리에 가정했기 때문에 증명 방법상의 모순을 안고 있다.

(2) 5세기경, 프로클로스(Proclos): "평행선이 항상 같은 거리만큼 떨어져 있다."를 가정했으나, 이는 평행선 공준을 사용하지 않고 나머지 9개의 공준 및 공리 그리고 처음 28개의 명제로는 증명할 수 없기 때문에 실패하였다.

(3) 13세기, 나시르(Nasir-ed-din): "내각의 합이 2 직각인 삼각형이 존재한다."라는 가정을 포함하고 있으므로 실패하였다.

(4) 1663년, 월리스(John Wallis): "합동은 아니지만 닮은 삼각형이 존재한다."라는 가정을 내세우고, 이는 제5공준보다 기하학적 특성을 많이 내포하고 있으므로 더욱 우수하다고 하였다. 그러나 이 가정도 평행선 공준과 동치인 명제이다.

3) 귀류법(歸謬法)에 의한 증명의 시도

(1) 1793년, 사케리(Girolamo Saccheri, 1667–1733)는

① 나시르와 월리스의 시도에 대한 오류의 지적에 성공하였으며, 이에 자극을 받아 연구하였다.

② [그림 8-11]과 같은 이등변 양직각 사각형에서 출발하여, 처음 28개의 명제로부터 $\angle C = \angle D$ 임을 유도하고, 이어서 이 각에 대한 i) 직각의 전제, ii) 둔각의 전제, iii) 예각의 전제 중, i)의 경우만 참이고, ii), iii)에 대해서는 모순을 유발하여 제거하려 했으나 실패했으며, 그

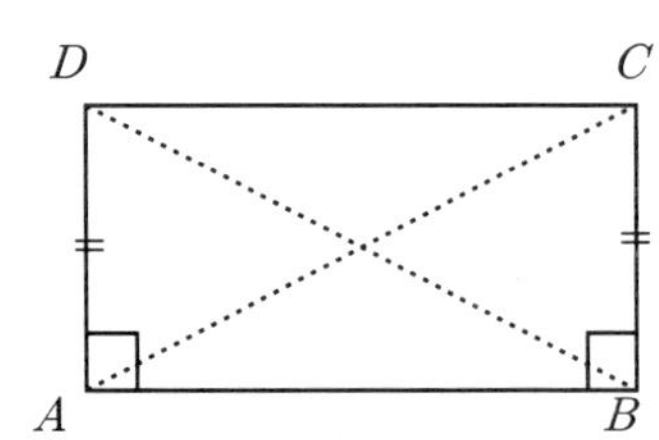

그림 8-11 사케리의 사변형

대신 다음과 같은 많은 정리를 얻었다.[19)]

ⓐ 삼각형의 내각의 합은,
예각 전제 ⇒ 두 직각보다 작다.
직각 전제 ⇒ 두 직각과 같다.
둔각 전제 ⇒ 두 직각보다 크다.

ⓑ 주어진 직선 밖의 한 점을 지나면서 그 직선과 만나지 않는 직선은,
예각 전제 ⇒ 무수히 많이 존재한다.
직각 전제 ⇒ 단 하나만 존재한다.
둔각 전제 ⇒ 하나도 존재하지 않는다.

ⓒ 주어진 직선의 각 점에서 일정한 길이의 수선을 그으면 그 끝점의 자취는,
예각 전제 ⇒ 아래로 볼록한 곡선이다.
직각 전제 ⇒ 직선이다.
둔각 전제 ⇒ 위로 볼록한 곡선이다.

(2) 1776년, 람베르트(Johann Heinrich Lambert)

람베르트(1729–1777)

그림 8–12 람베르트의 삼직각 사변형

[그림 8-12]와 같은 3직각 사변형을 써서 제4의 각 C가 직각, 둔각, 예각인 경우를 가정하고, 직각의 경우 삼각형의 세 내각의 합이 두 직각과 같거나, 두 직각보다 크거나, 작다는 사실을 보이고 동시에, 두 직각에 대한 초과량이나 부족량은 그 삼각형의 넓이에 비례함을 밝혔다.

---

19) 그는 '둔각의 전제'에서는 쉽게 모순을 찾아냈지만 예각을 전제했을 경우에는 아무런 모순을 유도하지 못 하고 대신 '이상한 결과'들만 도출하였다. 그가 찾은 이상한 결과들은 오늘날 비유클리드 기하에서 성립하는 주요 정리들이지만, 그는 평행선 공준의 절대성에 집착한 나머지 모순만 찾으려고 했기 때문에 비유클리드 기하의 발견이라는 엄청난 명예를 놓치고 말았다. 실제로 '모순을 찾을 수 없다.'를 인정했지만 이것이 지닌 중요한 사실을 인식하지 못 했던 것이다.

⑶ 1799년, 르장드르(Adrien Marie Legendre)

평행선공준 및 이에 따르는 명제를 제외한 기하학을 구성하는 시도로서 29년 동안 연구하여,

① 평행선에 관한 공준을 제외한 채, "삼각형의 내각의 합은 2 직각"임을 증명하고, 이어서

② 평행선공준을 증명하였으나 논리적 비약을 포함한 것으로 판명되었다.

르장드르(1752–1833)

4) 평행선공준과 동치인 보다 간결한 명제를 찾는 시도

⑴ 1769년, 펜(J. Fenn, 18세기 중엽): "평면에서 두 직선이 교차할 때 이들과 동시에 평행인 직선은 존재하지 않는다."라는 명제를 발견하였다.

⑵ 18세기 말엽, 플레이페어(John Playfair, 1749–1819): "직선 밖의 임의의 한 점을 지나고 그 직선에 평행인 직선은 꼭 한 개 존재한다."를 발견했으나 이는 그 전에도 이미 사용되었던 명제이다.

이상과 같은 많은 시도들은 모두 평행선공준의 성립이라는 강한 고정 관념으로부터 탈피하지 못 했기 때문에, 순환모순 또는 추론상의 중대한 오류를 범했으며, 따라서 결국 실패로 돌아가고 말았다.

3. 비유클리드 기하의 발견

1) 성립 배경

평행선 공준을 나머지 9개의 공준 및 공리로부터 유도하려는 2000년의 긴 세월에 걸친 숱한 시도들이, 한결같이 '증명하고자 하는 명제와 동치인 명제를 전제로 하고 있음'이 밝혀짐으로써 벽에 부딪쳤다. 평행선 공준과 동치이면서 그보다 간결한 명제로 플레이페어의 공준을 들 수 있다. 연구자들은 플레이페어의 공준을 부정하고 이로부터 모순을 유도하려고 하였다. 즉,

(a) 직선 밖의 임의의 한 점을 지나고 그 직선에 평행인 직선은 하나도 없다.

(b) 직선 밖의 임의의 한 점을 지나고 그 직선에 평행인 직선은 두 개 이상 존재한다.

와 같은 가정으로부터 출발하여 모순을 유도하려고 시도하였다. (a)에 대해서는 모순이 유도

되었지만, (b)에 대해서는 모순이 생기기는커녕, 유클리드 기하에서의 명제와 조화를 이룰 수 없는, 상상 밖의 다음과 같은 명제들이 도출되었다.

(가) 삼각형의 내각의 합은 두 직각보다 작다.
(나) 삼각형의 넓이는 두 직각에서 주어진 삼각형의 내각의 합을 뺀 차에 비례한다.
(다) 원주의 지름에 대한 비, 즉 π 의 값이 3.141592…보다 크다.

여기서 수학자들은 '평행선 공준의 증명은 본질적으로 불가능한 것, 즉 평행선 공준은 독립적이라는 것'으로 그들의 기하학 체계에 대한 관점의 전환을 가져오게 되었으며, 이와 같은 관점의 변화는 비유클리드 기하의 세계로의 진입이었던 것이다. 다음과 같은 많은 의문과 논란이 거듭되는 배경을 지니고 비유클리드 기하는 그 탄생이 이루어졌다.

(1) 공리, 공준은 자명해야 되는데 제5공준은 그렇지 못하므로 공준에서 제외해야 한다.
(2) 제 5공준을 유클리드 공준에서 제외하면, 유클리드 체계 내에서 증명 불가능한 명제가 몇 가지 있다(예컨대, 《원론》의 명제 32).
(3) 다른 공리, 공준과의 사이에 모순이 생기지 않으면 제5공준도 하나의 공준으로 취급해야 한다.

결과적으로는, 제 5공준 대신 그의 부정, 즉 「하나의 주어진 직선 밖의 한 점을 지나면서 그 직선과 나란한 직선은, '하나도 없다.' 또는 '둘 이상이다.'」라는 가설(각각 둔각, 예각의 전제와 동치)을 하나의 공준으로 채택하고 연구하여 새로운 기하학을 건설하였다.[20]

평행선 공준의 독립성을 최초로 알아챈 사람들은 가우스, 보여이, 로바체프스키 등이다. 그들의 이 분야에 대한 연구 업적을 알아보면 다음과 같다.

2) 가우스의 비유클리드 기하학

(1) 가우스(Carl Friedrich Gauss)는 비유클리드 기하학을 최초로 예감했던 것으로 알려져 있다.[21]

---

20) 2000여 년 동안 유일 절대시했으며 대단히 친숙했던 유클리드 기하학과는 판이하게 다르면서도, 그 자체로서 무모순인 하나의 기하학이 발견되었다(1829년). 이 비유클리드 기하를 두고 "기하학의 코페르니쿠스"라고도 한다.

21) 가우스는 그의 스승인 괴팅겐 대학 교수 쾨스트너(Abraham G. Köstner, 1719-1800)의 영향을 받아, 평행선 공준을 증명하려는 시도는 참으로 헛된 것임을 잘 알고 있었다(이 장 말미 참조). 한편, 그는 그 자신의 연구를 발표한 적은 없어도, 이 분야의 연구자들을 격려하려고 애썼다. 이 새로운 기하학을 처음에 '반유클리드 기하학(anti-Euclidean geometry)', 다음에는 '별들의 기하학(astral geometry)'이라 했으며, 끝으로 '비유클리드 기하학(non-Euclidean geometry)'이라 하였다.

가우스(1777–1855)

보여이(1802–1860)

로바체프스키(1793–1856)

(2) 비유클리드 기하에 대한 공식 발표는 하지 않았으나 단평, 주석, 일기, 친구들에게 보낸 서신 등에서 그의 업적이 밝혀졌다.[22)]

3) 보여이의 쌍곡기하학

(1) 보여이(Janos Bolyai)는 평행선 공준의 증명에 대한 불가능을 밝히는 대신, 예각 가정에 바탕을 두고 기하학을 전개하여 새로운 비유클리드 기하학을 탄생시켰다.[23)]

(2) 볼프강 보여이(Wolfgang Bolyai, 야노스의 아버지)의 저술 《*Tentamen*》의 부록으로 1831년 26쪽 짜리 논문 〈공간의 절대과학(the absolute science of space)〉을 발표하였다.[24)]

---

22) 비유클리드 기하에 대한 그의 발견을 발표하지 않은 이유는 흔히 다음의 세 가지라고 한다.

첫째, 2000 년 이상 절대적인 진리로 받아들이고 있는 유클리드 기하에 대한 부정적 견해를 발표했을 때, 그 때까지 쌓아올린 자신의 명성에 타격을 입을 것을 두려워했다. 특히, 당대 유럽 최고의 철학자 칸트(Immanuel Kant)가 그의 《순수 이성 비판》에서 **"유클리드 공간은 우리 인간의 생각의 구조 속에 본래부터 있는 것이며, 이 개념은 결코 경험적인 근원이 아니라 피할 수 없는 사고의 필연성이다"**라는 주장에 정면으로 도전하는 것이어서, 그의 후계자였던 '형이상학자'들로부터 공격을 받는 것이 싫었던 것이다. 이는 1829년에 그의 친구 베셀(Friedrich Wilhelm Bessel)에게 보낸 편지 내용 "… 아마 그들은 내 평생 빛을 보지 못할 것이다. 왜냐하면 내가 나의 의견을 발표했을 때 아둔한 느림보들이 짖어댈 것이 두렵다. …"과 **"나는 어떤 종류의 논쟁으로도 빠져들어 가는 데 커다란 거부감을 가지고 있다."**라고 슈마허에게 말한 것으로부터 알 수 있다.

둘째, 그는 완성된 작품만을 발표하는 완벽주의자였기 때문이다. 완전한 작품에 대한 그의 강한 애착은 그의 인장에 새긴 제명 "pauca sed matura(적지만 알찬)"만 봐도 알 수 있다.

셋째, 그는 당시 천문학, 측지학, 물리학 등에서도 독창적인 연구에 몰두하느라고 이 분야에 대한 연구 발견을 세련되게 정리하지 못했던 것이며, 또 수학자 야코비(Carl G. Jacobi, 1804-1851)와의 미묘한 관계 때문이었을 것으로 보고 있다.

그러나 또 다른 견해는, 자신의 가장 오랜 그리고 절친한 친구인 볼프강 보여이의 아들과 함께 이의 발견에 대한 선후 논쟁에 휘말리기를 꺼려했다는 것이다.

23) 볼프강 보여이와 아들 야노스 사이에 왕래한 편지 내용을 참조하여라(이 장 말미).

4) 로바체프스키 쌍곡선기하학

(1) 1829~1830년, 로바체프스키(Nicolai Ivanovitch Lobachevsky)는 비유클리드 기하에 대한 최초의 체계적인 논문 〈기하학의 원리에 관하여〉를 《카잔회보(Kasan Bulletin)》에 러시아어로 발표하였다.[25)]

(2) 1840년, 독일어로 된 《평행선 이론에 대한 기하학적 연구》를 소책자로 발간하였다.[26)]

(3) 1855년, 프랑스어로 된 《범기하학(汎幾何學, Pangeometrie)》을 발표하였다.[27)]

(4) 로바체프스키의 비유클리드 기하학이 확립됨으로써, 유클리드의 다른 공준들로부터 평행선 공준을 유도하는 것은 불가능하다는, 즉 평행선 공준의 독립성이 입증되었으며, 전통적인 틀로부터 기하학의 해방이 이루어졌다.[28)]

5) 가우스, 보여이, 로바체프스키 등의 이후

(1) 가우스의 사망(1855 년) 이후 그의 원고와 서신이 세상에 알려지면서 비유클리드 기하학이 주목받기 시작하였다.

(2) 초수학적(超數學的) 정리: "유클리드 기하학이 모순이 없다면 쌍곡기하학도 모순이 없다."가 벨트라미(Eugenio Beltrami, 1835–1900)에 의해 만들어졌다.[29)]

(3) 클라인, 푸앵카레, 벨트라미 등은 쌍곡기하학의 모형을 제시하였다.[30)]

---

24) 야노스의 논문에 대해 가우스가 볼프강에게 보낸 편지 내용을 참조하여라(이 장의 말미).

25) 그는 1826년에 카잔(Kasan) 대학 이학부 집회에서 "평행선의 정리에 관한 엄밀한 증명을 수반한 기하학의 기초의 간결한 설명"이라는 제목으로 강연을 했으나 아무런 반향을 불러일으키지 못했다. 그 후 이를 보완하여 카잔 회보에 게재한 것이 최초의 비유클리드 기하학에 관한 논문이었으나 역시 관심을 끌지 못했으며, 특히 러시아어로 쓰였기 때문에 다른 지역에 확산되지 못했다.

26) 이 논문이 가우스의 관심을 끌었는데. 가우스는 이에 대한 칭찬의 내용으로 친구인 슈마허에게 편지를 썼다. 편지에서 가우스는 이 연구 결과가 자신이 이미 오래 전에 생각해낸 것이라는 말을 여러 번 했다고 한다. 그리고 1848 년에 보여이가 이 논문을 처음 읽었을 때, 그는 이것이 자신의 논문을 표절한 것이라고 오해했으나, 이미 로바체프스키가 1829년에 러시아에서 발표했던 사실을 후에 알고는 대단히 실망했다고 한다.

27) 이 논문은, 그가 카잔 대학에서 해고된 지 10년째 되는 해, 장님이 되고 난 몇 년 후, 그리고 그가 죽기 1년 전에 불러주면서 받아쓰게 하여 완성한 논문이다.

28) 로바체프스키는 주관적 직관으로서의 칸트의 공간론에 정면으로 도전하였다. 이는 1835년에 쓴 그의 다음과 같은 글에서 나타난다. "**유클리드 시대 이래로 무수히 행해진 많은 무익한 시도들은 결국, 나로 하여금 진리가 그곳에 있지 않을 수도 있다는 어떤 의혹을 불러일으켰다. 그것을 확증하기 위해서는 자연의 또 다른 법칙의 경우처럼 천체 관측과 같은 실험의 도움이 필요하다.**" 그는 자신의 공로가 널리 알려지는 것도 보지 못하고 죽었지만, 그가 발견한 비유클리드 기하학은 오늘날 '로바체프스키 기하학'으로 언급되고 있으며, 그는 '기하학의 코페르니쿠스'로 불리고 있다.

29) 클라인은 1871년에 플레이페어 공준을 부정한 공준 "**주어진 직선 밖의 한 점을 지나서 그 직선에 평행인 직선은 두 개 이상 존재한다.**"를 쌍곡공리(hyperbolic axiom), 그리고 이에 근거한 기하학, 즉 보여이-로바체프스키 비유클리드 기하학을 쌍곡기하학(hyperbolic geometry)이라 하였다. 벨트라미는 1868 년에 평행선 공준에 대한 증명의 모든 문제를, 어떤 증명도 가능하지 않다는 것을 증명함으로써 증명하였다.

쌍곡기하학의 여러 성질을 만족하는 가장 적합한 모형으로서, 의구면(擬球面, pseudo-sphere)을 이용한 벨트라미의 모형을 소개한다. 벨트라미는 [그림 8-10]과 같은 호곡선(弧曲線, tractrix)을 회전함에 따라 얻는 곡면상에 쌍곡평면을 나타내는 데 성공했다.31) 이는 유클리드 공간의 곡면으로 쌍곡평면을 나타낸 최초의 업적이다.

호곡선을 그것의 점근선인 x 축을 회전축으로 하여 회전시키면 [그림 8-14]와 같은 의구라는 곡면이 생긴다. 의구면에서 BC와 AD는 회전 중인 호곡선의 다른 점에서 취해졌으므로 의구의 자오선들이며, 이들은 결코 교차할 수 없다. 사변형 $ABCD$는 사케리의 사변형이고, $\angle C = \angle D$는 예각이다. 그리고 점 P를 지나면서 한 직선 l에 평행한 직선은 두 개 이상이다.

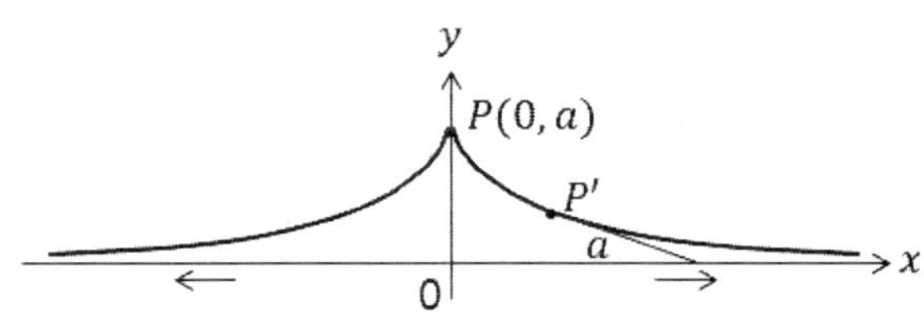

그림 8-13 뉴턴의 추적선(tractrix)

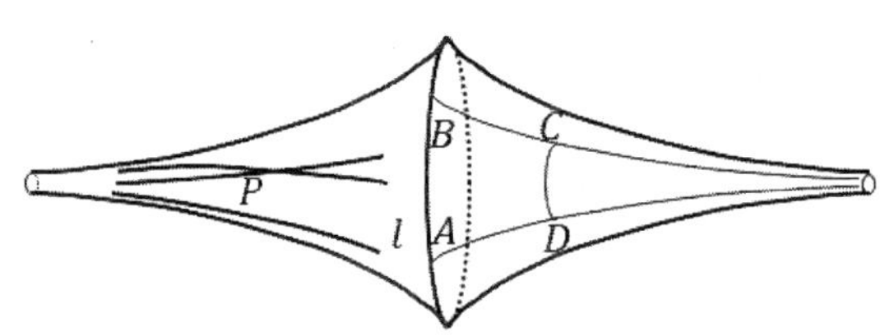

그림 8-14 벨트라미의 쌍곡평면 모형

6) 리만의 타원기하학

(1) 1854년에 리만(Georg Friedrich Bernard Riemann)은 "기하학의 기초를 이루는 가설들에 관하여"에서, 유클리드 공준 1, 2, 5의 수정을 바탕으로 또 하나의 비유클리드 기하학을

---

30) 클라인, 푸앵카레, 벨트라미 등의 수학자는 쌍곡기하학의 논리적 무모순성을, 유클리드 기하학의 내부에 쌍곡기하학에 대한 모형을 구성하고 쌍곡공리를 바탕으로 추론을 전개함으로써, 만약 어떤 모순이 생긴다면 유클리드 기하에도 그에 대응하는 모순을 낳을 수밖에 없다는, 상대적 무모순성에 입각한 증명법을 이용하여 입증하였다. 이로써 평행선 공준은 다른 공준 및 공리들로부터 독립되었으며, 기하학의 해방은 선언되었다.

31) 호곡선은 1676년 뉴턴(Newton, I., 1642-1727)에 의해 처음으로 소개되었는데, 이를 접점과 x축 사이의 접선의 길이가 일정한 xy-평면상의 곡선이라 정의하였다. 그 후 1693년에 호이겐스(Huygens, C., 1629-1695)는, [그림 8-13]에서 점 $(0, a)$에 있는 추 P에 길이가 a인 실을 매달아서 그 끝을 잡고 원점 O를 출발해서 x축 위를 운동할 때 추가 그리는 곡선, 즉 P'의 궤적이라고 정의하였다.

건설하였다.[32)]

(2) 타원기하학의 모형으로 유클리드 공간 내의 구면을 제시하였다.[33)]

[그림 8-16]과 같은 리만의 모형에서 구면, 구면상의 대심점(對心點)(예컨대, A와 구의 중심에 관한 대칭점 A'), 대원(大圓, great circle), 대원 상의 교각 및 두 점을 지나는 대원상의 짧은 호의 길이를 각각 R-평면, R-점, R-직선, R-각, R-거리라고 하면, 이들에 관한 새로운 기하학을 전개할 수 있다. 그리고 이때 삼각형의 내각의 합은 180°보다 크며, 삼각형의 넓이는 주어진 삼각형의 내각의 합에서 180°를 뺀 차에 비례한다.

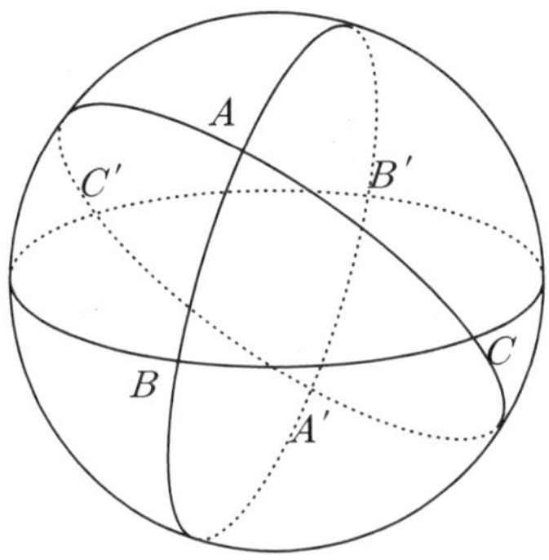

그림 8-16 리만의 모형

리만(1826–1866)

7) 비유클리드 기하학(쌍곡기하학과 타원기하학) 성립의 영향

(1) 칸트 철학의 공간론의 반박에 대한 파장이 심각하였다.

(2) 수학에서의 진리성에 대하여 "참"을 어떻게 해석해야 할까? 상반되는 두 기하학이 상호 무모순적일까? 등과 같은, 인간의 정신문화에 큰 파문을 형성하였다.

(3) 평행선공준은 논리적으로 증명 불가능임이 입증됨에 따라, 유클리드 기하와 비유클리드 기하는 논리적, 수학적으로 동치임이 밝혀졌다.

(4) 유클리드 기하학에 있어서의 논리적 결함이 발견되기 시작했다.

---

32) 이전의 많은 연구자들은 둔각 가설이 직선의 길이의 무한성에 대한 모순을 유발한다는 이유로 일찍이 이를 배제하였다. 그러나 리만은 직선의 무한성과 끝이 없음을 명확히 하여 유클리드 공준을 다음과 같이 수정하였다.

1′: 임의의 두 점은 적어도 하나의 직선을 결정한다.

2′: 직선은 경계가 없다(끝이 없으나 유한 길이를 갖는다).

5′: 동일 평면 위의 임의의 두 직선은 반드시 만난다.

리만은 이 수정된 공준을 바탕으로 둔각 가설을 만족하는 새로운 기하학을 건설하였다. 1871년에 클라인은 이 새로운 비유클리드 기하학을 '타원기하학'이라 명명하였다.

33) 리만은 물리 법칙의 탐구가 유클리드 기하 밖의 어떤 기하를 필요로 할 때가 올 것임을 예언했는데, 그가 죽은 후 약 50년이 지나 아인슈타인(Einstein)의 일반상대성이론(一般相對性理論)을 통해서 이것이 구현되었다.

(5) 다른 여러 가지 비유클리드 기하학의 발견의 장이 열렸다.

8) 유클리드 기하학과 비유클리드 기하학의 주요 차이점

내용 \ 종류	쌍곡선기하학	포물선기하학	타원기하학
창시자	Bolyai & Lobachevsky	Euclid	Riemann
직선 밖의 한 점을 지나는 평행선의 수	무수히 많다	단 하나뿐이다	하나도 없다
직선의 길이	무한	무한	유한
두 직선의 공통 수선	없거나 단 하나뿐이다	없거나 무수히 많다	단 하나뿐이다
지름에 대한 원주각의 크기	직각보다 작다	직각과 같다	직각보다 크다
삼각형의 내각의 합	두 직각보다 작다	두 직각과 같다	두 직각보다 크다

☞ 비유클리드 기하학과 관련된 서신 내용

유클리드 이후 2천 년 동안 유일 절대시했던 유클리드 기하학에서 벗어나고픈 현상들이 여기저기서 나타나고, 이에 대한 논의도 18세기 중반부터 19세기 초반까지 활발하게 – 그러나 조심스럽게 – 진행되었다. 그 당시로서는 아직 통신 수단 발달의 한계와 물리적 거리의 제약이 심해서 소통수단으로 대부분 개인적 서신을 많이 이용할 수밖에 없었다. 그 대표적인 몇 사람의 서신 내용을 읽어봄으로써, 그 당시 어떤 일들이 벌어졌는지 보다 명확히 이해할 수 있다.

1. 가우스가 1817 년 올베르스(W. Olbers)에게

나는 우리의 유클리드 기하학의 필연성이 적어도 인간의 지성에 의해서든, 인간의 지성을 위해서든 증명될 수 없음을 더욱 확신하게 되었다. 어쩌면 또 다른 세상에서 우리는 자연의 본질에 대한 통찰력을 얻을 수도 있을 것이다. 그러나 지금은 그곳에 도달할 수가 없다.

이로써, 가우스는 평행선공준을 증명하려는 시도는 참으로 헛된 것임을 잘 알고 있었다는 사실이 밝혀졌다.

2. 볼프강 보여이가 1820 년에 아들 야노스 보여이에게

볼프강 보여이는 아들인 야노스 보여이가 평행선 공준을 연구하고 있음을 알아채고 그에게 다음과 같은 편지를 써서 보냈다(Greenberg, M. J. 1974, p. 127).

너는 평행 문제에 대한 접근을 시도하지 말아야 한다. 나는 그 길이 파멸에 이른다는 것을 안다. 나는 내 인생의 온갖 빛과 즐거움을 내던지고 이 끝없는 암흑을 항해해 왔다. 너에게 청하건대, 너만이라도 평행에 관한 문제를 내버려둬야 한다. … 나는 진리를 위해 나 자신을 희생했다고 생각한다. 나는 기하학의 결함을 제거하고 그것을 정화하여 인류에게 돌려주는 순교자가 될 준비가 되어 있다. 나는 어마어마하고 방대한 업적을 성취했다. …그러나 나는 완전한 만족을 얻지 못했다. … 나는 아무도 그 암흑의 밑바닥까지 도달할 수 없다는 것을 깨닫고서야 되돌아오고 말았다. 나는 나 자신과 모든 인류를 가엽게 여기며 위로 받지 못한 채 되돌아오고 말았다.
나는 네가 너의 운명의 길에서 벗어나는 것을 기대하지 않는다. 나에게는 네가 마치 내가 죽음의 사해에서 모든 암초들을 지나 항해했지만 항상 부러진 돛대와 다 찢긴 돛을 단 채로 되돌아오고 말았던 그 길로 들어서는 것처럼 여겨진다. … 내 꿈의 파멸과 나의 몰락은 이 시대에 비롯된 것이다. 나는 무모하게 나의 인생과 행복에 모험을 걸었다.

3. 야노스가 1823년에 아버지 볼프강에게

앞에서와 같은 아버지의 애절한 편지에 대한 답장을 다음과 같은 내용으로 보냈다 (Greenberg, M. J. 1974, p. 129).

저는 지금 자료들을 완성하고 정리하는 대로 좋은 기회가 주어지면 곧 평행에 대한 연구를 발표하는 것이 확고한 계획입니다. … 저는 너무나 놀라운 것을 발견해서 저 자신도 깜짝 놀라고 말았습니다. 제가 그것을 잃어버리게 된다면 그것은 영원한 불운이 될 것입니다. 사랑하는 아버지께서도 그것을 보시면 아마 이해하실 것입니다. 지금으로서는, "저는 無로부터 이상하고 새로운 우주를 창조했습니다."라는 것 외에는 아무 말도 할 수 없습니다. … 저는 만일 이것이 완성된다면 제가 원했던 것 이상의 영광을 저에게 가져다 줄 것을 확신합니다.

4. 볼프강이 아들 야노스에게

아들의 답장을 받고 놀란 볼프강은 자신의 책의 부록에 아들의 논문을 넣어 출판할 것을 다음과 같은 편지로 그에게 권유하였다(Greenberg, M. J. 1974, p. 140).

만일 네가 그 문제의 해답을 얻는 데 성공했다면 두 가지 이유 때문에 발표를 서둘러야 한다고 생각한다. 첫 번째 이유는 착상이라는 것은 쉽게 이 사람 저 사람에게 전달되고, 그때는 다른 사람이 먼저 그것을 발표할 수도 있기 때문이다. 두 번째 이유는 바이올렛 꽃이 봄에 이곳저곳에서 피는 것처럼 그것들이 동시에 여러 곳에서 발견될 수도 있기 때문이다.

5. 가우스가 1829년에 친구 베셀에게

그는 비유클리드 기하에 대한 자신의 생각을 발표하지 않는 이유에 대하여 친구 베셀(Friedrich Wilhelm Bessel)에게 보낸 편지 내용이다.

… 아마 그들은 내 평생 빛을 보지 못 할 것이다. 왜냐하면 내가 나의 의견을 발표했을 때 아둔한 느림보들이 짖어댈 것이 두렵다. …

또한 그는 친구 슈마허(H. C. Schumacher)에게 "나는 어떤 종류의 논쟁으로도 빠져들어 가는 데 커다란 거부감을 가지고 있다."라고 말한 것에서도 알 수 있다.

6. 가우스가 야노스의 논문을 읽은 후 볼프강에게

예상보다 더디게 진행된 야노스의 논문 정리는 1829년에야 완성되어 그의 아버지에게 전달되었다. 볼프강은 1831년 6월에 26쪽짜리 아들 논문이 부록으로 실린 "Tentamen"을 가우스에게 보내면서, 아들의 천재성을 가우스가 인정해 줄 것을 기대했으며, 야노스도 자신의 성취를 가우스가 선전해 주기를 기대했다. 그리고서 무척 기다린 뒤에야 가우스로부터 받은 답장은 다음과 같았다. 그들 부자(父子)가 얼마나 실망했을지 상상해 볼 수 있다(Greenberg, M. J. 1974, p. 141).

내가 그 논문에 대해 칭찬할 수 없다는 문장으로 시작한다면 자네는 얼마동안 깜짝 놀라겠지만, 나는 그렇게 할 수밖에 없네. 그 논문을 칭찬한다는 것은 바로 나를 칭찬하는 셈이라네. 왜냐하면 그 논문의 전체 내용에서 자네 아들이 취한 과정과 또 그 유도 결과까지 모두 30-35세 사이의 내 마음을 점유했던, 나의 고찰과 거의 정확히 일치한다네. 이러한 이유에서 나는 매우 놀랐다네. 나의 견해도 내 연구 속에 포함되어 있지만 현재까지는 단지 일부분만이 알려졌을 뿐이고, 또 내 생애에는 그것이 알려지기를 원치 않고 있다네. 대부분의 사람들은 우리의 결론을 이해할 만한 통찰력을 갖고 있지 않고, 또 내가 연락을 주고받는 사람 중에 단지 몇 사람만이 어떤 특별한 관심을 갖고 있을 뿐이라네. 이런 것을 이해하기 위해서는 우선 그에 필요로 하는 날카로운 인식을 갖고 있어야 하는데, 그런 점에서 대다수는 아주 당황하게 된다네. 한편 언젠가는 모든 것을 종이에 적을 계획이었네. 그래야 적어도 그것이 결국 나와 함께 사라지지는 않을 것이기 때문이라네. 그래서 나는 자네 아들이 이러한 노력을 아끼지 않는 것에 대단히 놀랐고, 그와 같은 주목할 만한 방법으로 나를 능가한 사람이 바로 나의 오랜 친구의 아들이라는 것에 더더욱 기쁘다네.

가우스의 답장에 찬사를 아끼지 않은 마지막 문장이 있음에도 불구하고, 격렬한 기질의 소유자인 야노스는 그 후 깊은 정신 우울증에 빠졌으며, 다시는 어떠한 출판물도 내지 않았다. 그는 결국 많은 원고 더미를 남긴 채 죽었다.

7. 가우스가 1831년에 친구 슈마허(H.C. Schumacher)에게

내가 15세이던 1792년에 나는 이미 "평행선 공준이 성립하지 않는 논리적인 기하학이 존재할 수 있다."는 생각을 했다.

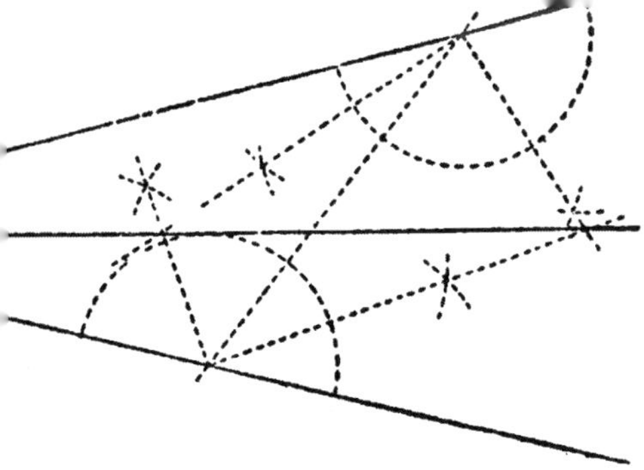

생각해 볼 문제

문제 8-1 '실질적 공리학의 양식'에 대하여 조사해 보고, 주변의 사상(事象)에 이를 적용해 보아라.

문제 8-2 유클리드 《원론》의 명제 28까지의 내용은 평행선 공준의 도움 없이도 증명이 가능하다는 것을 음미해 보아라.

문제 8-3 유클리드 《원론》의 명제 29와 명제 32를 평행선 공준을 써서 증명해 보아라.

문제 8-4 유클리드 《원론》이 인류 지성사에 끼친 영향의 의미를 논의해보아라.

문제 8-5 18세기 말엽에 플레이페어가 발견한 플레이페어 공준이 평행선 공준과 동치임을 논의해 보아라.

문제 8-6 가우스의 전기를 통해 다른 수학자들과의 사이에 왕래된 서신 내용을 조사해 보고 수학 이면사적 감동을 기술해 보아라.

문제 8-7 중립기하학(中立幾何學)에 대하여 설명하여라.

문제 8-8 평행선 공준과 동치인 명제들을 조사해 보고, 동치인 이유를 생각해 보아라.

문제 8-9 힐베르트의 공리군을 조사해 보고, 이것이 유클리드의 공리와 어떻게 다른지, 또 힐베르트는 왜 이와 같은 공리군을 설정했는지 생각해 보아라.

문제 8-10 어떤 배가 태평양의 한 지점에서 한 방향으로만 똑바로 500km만큼 항해하다가 오른쪽으로 90° 꺾어서 똑바로 500km만큼 항해했다고 하자. 마지막에 도착한 지점에서 처음에 출발한 지점까지의 거리는 어느 정도 될 것 같은가? 왜 그렇게 생각했는가?

문제 8-11 유클리드 공간 내에서 구성한 비유클리드 기하의 모형을 참고하여, 유클리드 기하와 비유클리드 기하의 차이점을 정리해 보아라.

chapter 9

원주율과 원의 구적법의 변천

원주율의 과학적인 역사를
출발시킨 아르키메데스

풀잎에 맺힌 아침 이슬, 하늘에 떠 있는 태양, 그리고 보름달, 이런 것들은 세모나 네모가 아니고 왜 하필 둥근 모양일까? 대부분의 식물의 줄기도 원기둥 모양이고 사람들이 만드는 상하수도관도 원기둥일까? 이런 의문을 가져 보고 이에 대해 생각해 보았는가?

초등학교 6학년 교실에서 π 라는 기호나 용어를 사용하지는 않지만, 원의 둘레가 그 지름의 3.14배라는 내용을, 늘 그래왔듯이 학생들은 하나의 기성수학의 모습으로 받아들이고 그것을 잘도 기억한다. 그것이 4000여 년 전 고대 이집트인들의 어떤 활동의 결과로 추측된 것인지, 또 2300년 전에 아르키메데스가 어떤 생각과 노력으로 얻은 값인지도 모른 채 말이다.

고대 그리스 수학자들은 원과 직선을 가장 완전한 도형으로 간주했으며, 그래서 그들은 컴퍼스와 직선자만을 수학적 도구로 삼았다. 그리고 이들만을 사용하여 그릴 수 있는 도형을 진정한 수학적 도형으로 인정하고, 이들에 관심이 그렇게 많던 것이다. 초등학교에서 학습하는 원의 넓이에 대해서는 수천 년의 긴 역사가 있다. 오늘날 원의 넓이에 대한 이론은 적분법에 의해 명확해졌으나, 적분법 그 자체가 사실상 원의 넓이를 구하는 긴 역사의 연장선상에서 확립된 것이다.

이 장에서는 π의 정확한 의미, 그것을 구하고자 했던 인류의 끈질긴 노력의 역사, π가 부리는 불가사의한 재주, 그리고 원의 넓이를 구하는 방법의 역사 등에 대하여 알아보기로 한다.

Ⅰ. π의 의미

고대로부터 수학(기하학)의 3대 난문(難問)은 '각의 3등분 문제', '원적(圓積)문제'와 '배적(倍積)문제'로서, 작도불가능 문제로 잘 알려져 있다. 이 가운데 원적문제와 밀접하게 관련되어 있는 원주율 π에 대하여 알아보기로 한다.[1)]

π는, 수학의 내부는 물론 보통 사람들의 일상생활이나 생산 활동에서 곧잘 쓰이고 있음에도 불구하고, 흔히 "π는 3.14이다"라는 정도로만 알고 있을 뿐이다. '원둘레가 지름의 몇 배인지를 나타내는 수(원주율: ratio of the circumference of the circle to the diameter)', 즉 '지름이 1인 원의 둘레의 길이', 또는 '원에 있어서 반지름을 한 변으로 하는 정사각형의 넓이에 대한 원의 넓이의 비, 즉 반지름이 1인 원의 넓이'라는, π의 올바른 의미나 그에 얽힌 역사 및 무리수이면서 초월수라는 사실과 폭넓은 용도 등에 대해서는 사람들이 그다지 관심을 보이지 않으며, 따라서 별로 알고 있는 것 같지도 않다.[2)] 그러나 수학에 있어서 가장 아름답고 완벽한 도형인 원 및 구와 관련되어 있으면서 무척이나 까다로운 존재이기도 하며 전혀 예상치 않았던 장면에서도 자주 튀어나오는 π에 대하여, 그 참모습을 밝혀내 보려는 시도들의 긴 역사가 끊임없이 이어져 오고 있으며 앞으로도 계속될 전망이다.

오늘날 우리가 하나의 전통적인 기호로 알고 있으며 또 자주 쓰고 있는 π를, 영국의 수학자 오트레드(William Oughtred, 1574–1661)가 1647년에 최초로 사용하였으며, 그 후 배로(Issac Barrow, 1630–1677), 그레고리(David Gregory, 1627–1720) 등이 사용하였으나 그들은 모두 원주의 길이의 의미로만 사용하였고, 오늘날과 같은 원주율의 의미로는 영국의 작가 존스(William Jones, 1675–1749)가 1706년에 출간한 책에 처음으로 도입했다고 한다. 수학자 오일러(Leonhard Euler, 1707–1783)는, 원주율의 기호로 처음에는 p와 c를 사용했다가 그 뒤 1737년에 3.14159…를 π로 나타냈다고 하며, 이어서 1742년에 골드바흐(Christian Goldbach, 1690–1764)와 1794년에 프랑스 수학자 르장드르(Adrien Marie Legendre, 1752–1833)도 원주율을 나타내기 위해서 π를 사용했다고 한다. 이 π라는 기호는 그리스어의 '둘레'를 의미하는 'περιψερεια'의 머리글자이

1) 눈금이 없는 직선 자[尺]와 컴퍼스만을 유한 번 사용하여, 주어진 임의의 각을 3등분하는 작도, 주어진 임의의 원과 같은 넓이를 갖는 정사각형의 작도, 그리고 주어진 정육면체의 2배의 부피를 갖는 정육면체의 모서리를 작도하는 문제를 3대 난문이라 한다.

2) 유리수 계수의 대수방정식의 근이 될 수 있는 수를 '代數的 數(algebraic number)', 근이 될 수 없는 수, 예컨대 π, e 등을 '초월수(超越數, transcendental number)'라고 한다. 칸토어(G. Cantor)는 대수적인 수보다 초월수가 더 많이 존재한다는 사실을 밝혔다.

며, 이 단어는 영어의 periphery의 어원이기도 하다. 한편, 원(또는 원주)의 영어 표기는 circle(또는 circumference)인데 이는 라틴어 circulus로부터 온 말이다. 오일러는 π에 해당하는 p(1734년) 및 circulus의 첫 글자인 c(1736년)를 썼던 것이다.

II. π값 계산의 약사(略史)

1. 실험적 방법에 의한 π 값의 추측

인간의 능력과 인내의 한계는 어디까지일까? 수학에서 자주 쓰는 표현을 빌린다면 '기껏해야 유한(at most finite)'일 것이다. 이제 이 π값의 계산에 도전한 역사를 간략하게나마 더듬어보면서, 인류의 끈질긴 노력의 역사에 대한 긍정적 평가를 해봄과 함께 π의 실체를 밝히기 위한 인간의 힘이 얼마나 중과부적(衆寡不敵)인가도 느껴 볼 수 있을 것이다.

π값의 과학적인 계산의 길고 긴 역사를 처음으로 출발시킨 사람은 고대 그리스 수학자이자 물리학자이며 철학자인 아르키메데스로 알려져 있다. 그러나 역사상의 기록에 의하면 그 이전에도 π의 값을 알고 이를 사용한 흔적이 더러 있다.

기원전 1700년경에 만들어져 세계 최고(最古)의 수학 책으로 알려져 있는 린드 파피루스(Rhind Papyrus)를 1877년에 아이젠롤(Eisenlohr)이 해독한 바에 의하면, 원적문제에 대한 해법 또는 구의 표면적을 계산했던 기록 등으로부터 $\pi=\left(\frac{16}{9}\right)^2=3.16049\cdots$임을 추정할 수 있다.

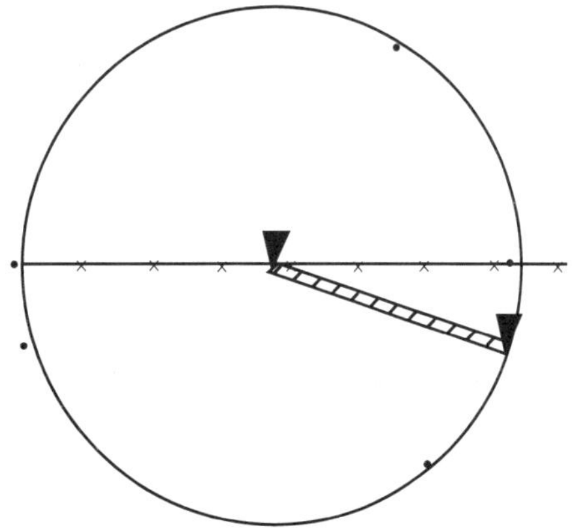

그림 9-1 나일 강변 모래밭에서 행했을 것으로 추정되는 π의 측정 방법

또, 1936년에 출토된 고대 바빌로니아의 점토판(B. C. 1700년경)을 수학사학자 노이게바우어(Otto Neugebauer, 1899–1990)가 해독한 π값에 대한 내용을 살펴보면, $\pi \fallingdotseq 3+\frac{7}{60}+\frac{30}{60^2}=3\frac{1}{8}=3.125$로 나타난다. 그리고 구약성서

(B.C. 550년경)의 열왕기 제 7장 23절과 역대지 제 4장 2절에도 결과로서 $\pi = 3$ 을 취한 기록이 있다.3)

2. 고전적 방법에 의한 π 값의 산출(算出)

이제, 아르키메데스로부터 출발하는 π 값의 계산에 대한 발자취를 대략 알아보면 다음과 같다.

아르키메데스
(기원전 287?-212?년)

- **기원전 240년경**: 아르키메데스(Archimedes)는 지름이 1인 원에 내접 및 외접하는 정6각형에서 출발하여, 이들의 변의 수를 2배씩 해가는 방법에 따라 π 의 값이 존재하는 최초 구간의 하한($l_1 = 3$)으로부터 상한($L_1 = 2\sqrt{3}$)까지의 거리를 점점 좁혀 나갈 수 있다는 사실, 즉

$$l_1 < l_2 < l_3 < \ \dots < \pi < \ \dots < L_3 < L_2 < L_1$$

에 착안하고 내접 및 외접하는 정96각형을 작도해서 각각의 둘레를 계산하여,

$$3.140845\ldots = \frac{223}{71} < \pi < \frac{22}{7} = 3.142857\ldots$$

이라는 사실을 밝히고, 이로부터 $\pi \fallingdotseq 3.14163$ 을 구했다. 이 결과는 소수점 이하 둘째 자리까지가 오늘날 우리가 흔히 쓰고 있는 값인 3.14이다.4) 아르키메데스의 이 업적은,

---

3) "Also, he made a molten sea of ten cubits from brim to brim, round in compass, and five cubits the height thereof; and a line of thirty cubits did compass it round about."

4) 원에 내접·외접하는 정다각형을 이용하여 π를 구하는 방법: [그림 9-2]의 왼쪽에서 AB를 정n각형의 한 변, AC를 정$2n$ 각형의 한 변이라 하자. $AB=a$, $AC=b$, $OH=c$ 라 하면, $c=\sqrt{1-\left(\frac{a}{2}\right)^2}$, $b=\sqrt{(1-c)^2+\left(\frac{a}{2}\right)^2}$ $=\sqrt{2-\sqrt{4-a^2}}$ 이다. 또 오른쪽에서는, AB를 정n 각형의 한 변의 절반, AC를 정$2n$ 각형의 한 변의 절반이라 하자. $AB=a$, $AC=b$, $OB=c$라 하면 $OA : OB = AC : CB$이므로, $c=\sqrt{a^2+1}$, $1 : c = b : (a-b)$, $b=\frac{a}{1+c}=\frac{a}{1+\sqrt{a^2+1}}=\frac{\sqrt{a^2+1}-1}{a}$ 이다.

삼각함수(반각공식이 유효하게 쓰인다.)나 십진기수법도 알려져 있지 않던 그 시대에 이와 같이 정밀한 값을 모래 또는 굳은 기름덩이 위에서 손수 계산으로 구했다는 것은 아르키메데스의 뛰어난 천재성을 잘 말해 주고 있는 것이다. 그리고 오늘날 학생들에게도 잘 알려져 있는 분수 $\frac{22}{7}$ 는 100 이하의 두 정수의 비로 나타낼 수 있는 가장 좋은 π 의 근삿값이다.

그 이전의 $\pi = 3$ 이라는 일부 주장에 대하여, 지름이 1인 원에 내접하는 정6각형의 둘레가 3이므로 이때의 원둘레는 반드시 3보다 클 수밖에 없다고 추론하듯이, 논리적으로 생각하기 좋아했던 고대 그리스인의 합리적인 사상에 기인한 것으로도 볼 수 있다. 아르키메데스의 이러한 방법은 초등기하를 다루고 있는 학교수학에서도 대단한 교육적 의미가 있는 것으로 여겨진다.

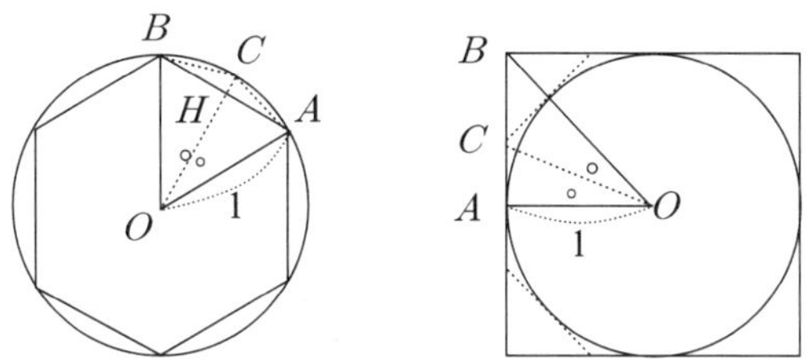

그림 9-2 아르키메데스의 원주율 산출 방법

- 150년경: 알렉산드리아의 프톨레마이오스(Claudius Ptolemaios)가 그의 유명한 저작 《알마게스트(Almagest)》에서 밝힌 바, 60진법으로 3 8′30″과 같이 나타내고 있는데 이는 십진법으로 $\pi = 3.14166\ldots$ 에 해당하며, 소수점 이하 세 자리까지의 정확한 π값으로 아르키메데스로부터 400여 년 뒤의 일이다.[5] 그런데 그가 이 값을 그의 책에 있는 현표(弦表)로부터 유도했을 것이라고 대체로 짐작하고 있으나, 한편, 기원전 225년경의 아폴로니오스(Apollonios of Perga)가 구한 결과를 그의 책에 실었을 것이라는 추측도 있다.

프톨레마이오스(85?-165?)

문헌상의 결과만을 놓고 본다면 π값을 소수 이하 한 자리 늘리는 데 무려 400년이나 걸린 셈이다.

- **480년경**: 중국의 남북조(南北朝) 시대 송(宋)나라 천문대 관리를 지냈던 조충지(祖沖之, Tsu-Chung-Chih)와 그의 아들 조항지(祖恒之)는 세계 최초로 소수 6자리까지의 정확한 π값을, 아르키메데스와 동일한 방법을 써서 구한 것으로 알려졌는데 그 결과는,

$$3.1415926 < \pi < 3.1415927$$

이었다. 그 후, 그는 분수에 의한 값인 '약률(略率)'로 $\pi = \frac{22}{7} = 3.14$ 와 '밀률(密率)'로

5) 프톨레마이오스의 저서 《알마게스트》로 널리 알려진 이 책의 초기 명은 《*Syntaxis mathematica*》이다.

$\pi = \frac{355}{113} = 3.141592$ 를 제시하였다. 조충지 부자의 이 업적에 대해, 고대 인도에서 발견한 것이 전래되었을 가능성이 있다고 주장하는 사람도 있다. 여기서 중국에 있어서의 원주율의 역사에 대하여 대략 알아보기로 한다.

조충지(429-500)

유휘(3세기경)

양휘(13세기)

기원전 100년경에 쓰인 수학 책인 《주비산경(周髀算經)》에는 '周三徑一'이라는 말이 있다. 즉 $\pi = 3$ 이라는 뜻이다. 그 후 동한(東漢) 시대의 수학자 장형(張衡)은 $\pi = \sqrt{10} = 3.16227\cdots$ 과 같다고 했으며, 우진(魏晋) 때 유휘(劉徽)는 263년에, 그의 주해서 《해도산경(海島算經)》에서, 《구장산술(九章算術)》에 π 의 값으로 3을 취한 데 대하여, 내접 정6각형의 둘레와 원의 지름의 비로는 내접 정12각형의 넓이밖에는 구할 수 없다고 지적하고, 할원술(割圓術)을 개발하여 내접 정3072각형의 넓이를 계산해서 $\pi = \frac{2927}{1250} = 3.1416$ 을 얻었다.[6] 유휘의 이 방법에는, 잘게 나누고 극한을 이용한다는, 즉 적분법의 기본 사상이 배어 있다는 사실은 실로 놀라운 일이다.

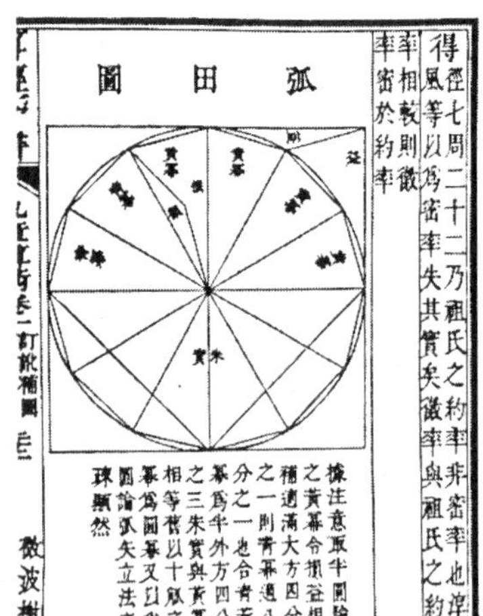

그림 9-3 유휘의 원주율 계산법

개화기 이전까지 중국 수학의 영향권 아래 있었던 우리나라의 경우, 중국 남송(南宋)의 양휘(楊輝)가 지은 《양휘산법(楊輝算法)》(1275)이 세종 때 전해져서 조선시대의 수학에 줄곧 영향을 미쳤다고 한다.

6) 유휘는 원에 내접하는 정다각형의 변의 수를 늘려나가 원에 접근시키는 무한 산법을 이용하였다. 극한의 개념을 이용하는 이와 같은 방법을 후에 할원술(割圓術)이라 하였다.

이 책에서, 지름이 d인 원의 넓이를 $\frac{3}{4}d^2$으로 나타내고 있으므로 $\pi = 3$ 으로 본 셈이다. 그리고 조선 말 남병길(南秉吉)의 《산학정의(算學正義)》(1867)에서는 원의 넓이를 구할 때, $\pi = 3.1415926535$를 썼다는 기록이 있다. 이는 원에 내접하는 정6각형과 외접하는 정4각형 각각의 변의 수를 계속 2배씩 늘려 π값을 구한 사실이 적혀 있는 청나라의 수학 책 《수리정온(數理精蘊)》(1723)의 영향을 받은 것으로 짐작된다. 이보다 앞서 홍대용(洪大容)은 《주해수용(籌解需用)》에서 $\pi = 3$으로 사용했던 기록도 있다.

- **530년경**: 인도에서도 기원전부터 $\pi = \sqrt{10}$ 또는 $\pi = \frac{22}{7}$ 등이 사용되었다고 알려져 있으며, 유명한 수학자 아리아바타(Āryabhata, 476?–550?)는

$$\pi \approx \frac{62832}{20000} = 3.1416$$

을 제시했는데, 이는 유도 과정에 대한 아무런 힌트도 없는, "100에 4를 더해서 8을 곱하라. 그것에 62,000을 더하면 지름이 20,000인 원둘레와 대략적으로 같은 값이다."라는 기록으로부터 기인한 값이다. 또, 그는 '원에 내접하는 정n각형의 한 변의 길이를 $s(n)$이라 하고, 정$2n$각형의 한 변의 길이를 $s(2n)$이라 할 때, $s(2n) = \sqrt{2 - \sqrt{4 - s(n)^2}}$ 이라'는 편리한 관계식을 이용하여, 내접 384각형의 둘레의 길이를 계산한 결과로서, $\pi \approx \frac{\sqrt{98{,}694}}{100} = 3.14156$을 제시하고 있다.

그 뒤, 인도의 브라마굽타(Brahmagupta, 598?–660?)도 π의 값으로 $\sqrt{10}$을 사용했는데, 이 값은, 지름이 10인 원에 내접하는 12, 24, 48각형과 96각형의 둘레를 계산하여, 각각 $\sqrt{965}$, $\sqrt{981}$, $\sqrt{986}$과 $\sqrt{987}$을 얻고, 이 수열이 $\sqrt{1{,}000}$에 점점 접근할 것으로 예상한 결과라고 한다.

- **1150년경**: 인도의 수학자 바스카라(Bhāskara, 1114–1185)는 원에 내접 및 외접하는 정6각형에서 시작하여 변의 수를 늘려, 정$6 \times 2^6 = 384$각형을 만들어서 $\pi = \frac{3927}{1250} = 3.1416$을 구했으며, 그 외에도 $\pi = \frac{754}{240} = 3.14166$과 $\pi = \sqrt{10}$을 사용했다고 한다.

- **1220년경**: 이탈리아 피보나치(Leonardo Fibonacci, 1175–1250)는 아르키메데스와 같은 방법으로, $\pi = \frac{864}{275} = 3.141818$을 구했다고 한다.

▪ **1579년**: 프랑스의 유명한 수학자 비에트(François Viète)는 1579년 아르키메데스와 같은 고전적 방법으로, $6\times 2^{16}=393,216$ 각형을 이용해 π값을 소수 9자리까지 정확히 발견했으며, 또 반지름 1인 원에 내접하는 정4각형, 정8각형, 정16각형, …의 넓이의 역수는 각각 2, $\frac{2\sqrt{2}}{2}$, $\frac{2\sqrt{2}}{2}\cdot\frac{\sqrt{2+\sqrt{2}}}{2}$,… 이고 원의 넓이의 역수는 $\frac{4}{\pi}$ 이므로, 이를 정리하여 다음과 같이 흥미로운 해석적 방법인 무한 곱의 식으로 '비에트의 공식'을 제시했다.

비에트(1540-1603)

$$\frac{2}{\pi}=\sqrt{\frac{1}{2}}\sqrt{\frac{1}{2}+\frac{1}{2}\sqrt{\frac{1}{2}}}\sqrt{\frac{1}{2}+\frac{1}{2}\sqrt{\frac{1}{2}+\frac{1}{2}\sqrt{\frac{1}{2}}}}\cdots$$

▪ **1585년**: 안소니준(Adriaan Anthonizoon, 1527–1607)은 원에 내접 및 외접하는 정육각형에서 시작하여 정$6\times 2^8=1,536$ 각형을 만들어서 $\frac{333}{106}<\pi<\frac{377}{120}$을 얻었다. 여기서 그는 분모(106과 120), 분자(333과 377)끼리의 각각의 평균값을 취하여 $\pi=\frac{355}{113}$를 택했다고 한다. 이 값은 중국의 조충지가 구한 π의 값을 재발견한 셈이다. 그러나 당시에는 중국과 유럽 사이에 비단길(silk road)이 있었고 해로(海路)도 발달되어 있었으므로 조충지의 연구 결과가 유럽으로 소개되었을 것으로 보는 설도 있다. 어쨌든 유럽에서는 소수 6자리까지의 정확한 π의 값을 중국보다 1000년 이상 이후에야 알게 되었던 것은 사실이다.

▪ **1610년**: 네덜란드 수학자 루돌프(Ludolph van Ceulen, 1539–1610)는 원주를 차례차례 2등분하여 원에 내접 및 외접하는 정2^{62}각형을 만들고 이를 이용해서 π의 값을

$$\pi=3.14159265358979323846264338327950288\cdots$$

과 같이 소수 35자리까지 계산했는데, 그는 이를 위해 그의 일생의 대부분을 바쳤다고 한다. 그의 사후, 그가 구한 π의 값이 소수 35자리까지 정확하다는 사실이 밝혀졌으며, 그의 유언에 따라 그의 부인은 묘비에 이 값을 새겼다고 한다. 당시로서는 실로 엄청난 계산량이었음을 짐작할 수 있다. 그의 이 결과는, 고전적 방법에 의해 π의 값을 계산하여 소수점 이하 자릿수를 누구보다 많이 늘린 셈이었으며, 따라서 이 분야의 최후의 승리자가 되었다. 독일에서는 오늘날까지도 그의 엄청난 노력에 경의를 표하는 뜻으로, 종종 이 수를 '루돌프 수(Ludolphsche Zahl, Ludolphine Number)'라 부른다고 한다.

3. 해석학적(解析學的, 代數的) 방법에 의한 π값의 계산

17세기에 들어서서는 고전적 방법인 정n각형을 이용한 π값의 기하학적인 계산은, 무한급수, 극한, 미적분 등과 같은 해석학의 발달로 인해 π의 무한급수 및 연분수(連分數) 표현의 대수적 방법으로 대체되었으며, 소수 이하 자릿수 확장도 급속도로 진전되었다. 이에 대하여 중요한 몇 가지 업적을 알아보기로 한다.

- **1650년**: 영국의 수학자 월리스(John Wallis)는 다음과 같은 무한 곱의 식

$$\frac{\pi}{2}=\left(\frac{2\cdot 2}{1\cdot 3}\right)\left(\frac{4\cdot 4}{3\cdot 5}\right)\left(\frac{6\cdot 6}{5\cdot 7}\right)\left(\frac{8\cdot 8}{7\cdot 9}\right)\cdots$$

을 만들었고, 왕립학회의 초대 회장이었던 브롱커 경(Lord Brouncker)은 위의 식을,

월리스(1616-1703)

$$\frac{\pi}{4}=\cfrac{1}{1+\cfrac{1^2}{2+\cfrac{3^2}{2+\cfrac{5^2}{2+\cfrac{7^2}{2+\cdots}}}}}$$

와 같은 연분수 형태로 바꾸었다.[7)]

---

7) 연분수에 대하여 보다 자세히 알아보기로 하자. 연분수는 $\frac{\pi}{4}$가 다음과 같은 수열의 극한값으로 주어진다는 뜻이다. 즉, 위의 연분수는 π의 분수에 의한 근사 표시이다. 그러나 이 식은 π의 논리적인 계산에 크게 기여하지는 못했다.

$$\frac{1}{1},\ \cfrac{1}{1+\cfrac{1^2}{2}},\ \cfrac{1}{1+\cfrac{1^2}{2+\cfrac{3^2}{2}}},\ \cdots$$

위와 같은 브롱커 경의 π의 연분수 표시 외에 또 하나의 재미있는 람베르트(Johann H. Lambert: 1728-1777)의 연분수 표시가 있다. 이는, π의 정수 부분이 $[\pi]=3$이기 때문에 그것의 소수 부분은 $\pi-3$이고, 이 $\pi-3$의 역수의 정수 부분은 $\left[\frac{1}{\pi-3}\right]=7$, 그리고 $\frac{1}{\pi-3}-7$의 역수의 정수 부분은 15, 마찬가지로 $\cfrac{1}{\cfrac{1}{\pi-3}-7}-15$의 정수 부분은 1, …과 같은 과정을 반복하여 아래와 같은 연분수식을 얻을 수 있다.

$$\pi=3+\cfrac{1}{7+\cfrac{1}{15+\cfrac{1}{1+\cfrac{1}{292+\cfrac{1}{1+\cdots}}}}}$$

그리고, 이때 π의 값은 차례로 다음과 같다.

▪ **1671년**: 스코틀랜드 수학자 그레고리(James Gregory)는,

$$\arctan x = \int_0^x \frac{dx}{1+x^2}$$

의 우변을 무한급수로 전개하여

$$\arctan x = x - \frac{x^3}{3} + \frac{x^5}{5} - \frac{x^7}{7} + \cdots (-1 \le x \le 1)$$

을 만들었으나, $x=1$일 때, 이 급수가

$$\pi = 4\left[1 - \frac{1}{3} + \frac{1}{5} - \frac{1}{7} + \cdots\right]$$

처럼 된다는 사실을 미처 알아차리지 못했다고 한다. 그러나 1674년, 이 급수가 라이프니츠(Gottfried Wilhelm Leibniz)에게 알려져서 π 값의 계산에 이용되었다. 그런데 이 급수의 수렴속도가 너무 느려서, 이 급수의 20개의 항으로 계산한다 해도 겨우 $\pi = 3.042\cdots$ 밖에 구할 수 없으며, 소수점 이하 100자리까지의 정확한 π 값을 구하는 데는 무려 10^{50}개의 급수항(級數項)을 필요로 함이 밝혀졌으므로 π 값의 계산에는 적합하지 못했던 것이다.

뉴턴(Isaac Newton)은 그레고리 급수의 이와 같은 단점을 보완하기 위해서 $\arcsin x$의 전개식

$$\arcsin x = x + \frac{1^2}{3!}x^3 + \frac{1^2 \cdot 3^2}{5!}x^5 + \frac{1^2 \cdot 3^2 \cdot 5^2}{7!}x^7 + \cdots$$

에 $x = \frac{1}{2}$을 대입하여

$$\frac{\pi}{6} = \frac{1}{2} \cdot \frac{1}{2 \cdot 3} \cdot \frac{1}{2^3} + \frac{1 \cdot 3}{2 \cdot 4 \cdot 5} \cdot \frac{1}{2^5} + \frac{1 \cdot 3 \cdot 5}{2 \cdot 4 \cdot 6 \cdot 7} \cdot \frac{1}{2^7} + \cdots$$

와 같은 공식을 발견하고, 이를 써서 소수점 이하 16자리까지의 π 값을 구했다.

---

① $\pi = 3 + \frac{1}{7} = \frac{22}{7} = 3.1428\cdots$ (이는 아르키메데스의 π 값 범위의 상한(上限), 또는 조충지가 얻은 약률과 일치한다.)

② $\pi = 3 + \cfrac{1}{7 + \cfrac{1}{15}} = 3 + \frac{15}{106} = \frac{333}{106} = 3.141509\cdots$ (안소니 준이 얻은 π값 범위의 하한과 일치한다.)

③ $\pi = 3 + \cfrac{1}{7 + \cfrac{1}{15 + \cfrac{1}{1}}} = 3 + \frac{16}{113} = \frac{355}{113} = 3.14159292\cdots$ (조충지가 구한 밀율과 같다.)

그 다음은 $\pi = \frac{103993}{33102} = 3.141592653\ldots$이 되어, 결국 π의 참값에 점점 가까이 가고 있음을 알 수 있다.

그레고리(1638-1675)

뉴턴(1642-1727)

라이프니츠(1646-1716)

▪ **1706년**: 샤프(Abraham Sharp, 1651–1742)는 앞의 그레고리 급수에 $x=\frac{1}{\sqrt{3}}$ 을 대입하여 (즉, $\frac{\pi}{6}=\arctan\frac{1}{\sqrt{3}}$ 임을 이용하여) 수렴 속도가 상당히 빠른 급수

$$\frac{\pi}{6}=\frac{1}{\sqrt{3}}\left(1-\frac{1}{3\cdot 3}+\frac{1}{5\cdot 3^2}-\frac{1}{7\cdot 3^3}+\cdots\right)$$

를 발견하고, 이를 이용하여 π 값을 소수점 이하 72자리까지 정확히 계산했는데, 이는 아르키메데스의 고전적 방법으로는 도저히 무너뜨릴 수 없을 것 같은 벽을 무너뜨린 셈이다. 그리고 같은 해, 마친(John Machin, 1680–1752)은, 그레고리 급수에서 $\tan\beta=\frac{1}{5}$ 로 두고 탄젠트의 가법정리를 두 번 써서 $\tan 4\beta=1+\frac{1}{119}$ 을 얻었다. 따라서

$$\tan\left(4\beta-\frac{\pi}{4}\right)=\frac{1}{239},\quad \frac{\pi}{4}=4\arctan\frac{1}{5}-\arctan\frac{1}{239}=\arctan 1$$

이며, 이 arctan 값들을 대입하여,

$$\begin{aligned}\frac{\pi}{4}=4&\left\{\frac{1}{5}-\frac{1}{3\cdot 5^3}+\frac{1}{5\cdot 5^5}-\frac{1}{7\cdot 5^7}+\cdots\right\}\\ &-\left\{\frac{1}{239}-\frac{1}{3\cdot 239^3}+\frac{1}{5\cdot 239^5}-\frac{1}{7\cdot 239^7}+\cdots\right\}\end{aligned}$$

와 같은, 수렴속도가 매우 빠른 새로운 급수를 만들어서 소수점 이하 100자리까지의 π 값을 구했다.

그 후에도 무한급수와 연분수 표현을 이용한 π 값의 계산 경쟁은 계속되었다. 그러나 그레고리-라이프니츠 공식은 그 수렴속도가 느렸기 때문에 주된 연구방향은 가능한 한 빨리 수렴하면서 계산이 용이한 무한급수를 찾는 일이었다. 그리고 오일러는,

$$\arctan\frac{1}{2}+\arctan\frac{1}{3}=\arctan 1=\frac{\pi}{4}$$

임을 이용해 1748년에 이 두 가지 조건을 만족하는 다음과 같은 급수를 발견했다.

$$\frac{\pi}{4}=\left\{\frac{1}{2}-\frac{1}{3}\left(\frac{1}{2}\right)^3+\frac{1}{5}\left(\frac{1}{2}\right)^5-\frac{1}{7}\left(\frac{1}{2}\right)^7+\cdots\right\}$$
$$+\left\{\frac{1}{3}-\frac{1}{3}\left(\frac{1}{3}\right)^3+\frac{1}{5}\left(\frac{1}{3}\right)^5-\frac{1}{7}\left(\frac{1}{3}\right)^7+\cdots\right\}$$

한편, 일본인으로서는 1722년에 타케베 카타히로(建部賢弘)가,

$$\pi^2=9\left(1+\frac{1^2}{3\cdot 4}+\frac{1^2\cdot 2^2}{3\cdot 4\cdot 4\cdot 6}+\frac{1^2\cdot 2^2\cdot 3^2}{3\cdot 4\cdot 5\cdot 6\cdot 7\cdot 8}+\ldots\right)$$

와 같은 공식을 써서 41자리까지의 π값을 구했으며, 마츠나가 요시스케(松永良弼)는 1739년 이와는 다른 무한급수 공식으로 51자리까지 구했다고 한다.

지금까지 알아 본 바와 같이 여러 가지 무한급수가 앞 다투어 발견되었는데, 그것들을 이용한 π값의 계산 결과들만 나열하면 [표 9-1]과 같다.

[표 9-1]에서 알 수 있듯이, 1706년부터 1947년까지의 240년 사이에 소수점 이하 72자리에서 808자리까지 급속도로 자릿수가 늘어났다. 이 가운데, 샹크스가 소수점 이하 707자리까지 구한 값은 70년 이상이나 오류를 발견하지 못해 그대로 인정되다가, 1945년 퍼규슨이 샹크스의 결과 가운데 소수점 이하 528 자리 이후가 틀렸다는 것을 탁상 계산기로 계산하여 발견하였다.[8)]

8) 드모르간(Augustus De Morgan, 1806-1871)은 샹크스의 계산 결과에 대하여 7이 유난히 적다고 지적하였다. 어떤 수든지 같은 정도로 나타난다면 71회쯤 나타나야 하는데 7은 44회밖에 나타나지 않으며, 그와 같은 현상이 일어날 확률은 $\frac{1}{45}$밖에 되지 않으므로 어딘가 계산이 틀렸을 가능성이 높다고 지적했던 것은 상당히 주목되는 점이다.

〈표 9-1〉 해석학적 방법에 의한 π 값의 계산 기록

계산한 사람	발표 연도	소수점 이하 자릿수
Issac Newton (1642-1727)	1665	16
Abraham Sharp (1651-1742)	1699	71
John Machine (1680-1752)	1706	100
De Lagny (1660-1734)	1719	127
Vega (1754-1802)	1794	136
William Rutherford (1798-1871)	1824	152
Johann M. Z. Dase (1824-1861)	1844	200
Thomas Clausen (1801-1855)	1847	248
William Rutherford	1853	440
Richter	1855	500
William Shanks (1812-1882)	1874	527(707)
D. F. Ferguson	1946	620
D. F. Ferguson (desk calculator 사용)	1947. 1	710
Levi B. Smith & J. W. Wrench (〃)	1947. 7	819

앞에서 나타난 무한급수식이나 연분수식을 이용하는 방법 외에도 심프슨(Thomas Simpson, 1710–1761)의 공식을 써서 정밀도가 매우 높은 π 의 근삿값을 구하는 방법도 있다. 필산 또는 탁상용 계산기로 구한 π 값은 소수점 이하 800자리 정도에 지나지 않지만, 여기에 컴퓨터가 가세하여 반세기도 채 안 되는 동안에 실로 놀랄 만큼의 진전이 이루어지고 있다. 대략적으로 알아보면 다음과 같다.

4. 전자계산기에 의한 π 값의 산출

1949년 미국에서 리이트위즈너(Reitwiesner) 등이 컴퓨터 ENIAC을 70시간 가동하여 마친의 공식인

$$\pi = 16\arctan\left(\frac{1}{5}\right) - 4\arctan\left(\frac{1}{239}\right)$$

을 써서 소수점 이하 2,037자리까지 구한 것이 시초가 되어, 아래 [표 9-2]에서 보는 바와 같이, π 사냥에 대한 엄청난 속도의 진전을 보고 있다.

Chudonovsky 형제

가네다 야스마사(金田康正, 1993, p. 109)

최근의 기록은 일본 동경대학 슈퍼컴퓨터센터의 가네다 야스마사(金田康正) 교수팀이 1997년 8월에 세운 기록으로, 515억 3,960만 자리를 능가하고 있다. 이들은 히다치 SR-2201 컴퓨터로 총 66시간 계산하여 이 엄청난 결과를 얻었다고 한다[9](한국일보, 1997. 8. 5). 기록은 또 다른 기록을 낳음으로써 깨어지기 위해 세운다는 말이 있듯이, 이 상상하기 힘든 경이적인 기록조차도 기록 갱신 경쟁의 역사 속에 파묻혀 버리고 말게 될 날이 올 것이다. 컴퓨터의 성능이 현재보다 획기적으로 향상되지 않는 한, 이 가네다 등의 기록은 당분간(?) 깨지지 않을 것이라고 전문가들은 전망했는데, 아닌 게 아니라 그로부터 약 8년 뒤 가네다 등은 1조 2,411억 자리에 달하는 π값 계산 결과를 세상에 내놓음으로써, 이 분야의 기록보유자로 자리를 굳건히 하고 있다. 지난 2016년에는 이미 13조 자리를 넘어선 것으로 알려졌다.

다음 [표 9-2]에서의 가네다 등은 Gauss-Legendre의 산술기하평균에 바탕을 둔 방법을 이용했다고 한다.

〈표 9-2〉 전자계산기에 의한 π값의 계산 기록

발표 시기	계산한 사람	계산 기종	소요 시간	소수점 이하 자릿수	비 고
1949	Reitwiesner 등	ENIAC	70	2,037	
1958	Felton	Pegasus	33	10,020	
1961	Shanks & Wrench	IBM-7090	8시간 42분	100,265	
1967	프랑스	CDC-6600		500,000	
1973	Guilloud & Bouyer	CDC-7600	23시간	1,001,250	
1983	金田 & 吉野	HITAC M-280H	30시간 이상	16,777,209	

9) 이 컴퓨터는 초당 3,000억 회의 과학 계산을 할 수 있는 성능을 지녔다고 한다. 그리고 이번 가네다 교수팀은 π의 계산에서 이 컴퓨터에 이상이 생길 때까지 가동했다고 한다.

〈표 9-2〉 전자계산기에 의한 π 값의 계산 기록 (계속)

발표 시기	계산한 사람	계산 기종	소요 시간	소수점 이하 자릿수	비 고
1988. 1.27	金田 & 吉野	HITAC S-820 모델 80	5시간 57분	2억 132만 6,551	
1989	Chudnovsky 兄弟	CRAY-2와 IBM 3090		4억 8천만	
1989	金田 등	S-820	160시간	10억 7,374만	
1991. 8.	Chudnovsky 兄弟			21억 6천만	93. 10. 12 확인 중
1993. 7. 30	Chudnovsky 兄弟			16억 1,061만	공식 기록
1995	金田 康正			64억	
1997. 8. 4	金田 康正	HITAC SR-2201	66시간	515억 3,960만 7,552	97. 8. 4. 朝日新聞
2005. 10. 20	金田 康正		601시간	1조 2,411억	A4용지 1.8억 장

이는 무한 합이나 무한 곱을 사용하는 방법에 비해, 동일한 조작을 차례차례 반복해 나가는 방법이다. 동일한 조작을 반복해 나감에 따라 π 값의 소수점 이하 바른 자릿수가 배로 늘어난다는 것이다. 예컨대, 이러한 조작을 19회 반복하는 것만으로도, π 의 값을 소수점 이하 100만 자리 이상 바르게 구할 수 있다고 한다.10)

지금까지 알아본 π 의 근삿값 계산의 역사를 다음과 같이 네 단계로 요약·정리할 수 있다.

먼저, 기원전 3세기 이전의 고대 메소포타미아, 이집트, 인도 및 중국 등지에서 여러 경험으로부터 귀납적으로 추정한 π 값인 3, 3.125 또는 3.1604 등이 있다. 다음으로, 기원전 3세기경 아르키메데스가 창안하여 17세기 초 루돌프 시대까지 1900여 년 동안 이어졌던 방법

10) 그 방법을 소개하면 다음과 같다. 초기값을 $A=1$, $B=\frac{1}{\sqrt{2}}$, $C=\frac{1}{4}$, $X=1$이라 하고, 다음의 (1)~(7)을 반복한다.

(1) $Y \leftarrow A$ (Y에 A를 대입한다.)

⇒ (2) $A \leftarrow \frac{A+B}{2}$ $\left(\frac{A+B}{2}\right.$의 값을 구하여 A의 새로운 값으로 한다.$\left.\right)$

⇒ (3) $B \leftarrow \sqrt{BY}$

⇒ (4) $C \leftarrow C - X(A-Y)^2$

⇒ (5) $X \leftarrow 2X$

⇒ (6) $\frac{(A+B)^2}{4C}$ (이것이 π의 값이다.)

⇒ (7) 최초의 (1)번으로 되돌아간다.

※ 초기값에 따라 (6)의 식으로 구하면 $\pi = 2.9142135$이고, 다음은 3.1405797, 그리고 세 번째는 3.1415928을 얻게 된다. 여러분도 hand-calculator를 써서 직접 구해 보기 바란다.

으로, 원에 내접 및 외접하는 정다각형의 둘레를 이용하여 35자리까지의 근삿값을 구하였다. 이어서, 17세기 중엽부터 300여 년 동안에는 해석학의 발달에 힘입어 π를 무한급수, 무한연분수 및 적분공식 등으로 표현하여 필산이나 탁상계산기로 819자리까지 구하였다. 끝으로, 컴퓨터 시대의 도래로 인하여 바로 전 단계에서 π의 표현 공식이나, 인도의 천재 수학자 라마누잔(Srinivasa Ramanujan)이 개발한 빠른 수렴 속도를 지닌 무한급수 및 연분수 등을 이용하여, 프로그램을 만들어서 컴퓨터로 소수점 이하 자릿수를 실로 믿어지지 않을 정도로까지 확장한 20세게 중반부터 70여 년 동안의 π 사냥의 역사이다.[11)]

라마누잔(1887-1920)

III. 신비의 대상 π

이제까지 π의 보편적 의미와 그 값의 계산에 대한 역사의 줄거리, 그리고 이와 관련된 원의 구적법에 대하여 개괄적으로 알아보았다. 끝으로 π가 지닌 몇 가지 기본 성질 및 그 용도에 대하여 알아보기로 한다.

먼저, π는 어떠한 두 정수의 비로서도 나타낼 수 없는 비순환 무한소수로서 무리수임을 1767년 람베르트(Lambert, Johann Heinrich, 1728–1777)가 증명하였으며, 유리수인 계수를 갖는 어떠한 대수방정식의 근도 될 수 없음을, 즉 π는 초월수임을 린데만(Friedrick Lindemann, 1852–1939)이 오일러의 저 유명한 관계식 "$e^{\pi i}+1=0$"을 써서 1882년에 증명하였다.[12)] 이로서, 자와 컴퍼스를 유한 번 사용하는 조건만으로는, 주어진 원과 같은 면적을 갖는 정사각형의 작도는 불가능하다고 완벽하게 판정되었으며, 아울러 기원전 460년경에 아낙사고라스

11) 라마누잔이 무한급수나 연분수 외에도 기하학적 방법을 사용하여 산출한 값은 $\left(9^2+\frac{19^2}{22}\right)^{\frac{1}{4}}=3.14159265262\ldots$ 이며, 그리고 그는 $\frac{63(17+15\sqrt{5})}{25(7+15\sqrt{5})}$ 또는 $2\pi\sqrt{2}=\frac{99^2}{1103}$ 와 같은 식에 의해 π값을 구했는데, 이는 3.14159274101257…로 소수점 이하 6자리까지 정확한 값이다.

12) 천재 수학자 오일러에 의해 π값의 수치 계산이라는 문제에 대한 종지부가 찍히는 듯했으나 그는 그의 저서 《무한해석개론(無限解析學序說)》에서 π는 대수적인 수가 아닐지도 모른다는 의문을 제기함으로써, π에 대한 새로운 수학적 이론으로서 "π의 초월성"이라는 문제의 첫 페이지를 펼쳤던 것이다.

(Anaxagoras)가 제창하여 2400여 년 동안이나 많은 사람들을 괴롭혀 왔던 원적문제는, 비록 맥 빠지는 방향이긴 하지만 해결이 되었으며, 따라서 그 후 이에 대한 호기심의 바탕을 송두리째 뽑아 버렸던 것이다.[13)]

다음으로, π는 그 응용 범위가 상상하기 힘들 정도로 넓다는 것이다. 흔히들 원이나 구에 관한 측도의 문제에만 관련되어 있는 것으로 알고 있으나, 그밖에도 유명한 맥스웰(Maxwell)의 전자기학 법칙에서도 없어서는 안 될 요소이며, 앞에서 많이 보아왔지만, 원이나 구 등과는 전혀 무관한 상황인 유리수의 무한합이나 무한곱으로도 나타나고, 확률론, 통계학 및 진동이론에서도 많이 쓰인다.[14)] 한 예로서, 뷔퐁(Comte de Buffon, 1707-1788)의 유명한 바늘 문제(needle problem)를 소개해 본다.[15)]

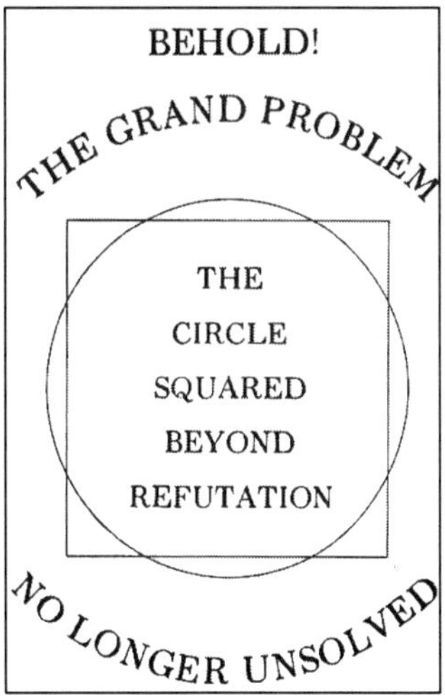

그림 9-4
하이젤(Carl T. Heisel)의 책 표지

다음 [그림 9-5]와 같이, 수평면 위에 거리가 h만큼 떨어진 많은 평행선을 긋고, 길이가 $l\,(\le h)$인 바늘 하나를 무작위로 던질 때, 바늘이 그 중 어느 수평선에 걸쳐질 확률은, $P=\dfrac{2l}{\pi h}$로 주어진다. 즉, 바늘의 길이를 수평선 사이 거리의 반으로 할 경우의 확률은 $\dfrac{1}{\pi}$이

---

13) π의 정확한 값을 발견하려고 즉, 원적 문제를 해결하려고 노력했던 사람들 중에는 다양한 신분과 직업의 사람들이 포함되어 있다. 그 가운데 가장 유명한 한 사람으로서 영국의 정치철학자였던 홉스(Thomas Hobbes: 1588-1679)를 들 수 있다. 그는 67세가 되던 1655년에 최초로 원을 정사각형으로 만드는 12가지의 방법을 소개하는 책을 출판하였다. 그 뒤 25년 동안 홉스와 수학자 월리스 사이에는 논쟁이 계속되었는데, 월리스는 홉스의 수학적 지식이 우스꽝스럽다는 것을 나타내기 위해 전력을 다했으며 급기야는 그의 종교적·정치적 식견까지도 불신하게 되었다.

14) 앞에서 소개된 무한급수 식 외에도 다음과 같은 아름다운 무한급수식이나 무한 곱의 식이 알려져 있다.

① $\dfrac{\pi\sqrt{2}}{4}=1+\dfrac{1}{3}-\dfrac{1}{5}-\dfrac{1}{7}+\dfrac{1}{9}+\dfrac{1}{11}-\dfrac{1}{13}-\dfrac{1}{15}+\ \dots$과

② $\dfrac{\pi-3}{4}=\dfrac{1}{2\times3\times4}-\dfrac{1}{4\times5\times6}+\dfrac{1}{6\times7\times8}-\ \dots$이 있으며, 보다 중요한 식으로는,

③ $\dfrac{\pi^2}{6}=1+\dfrac{1}{2^2}+\dfrac{1}{3^2}+\dfrac{1}{4^2}+\ \dots$이 있다. 여기서 분모가 홀수의 제곱인 항만을 취한 식이

④ $\dfrac{\pi^2}{8}=1+\dfrac{1}{3^2}+\dfrac{1}{5^2}+\dfrac{1}{7^2}+\ \dots$이며, 오일러는 모든 소수에 대한 다음 식을 유도해 내기도 하였다.

⑤ $\dfrac{\pi^2}{6}=\dfrac{2^2}{2^2-1}\times\dfrac{3^2}{3^2-1}\times\dfrac{5^2}{5^2-1}\times\dfrac{7^2}{7^2-1}\times\ \dots$

15) 뷔퐁은 생물학자로서 뉴턴의 미적분학을 프랑스어로 번역한 사람이다. 그의 바늘 문제에 대하여 좋은 결과를 얻은 한 예는 라체리니(Lazzerini)가 얻은 값이다. 그는 3,408번 던져서 π의 값을 소수점 이하 6자리까지 정확히 구했다고 한다. 그러나 다른 사람들의 여러 실험 결과와는 판이하게 그 정밀도가 너무 높았기 때문에 오히려 의심을 받기도 했다고 한다.

된다는 것이다. 실제로 이러한 실험을 충분히 많이 시행함으로써 π의 보다 나은 근삿값을 구할 수 있다.

또, 이와 비슷한 방법으로서, 몬테-카를로 방법(Monte Carlo Method)이 있다. 이는 해석적으로 취급하기 어려운 경우에 곧잘 이용되는 방법인데, 간단히 소개하면 다음과 같다.

예로서, 한 변이 10cm인 정사각형을 그리고, 그것의 한 꼭짓점을 중심으로 반지름이 10cm인 사분원을 그린다. 난수표의 임의의 한 행에서 시작하여 가로로 난수를 읽어 나갈 때 예컨대, 숫자가 56, 29, 17, 12 13, 40, 33, 20, 08, 64… 와 같이 배열되어 있으면 차례로 정사각형의 내부에 (5.6, 2.9), (1.7, 1.2), (1.3, 4.0), (3.3, 2.0), (0.8, 6.4), … 으로 된 점을 체크해 나간다. 이와 같은 점을 100개(많을수록 좋다) 취했을 때 사분원의 원주 및 내부에 있는 점의 개수가 p개였다면 사분원의 면적은 대략 정사각형의 면적의 $\frac{p}{100}$이므로 원 전체의 면적은 $4p$가 된다. 이와 같은 확률적 방법에 의해 원의 면적의 근삿값을 구할 수 있으며, 따라서 π의 근삿값도 구할 수 있다.

그리고 또 확률에 관련된 예로서, 1904년 샤트레(R. Chartres)에 의해 발표된 내용인데, 임의로 선택된 두 양의 정수가 서로소일 확률은 $\frac{6}{\pi^2}$이라 한다.

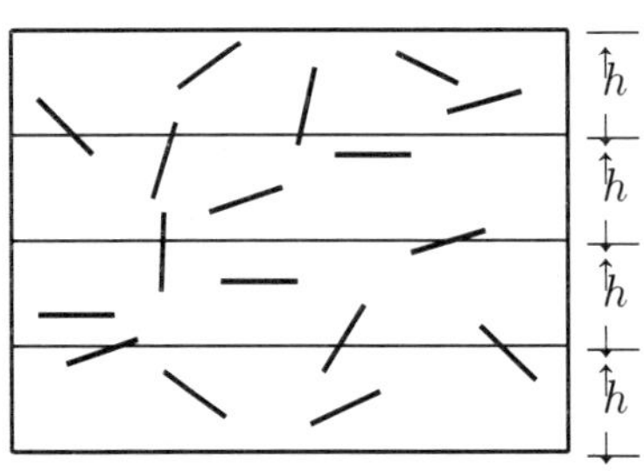

그림 9-5 뷔퐁의 바늘 문제

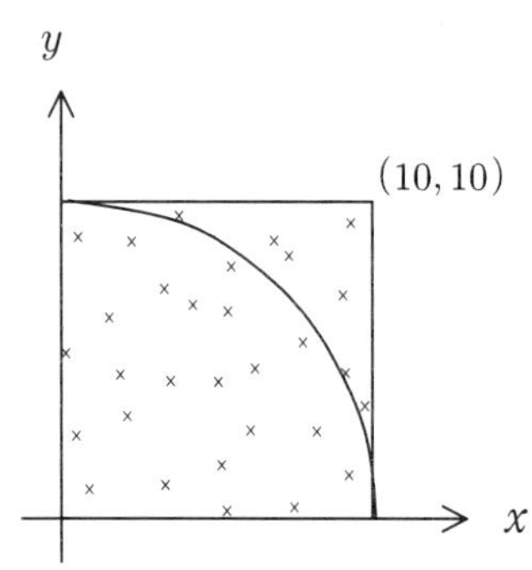

그림 9-6 몬테-카를로 방법

통계학에서도 정규분포의 확률밀도함수를 나타내는 식에 π가 들어 있음을 보노라면, 이는 원이나 구와는 전혀 별개의 문제인데도 불구하고 어떻게 이것이 여기에 끼어들었나 하는 의문이 생긴다.[16] 이런 점들에 대해 잘 생각해 보면, 인류가 π를 원의 지름에 대한 원주의

16) 평균이 μ이고, 분산이 σ^2인 정규확률변수 X의 확률밀도함수는 다음과 같다.

$$f(x) = \frac{1}{\sqrt{2\pi}\,\sigma} e^{-\frac{1}{2}\left[\frac{x-\mu}{\sigma}\right]^2} \quad (-\infty < x < \infty)$$

비로써, 기하학적으로 규정했던 것은 어쩌면 역사적 우연이라 할 수 있을 것이다. 그렇기 때문에 π의 연구자들은, 오늘날까지 아직은 밝혀지지 않은, π의 엄청난 위력이 발휘될 또 다른 어떤 분야가 있지 않을까 하는 기대감으로 계속해서 그 값의 소수점 이하 자릿수를 늘리며 새로운 공식을 찾으려 하는 것인지도 모른다.

마지막으로, 또 하나의 흥미 있는 문제로서, 예컨대, π의 값 중 3이 7개 연달아 나올 확률은 $\frac{1}{10^7}$로 지극히 낮다. 그런데 소수점 이하 762자리부터 767자리까지 9가 6개 나란히 나타나고, 소수점 이하 710,161자리에서 7개의 3이 최초로 나타나며, 소수점 이하 22,931,745자리에서는 8개의 4가 연달아 나타나고 있어, 이는 실로 놀라운 일이다. 그러나 특별한 7개의 수가 나타날 확률은 훨씬 높다. 즉 '4444444', '1212121', '1234567', 또는 '7654321' 등을 예로 들 수 있다. 1988년도 가네다 등의 계산 결과인 2억 132만 자리까지의 π값 가운데, '2109876543'이 오직 한 곳으로 소수점 이하 2,616만 634자리부터 나타나고, 같은 숫자가 9개 연속적으로 나타나는 곳이 3군데, 또 수열 '31415926'이 두 곳에서 나타나고 있다고 발표하였다. 그리고 이보다 뒤의 기록 가운데 10억 자리까지의 π값에서는 소수점 이하 3억 8698만 412자리부터 10개의 6이 계속해서 나타나고, 5억 2355만 1502자리부터와 7억 7334만 9079자리부터 수열 '123456789'가 각각 한 번씩 나타나며, 8개의 2가 연속적으로 나타나는 곳이 10군데로서 그렇게 될 확률과 일치한다는 사실도 알려져 있다.[17] 뿐만 아니라 또 'π가 난수(亂數; random number)일까?'와 같은 의문에 대해서도, 위의 10억 자리까지의 π값에서 가네다 등이 분석한 바에 의하면 아래 [표 9-3]과 같아서 상당히 좋은 난수임이 밝혀졌다.[18]

〈표 9-3〉 10억 자리까지의 π 값에서 각 기본수가 나타나는 횟수

기본수	0	1	2	3	4
출현 횟수	99,993,942	99,997,334	100,002,410	99,986,911	100,011,958
기본수	5	6	7	8	9
출현 횟수	99,998,885	100,010,387	99,996,061	100,001,839	100,000,273

---

17) 10억 자리까지의 π값에서 8개의 2가 연달아 나타나는 곳이 몇 군데일지에 대한 기댓값은 $10^9 \times \frac{1}{10^8} = 10$으로 10회 나타날 것으로 기대된다.

18) 열 개의 십진 숫자 0, 1, 2, 3, ⋯ , 9가 각각 확률 $\frac{1}{10}$로 나타나도록 배열한 숫자의 배열을 난수라 하는데, π의 값에서 소수 십 자리까지 또는 백 자리까지, ⋯ 에 나타나는 기본수의 출현 횟수를 조사해 보면, 점점 각 숫자가 나타나는 횟수의 상대도수가 $\frac{1}{10}$에 접근하는 사실을 알 수 있으므로, 만약 이 작업이 가능하여 100억 자리까지, 1,000억 자리까지, ⋯ 계속 진행한다면 이는 대단히 좋은 난수임이 확실해질 것으로 추측된다.

한편, 아직까지는 π가 단순정규수인지조차도 밝혀지지 않고 있으나 아마 정규수일 것으로 보는 견해도 있다.[19] 많은 사람들이 지금도 π값의 계산을 계속하는 이유 가운데 하나가 이러한 π의 정규성을 – π의 많은 신비 중의 하나에 불과하지만 – 통계적으로 밝혀보고자 하는 데 있는 것이다. 하나의 놀라운 사실은, 소수점 이하 39자리까지의 π값만으로도 이 우주의 둘레를 계산하면 수소 원자의 반지름 이하의 오차밖에 생기지 않는다는 것이다.[20] 이와 같이 이미 실용적으로는 무의미함에도 불구하고 π값의 정교한 계산에 도전하는 또 하나의 이유는, 새로 개발된 컴퓨터가 완벽하게 작동되는가, 프로그램에 전혀 이상이 없는가를 시험해 보기 위해서라고 한다. π값의 계산을 실행시켜 봄으로써 아주 미세한 결함도 잡아낼 수 있다는 것이다.

조충지가 밀률로 나타낸 분수로서 실제 나눗셈을 해보면, 마치 그것이 정확한 π값을 연출해낼 것 같은 희망을 우리에게 안겨주기라도 할 듯이, 순환마디의 길이가 무려 112나 되지 않는가.

원이 컴퍼스와 자에 의해 정사각형으로 바꾸어질 수 있다는 그리스인들의 기대는 완전히 좌절되었다. 그러나 그리스인들에게 있어서 더욱 중요한 것은, 우주 자체의 질서와 미가 가장 완벽한 형태의 비율을 위한 현저한 수학적 해를 요구하고 있다는, 그들의 근본적인 신념이다. 이러한 불빛에 비추어 보노라면, π의 이야기는 더 이상 희망 없이 끝나는 것도 아니고 반대로 라이프니츠 급수에서 고전적 완성으로 끝나버리는 것도 역시 아니다. 21세기를 목전에 두고 있는 오늘, 그리고 먼 미래에 이르러서도, π의 길고 긴 여행의 시발점은 아르키메데스의 작은 논문 〈원의 측정〉이었다는 사실을 잊어서는 안 될 것이다.

---

19) π 값의 소수 전개식 속에 십진법의 기본수 열 개가 골고루 나오는가 하는 문제이다. 어떤 실수가 십진법으로 표기될 때, 모든 자리의 숫자가 똑같은 빈도로 나타나면 그 수를 단순정규수(simply normal number)라 하고 동일한 길이의 자리군이 똑같은 빈도로 나타나면 정규수(normal number)라 한다.

20) 1889년, 함부르크 대학의 수학 교수 헤르만 슈베르트(Hermann Schubert)는 π 값의 사냥이 실용성과는 무관함을 다음과 같이 지적하였다. 지구를 중심으로 하고 지구로부터 8.8광년 떨어진 시리우스까지의 거리를 반지름으로 하는 거대한 구를 생각하자. 이 구에는 $1m^2$당 수천억 마리의 미생물이 가득 채워져 있다고 가정하자. 이 미생물들을 8.8광년마다 한 마리씩 일렬로 늘어놓았다고 하고, 이 긴 직선을 지름으로 하는 원을 생각하자. 이와 같이 상상 밖의 큰 원의 둘레를 소수 이하 100자리까지의 π 값을 써서 계산할 경우 생기는 오차는 $\frac{1}{100\text{만}}$mm보다 작게 된다.

IV.

원의 구적(求積)에 대한 역사적 개관

원의 넓이는 수천 년의 긴 역사를 가지고 있다. 그리스 수학의 3대 난문[21) 가운데 '원적 문제'는 원의 넓이를 구하기 위해 원을 직선도형으로 변형시키고자 했던 데서 출발하여 19세기 그 불가능성의 증명에 이르기까지 수학의 발전에 기여한 바 크다. 원은 여러 직선도형과는 달리 단위정사각형으로 그 내부를 꼭 맞게 채울 수 없다는 특성 때문에 넓이의 기본개념에 따라서도 그 넓이의 근삿값밖에 구할 수 없다. 이런 연유로 참값에 보다 가까운 근삿값을 구하고자 하는 노력이 계속되어 왔던 것이다. 오늘날 원의 넓이에 대한 이론은 적분법에 의해 확립되어 있으나, 적분법 그 자체가 사실상 원의 넓이를 구하는 긴 역사의 연장선상에서 구축된 것이다.

여기서는 근대 적분법이 명확히 구축되기까지 수천 년에 걸친 원의 구적 방법의 변천과 발달 과정에 대하여 개관해보고, 각 구적 방법의 특징과 그 변천 과정에 스며 있는 사실들을 음미해본다.

1. 고대 오리엔트 지역에서의 원의 구적법

원의 넓이를 구하는 문제는 이미 고대 이집트 문명에서 시작되었다. 고대 이집트의 문서 린드 파피루스의 문제 48과 문제 50에는 다음과 같은 문제와 풀이가 있다(上垣 涉, pp. 80-81 & 塚原久美子, pp. 236-238).

문제 50의 설명은 "지름이 9게트인 원 모양의 전답을 경작할 때 그 넓이는 어느 정도인가? 9의 $\frac{1}{9}$, 즉 1을 덜어낸다. 나머지는 8. 8의 8배 그것은 64가 된다. 그 양이 넓이이다."와 같다. 여기서 지름을 d, 반지름을 r로 하여 고쳐 쓰면 원의 넓이는

$$A=\left(d-\frac{1}{9}d\right)^2=\left(\frac{8}{9}d\right)^2=\frac{256}{81}r^2$$

을 사용하고 있었던 셈이다. 지금의 πr^2과 비교해보면

그림 9-7 린드 파피루스 문제 48

21) 제5장의 끝 부분에 있는 '그리스 수학의 3대 난문' 참조

$\pi = \frac{256}{81} \fallingdotseq 3.1605$가 얻어지는데, 이는 제법 정밀도가 높은 값임을 알 수 있다.

문제 48에 나타난 그림에서 이와 같은 방법에 어떻게 도달했는지 알아볼 수 있다. 거기에는 원과 그것에 외접하는 정사각형이 나타나 있으며, 이것의 네 모서리를 잘라낸 팔각형에 의해 원을 근사시키고 있음을 알 수 있다. [그림 9-8]에서처럼 이 팔각형의 넓이는 $81 - 4 \times \frac{9}{2} = 63$이므로, 이 팔각형과 같은 넓이의 정사각형의 한 변은 $\sqrt{63} \fallingdotseq \sqrt{64} = 8$이 된다. 따라서 지름이 9인 원의 넓이는 한 변이 8인 정사각형의 넓이와 거의 같다는 판단에 따라 앞에서와 같은 계산법을 알아낸 것으로 볼 수 있다. 이로부터 이집트인들은 원을 팔각형으로 근사시키고, 이 팔각형에 등적인 정사각형을 만들어 원의 구적(quadrature)을 추구했던 것으로 보인다.

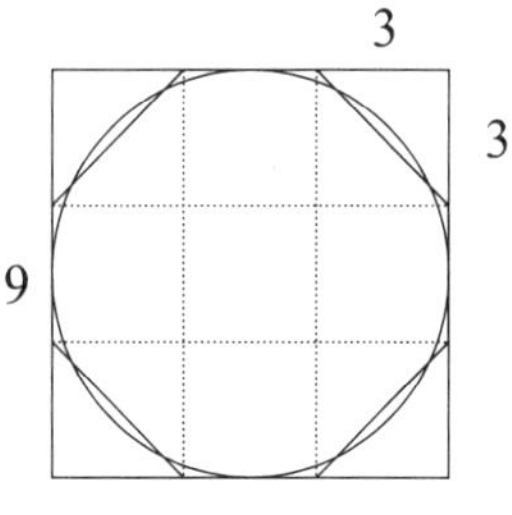

그림 9-8 이집트 구적법

고대 바빌로니아에서의 수학적 지식은 상당히 높은 수준이었음을 출토된 다량의 점토판이 보여준다. 이 중에는 정다각형과 원의 넓이에 대하여 흥미 있는 근사공식이 포함되어 있다. 우선 [그림 9-9]에서와 같이 반지름이 1인 원에 정사각형을 내접, 외접시킨다. 이때 원의 넓이를 K라 하면, 그림에서 $2 < K < 4$가 명확하다.

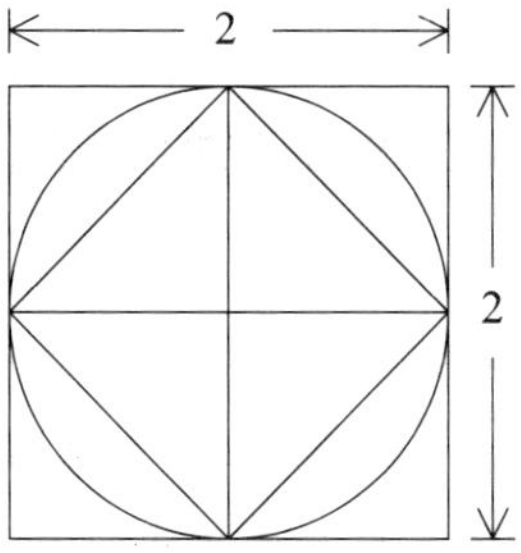

그림 9-9
원에 내·외접 정사각형

그리고 [그림 9-10]에서 내접 정12각형의 넓이는 $6 \times \frac{1}{2} = 3$이 된다. 따라서 앞의 내용과 종합하면 $3 < K < 4$가 되는 것을 알 수 있다. 또 [그림 9-11]과 같이 반지름이 2인 원을 생각해 보면, [그림 9-10]의 결과로부터 $K > 6 \times 2 \times 1 = 12$가 된다. 또 그림에서 $K < 4 \times 4 - 4 \times 1 \times 1 \times \frac{1}{2} = 16 - 2 = 14$이므로 결국, $12 < K < 14$가 됨을 알 수 있다.

다음으로 [그림 9-12]와 같이 반지름이 2인 원의 외접 정12각형을 생각하고, 당시 알려져 있었을 것으로 짐작되는 피타고라스정리 그리고 2차 방정식의 해법을 이용하면 $12 < K < 13$이 되므로, 반지름이 2인 원의 넓이 K는 $12\frac{1}{2}$로서 근삿값이 구해진다. 이로부터 π의 값은 대략 $3\frac{1}{8}$임을 알 수 있는데. 이는 고대 바빌로니아에서 사용했던 원주율이다.

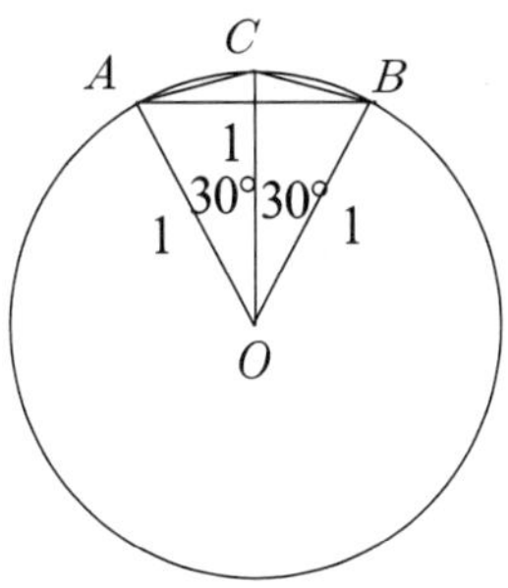

그림 9-10

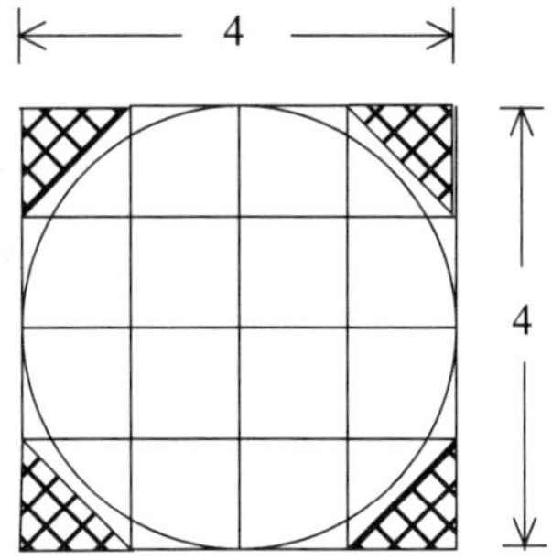

그림 9-11

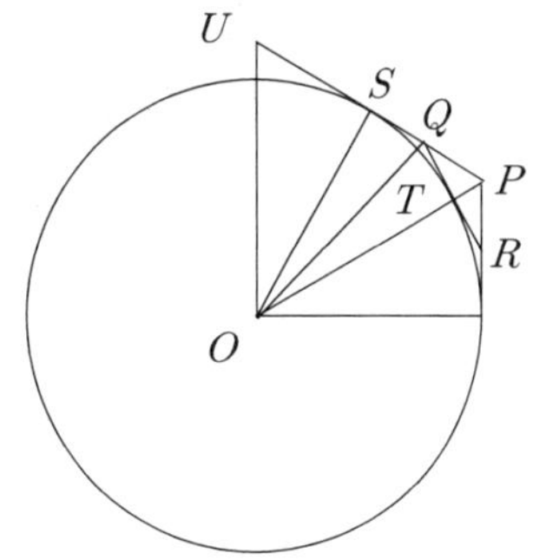

그림 9-12

2. 고대 그리스에서의 구적법

이미 알아보았듯이 고대 이집트, 바빌로니아에서의 원의 구적법은 원에 내접·외접하는 정다각형을 이용하여 그 근삿값을 찾는 방식이었다. 이집트, 바빌로니아 문화의 영향을 받은 고대 그리스에서도 원의 구적법에 대한 이와 같은 태도는 변하지 않았다. 기원전 5세기경에 소피스트로 활약했던 안티폰(Antiphon)은 다음과 같이 원의 정사각형화(squaring of the circle)를 시도하였다(Heath, 1981, vol. I, pp. 221-222).

그는 [그림 9-13]과 같이 원에 정사각형을 내접시켰다. 그리고 정사각형의 각 변을 밑변으로 하고, 그 변이 잘라낸 활 모양의 호에 꼭짓점을 가진 이등변삼각형을 만들어서 내접 정팔각형을 그렸다. 그리고 또 같은 방법으로, 내접 정다각형의 변의 수를 증가시켜 나가는 과정을 계속하면 언젠가는, 그 변이 매우 작아지기 때문에 원둘레와 일치하도록 정다각형을 내접시킬 수 있다고 생각한 것이다. 임의의 정다각형과 같은 넓이의 정사각형을 만들 수 있으므로, 원과 같은 넓이의 정사각형을 만드는 것은 가능하다고 생각하였다.

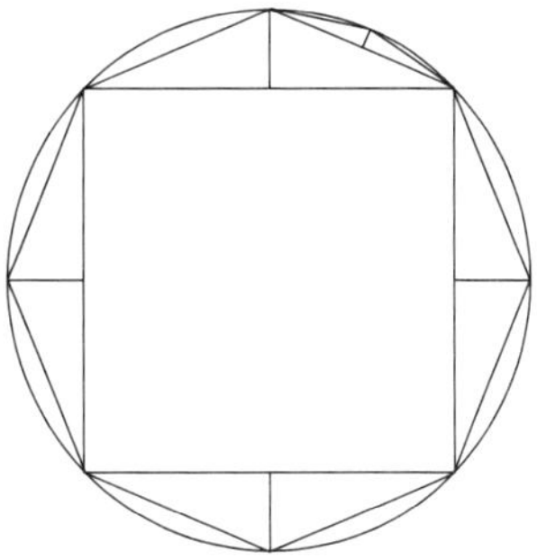

그림 9-13 안티폰의 방법

이 방법에는, 직선 도형인 내접 정다각형의 변이 곡선 도형인 원의 둘레와 일치한다는 논리적 결함이 있으나, 이 논리적 불비(不備)를 교묘하게 회피하는 방법으로, 기원전 4세기에 에우독소스(Eudoxos)가 '실진법(method of exhaustion)'을 고안하였다. 그리고 그 이후 고대 그리스에서는 공식적인 증명법으로서 이 실진법이 채용되었다.

《원의 측정》으로 유명한 아르키메데스도 명제 1로 원의 넓이를 구하는 법에 대해서 실진법을 이용하고 있다. 명제 1에서는, 우선 '모든 원은, 그 반지름이 직각을 낀 한 변과 같고, 그 둘레가 밑변과 같은 직각삼각형과 같다.'는 것을 주장하고, 원이 직각삼각형보다 크다고 가정해서 모순이 이끌어지며, 또 원이 직각삼각형보다 작다고 가정해도 모순이 유발된다는 점이 제시되어, 결과적으로 원은 직각삼각형과 같다는 것이 증명되어 있다. 이 증명의 과정에서 실진법이 이용되고 있다.

그런데 명제 1은 원의 넓이가 직각삼각형과 같다는 사실의 발견법을 나타낸 것이 아니라, 어떤 하나의 방법으로 결론이 먼저 찾아지고 그 후 그 정당성을 증명한다는 내용으로 되어 있다. 실진법이란 본래 그러한 성격의 증명법이다. 그러면 아르키메데스는 원이 직각삼각형과 같다는 사실을 어떻게 해서 찾아냈을까. 이 의문에 직접 답을 해 주는 자료는 없지만, 구(球)의 부피와 겉넓이를 다룬 아르키메데스의 논문 〈방법〉의 명제 2의 맨 마지막에

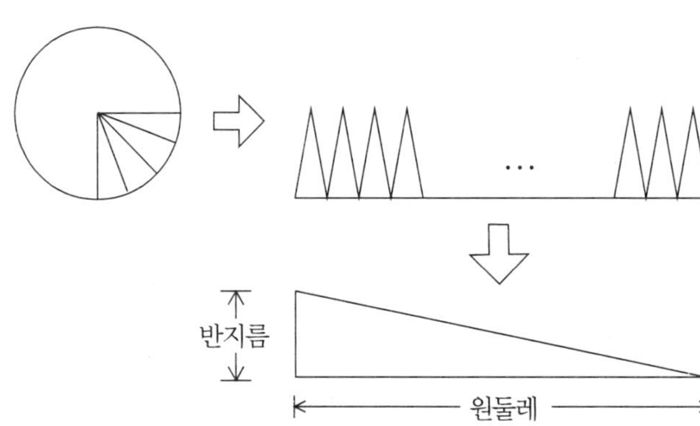

그림 9-14 아르키메데스의 구적법

> 모든 구는, 그 구의 대원(大圓)을 밑면으로 하고, 그 구의 반지름과 같은 높이를 가진 원뿔의 4배라는 사실을 찾아낸 후에, 모든 구의 표면은 구의 대원의 4배인 것을 추측할 수 있다. 왜냐하면 모든 원은 원둘레와 같은 밑변과 원의 반지름과 같은 높이를 가진 삼각형과 같은 것으로부터 유추하여, 모든 구는 밑면으로 그 구의 표면을 가지며, 높이로서는 구의 반지름과 같은 선분을 가진 원뿔과 같다는 점이 예상되기 때문이다.

라는 서술로 미루어볼 때, 아르키메데스는 원을, [그림 9-14]와 같이 그 중심을 꼭짓점으로 하는 대단히 많은 작은 이등변삼각형으로 분할하여, 그것을 그림과 같이 나란히 등적변형하는 생각을 이용하여 직각삼각형으로 변형했다고 보고 있다. 특히 아르키메데스의 계승자인 케플러는 아르키메데스가 이와 같이 생각했던 것이라고 주장하고 있다.

3. 고대 중국과 인도에서의 구적법

동양 수학의 고전인 《구장산술(九章算術)》은 진(秦)왕조부터의 수학적 지식을 기원전 1세기경에 집대성한 책으로 알려져 있다. 3세기경 중국의 수학자 유휘(劉徽)의 주석이 달려 있는 구장산술에는 원의 넓이를 그 제1장 〈방전(方田)〉에서 다루고 있다. 문제 32와 그 답, 그리고 주해가 다음과 같이 제시되어 있다(차종천, pp. 36-37).

[문 1-32] 또, 다른 원 모양의 밭이 있는데, 둘레가 181보, 지름이 $60\frac{1}{3}$ 보이다. 밭의 넓이는 얼마인가? (又有圓田, 周一百八十一步, 徑六十步, 三分步之一, 問爲田幾何.)

[답] 11무 $90\frac{1}{12}$ 보^2. (答曰, 十一畝九十步, 十二分步之一.)

해법에 따라, 둘레의 반과 지름의 반을 서로 곱하면 넓이를 얻는다. 또 해법에 따라, 둘레와 지름을 서로 곱하고 4로 나눈다. 또 해법에 따라, 지름을 제곱하고, 3을 곱하고 4로 나눈다. 또 해법에 따라, 둘레를 제곱하고, 12로 나눈다.

[주해] 지름 $=R=2r$, 둘레$=2\pi r=6r$, 넓이$=S$라 하면, 위 해법들은 순서대로 다음과 같이 나타낼 수 있으며, 그 값은 모두 $3r^2$ 즉 πr^2으로 귀결된다.

$$S=\frac{\text{둘레}}{2}\times\frac{\text{지름}}{2}=\frac{6r}{2}\times\frac{2r}{2}=\frac{\text{둘레}\times\text{지름}}{4}=\frac{6r\times 2r}{4}$$

$$=\frac{6r\times 2r}{4}=\frac{\text{지름}^2\times 3}{4}=\frac{2r^2\times 3}{4}=\frac{\text{둘레}^2}{12}=\frac{(6r^2)}{12}$$

유휘는 이에 대한 자신의 계산값을 보다 정밀하게 제시하였고, 또 반지름을 가로, 원둘레의 반을 세로로 하는 직사각형으로 등적변형하여 가로와 세로의 곱으로 넓이를 얻는다고 계산법을 제시하였다. 유휘는 아마 원에 내접하는 다각형을 계속 세밀하게 나누어 가면, 다각형의 넓이와 원의 넓이의 차는 점점 작아지게 되고, 나눌 수 없을 때까지 이 과정을 반복하면 결국 원둘레와 일치하고, 넓이의 차는 없게 된다고 기술했는데, 이는 그리스의 안티폰의 아이디어와 마찬가지라는 것을 알 수 있다. 유휘는 [그림 9-15]와 같이, AB를 정육각형의 한 변, AD를 정십이각형의 한 변으로 하여 정십이각형의 한 변의 길이를 구하고,

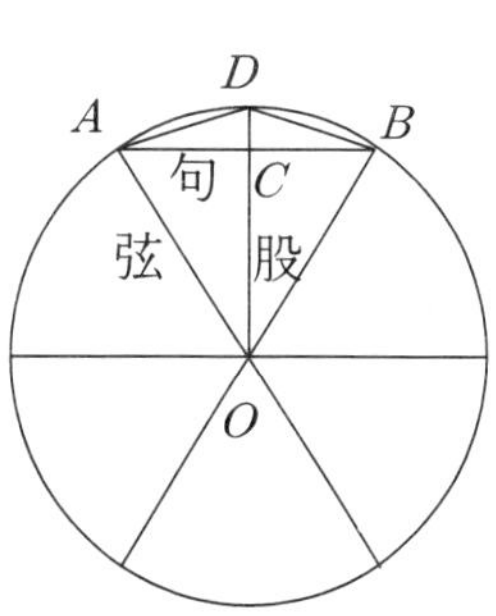

그림 9-15
유휘의 원적 방법

$$\frac{(\text{정십이각형의 한 변}) \times (\text{원의 반지름})}{2} \times 12$$

를 이용하여 정24각형의 넓이를 구했을 것으로 짐작하고 있다. 또 유휘는 정192각형까지 이와 같은 계산을 시행하여 원주율로 3.1416을 얻었다.

또 《구장산술》 〈방전〉장 문제 35번은 다음 [그림 9-16]과 같은 반원 모양의 밭의 넓이를 구하기 위해 반원을 사다리꼴에 근사시키는 내용을 다루고 있다(차종천, pp. 39-40).

[문 1-35] 지금 호 모양의 밭이 있는데, 활이 30보, 화살이 15보이다. 밭의 넓이는 얼마인가?
(今有弧田, 弦三十步, 矢十五步, 問爲田幾何.)

[답] 1무 $97\frac{1}{2}$ 보^2. (答曰, 一畝九十七步半.)

해법에 따라 계산하면,

$$\frac{15 \times (15+30)}{2} = 337\frac{1}{2} \text{ 보}^2 = 1\text{무 } 97\frac{1}{2} \text{ 보}^2$$

인데, 이는 π를 3으로 했을 때 반지름이 15보인 반원의 넓이와 일치한다.

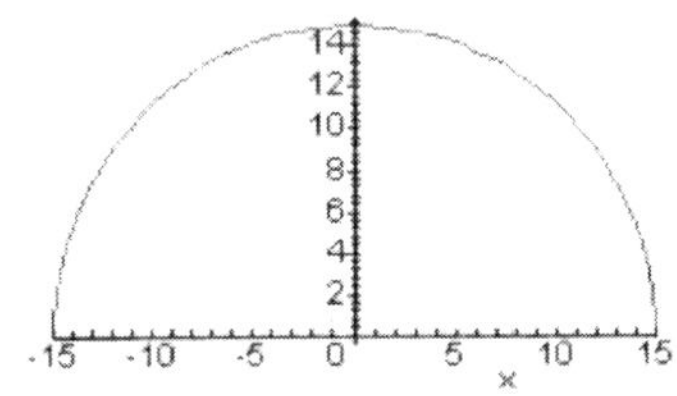

그림 9-16 반원 모양의 밭

이 계산 과정을 보면 아랫변 30보, 윗변 15보, 높이 15보인 사다리꼴의 넓이를 구하는 과정인데, 그 결과는 원의 정확한 넓이에 비해 상당한 오차를 품는 근삿값에 불과하다. 그런데 같은 방법이 이집트의 린드 파피루스에도 나타난다. 즉 [그림 9-17]과 같이 반원의 넓이를 사다리꼴의 넓이에 의해 근사시키는 방법 $\frac{sp+p^2}{2} = \frac{p(s+p)}{2}$ 이 나타나고 있다.[22)]

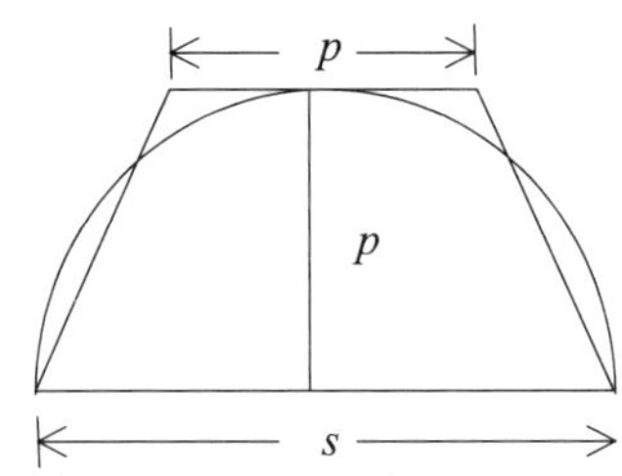

그림 9-17 반원의 사다리꼴 근사

이상에서 알 수 있듯이, 중국의 원의 구적은 참값에 가능한 한 보다 접근하는 근삿값으로 구하려고 했을 뿐, 그리스의 실진법과 같은 엄밀성은 드러나지 않는다. 이로부터 그리스인들이 수학적 지식을 연역적 논리 체계로 정리했음에 비해, 중국인들은 실용적·기술적인 구체적 해법을 중시했다는 그 방법의 차이를 원의 구적을 통해서도 알 수 있다.

22) 이에 대하여 필자는 사다리꼴 근사 자체는 오차가 크기 때문에 이를 약간 보정하여 $\frac{p(s+p)}{2}$ 를 사용하는 대신 $\frac{p(s+1 \cdot 14p)}{2}$ 를 사용하면 $\pi = 3.14$를 사용하는 경우와 일치하므로 오차를 대폭 줄일 수 있다고 생각한다.

인도에서는 원의 구적을 그리스 수학의 3대 난문 중 '원적문제'와 같은 방식으로 다루고 있다(上垣 涉, p. 89).

> 고대 아리아인의 생활은 각종 제식의례를 축으로 영위되었기 때문에, 제식의례에 필요한 제장(祭場)의 설립과 운영을 위한 매뉴얼을 작성하게 되었는데, 그 중에 '원의 정사각형화'가 다음과 같이 다루어지고 있다.
> "원을 같은 넓이의 정사각형으로 만든다고 할 경우, 원의 지름을 15등분 하고, 15부분 중 2개를 없앤다. 그러면 13부분이 남는다. 이 길이를 한 변으로 하는 정사각형을 그린다. 그것은 본래의 원의 넓이와 불변이고, 정사각형이다."

이에 대하여 예컨대 지름 15인 경우 계산해 보면, $\pi\left(\frac{15}{2}\right)^2 = 13^2$이고 $\pi = 3.004$가 얻어진다. 이는 거의 비슷한 시기에 편찬된 구약성서에 주어진 원주율 값 3과 같다(上垣 涉, p. 90).

> 고대 후기 인도의 천문학서 《아루야바티야》(499)에 "원둘레의 반에 지름의 반을 곱한 것이 원의 넓이임에 틀림이 없다. 그것(넓이)에 자신의 제곱근을 곱하면, 과부족이 없는 구의 부피가 된다."와 "104에 8을 곱한 것과 62000의 합은 지름이 20000인 원의 둘레에 가깝다."고 기록되어 있다.

이 경우 원주율은 $\frac{62832}{20000} = 3.1416$이므로 매우 정밀도가 높은 것이고, 원의 넓이는 원둘레의 반과 지름의 반의 곱이라 했으므로 바른 결과를 얻고 있다.

중세 인도의 바스카라(Bhāskara; 1114–1185)의 저술 《릴라바티(Lilavati)》에는 '원 도형의 경우, 원둘레를 곱한 지름의 $\frac{1}{4}$이 평면이다.' 즉, '원의 넓이 $= \frac{1}{4}$ 원둘레$\times$지름'이 제시되어 있으며, 이에 대한 주석으로, "원을 이등분하고, 양 부분에서 가능한 한 많은 바늘 같은 끝을 가진 아주 작은 부분이 되도록 나눠서 펼치는 것이 좋다. 그런 다음 양쪽을 서로 조합하면 직사각형이 생긴다. 이는 지름의 반쪽을 한 변으로 하고, 원둘레의 반을 나머지 하나의 변으로 하고 있다. 그것이 넓이이다."가 제시되어 있다.

여기서 보여준 '원을 바늘 같은 끝을 가진 아주 작은 부분으로 나눈다.'는 아이디어는 아르키메데스의 구적법과 매우 유사하다. 나중에 케플러도 똑같은 발상을 한 점에 비추어보면, 원의 구적에 대한 발상은 동서양을 막론하고 마찬가지라는 것을 알 수 있다.

4. 근대 유럽에서의 구적법

케플러(Johannes Kepler, 1571–1630)는 천문학자로 잘 알려져 있지만, 아르키메데스의 계승자로서 근대 구적법의 단서를 개척한 훌륭한 수학자이다. 《케플러 전집》 제9권에 수록된 〈포도주 통의 입체기하학〉23)에 케플러의 구적법이 나타나 있다.

[그림 9-18]에서 원 BG의 둘레는 점과 같은 것, 다시 말해 무수한 부분으로 되어 있다는 생각에서 출발한다. 그 각각은 AB를 등변으로 하는 이등변삼각형의 밑변이라고 할 수 있기 때문에 원 안에는 무수한 삼각형이 있게 되고, 그들의 꼭짓점은 모두 중심 A에 집중하고 있다.

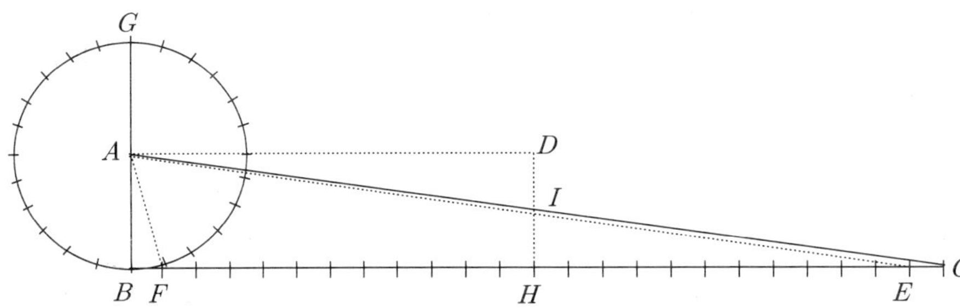

그림 9-18 케플러의 구적법

이제 원 BG의 둘레를 펼쳐서 선분 BC를 만들고, 원주를 등분했던 점들 각각에 대응하는 선분상의 점들과 원의 중심 A와 연결하면 등적인 무수히 많은 삼각형이 생기는데, 이는 원의 내부에서 생각했던 부채꼴의 개수와 같다. 이 삼각형 모두의 합인 삼각형 BAC는 원의 부채꼴 모두의 합과 같게 되고, 따라서 원의 넓이와 같게 된다.

그러나 '밑변'으로 취해지는 것이 호이면 이등변삼각형이 아니라 부채꼴이어야 한다. 호가 아니라 점이라면 이등변삼각형은 존재하지 않고 단지 선분에 지나지 않아 아무리 모아도 원은 되지 않는다. 따라서 케플러의 방법은 매우 황당한 것으로 볼 수 있지만, 이 구적법의 본질적 요소가 되고 있는 것은 후에 '무한소(無限小)'라 명명된 개념이다. 거기에는 우선 원이나 구를 무한소의 요소로 분할하고, 그 개수를 한없이 많게 하여 합의 극한값을 취한다는 적분법의 원초적인 형태를 볼 수 있다. 그리고 그의 구적법은 다음의 카발리에리의 방법으로도

23) 포도주를 파는 상인이 막대기로 통 입구에서 밑바닥 한쪽 끝까지의 길이를 측정하는 것만으로 그 용량을 파악하여 처리하는 작업의 단순함에 놀란 케플러는, 그 자극으로 통의 용량을 정확히 계산하는 방법을 연구하여 〈포도주 통의 입체기하학(Stereometria Doliorum)〉'을 써서 1615년에 이를 출판하였다.

발전하고 있다.

카발리에리(Bonaventura Cavalieri, 1598–1647)는 갈릴레오를 거쳐 케플러의 영향을 받았으며, 구적법에 있어서도 케플러의 연장선상에 있다. 다시 말해 카발리에리도 넓이나 부피를 분할해서, 그 요소라 일컫는 '면소(面素)', '체소(体素)'에 이르기까지 세분화해 갔던 것이다. 그리고 그러한 요소를 불가분량(不可分量)이라 명명하고, 이를 기본 개념으로 불가분법(不可分法)이라는 일종의 구적법을 창안하였다.

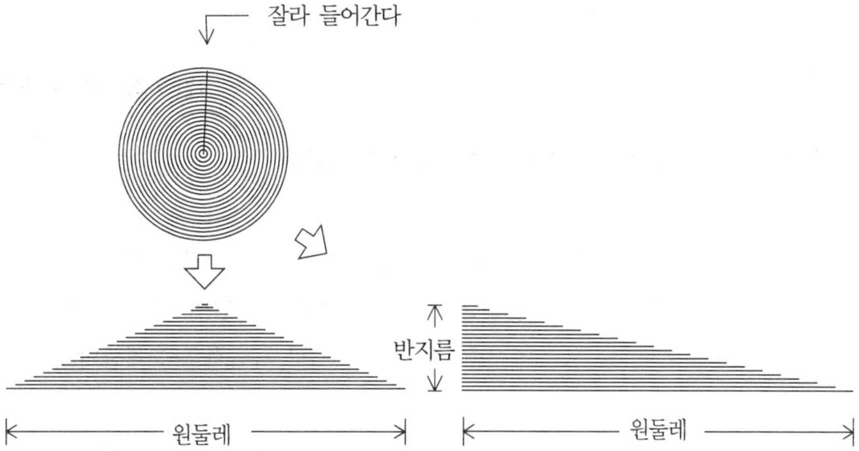

그림 9-19 카발리에리의 구적법

카발리에리는 그의 저서에서 원의 넓이를 다루고 있는데, 명제 1에서 "원둘레 전체는 원과 같다"고 기술하고 있다. 다시 말해, 원의 불가분량으로 원둘레라는 곡선이 상정되고 있는 것이다. 더욱이 '원은, 그 반지름이 직각을 낀 옆 변이고, 원둘레가 밑변으로 된 직각삼각형과 같다'라는 명제 2가 이어진다. 이 내용은 아르키메데스, 케플러와 마찬가지이다. 카발리에리가 명제 2를 발견한 방법은 원둘레를 원의 불가분량으로 보는 [그림 9-19]와 같은 생각에서 기인하는 것으로 보고 있다.

카발리에리의 이와 같은 불가분법은 많은 계승자를 얻어 무한소기하학의 주요 방법으로서 그 역할을 충분히 했으며, 뉴턴(Isaac Newton, 1642–1727), 라이프니츠(G. W. Leibniz, 1646–1716)에 의한 미적분법의 확립으로 역사를 이어가게 되었다.

5. 조선 산학서에 나타난 구적법

1786년(정조10년)에 편찬한 배상설(裵相說)의 《서계쇄록(書計鎖錄)》 하권에는 [그림 9-20]에서 알 수 있듯이, "지름이 1척이면 둘레는 3척 14159265촌이다."를 나타내고 있다. 이는 바꾸어 말하면 원주율이 $\pi = 3.14159265$ 임을 뜻하는 것으로 매우 정밀도가 높은 값이다. 또 "반지름에 전체 둘레의 절반을 곱하면 넓이를 얻는다."고 하는 정확한 구적 방법(공식)과 함께 원의 내부에 모눈(단위 정사각형)을 깔아보는 것을 의미하는 그림도 제시되어 있다.

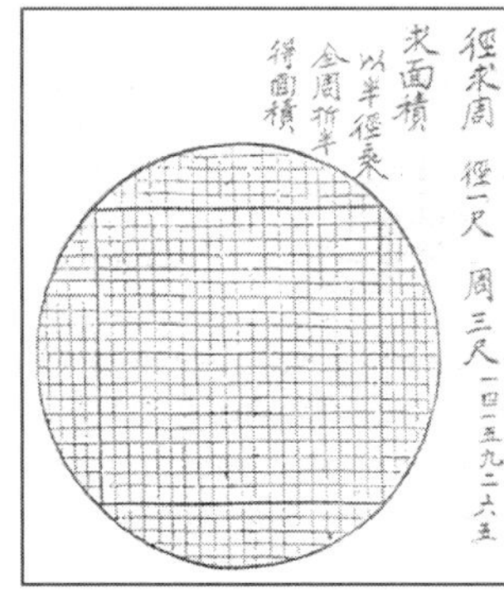

그림 9-20 조선의 구적법

6. 원의 구적 방법의 핵심 아이디어 발전의 역사 요약

먼저 고대 이집트에서의 원의 구적법은 넓이를 쉽게 구할 수 있는 팔각형을 생각하고, 이에 원을 근사시키는 방법을 개발하였다. 하지만 이 방법에는 원의 넓이가 원주와 어떠한 관계도 갖지 않는다. 이집트에서는 원의 넓이와 원주가 서로 독립적으로 계산되었음을 알 수 있다.

다음으로 고대 바빌로니아와 중국, 인도에서는 원의 넓이와 원주 또는 지름의 관계를 알고 있었던 것 같다. 이러한 관계를 나타낸 원의 구적 공식으로서 지름을 d, 원주를 c로 하면 원의 넓이는 $A = \frac{c}{2} \times \frac{d}{2}$ 임을 알아냈다. 이 공식이 어떻게 유도되었는가는 명확하지 않지만, 곡선도형인 원의 내부를 부채꼴로 분할하고 이를 재배열하여 직선도형인 평행사변형 모양이 되게 함으로써, 원의 넓이를 평행사변형의 넓이에 근사시켜 구했다고 볼 수도 있다. 즉 원의 넓이를 원주 및 지름과 관련지어 구한 셈이다. 하지만 중국인들은 실용적·기술적인 구체적 해법을 중시하는 데 그쳤다.

고대 그리스에서 원의 구적법은 원의 넓이가 원주나 반지름과 함수 관계에 있음을 분명히 했으며, 중국이나 인도 등지와 달리 근삿값을 구하는 정도에 만족하지 않고, 실진법에 따른 그 엄밀성을 확보하기에 이르렀다. 그리스인들이 수학적 지식을 연역적 논리 체계로 정리했음을 원의 구적을 통해서도 알 수 있다.

근대 유럽에서는 그리스의 전통을 이어받아 이를 더욱 발전시키면서, 원주를 무수히 많은 구간으로 나누고 각 구간의 양 끝과 원의 중심을 연결하여 무수히 많은 이등변삼각형(또는 부채꼴)을 만들어 그 재배열을 통해 곡선도형인 원의 구적을 직선도형인 삼각형의 구적으로 변환시키는가 하면, 원의 불가분량으로 원둘레라는 곡선을 상정하여 무한소 기하학과 적분법 확립의 근거가 되는 아이디어를 창출하였다.

지금까지 살펴본 아이디어 발달의 단계를 요약하여 [그림 9-21]과 같이 정리할 수 있다.

넓이의 기본개념에 의한 구적	**직선도형으로의 근사에 의한 구적**	**공식 발견에 의한 정확한 구적**	**적분법으로 발전에 의한 구적**
고대 문화권	기원전 17세기 이집트, 중국 등	기원전 5c–중세 그리스, 중국 등	16세기 이후 근대 유럽
원 내부에 단위도형을 깔고 개수 파악	이미 구적 가능한 직선도형으로 근사	원 내부의 부채꼴 분할 및 그 재배열(직선도형)	불가분량 개념 확립으로 무한소 기하학 전개

그림 9-21 원의 구적 역사의 요약

☞ 원의 구적 학습 지도는 생각보다 중요하다

초등학교 수학 내용으로 가르치는 평면도형의 넓이는 보편적 수학교육의 목적과 성취의 당위성 면에서 볼 때 매우 중요하다. 그리고 이는 외연량인 길이를 한 차원 높인 것이며, 이로부터 한 차원 더 높여 부피 개념으로 올라서게 된다. 뿐만 아니라 평면도형의 넓이 학습을 통해 학생들이 경험할 수 있는 수학적 사고는 실로 다양하다. 그러나 5학년에서 다루는 직선도형의 넓이는 물론, 6학년의 원의 넓이에서도 간접측정의 필요성과 효율성, 넓이의 관계적 이해, 관련 수학적 사고 등이 소홀히 취급되면서 공식 암기와 그 적용에 치중하는 지도가 흔한 것이 현실이다.

1. 발생적 방법에 의한 원의 구적 학습 지도

수학교육에서 역사 발생적 교수 방법 구현의 일환으로, 이 경우 수학사를 활용한 수학 지도 방법을 탐구하기 위해서는 원의 구적의 역사를, 고대 문화권에서 원 내부에 단위도형을 깔고 그 개수를 파악하는 넓이의 기본개념에 의한 구적법, 기원전 17세기경 린드 파피루스에 나타나는 고대 이집트의 직선도형으로의 근사에 의한 구적법, 기원전 5세기부터 중세에 이르기까지 그리스나 중국 등지의 공식 발견에 의한 정확한 구적법, 그리고 16세기 이후 근대 유럽에서 불가분량 개념 도입으로 무한소 기하학과 적분법을 확립한 네 단계로 분석하여 상세히 볼 수 있어야 한다.

역사적 순차성을 따르는 지도가 바른 지도임을 재차 인식하면서, 원의 넓이를 구하는 공식을 지도하는 경우에는 다음 몇 가지 사항에 유념해야 한다.

2. 원의 구적 공식 지도 시 몇 가지 유념 사항

먼저, 공식에 따른 계산 수순 숙달만의 치중에서 벗어나, 원의 넓이를 직접 측정하기가 번거롭거나 어렵다는 것을 체험하게 하여 보다 용이하고 간결하게 구할 방법 탐구의 필요성을 인식시킨다. 이에 따라 원의 넓이와 의존관계가 있는 길이에 주목하게 하여, 원의 넓이와 측정한 길이 사이의 관계를 이용하여 형식화하게 하고, 간접측정의 필요성과 유용성을 인식하게 한다. 원의 구적에서도 다른 도형의 경우까지 통합함으로써 이들 구적 공식에 대한 관계적 이해가 가능하도록 한다.

원의 구적 방법 탐구의 일련의 학습 활동 과정을 통해 귀납, 유추, 연역, 통합, 발전, 특수화, 일반화 및 함수적 사고 등을 경험하게 함으로써, 다양한 수학적 사고를 발달시켜야 한다. 이 장의 끝 부분에 원의 구적 지도에서 발생적 교수법 구현에 도움이 될 수 있는 주안점을 제시해두었다. 먼저 그 내용을 잘 이해하고 교수 계획을 세밀하게 세워 실행한다면 알찬 수업의 실천이 가능할 것이다.

3. 원의 넓이 지도 시 중점 사항

원의 구적의 역사를 반영한 지도 방법에서의 중점 사항을 다음과 같이 정리한다.

(1) 두 원 모양의 넓이를 비교해 보게 하고, 임의단위로 측정하게 한다.

(2) 원의 내부를 정사각형인 임의 단위로 꼭 맞게 채울 수는 없으나, 임의단위가 작을수록 보다 근사적으로 채워진다는 사실을 알게 하고, 모눈종이나 점종이 등을 써서 원의 넓이를 근사적으로 측정할 수 있게 한다.

(3) 원에는 임의단위인 정사각형이 정확하게 채워지지 않지만, 그 원의 반지름과 어떤 관계에 있는 길이를 한 변으로 하는 정사각형 몇 개가 채워진다는 기습 내용을 이용하면 원의 넓이를 구할 수 있다는 학생의 반응을 바탕으로, 간단하고 빨리 구할 수 있는 방법을 알아보게 한다.

(4) 여러 직선도형의 넓이를 구하고자 할 때 이를 직사각형으로 等積(半積, 倍積)변형하여 알아보았듯이, 원의 경우도 측정 가능한 길이(지름, 반지름)를 이용하여 직사각형이 되게 등적변형해 볼 생각(유추)을 떠올리게 한다.

(5) 원을 여러 방법으로 잘라 이어 붙여 보는 조작 활동을 통해, 원은 다음 [그림 9-26]과 같이 평행사변형, 직사각형 또는 삼각형으로 등적변형할 수 있다는 것을 발견시키고,

$$\text{원의 넓이} = \text{반지름} \times (\text{원주} \div 2) = \text{반지름} \times \text{반지름} \times 3.14$$

와 같이 형식화하여 문제해결에 활용할 수 있게 한다.

(6) 원의 등적변형에서 교과서에 제시된 그대로 해보게 하는 정도로만 그칠 것이 아니라, 주어진 원을 통상적으로 짝수 개의 부채꼴로 분할하고 재배열하는 이유를 생각해보게 함으로써, 처음 원에서 측정 가능한 길이(지름 또는 반지름)를 변형된 도형에 반드시 남기려는 생각이 들어 있음을 알게 해야 한다. 이로써, 위와 같은 공식을 얻을 수 있으며, 반지름(지름)의 길이를 측정하면 원의 넓이를 계산으로 구할 수 있고, 역으로 원의 넓이로부터 반지름(지름)의 길이를 계산으로 구할 수도 있음을 알게 한다.

(7) 부채꼴의 중심각의 크기나 호의 길이를 증감하는 조작을 통해, 부채꼴의 넓이가 중심각의 크기에 비례하고, 반대로 중심각의 크기는 넓이에 비례한다는 것을 알아내도록 하며, 원을 중심각이 360도인 부채꼴의 특수한 경우로도 볼 수 있도록 한다.

(8) 이와 같은 일련의 과정에서 지속 가능한 지식인 수학적 사고의 경험을 풍부히 시켜

다양한 사고 능력을 기른다. 즉, (1), (2), (5)와 (6)을 통한 연역적 사고와 발전적 사고, (1)과 (4)를 통한 귀납적 사고, (3)과 (5)에서는 유추적 사고, 또 (5)와 (7)에서는 함수적 사고 등을 경험시킬 수 있다.

생각해 볼 문제

문제 9-1 아르키메데스의 묘비에 새겨진 도형 상호간의 관계를 알아보기 위한 교재화 방안을 마련해 보아라.

문제 9-2 고대 사람들이 π의 근삿값을 찾아내는 방법을 재현하여, 초등학교에서 그것을 효율적으로 구하는 방안에 대하여 논하여라.

문제 9-3 276쪽 각주 8)의 방법으로, 탁상계산기를 써서 π의 근삿값을 소수 6자리까지 구해 보아라.

문제 9-4 뷔퐁의 바늘 던지기 실험을 직접 수행해 보고, 그로부터 π의 근삿값을 구해 보아라.

문제 9-5 아르키메데스의 방법으로 π의 근삿값을 구해 보아라.

문제 9-6 넓이의 측도를 나타내는 단위 요소로 왜 정사각형을 사용하는지 알아보아라. 정삼각형, 정오각형, 정육각형, … , 원 및 다른 도형은 왜 넓이의 측도로 부적당한가?

문제 9-7 원의 구적법에 대한 역사를 음미해 보고 이것이 시사 하는 바를 제시해 보아라. 그리고 이를 교재화할 수 있는 방안을 마련해 보아라.

문제 9-8 다음 쪽의 그림은 지름이 10인 원을 모눈종이에 그린 것이다. 공식에 의한 경우와 모눈의 개수에 의한 경우의 원의 넓이를 비교해 보아라. 그리고 지름을 달리 하는 여러 경우에 대하여 이와 같은 것을 조사·비교해 보아라. 또 학생들에게 이와 같은 활동을 하게 한다면 거기에는 어떤 교육적 의미가 있겠는지 생각해 보아라.

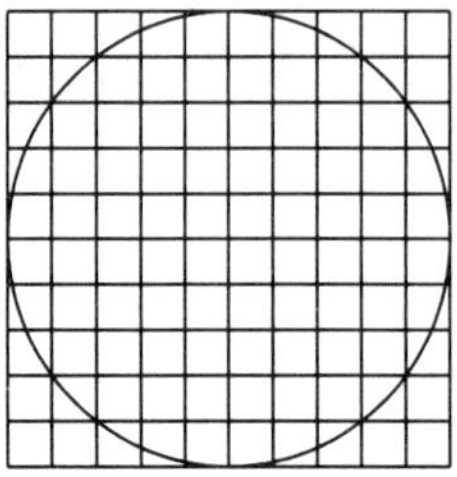

문제 9-9 원의 넓이를 구하는 구적 공식을 찾는 활동으로서 부채꼴을 이용하는 경우가 대부분이다. 그 이유를 생각해 보아라.

수업 사례

원의 구적의 역사를 활용한 원의 넓이 지도 방안

1. 넓이의 기본 개념에 바탕을 둔 직접측정(구적) 지도 방안

넓이의 기본 개념에 따라 원의 내부를 단위 정사각형으로 깔고 그 개수를 세어 넓이를 구하고자 하는 시도가 고대 문화권에 있었을 것으로 짐작한다. 왜냐하면 그렇게 함으로써 직선도형을 활용하려는 다음 단계들이 자연스럽게 이어질 수 있다. 이 방법이 비록 비효율적이고 부정확하기는 하지만, 먼저 이 방법을 시도함으로써 곡선도형의 넓이를 정확히 구하는 일이 거의 불가능하고 또 모눈을 일일이 세어서 넓이를 알아낸다는 것이 매우 번거롭다는 점을 느낀 후에 보다 나은 방법을 궁리할 동기가 생길 수 있다.
따라서 필자는 원의 지름을 3부터 30까지 변화시키면서 모눈종이에 원을 그려 실제로 조사해보았다. 이때 원의 지름을 확장한다는 것은 모눈의 크기를 축소하는 것과 마찬가지다. 활동 결과를 아래와 같은 표로 정리함으로써, 구적 공식으로 산출한 넓이가 모눈의 수를 세어서 구한 넓이보다 항상 크게 나타나며, 작은 모눈을 이용할수록 상대오차가 줄어들게 되므로 모눈의 수를 세어 구한 넓이도 그 정확도가 점점 높아진다는 사실을 알 수 있었다.

〈표 1〉 넓이의 기본 개념 및 구적 공식에 의한 원의 넓이 비교

지름	온전한 정사각형 개수(p)	불온전한 정사각형 개수(q)	넓이 개념에 의한 구적 결과 $S_1 = p + \frac{1}{2}q$	구적 공식에 의한 산출 결과 $S_2 = \pi r^2$	오차 $S_2 - S_1$	상대오차 $\frac{S_2 - S_1}{S_2}$
3	1	8	5	7.07	2.07	(0.29)
5	9	16	17	19.63	2.63	(0.13)
7	21	24	33	38.48	5.48	(0.14)
10	60	28	74	78.54	4.54	(0.057)
15	145	56	173	176.71	3.71	(0.021)
18	216	68	250	254.47	4.47	(0.018)
20	276	68	310	314.16	4.16	(0.013)
25	437	96	485	490.87	5.87	(0.012)
30	648	108	702	706.86	4.86	(0.007)

[모눈 활용-1] 원의 넓이의 지도 과정에서 가능한 한 그 발달의 역사적 순차성에 따라, 컴퓨터로 그린 [그림 9-22]와 같은 학습지를 학생들에게 나누어주고, 원의 지름이 다양한 경우에 대해 온전한 모눈의 개수와 불온전한 모눈의 개수를 세어서 알아보며, 이를 바탕으로 원의 넓이의 근삿값을 구하게 한다. 이 과정에서 불온전한 모눈의 개수 처리 방식에 따라 원의 넓이가 달라진다거나 원이 클 때도 모눈을 깔고 그 수를 센다는 것은 매우 번거롭다는 점을 깨닫게 한다.

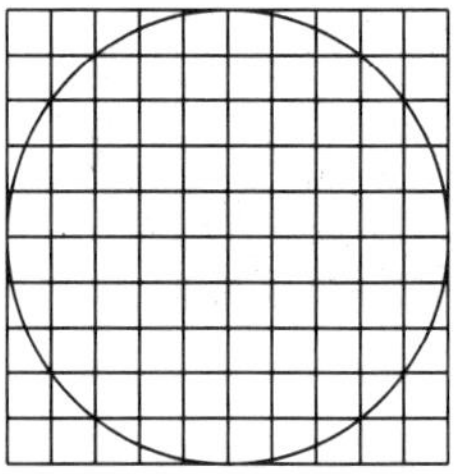

그림 9-22 $d = 10$

[모눈 활용-2] 모눈종이에 지름 14인 원을 그린 오른쪽 [그림 9-23]을 학습지로 제시하고, 원의 밖의 세 귀퉁이 B, E, S(귀퉁이 T는 제외)에 들어 있는 작은 단위 정사각형을 부채꼴 AOC에 채워 본다면 어떻게 될 것 같은지 예상해 보게 한다. 그리고 실제로 채워 보게 한다. 이때 활동의 결과를 원의 반지름과 관련시켜 나타내보도록 한다(NCTM, 1995).

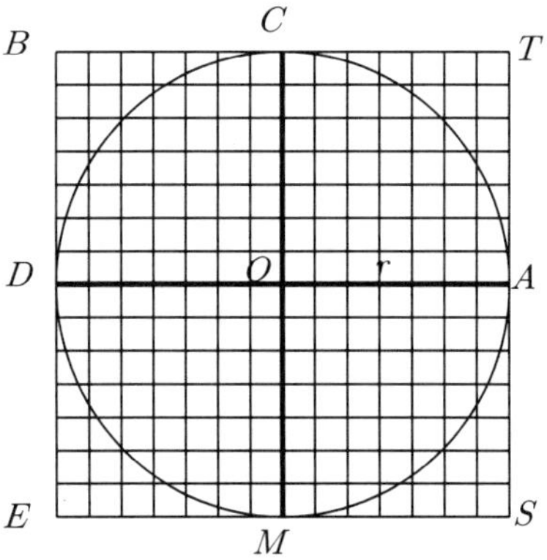

그림 9-23

이와 같은 활동은 원주율 지도에서도 활용 가능할 것이다.

2. 이미 구적 가능한 다른 도형으로 근사에 의한 구적 지도 방안

앞에서 소개한 고대 이집트에서의 구적 방법을 상정하고, 그들은 왜 이와 같은 방법으로 원의 넓이를 구하고자 했는지 토론하는 방법으로 수업을 진행한다. 린드 파피루스의 문제 50을 제시하여 그에 따르면 원의 넓이는 64인데, 이 원과 넓이가 같은 문제 48에서 취급하는 8각형([그림 9-24, 9-25])의 넓이는 63이어서 서로 다르다. 이렇게 되는 이유는 무엇인가? 그들은 원의 넓이를 정확히 구할 수 있었겠는가? 왜 직선도형에 근사시켜 넓이의 근삿값을 구하려고 했을까? 등을 생각하게 함으로써, 원과 같은 곡선도형의 넓이를 정확히 구할 수 없었으므로 이미 넓이를 구할 수 있는 직선도형을 이용하는 것이 자연스럽다는 점을 느끼게 한다. 이는 중국의 《구장산술》에서의 방법을 예로 하여 다룰 수도 있다.

그림 9-24

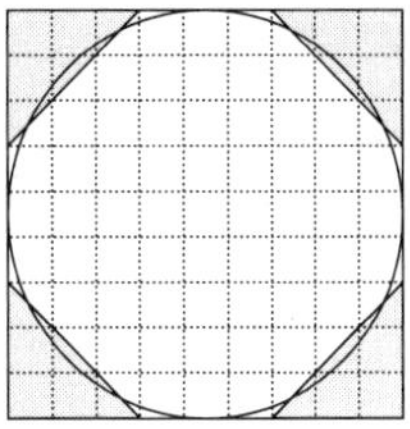

그림 9-25

3. 공식 발견과 그에 의한 간접측정(구적) 지도 방안

원의 내부에 단위 정사각형을 깔아 본 경험에서 이를 빈틈없이 깔 수 없다는 생각을 바탕으로, 넓이와 관련이 있는 길이에 주목하게 하여 원의 넓이와 직접 함수관계에 있는 길이를 생각하게 한다. 그리고 반지름(지름)을 길게 하면 원(원의 넓이)도 커지며, 따라서 반지름(지름)이 정해지면 원(원의 넓이)도 정해진다는 것을 알게 한다. 대체로 반지름(지름)의 길이는 측정하기 쉬워 원의 넓이를 직접 구하는 대신, 원의 반지름을 측정하고 그것을 이용하여 그 넓이를 계산으로 구하는 간접측정의 방법이 편리하다는 것을 이해하게 한다.

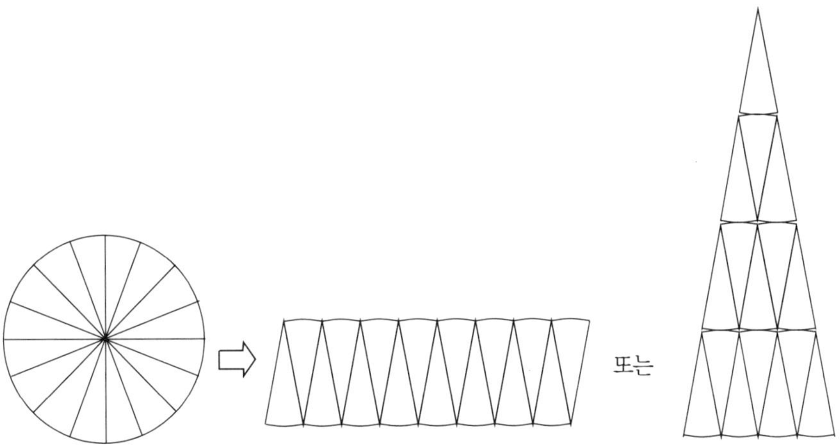

그림 9-26 원을 부채꼴로 분할하고, 재배열을 통한 직선도형화

이에 대하여 초등학교의 많은 교과서(한국의 수학 6-1, 일본에서 채택 3위까지 세 종류의 산수 6)에서 모두 다루고 있는 내용은 [그림 9-26]과 같이 원의 내부를 짝수 개의 부채꼴로 분할하고, 이를 이미 구적이 가능한 다른 직선도형으로 등적변형하는 방법이다. 이때 원을 이와 같이 분할하는 이유는 원에서 주요 길이이며 원의 넓이를 결정하는 요소인 반지름을 등적변형 후의 도형에 반드시 남기고자 하기 때문이다. 이에 따라 원의 넓이

를 직접 구하는 대신 잘 알고 있는 직사각형이나 삼각형의 넓이를 구하는 것만으로도 구적의 문제가 쉽게 해결되고, 이 방법에는 일반성을 지니고 있기 때문에 처음 도형인 원의 요소로 공식이 확립되는 것이다.

이 방법에는 [그림 9-26]에서와 같은 부채꼴의 수를 점진적으로 늘려 가면 재배열로 등적변형된 도형이 점차 직사각형으로 되어 감을 시각적으로 학생들에게 인식시키는 과정이 포함되어 있다. 이는 사실상 매우 어려운 지도 장면이지만, 우선 그렇게 믿도록 하는 수밖에 다른 도리가 없어 보인다. 그리고 일본 교과서 두 종류에서는 위 그림과 같은 삼각형으로 등적변형하는 것을 다루고 있는데, 이는 사다리꼴로 변형하는 경우까지도 생각할 수 있으며, 충분히 참고할 가치가 있다.

chapter 10 황금분할의 역사와 피보나치수열

황금분할을 알고 있는 해바라기 씨

1995년 가을에 어느 초등학교 6학년 교실에서 피보나치수열에 관련된 도형 퍼즐 문제로 수업을 하고, 이를 마치면서 수업에 대한 소감을 발표하도록 해보았다. 어떤 여학생이 "그동안 솔방울이 수학을 알고 있는 줄은 미처 몰랐습니다. 정말 신기합니다. 이제부터는 비록 하찮은 식물이라 하더라도, 재미있는 수학이 거기서 나올 수도 있으므로 그것을 자세히 관찰해 보아야겠다고 생각합니다."라고 인상 깊은 반응을 보였다. 하지만 우리의 교육 현실을 감안할 때, 그 학생이 중고등학교를 거치면서 그 날의 생각을 지속했을 것으로는 보지 않는다.

각 나라의 국기들은 대체로 비슷한 모양의 직사각형이다. 왜 그럴까? 또한 거의 대부분의 서적들 역시 닮은 직사각형으로 되어 있다. 왜 그럴까? 종이 모양이 그렇기 때문에…. 그럼 종이는 왜 그렇게 잘랐을까? 우리가 사용하고 있는 전화카드나 각종 신용카드는 직사각형이면서 국제 규격이다. 즉 합동이다. 왜 그렇게 만들었을까? 이런 의문은 얼마든지 생긴다.

한편 해바라기 씨앗에는 아름다운 나선이 양방향으로 배열되어 있다. 솔방울에도, 파인애플에도, 해변에서 흔히 볼 수 있는 소라껍질에도, 그리고 가깝게는 우리 인체의 군데군데에도….

이런 것들 모두는 말하자면 '황금분할'과 관련되어 있다. 이는 배워서 그런다기보다 우리 인간이 본래부터 가지고 있는, 신이 인간에게 선사한 그 어떤 것이 아닐까! 이러한 것들은 곧 자연이 접근하려고 하는 어떤 현상의 수학적 표현일 것이다.

이 장에서는 황금분할과 피보나치수열의 유래, 수학적 의미, 다양한 성질, 그리고 자연현상과의 관련성 등에 대하여 알아보기로 한다.

Ⅰ. 신(神)의 작품 '황금분할'

초등학교 6학년에서의 '비(比)'에 대한 학습의 응용, 중학교에서의 2차 방정식, 정오각형의 작도, 수열 등 많은 영역에 관련되어 있고, '미(美)의 상징'과도 관계가 있는 '황금비'에 대하여 알아보기로 한다.

1. 황금분할의 의미

'황금비(黃金比; golden ratio)', '황금분할(黃金分割; golden section)' 또는 '황금수(黃金數; golden number)' 등으로 불리는 이 개념은, 다음에 서술하는 바와 같은 선분의 분할에 의해 얻는 비의 값이다.

유클리드 《원론》에 정의되어 있는 황금분할은, "선분은 같지 않은 부분으로 나누어지는데, 전체가 큰 부분에 대한 것이, 큰 부분이 작은 부분에 대한 것일 때, 외중비(外中比)로 나누어진다."와 같다. 즉 [그림 10-1]에서 한 선분 AB를 그 위의 점 C에 의해

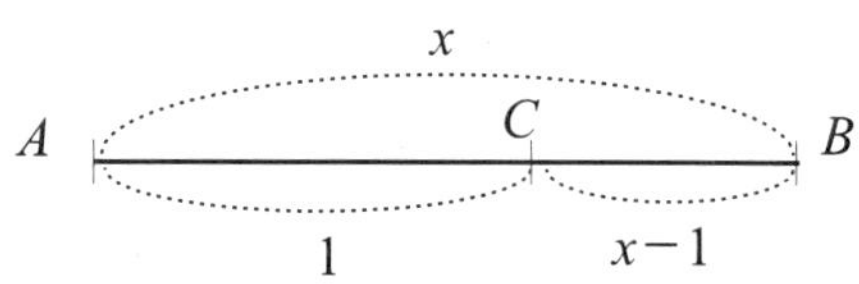

그림 10-1 선분의 황금분할

$$AB : AC = AC : CB$$

가 되도록 분할했을 때, '선분 AB는 점 C에 의해 황금분할되었다.'고 한다.

$AB = x$, $AC = 1$이라 하면, $CB = x - 1$이기 때문에 위의 비례식은

$$x : 1 = 1 : (x-1)$$

이 되고, $x > 0$인 범위에서 이것을 풀면,

$$x(x-1) = 1,\quad x^2 - x - 1 = 0,\quad \therefore\ x = \frac{1+\sqrt{5}}{2}$$

이며, 여기서 구해진 값 $\phi = \dfrac{\sqrt{5}+1}{2} \fallingdotseq 1.618$을 황금비라 한다. $\sqrt{5}$의 근삿값으로 계산해 보면 $\phi = 1.6180339\cdots$이기 때문에 대략 1.62 또는 1.618로 취한다.

어떤 선분을 황금비로 분할하는 경우, 긴 쪽을 ϕ, 짧은 쪽을 1이라 하면, $\dfrac{\phi+1}{\phi} = \dfrac{\phi}{1}$, 즉 $\phi^2 = \phi + 1$ 또는 $\dfrac{1}{\phi} = \phi - 1$과 같이 된다.

2. 황금분할의 기원

황금분할은 유클리드 《원론》에서 세 번 다루어지고 있다(제2, 6, 8권). 이 중에서 황금분할의 정의가 단적으로 설명되어 있는 것은 제6권의 정의 3으로, 이는 앞에서 설명한 바와 같다.

> "선분은 같지 않은 부분으로 나누어져, 전체가 큰 부분에 대하듯이, 큰 부분이 작은 부분에 대할 때, 외중비로 나누어진다고 한다."

여기서는 '황금비'와 '황금분할' 등의 표현이 아니라 '외중비' '외중비로 나뉜다.'라는 용어가 이용되고 있다. 영어에서는 각각 the extreme and mean ratio(약칭, E.M.R.), the division in extreme and mean ratio(약칭, D.E.M.R.)이라 표현된다. 여기서 'extreme'은 '외항', 'mean'은 '중항'(또는 '내항')이라는 의미인데, 어떻게 해서 이러한 용어가 이용되었을까. 실제로 제6권의 내용은 제5권에서 다루었던 비례론을 도형에 응용한 것이어서, 선분에 대해 연속적 비례가 적용되었던 결과로 황금분할이 표현된 것이다. 세 양 a, b, c 에 대하여 $a : b = b : c$ 가 성립할 때, 이 세 양은 연비(連比)의 관계에 있다고 하고, a 와 c 는 비례식의 바깥쪽에 위치하므로 비례외항이라 부르고, 이에 반해 b 는 비례중항이라 부르고 있다. 선분 AB 가 점 C 에 의해 황금분할되는 것은 $AB : AC = AC : CB$ 가 성립되는 때이므로, 알맞게 연비 관계가 만족되는 것이다. 여기서 '외중비'라는 용어가 생겨난 것으로 보고 있다. 이 외중비가 바로 황금비의 기원이다.

그런데, 《원론》 제5권의 '비례론'은 크니도스의 에우독소스(Eudoxos of Knidus)에게서 그 기원을 발견할 수 있는데, 이 에우독소스에 대해 프로클로스는 그의 주석에서 다음과 같이 설명하고 있다.[1)]

> 레온(Leon)보다도 조금 후대에 속하고, 플라톤 학파의 일원이었던 에우독소스는 이른바 일반 정리의 수를 늘린 최초의 사람이었다. 또, 그는 이미 알려져 있던 세 가지 비례에 다

---

1) 에우독소스는 기원전 370년경에 살았던 그리스의 탁월한 수학자이다. 그는 수학의 기초에서 도래했던 최초의 위기를 비율 이론으로 극복한 사람이다. 피타고라스학파의 사람들은 만물은 자연수에 의해 좌우된다는 철학적 기초 위에서, 임의의 두 선분은 같은 단위로 잴 수 있다는, 즉 어떤 공통 측정 단위가 존재한다는 외관상 자명한 가정에 근거하여, 비율과 닮은 도형에 관한 이론을 구성하였다. 그러나 그들이 무리수의 존재를 발견함으로써, 이미 증명했다고 믿고 있던 기하학의 커다란 부분이 일시에 파기되어야 할 위기에 처하게 되었다. 그런데 에우독소스와 피타고라스학파의 한 사람이었던 아르키타스(Archytas)는, 크기에 대하여 같은 단위로 잴 수 있거나 또는 잴 수 없는 것과는 완전히 무관한 비율 또는 두 비의 상등을 정의함으로써, 이와 같은 최초의 위기를 해결하였다.

른 세 개의 비례를 추가했다. 그리고 플라톤에 의해서 시작된 '분할'에 관한 명제의 수를 늘리고, 그 해법으로 해석법을 적용했다.

에우독소스(408-355 B.C.)

여기서 언급되고 있는 '분할'에 관하여, 그것을 평면에 의한 입체 절단 – 예를 들어 원뿔곡선과 같은 것 – 이라 해석하는 설도 있지만, 오늘날에 와서는 '황금분할'이라고 여기는 견해도 있다. 즉, 선분을 외중비로 나누는 문제에 대하여, 에우독소스는 많은 공헌을 했다는 것이다.

《원론》 제5권이 에우독소스의 비례론을 편집한 것 이상으로, 그 도형으로의 응용을 다루고 있는 제6권의 명제에 대해서도, 그 다수가 에우독소스 또는 그 이전에 유래했다고 할 수 있다. 예를 들면, 제 6권의 명제 30은 "주어진 선분을 외중비로 나누는 것"으로, 그 작도법이 다음과 같이 나타나고 있다.

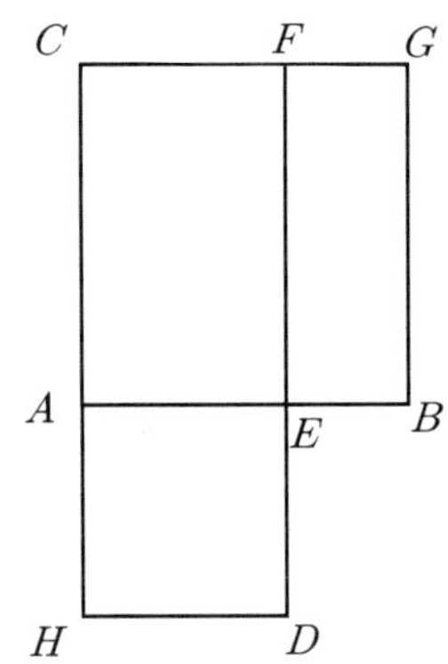

그림 10-2 외중비 분할

[그림 10-2]에서 주어진 선분을 AB로 한다. AB상에 정사각형 $ABGC$를 그린 다음, 이 정사각형과 같은 넓이가 되도록, 아울러 $AHDE$가 정사각형이 되도록 직사각형 $HDFC$를 그린다. 그러면, 직사각형 $EBGF$와 정사각형 $AHDE$는 같은 넓이이므로 다음이 성립한다.

$$EF \cdot EB = AE \cdot ED.$$

여기서, $EF = AB$, $ED = AE$를 대입하면,

$$AB \cdot EB = AE \cdot AE$$

가 되고, 다음의 비례식이 성립하게 된다.

$$AB : AE = AE : EB$$

이것은, 선분 AB가 점 E에 의해 외중비로 분할되는 것을 나타낸 것이므로 여기서 작도법이 생기게 되었다.

3. '황금비(황금분할)'라는 명칭의 기원

황금분할이나 황금비라는 용어를 많은 사람들이 알며 또는 모르면서 일상에서도 곧잘 사용한다. 그 태생의 멋진 분할을 볼 때 '황금'이란 수식어는 조금도 지나치지 않을 듯하다. 그런데 이 화려한 '황금'이라는 명칭이 처음부터 붙여진 것은 아니므로 언제쯤에 누군가에 의

해 만들어진 것이다. 이에 대하여 우에가키(上垣 渉, 1992, pp. 59–61)는 다음과 같은 내용을 제시하고 있다.

처음에 소개한 것과 같이 고대 그리스에 있어서는 '외중비', '외중비로 나눈다'라는 용어가 사용되었고, '황금'이라는 명칭은 없었다. 유클리드 이후에도 파포스(Pappos)등 많은 수학자가 외중비분할(황금분할)을 연구했으나, 역시 '황금'이라는 명칭은 나타나지 않았다.

근대에 들어서, 유명한 케플러(Johannes Kepler)도 황금분할에 관심을 가졌던 수학자로 다음과 같이 서술하고 있다.

> 확실히 기하학의 보석은 두 가지이다. 하나는 직각삼각형에서의 빗변과 직각을 낀 두 변의 관계이고, 또 하나는 선분의 외중비에 의한 분할이다. 그 중 전자에서는 입방체, 정사면체, 정팔면체가 만들어지고, 후자에서는 정십이면체와 정이십면체가 만들어진다.

케플러(1571-1630)

또 《케플러 전집》 제12 장의 주석에는, 기하학의 두 가지 보석－피타고라스 정리와 황금분할－에 대하여, "전자는 극히 작은 금괴에 비유하고, 후자는 중요한 보석으로 예를 들었다."고 쓰여 있다. 이 책에서 이용되고 있는 용어는 라틴어로 'lineam extrema et media ratione sectam'인데, 이는 고대 그리스에서 이용되었던 외중비 분할인 것을 알 수 있다. 역시, '황금'이라는 용어는 나오지 않았다.

또 황금분할에 대하여 모든 문헌을 조사하고 그 역사를 요약한 피슐러(Roger Herz Fischler)는 《외중비 분할에 대한 수학의 역사(A Mathematical History of Division in Extreme and Mean Ratio)》에서, D.E.M.R.에 관한 명칭으로서의 '황금수'의 기원이 많은 조사와 연구 대상이었다고 서술하고 다음과 같이 결론짓고 있다.

> '황금수'라는 표현의 기원은 최근의 것이어서, 19세기에 널리 유포된 수학에 관한 적용에는 이 표현은 찾을 수 없었다. … "누가 최초로 '황금수'라는 표현을 사용했는가?"라는 의문이 비만에 의해 제기되었으나, … 파치올리와 19세기 후반 독일의 '황금수론자들'에 관한 이상의 정보를 누구도 제공할 수 없었다.

따라서 '황금'이라는 명칭이 이용되었던 것은 19세기에 들어 와서부터가 아닌가 생각된다. 실제로, 수학사가(數學史家) 스미스(D. E. Smith)는 《수학사(History of Mathematics, vol. II)》 중에서, 황금분할에 관하여 기술하고 그 각주에서 "이 용어는 '*Archiv der Math. und Physik*'(IV, 15-22)에서, 1844년 시점에 겨우 찾았다."(p. 291)라고 서술하고 있다. 그리고 피슐러의 조사에 의하면, 옴(M. Ohm)의 《*Die reine Elementar-Mathematik*》 제2판(1835년)에서 'Goldene Schnitt(황금분할)'가 보이므로, 이것이 최초일지도 모른다. 하지만 오늘날 황금분할이라는 용어의 사용에 대해서는 이 이상의 것을 단언하는 것은 불가능하다.

4. 황금직사각형

세로와 가로의 비가 황금비가 되는 직사각형을 '황금직사각형(golden rectangle)'이라 부른다. 그리고 황금직사각형에서는 [그림 10-3]에서와 같이, 정사각형 $ABEF$를 없앤 나머지 직사각형 $DEFC$가 본래의 직사각형 $ABCD$와 닮았다는 성질이 있다. 실제로 $AD = x$라 하면,

$$\square ABCD \backsim \square DEFC$$

이고 이에 의해 변의 비가 같기 때문에, $AB : AD = DE : DC$가 성립한다. 따라서 $1 : x = (x-1) : 1$이 되고, 이 식을 변형하면 $x^2 - x - 1 = 0$이 된다. $x > 0$이므로, 2차 방정식의 근의 공식을 이용하면, x의 값은 $\dfrac{1+\sqrt{5}}{2}$와 같이 구해진다.

다시 말해서, 직사각형 $ABCD$의 세로와 가로의 길이의 비는 황금비로 되어 있어서 이러한 직사각형을 황금직사각형이라고 하는 것이다. 이때 사각형 $DEFC$에 대해서도, 변 DE를 한 변으로 하는 정사각형을 잘라내면 남는 부분은 보다 작은 황금직사각형이 되며 이와 같은 조작은 계속해서 할 수 있다. 각 경우에 생기는 정사각형의 한 변을 반지름으로 하는 사분원을 이용하면 뒤에 제시한 것과 같은 아름다운 피보나치 나선을 그릴 수 있다.

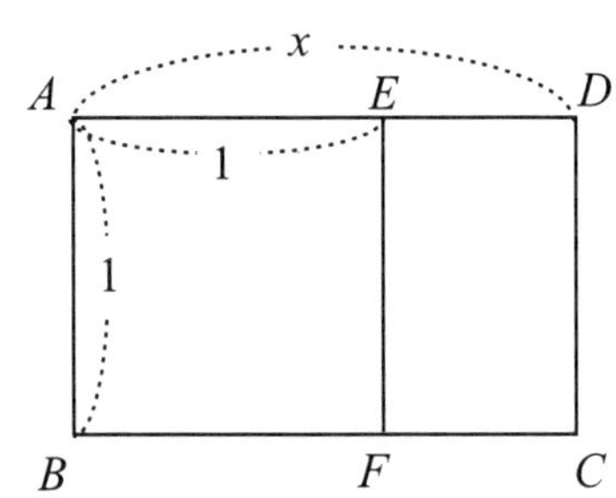

그림 10-3 황금직사각형

5. 황금삼각형

이미 제5장에서 피타고라스학파의 수학에 대하여 알아보았다. 피타고라스학파는 그들의 심벌로 별 모양 오각형을 사용하였다. 이는 그들이 황금분할(외중비)에 대하여 알고 있었음

을 짐작할 수 있는 근거이기도 하다. 아래 [그림 10-4]와 같은 정오각형 $ABCDE$에 대각선을 그어 만든 삼각형 ACD는 꼭지각이 36°인 이등변삼각형이다. 이 삼각형의 밑변과 등변의 길이의 비는

$$CD : AC = 1 : \phi$$

가 되어, 그 자체가 황금비를 이루고 있기에 이를 '황금삼각형(golden triangle)'이라 한다. 이 삼각형의 밑각 ADC를 이등분하는 선분 BD와 변 AC와의 교점을 F라 하면, 삼각형 DFC는 삼각형ACD와 닮은 이등변삼각형이 되며, 이는 황금삼각형이 된다. 흔히 삼각형 ACD뿐 아니라 삼각형 ABC도 황금삼각형이라 한다.

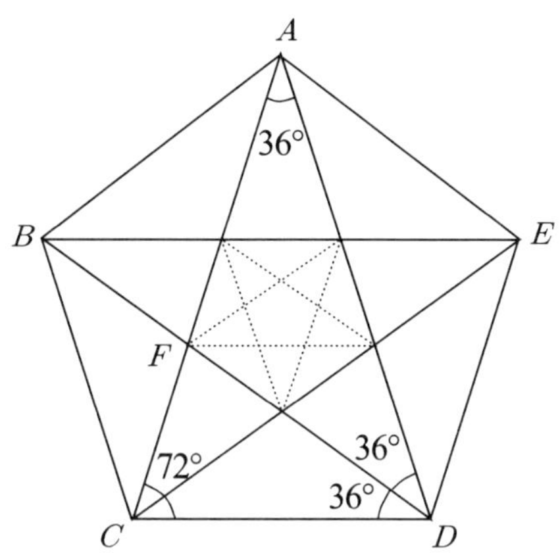

그림 10-4 정오각형과 황금삼각형

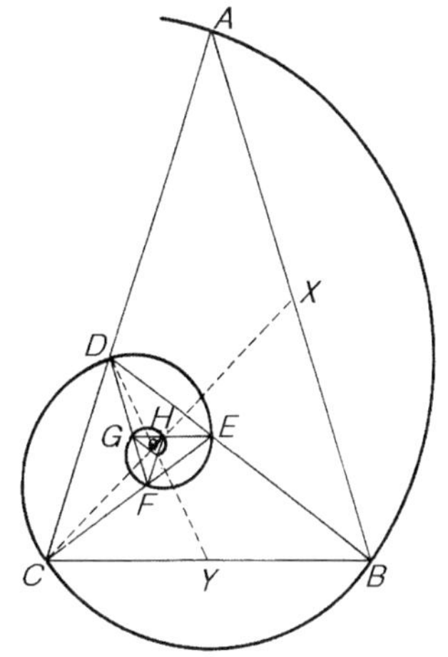

그림 10-5 황금삼각형과 수나선

황금직사각형의 경우와 마찬가지로, 이와 같은 황금삼각형을 계속 만드는 과정을 통해, [그림 10-5]와 같은 대수나선을 만들 수 있다. 이때 꼭지각이 36°인 이등변삼각형들의 꼭짓점의 열 $A, B, C, D, E, \cdots$는 대수나선의 극점 O에 수렴한다.

6. 황금분할의 다양한 적용

황금직사각형은 고대 그리스에서는 '미의 상징'으로서 존중되었다. 예컨대 유명한 그리스의 파르테논 신전의 지붕을 복원해 보면, 정면의 세로와 가로 길이의 비가 황금비로 되어 있다. 또 1820년 에게 해의 그리스령 밀로스 섬에서 발견된 밀로의 비너스에도 황금비가 나타난다. 비너스 상에서는, 머리끝에서 배꼽까지 5에 대해, 배꼽에서 발꿈치까지 8인 길이로 되어 있다. 또한, 중세부터 사원의 건축과 회화 등에 황금비가 많이 이용되고 있다.[2)]

이집트의 피라미드에도 황금비가 이용되었다는 것은 놀랍다. 이집트 신관들은 역사가 헤로도토스(Herodotus)에게, "대피라미드의 밑변과 높이의 관계는, 높이를 한 변으로 하는 정사각형이 옆면인 삼각형 하나와 같은 넓이가 되도록 만들어졌다."고 설명했다고 한다.

이를 식으로 나타내기 위하여 [그림 10-6]과 같이, 피라미드의 높이를 h, 밑면인 정사각형의 한 변을 $2b$, 옆면인 삼각형의 높이를 x라 하자. 그러면, 높이를 한 변으로 하는 정사각형의 넓이는 h^2이 되고 옆면인 삼각형의 넓이는 $\frac{1}{2}\times 2b\times x = bx$가 된다.

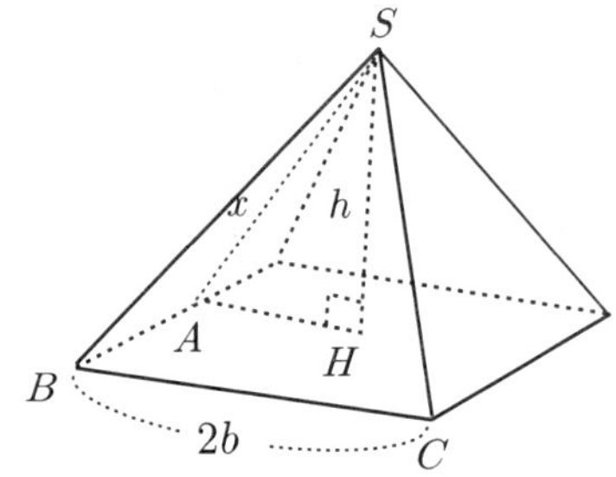

그림 10-6 피라미드에 이용된 황금비

이에 따라 방정식 $h^2 = bx$가 만들어지는데, 이 방정식을 '헤로도토스 방정식'이라 한다. 또 $\triangle SAH$는 직각삼각형이므로 $h^2 + b^2 = x^2$이 되고, 이에 헤로도토스 방정식을 대입하면, $bx + b^2 = x^2$이 된다. 따라서

$$\left(\frac{x}{b}\right)^2 - \left(\frac{x}{b}\right) - 1 = 0$$

이고, 여기서 $\frac{x}{b} = X$로 두면, $X^2 - X - 1 = 0$이 된다. $X > 0$이므로,

$$X = \frac{1+\sqrt{5}}{2}$$

가 되고,

$$\frac{x}{b} = \frac{1+\sqrt{5}}{2}$$

가 얻어진다.

이는, 옆면인 '삼각형의 높이'와 밑면인 '정사각형의 변의 길이의 반' 사이의 비가 황금비가 되도록 만들어졌다는 것이다.

대피라미드 조사의 결과에 의하면, 밑면의 한 변은 230 m, 높이는 146 m라고 하므로, 위의 계산식에서는, $h = 146$, $b = 115$가 된다. 여기서 x를 구하면,

$$x = \sqrt{b^2 + h^2} = \sqrt{115^2 + 146^2} = \sqrt{34541} \fallingdotseq 186$$

이 되기 때문에,

---

2) 황금직사각형은 예술상의 기법인 역학적 대칭(dynamic symmetry)에서 매우 중요한 위치를 차지한다. 햄비지(Jay Hambidge)와 다른 여러 사람들에 의해 역학적 대칭이 연구되었다. 황금비와 황금직사각형은 그리스의 건축과 도기에서 관찰할 수 있으며 조각, 그림, 건축 설계, 가구 도안, 조판 등에 응용되어 왔다. 한편, 여러 심리학자들의 연구 결과에 따르면, 이 황금직사각형은 대부분의 사람들이 가장 보기 좋아하는 사각형, 또 가장 아름다움을 느끼게 되는 사각형이라 한다.

$$\frac{x}{b} = \frac{186}{115} = 1.61739$$

가 구해지고, 이는 황금비의 값에 아주 접근하고 있음을 알 수 있다.

이렇듯 황금비, 황금직사각형은 고대로부터 많은 사람들을 끄는 매력을 지녔다고 할 수 있다.

그리고 황금비를 나타내는 기호로 그리스어인 τ(tau)와 ϕ(phi) 등이 이용되었는데, '타우'는 절단을 표현하는 그리스어에서, '파이'는 그리스의 조각가 피디아스(Phidias)에서 유래했다고 한다.

II. 피보나치수열

지금까지 알아보았던 황금분할과 밀접하게 관련되어 있으면서, 흥미와 지적 호기심을 불러일으키기에 충분한 피보나치수열에 관하여 알아보기로 한다.

1. 피보나치수열의 유래

인도-아라비아 수 체계의 이론을 누가 만들었으며, 이것이 어떤 경로를 통하여 우리에게까지 전파되었는지에 대하여는 제쳐두고, 우선 그 보급에 결정적 영향을 미쳤던 《산반서(算盤書, Liber abaci)》라는 책에 소개된 많은 문제 중, 대단히 흥미 있는 내용 한 가지에 대하여 음미해 보기로 한다.

피보나치(1175-1250?)

중세의 대표적인 수학자로 손꼽히는 피보나치(Fibonacci 또는 Leonardo of Pisa)는 여러 곳을 널리 여행하면서 인도-아라비아 수학의 실용적 우월성을 통감하고 귀국한 후 1202년에 《산반서》를 저술하였다. 초판은 현존하지 않지만 그 출판은 수학사에서 매우 의미 있다고 인정한다. 그 내용 중에는,

한 쌍의 토끼가 있다. 이 한 쌍의 토끼는 매달 한 쌍씩의 새끼를 낳으며, 새로 태어난 토

끼도 태어난 지 두 달 후부터 꼭 한 쌍씩의 새끼를 낳아 간다고 한다. 1년 동안 태어나는 토끼는 모두 몇 쌍이 될까?

와 같은 문제가 있는데, 이로부터 각 달에 출산된 토끼 쌍의 수를 나타내는 다음과 같은 수열을 얻을 수 있다(Howard Eves, 1983, pp. 160-171).

$$1,\ 1,\ 2,\ 3,\ 5,\ 8,\ \dots\ ,\ x,\ y,\ x+y,\ \dots$$

최초의 두 항은 모두 1로 되어 있고($F_1 = F_2 = 1$), 그 이후의 모든 항은 바로 직전에 있는 두 항의 합($F_n = F_{n-2} + F_{n-1},\ n \geq 3$)에 의해 구성되는 이 점화수열을 피보나치수열(Fibonacci sequence)이라 한다. 그 일반항을 F_n이라 하면,

$$F_n = \frac{1}{\sqrt{5}}\left\{\left(\frac{1+\sqrt{5}}{2}\right)^n - \left(\frac{1-\sqrt{5}}{2}\right)^n\right\}$$

과 같이 다소 복잡한 형태의 식으로 나타난다.[3] 여기서 $n=1$ 일 때, $\left(\frac{\sqrt{5}-1}{2}\right)^n$의 값은 0.618... 이고, n이 커지면 그 값은 거의 0에 근사하기 때문에 F_n은 대략 $\frac{1}{\sqrt{5}}\left(\frac{1+\sqrt{5}}{2}\right)^n$과 같아진다. 예컨대, 이 식으로 F_8을 구해 보면 21.00952... 가 되어, 이 계산 결과로부터 가까운 정수를 찾으면 쉽게 $F_8 = 21$임을 알 수 있다.

2. 피보나치수열과 황금분할 사이의 관계

피보나치수열에서 연속된 항 사이의 비(比)로 된 수열을 만들어 보면,

$$\frac{1}{1},\ \frac{2}{1},\ \frac{3}{2},\ \frac{5}{3},\ \frac{8}{5},\ \frac{13}{8},\ \dots\ ,\ \frac{y}{x},\ \frac{x+y}{y},\ \dots$$

이 되며, 신기하게도 이 수열은 잘 알려진 황금비에 수렴함을 알 수 있다. 이는 다음 [그림 10-7]에서 보는 바와 같이 연속된 항 사이의 비를 실제로 구해 보면, 왼쪽 열의 분수 값은 점점 커지면서, 그리고 오른쪽 열의 분수 값은 점점 작아지면서 양쪽 분수열은 그 포위망을 점점 좁혀 가는 양상이다. 이때의 극한값이 바로 황금비가 된다는 아주 신기한 사실을 발견할 수 있다.

---

3) 19세기 프랑스의 수론학자이며 오락 수학자였던 루카스(Edouard Anatole Lucas, 1842-1891)가 처음으로 'Fibonacci sequence'라고 이름 붙였다.

앞의 [그림 10-5]를 다시 관찰해 보자. 그림에서 이등변삼각형 FGH의 변 HG의 길이를 단위 길이 1이라 하면,

$$GF = 1\phi$$

$$FE = 1\phi + 1$$

$$ED = 2\phi + 1$$

$$DC = 3\phi + 2$$

$$CB = 5\phi + 3$$

$$BA = 8\phi + 5$$

와 같은 놀라운 관계가 성립한다. 또 선분 AB, BC의 중점을 각각 X, Y라 하면, 중선(점선으로 표시된) CX, DY 뿐 아니라, 이와 같이 계속했을 때 생기는 모든 중선들은 한 점에서 모두 만나며 그 점은 대수나선의 극점 O가 된다는 사실이다. 그리고 이때 차례로 나타나는 각 중선들에 대해 인접하는 길이의 비는 놀랍게도 피보나치수열의 인접하는 항의 비와 같게 된다.

한편, 또 앞에서 알아본 황금비 자체도 피보나치수열과 밀접하게 관련되어 있음을 알 수 있다. ϕ^2 뿐만 아니라 ϕ의 어떤 누승도 ϕ를 사용하여 다음과 같이 간단히 나타낼 수 있다.

ϕ^2	ϕ^3	ϕ^4	ϕ^5	ϕ^6
$\phi+1$	$2\phi+1$	$3\phi+2$	$5\phi+3$	$8\phi+5$

여기서 어떤 항도 그 전의 두 항의 합으로 되어 있고, 또 ϕ의 계수와 상수항 모두가 피보나치수열을 이루고 있다.

$$\frac{1}{1}=1.00000 \qquad 2.00000=\frac{2}{1}$$
$$\frac{3}{2}=1.50000 \qquad 1.66666 \fallingdotseq \frac{5}{3}$$
$$\frac{8}{5}=1.60000 \qquad 1.62500=\frac{13}{8}$$
$$\frac{21}{13} \fallingdotseq 1.61538 \qquad 1.61904 \fallingdotseq \frac{34}{21}$$
$$\frac{55}{34} \fallingdotseq 1.61764 \qquad 1.61818 \fallingdotseq \frac{89}{55}$$
$$\frac{144}{89} \fallingdotseq 1.61797 \qquad 1.61805 \fallingdotseq \frac{233}{144}$$
$$\frac{377}{233} \fallingdotseq 1.61802 \qquad 1.61803 \fallingdotseq \frac{610}{377}$$
$$\frac{987}{610} \fallingdotseq 1.61803 \ \dots$$

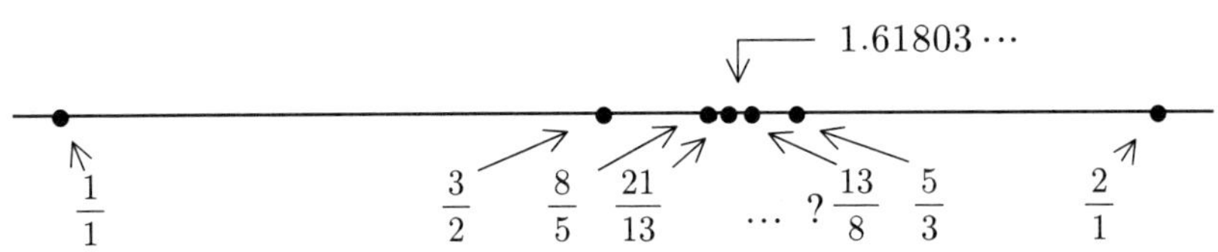

3. 피보나치수열의 성질

피보나치수열이 지니는 오묘한 성질들이 최근에도 계속하여 밝혀지고 있다고 한다. 그 가운데 학교수학에서 교재화할 가치와 가능성이 있는, 넓이나 부피, 약수와 배수, 황금비 등에 관련된 몇 가지에 대해서만, 다음과 같이 그 증명은 생략하고 성질의 내용만 간단히 소개하기로 한다.

F_n 을 피보나치수열의 제 n 항이라 하면 다음 사실들이 성립한다.

[성질 1] 피보나치수열에서 어느 하나의 항의 제곱은 그 항의 전후에 위치한 두 항의 곱과 항상 1의 차이가 생긴다. 즉,

$$F_{n+1}\cdot F_{n-1}=F_{n}^{2}+(-1)^{n},\ (n\geq 2)$$

이 성립하며, 이와 같은 대수적 성질을 기하학적인 관점에서 본다면 정사각형과 직사각형의 넓이에 관련되어 있다.4)

4) 이 성질을 이용한 '사각형의 넓이 퍼즐'의 교재화 및 지도 사례에 대해서는 이 장의 끝 부분에 제시되어 있다.

[성질 2] $F_{n-1} \cdot F_{n+2} = F_n \cdot F_{n+1} + (-1)^n$, $(n \geq 2)$이 성립한다.[5)]

[성질 3] 피보나치수열의 제1계차수열은 다시 피보나치수열이 된다. 즉, $\{F_n\}$: 피보나치수열, $\Delta F_n = F_{n+1} - F_n \Rightarrow \{\Delta F_n\}$: 피보나치수열

[성질 4] 피보나치수열의 인접한 두 항의 비는 황금분할에 수렴한다. 즉,

$$\lim_{n\to\infty}\left(\frac{F_{n+1}}{F_n}\right) = \frac{1+\sqrt{5}}{2} = \phi$$

[성질 5] 두 자연수 m 과 n 의 최대공약수를 k라 하면 F_m과 F_n의 최대공약수는 F_k이다. 그리고 이웃하는 두 정수는 항상 서로 소이므로 이웃하는 두 항도 항상 서로소이다. 즉,

$$d(m, n) = k \Rightarrow d(F_m, F_n) = F_k,\ d(F_n, F_{n+1}) = 1$$

[성질 6] n이 m의 배수이면 F_n 은 F_m 의 배수이다. 즉,

(1) $m \mid n \Rightarrow F_m \mid F_n$

(2) $m = nq + r \Rightarrow d(F_m, F_n) = d(F_n, F_r)$

[성질 7] F_n 이 소수(素數)이면 하나의 예외($F_4 = 3$)를 제외하고는 n이 소수이며, 그 역도 성립한다.

[성질 8] 어떤 자연수 n에 대해서도 다음이 성립한다.

$$F_1 + F_2 + F_3 + F_4 + \cdots + F_n = F_{n+2} - 1$$

[성질 9] 임의의 자연수 n에 대하여 다음이 성립한다.

(1) $F_1 + F_3 + F_5 + F_7 + \cdots + F_{2n-1} = F_{2n}$

(2) $F_2 + F_4 + F_6 + F_8 + \cdots + F_{2n} = F_{2n+1} - 1$

[성질 10] 피보나치수열은 이항계수와 관련되어 있다. 즉,

$$F_{n+1} = \binom{n}{0} + \binom{n-1}{1} + \binom{n-2}{2} + \cdots$$

이 성립하며, 이를 파스칼의 삼각형으로 알아보면 다음 [그림 10-8]과 같다.

5) 이 성질을 이용하여 넓이에 관련된 퍼즐을 만드는 것도 가능할 것이다.

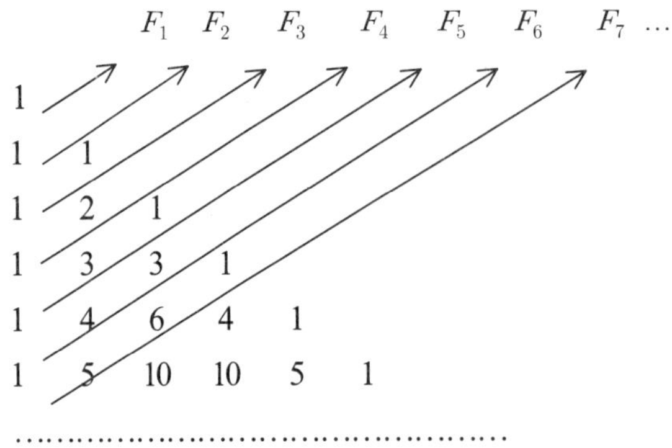

그림 10-8 파스칼 삼각형에 나타나는 피보나치수열

[성질 11] 서로 다른 세 개의 피보나치 수를 그 길이로 하는 어떠한 삼각형도 존재할 수 없다.

[성질 12] 피보나치수열은 피타고라스 정리와 관련을 맺고 있다.[6]

$$(2F_{n-2} \cdot F_{n-1})^2 + (F_n \cdot F_{n-3})^2 = F_{2n-3}^2$$

실로 이 밖에도 많은 성질들이 있으나 여기서는 더 이상의 언급을 생략한다.

III. 자연과 인공에 나타나는 황금분할과 피보나치수열

피보나치수열이 옛날부터 알려져 오던 황금분할과 일치한다는 사실은 놀랍고도 신기하다. 그리고 황금분할과 피보나치수열이 여러 자연현상에 예상을 뒤엎고 많이 나타나고 있다.

---

6) 피보나치수열이 피타고라스 세 수(三組數, Pythagorean triple)와도 관계를 맺고 있음을 보여 준다. 연속된 네 개의 피보나치 수를 차례로 택하면, 가운데 있는 두 수의 곱을 2배 한 수와 가장자리에 있는 두 수의 곱인 수는 직각삼각형에서 직각을 낀 두 변의 길이가 된다. 예컨대, 2, 3, 5, 8에서 $3\times5\times2=30$, $2\times8=16$이고, $30^2+16^2=34^2$이므로 30과 16은 직각삼각형의 직각을 낀 두 변의 길이이다. 여기서 또 흥미로운 것은 34가 피보나치 수라는 사실이다. 이를 일반화하면 성질 12와 같은 식으로 나타나게 된다. 즉, 네 수를 나타내는 항 번호의 총합의 반이 직각삼각형의 빗변의 길이를 나타내는 수에 해당하는 항의 번호임과, 이때 얻어지는 피타고라스 삼각형의 넓이는 처음에 주어진 네 수의 곱과 같음을 알 수 있다.

자연을 잘 관찰하여 이런 현상들을 찾아 분석해보면 이는 자연이 향하고자 하는 수학적 본성을 보여주는 듯하다. 그래서 이로부터 배워서 우리가 만드는 각종 인공물에 황금비나 피보나치수열을 적용하는 것은 매우 당연하고, 또 특유의 아름다움을 만들거나 수학적 원리를 반영하는 셈이 될 것이다.

1. 자연에 나타나는 피보나치수열

이 수열은 놀랍게도 예상 밖으로 많은 자연 현상에서 나타나고 있다. 한 가지 예로 식물의 줄기에서 뻗어 나온 잎(또는 싹이나 가지)들을 살펴보면, 어떤 종류의 식물에서는 인접하고 있는 두 잎이 이루는 사이 각이 일정하다. 여러 종류의 식물에서 볼 수 있는 이와 같은 각도는 주로 다음과 같다.

$$180^\circ \quad 120^\circ \quad 144^\circ \quad 135^\circ \quad 138^\circ 27' \quad 137^\circ 8'$$
$$137^\circ 38' \quad 137^\circ 27' \quad 137^\circ 31', \ldots$$

그런데 이는 어떤 일정한 값에 수렴하고 있음을 알 수 있다. 위 각의 크기들을 360° 에 대한 비로 나타내 보면, 각각

$$\frac{1}{2}, \frac{1}{3}, \frac{2}{5}, \frac{3}{8}, \frac{5}{13}, \frac{8}{21}, \frac{13}{34}, \frac{21}{55}, \frac{34}{89}, \cdots$$

로서, 이는 피보나치수열에서 하나씩 건너뛴 항들의 비로 되어 있으며, 바로 앞의 두 분수의 분자끼리와 분모끼리 더한 합 각각을 분자, 분모로 하는 분수가 된다. 이 수열은 ϕ^{-2}에 수렴하고 있으며, 각으로는 137° 30′ 28″이고 이는 원주를 황금분할하는 것이다.

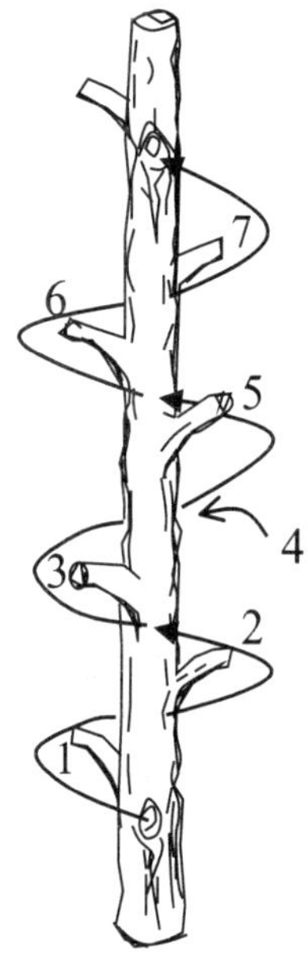

그림 10-9
3바퀴 8가지

식물 줄기의 밑동 근처에 있는 하나의 잎에 우선 관심을 두고, 그것과 같은 방향으로 뻗어 나온 잎까지 올라가면서 그 사이의 잎의 수를 세어보면 통상 피보나치 수로 나타난다. 또한 원래의 잎과 같은 방향으로 뻗어 나온 잎까지 도달하면서 줄기를 회전한 수를 세어 보면 이 수의 배열은 피보나치수열에서 사이의 한 항을 건너뛴 항으로 나타나며, 이와 같은 현상은 상추의 잎, 양파의 껍질 등과 같은 다양한 종류의 식물에서 나타난다. 또 [그림 10-10]에서 해바라기나 솔방울 씨앗의 배열에서, 중심으로부터 가장자리로 뻗어 나온 시계 방향과 반시계 방향의 나선들의 수는 피보나치수열의 이웃하는 두 항임을 알 수 있고, 이는 데이지나 쑥부쟁이 같은 국화과의 꽃에서도 나타난다.

그림 10-10 해바라기 씨앗(34 vs 55)과 솔방울(8 vs 13)에 나타난 피보나치수열

그림 10-11 선인장(13 vs 21)과 파인애플(8 vs 13)에 나타나는 피보나치수열과 대수나선

그리고 [그림 10-11]의 파인애플이나 많은 동식물에서도 볼 수 있는 이와 같은 나선들은 기이하게도 대수나선(對數螺線, logarithmic spiral)들이 된다고 한다.

그림 10-12 바다 생물에 나타난 정오각형과 나선

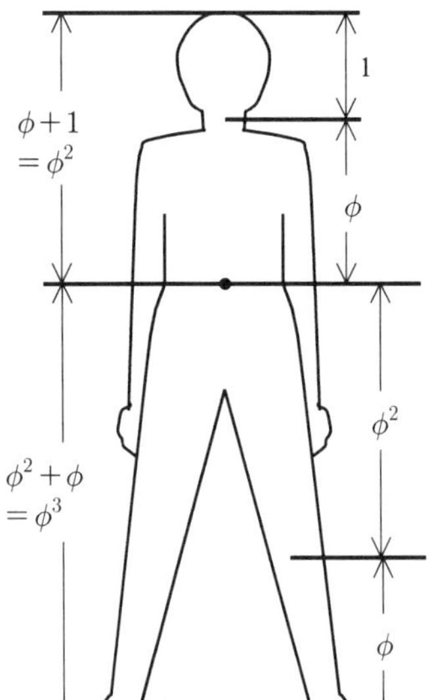

그림 10-13 인체에 나타나는 황금분할

놀랍게도 피보나치수열(황금분할)은 해양생물, 태풍의 눈, 대양의 파도, 앵무조개, 그리고 우리 인체의 여러 부분에서도 나타난다(Garland, T. H. 1987, p. 31).

2. 인조물에 활용된 피보나치수열(황금분할)

앞에서도 밝혔듯이 황금분할은 대피라미드의 축조에 활용되어, 옆면인 '삼각형의 높이'와 밑면인 '정사각형의 변의 길이의 반' 사이의 비가 황금분할이 되도록 만들어졌다. 실제로 황금비에 근접하고 있는 피보나치수열도 그 자체의 이웃 항의 비를 건축이나 조각, 또는 악기 제작에 적용한다고 한다.

그림 10-14 파르테논 신전

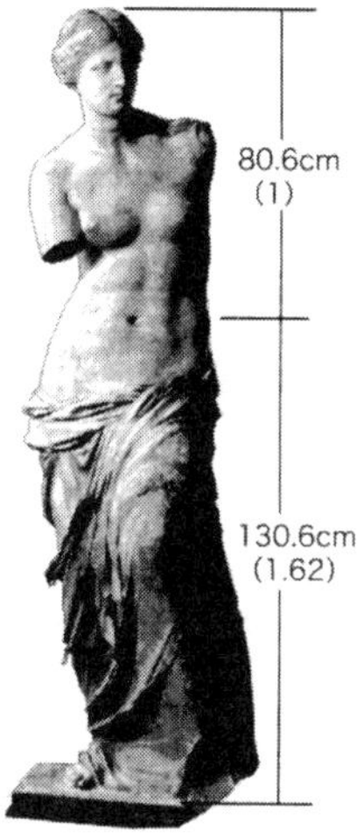

그림 10-15 비너스상

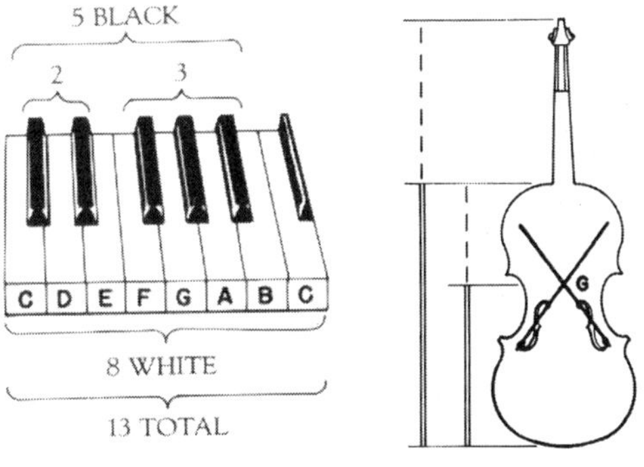

그림 10-16 악기에 반영된 피보나치수열(황금분할)
(Garland, T. H. 1987, p. 34, 63)

지금까지 살펴본 것 외에도, 피보나치수열은 수학의 여러 연구 분야에서 많이 쓰인다고 한다. 한 가지 예를 들면, 두 수의 최대공약수를 찾는 유클리드 호제법(互除法), Euclidean algorithm)에서 일련의 나눗셈을 계속하게 되며, 이의 횟수의 한계에 대하여 의문을 품은 많은 사람들 중에서 라메(Gabriel Lamé, 1795–1870)는 '두 수의 최대공약수를 찾는 데 필요한 나눗셈의 횟수는 두 수 가운데 작은 수의 자리수의 다섯 배를 넘을 수 없다'를 피보나치수열의 성질 일부를 써서 증명하였다.

피보나치수열과 그 성질에 대한 연구는 오늘날도 끊임없이 계속되고 있으며, 그 흥미 거리는 마치 삼각형에 대한 기하학과도 같이 점점 늘어날 것으로 예상되고 있다고 한다. 실제로, 1963년에 피보나치수열 광(狂)들이 피보나치협회(Fibonacci Association)를 창설하여 《피보나치 계간지(Fibonacci Quarterly)》를 정기적으로 간행하고 있는 것만 봐도 알 수 있다.

☞ 피보나치수열과 수학적 유희

피보나치수열은 이미 앞에서 살펴본 바와 같이, 피보나치의 시대보다 천 년 이상 이전에 개념이 확립된 황금분할(외중비)과 일치한다는 놀라운 사실을 지니고 있다. 피보나치가 그의 책 《계산에 대한 책(Liber abaci)》에서 토끼 출산 문제를 처음으로 다룰 때, 그는 그 문제가 황금분할과 거의 동일시할 수 있다는 사실을 알았다는 어떤 증거도 없다. 황금분할이 많은 자연현상이나 인조물과도 깊이 관련되어 있듯이, 피보나치수열도 마찬가지로 그 관련성이 매우 폭넓다. 황금분할의 개념이나 피보나치수열의 일반항 표현에는 무리수가 등장하기 때문에 이를 초등학교에서 그대로 다룬다는 것은 불가하고 무의미하다. 그러나 황금분할의 대략적인 비나 피보나치수열의 항들이 나타나는 친근한 상황들은 도처에 있으며, 또 만들 수도 있다. 그러다보니 피보나치수열을 어느 정도 이해해야 해결할 수 있는 문제들도 많이 있고, 또 이런 문제들은 대부분 학생들의 지적 호기심을 자극하고 그들을 능동적 학습으로 끌어들이는 효과도 있다.

여기서는 먼저 피보나치가 처음에 제기했던 토끼 출산 문제에 대하여 살펴보고, 이어서 피보나치수열을 활용한 문제의 해결지도 사례를 요약하여 소개한다. 그리고 황금직사각형을 이용한 피보나치나선의 작도를 소개한다.

1. 한 해 동안 태어난 토끼 쌍의 수

1년 동안 각 달에 태어나게 되는 토끼 쌍의 수는 다음과 같이 각각 1, 1, 2, 3, 5, 8, 13, 21, 34, 55, 89, 144이고, 그 합계는 376쌍이 된다.

제1월 :	♀♂	1
제2월 :	♀♂	1
제3월 :	♀♂ ♀♂	2
제4월 :	♀♂ ♀♂ ♀♂	3
제5월 :	♀♂ ♀♂ ♀♂ ♀♂ ♀♂	5
제6월 :	♀♂ ♀♂ ♀♂ ♀♂ ♀♂ ♀♂ ♀♂ ♀♂	8
…		…
제12월 :	♀♂ ♀♂ … ♀♂ … ♀♂ … ♀♂	144

2. 매월의 토끼 출산도

매월 태어나는 토끼 쌍의 수를 아래와 같은 도표로 나타낼 수 있다.

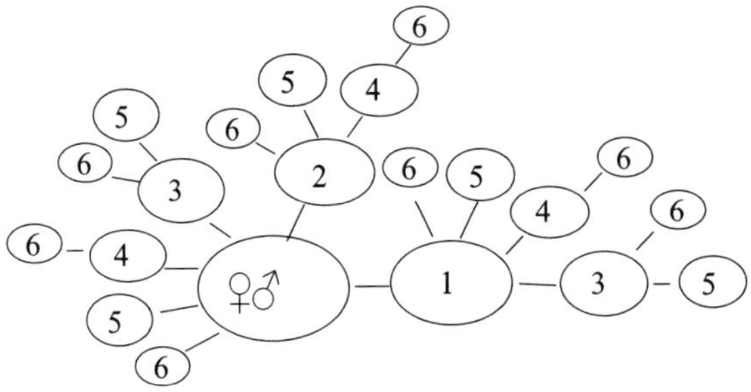

3. 보도블록으로 피보나치수열을 즐기자!

제재에 대하여

피보나치수열은 신기할 정도로 다른 분야와 폭넓게 관련 맺고 있다. 이는 고등수학뿐 아니라 학교수학에서도 많은 연구를 자극해왔으며, 매우 흥미롭고 다양한 교재 개발을 가능하게 한다. 이는 교과서의 전형적인 내용에서 탈피하고 생활주변에서 있음직한 상황을 취급한 것으로, 학생들의 호기심과 해결 의욕을 고취시킬 수 있으며, 해결 과정에서도 다양한 방법으로 해결하는 것이 가능하다. 따라서 지도하기 나름으로 풍부한 상호작용이 가능할 것이며, 이의 해결에서 귀납, 연역, 일반화, 기호화, 단순화 등의 다양한 수학적 사고 경험과 수학적 태도의 함양도 충분히 기대할 수 있다. 또 피보나치수열의 속성이 내재해 있기 때문에 신비스러움과 놀라움을 맛보는 계기도 될 수 있다.

수업의 전개 개요

* 개울을 무질서하게 건너본 경험을 한번쯤 해봤을 수 있다.
* 이런 경험이나 실제로 있을 수 있는 상황과 연결하여 보도블록 상황을 설정했으므로, 학생들이 수학을 바라보는, 그리고 수학을 실행하는 태도에 대한 긍정적 변화를 도모할 수 있다.
* 먼저, 조건이 갖춰지지 않은 과제 제시로 잠시 생각하게 한 후, 실제로 보도블록 모형을 밟고 지나가면서 문제를 명확화하게 한다.
* 처음에는 12개의 모형을 한 명씩 지나가게 하여, 몇 명이 지나간 다음, 블록 수가 많아 번거롭고 전체 경로 수 파악이 어렵다는 것을, 발문을 통해 깨닫도록 하여 단순화를 유도한다.
* 6개의 블록만 남겨 몇 명이 더 지나가 보게 하고, 지나온 경로를 다른 학생들에게 말

하게 함으로써, 의사 전달이 쉽지 않음을 느끼게 한다. 이를 통해 기호화의 필요성 인식하도록 하여 기호를 도입한다. 1부터 6까지 숫자를 써넣은 블록을 3명이 각각 지나가게 하면서 차례로 번호를 말하게 하여 교사가 판서한다.

* 모두 제자리에 앉게 하고, 블록 6개가 있는 학습지를 이용해 각자 나머지 이동 경로를 찾아보게 한다. 순회 지도를 통해 발표자를 정하고 발표 순서에 따라 켄트지에 크게 기록한 내용으로 발표하게 하고, 이에 대하여 비교·평가할 수 있는 기회를 부여한다.
* 12개 블록의 처음 문제를 해결하게 한다. 6개의 경우 해결한 여러 아이디어를 활용해 해결한 내용을 발표하게 한다. 이때 반드시 블록 수가 $(n-2)$개인 경우와 $(n-1)$개인 각각의 가지 수의 합이 n개인 경우의 가지 수와 일치하는 이유를 물어서 연역적으로 설명하게 한다.
* 학습 내용의 발전 기회를 제공하고, 소감을 들으면서 종료한다.

다음은 본관에서 체육관으로 갈 때, 밟고 지나갈 수 있도록 12개의 육각형 보도 블록을 깔아놓은 그림이다. 블록을 밟고 지나가는 방법은 모두 몇 가지나 될까?

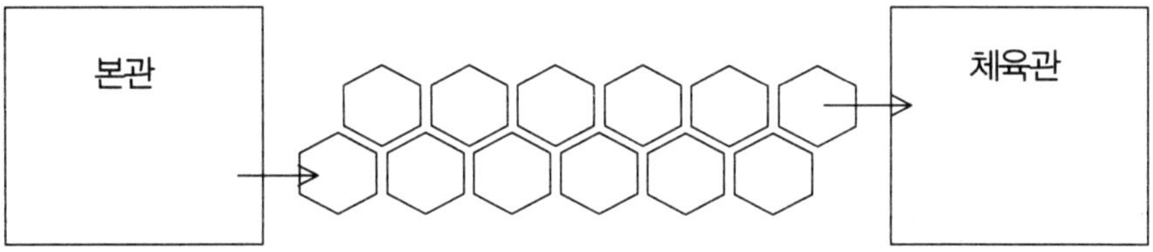

4. 피보나치 나선

아래와 같은 방법으로 황금직사각형을 차례로 구성하면서 사분원을 이용하여 아름다운 피보나치나선을 그릴 수 있다.

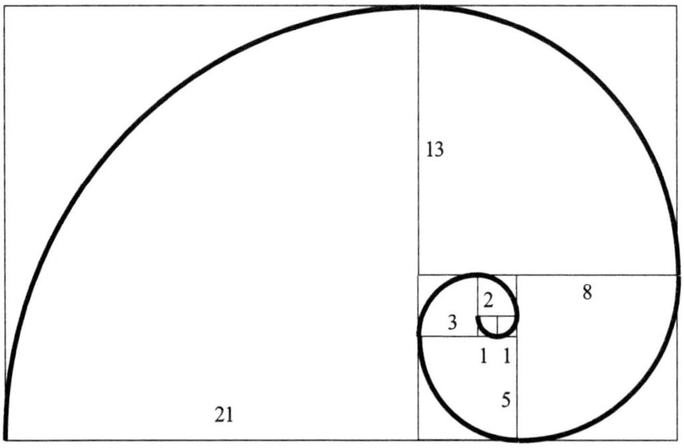

생각해 볼 문제

문제 10-1 황금삼각형에서 밑변과 다른 한 변의 길이의 비가 황금비임을 밝혀 보아라.

문제 10-2 적당한 크기의 정오각형을 작도하고, 이에 원을 외접시켜라. 이어서 이 원에 내접하는 정삼각형을 작도해 보아라. 그리고 이를 이용하여 같은 원에 내접하는 정15각형을 작도하여라.

문제 10-3 황금직사각형과 황금삼각형을 자와 컴퍼스로 작도해 보아라. 그리고 이들 도형 각각을 이용하여 피보나치 나선을 그려서 그 아름다움을 느껴 보고, 그 속에 숨어 있는 성질들을 찾아보아라.

문제 10-4 작은 모눈 하나는 단위 넓이를 갖는 정사각형이다. 아래 그림에 나타나는 네 개의 그림을 보고 넓이에 착안하여 다섯 번째 그림을 그려보아라. 그리고 피보나치수열과 관련하여 일반화해 보아라.

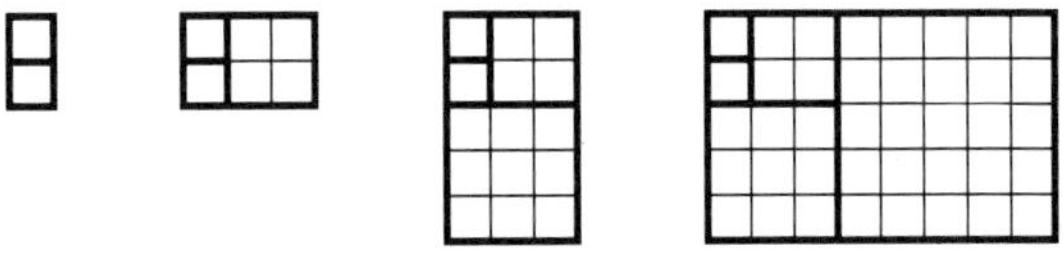

문제 10-5 앞에서 제시한 피보나치수열의 [성질 2]는 [성질 1]과 어떤 유사한 점이 있는가? 그것을 찾았다면, [성질 1]을 이용한 도형의 넓이 퍼즐과 유사한 퍼즐을 개발할 수는 없는가?

문제 10-6 F_{16}과 F_{24}의 최대공약수를 구해보고 그 결과를 음미해 보아라.

문제 10-7 피보나치 수를 세 변으로 하는 삼각형은 존재할 수 있는가? 이 문제를 설명해 보아라.

문제 10-8 피보나치수열의 인접하는 항들의 비를 차례로 계산기를 써서 구해 보아라. 어떤 패턴이 보이는가? 또 피보나치 수가 아닌 다른 수들(예컨대, 4와 7을 최초의 두 수로 택하라)로 구성되는 수열(예컨대, 4, 7, 11, 18, 29, …)의 인접하는 항에 대하여 마찬가지의 활동을 해보아라. 어떤 현상이 나타나는가? 왜 그런가? 이를 이용하여 초등학교에서 '극한'의 초보를 맛볼 수 있는 교재를 구성해 보아라.

문제 10-9 가로, 세로 길이의 비가 1 : 2인 벽돌이 있다. 다음 그림은 이의 개수를 1개부터 4개까지 증가시키면서 배열한 것이다. 벽돌 5개, 6개를 늘어놓는 방법을 그림으로 제시하고, 13개일 때 배열하는 '경우의 수'를 구해보아라.

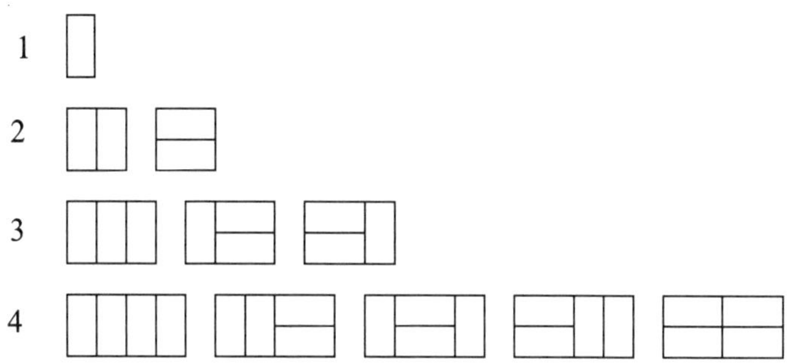

문제 10-10 정육각형이 배열되어 있는 오른쪽 그림의 맨 위에서 콩을 떨어뜨리고 있다. 육각형의 꼭짓점에서 콩이 어느 한 쪽으로 떨어질 확률은 $\frac{1}{2}$로 같다고 하자. 모두 64개의 콩을 떨어뜨릴 때, 맨 아래 ⓐ부터 ⓕ까지의 구멍에서 콩은 각각 몇 개씩 나오겠는가? 또 128개의 콩으로 이런 조작을 한다면 어떻게 되겠는가? 그리고 육각형의 꼭지점의 좌우로 콩이 떨어질 확률이 다르다면 어떻게 되겠는가? 이항정리 또는 파스칼의 삼각형과 관련지을 수 있는가? 또 이를 일반화할 수 있는가?

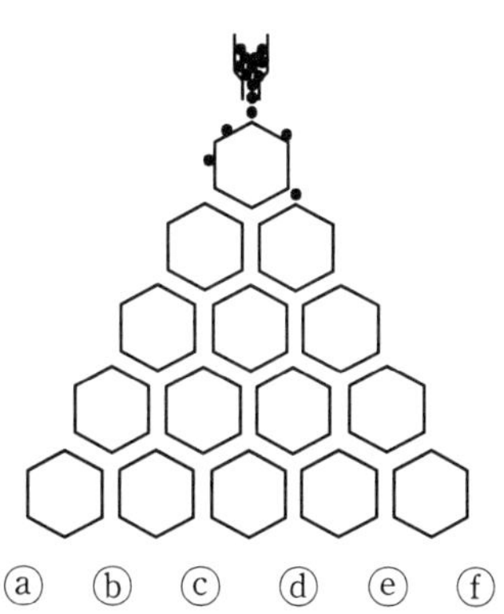

문제 10-11 다음은 한 변이 13인 왼쪽 정사각형을 제시된 바와 같이 분할하여 오른쪽과 같은 직사각형으로 재배열하였다. 이상한 점은 없는가? 있다면 무엇인가? 어째서 이런 일이 생기는지 본문에서 언급한 피보나치수열의 성질을 바탕으로 하여 명확하게 설명해 보아라. 그리고 변의 길이를 다른 피보나치 수로 대치하여 알아보고 어떤 패턴이 있는지 조사해 보아라.

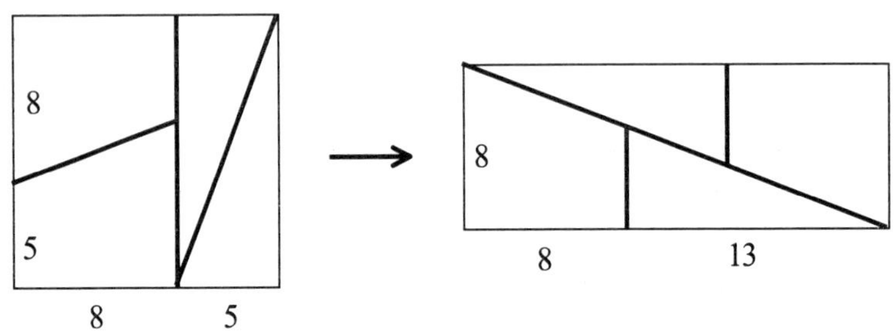

수업 사례

피보나치수열의 지도 사례

1. 단원명: 여러 가지 문제

2. 본시의 제재: 솔방울도 수학을 알고 있다

3. 수업

(1) 실시교: 인천 중앙초등학교
(2) 시　기: 1995년 10월 14일 4교시
(3) 수업자: 정동권
(4) 대　상: 6학년 7반(41명)
(5) 준비물: 학습지(모눈으로 표시된 한 변이 5인 정사각형과 가로, 세로가 각각 8, 3인 직사각형이 그려진 유인물), 설명용 OHP자료, 솔방울(2인 1개씩), 전화카드 등.

4. 본 제재의 설정 이유

본 수업에서는 13세기 이탈리아 수학자 피보나치의 유명한 책 《산반서(算盤書, Liber abaci)》 중에 소개된 다음과 같은 문제로부터 유래된 '피보나치수열'에 관하여 다루기로 한다.

"한 쌍의 토끼가 있다. 이는 매월 한 쌍씩의 새끼를 낳는다고 한다. 새로 태어난 토끼는 두 달 후부터 역시 매월 한 쌍씩의 새끼를 낳는다고 한다. 1년 동안 태어나는 토끼는 모두 몇 쌍이 되겠는가?"

피보나치수열에 관련되어 있는 많은 흥미로운 문제들, 지적 호기심을 불러일으키기에 충분한 그 수열의 여러 성질들, 이와 다양하게 관계를 맺고 있는 자연현상들에 대하여, 여러 가지 지속적 교재화 가운데 초등학교에서 교재화가 가능한 하나를 택해서 가르치고 배울 수 있도록 손질하여 문제로서의 요건을 갖추게 하고, 이를 실제로 지도해 보기로 한다. 이를 통해 어린이들이 그들 자신의 문제해결에 대한 의욕과 호기심을 드러내고 이의 해결에 몰두하며, 이와 같은 경험의 축적에 의해 문제해결 능력이 향상될 수 있으리라는 기대감에서, 그리고 수학의 많은 내용들이 우리의 생활 주변이나 자연현상에 바탕을 두고 발달했으며, 따라서 결코 동떨어져 있지 않고 밀접한 관계를 항상 지니고 있다는, 즉 수학을 제대로 바라볼 수 있는 안목의 변화를 다소나마 꾀하고자 한다.

5. 본시 수업 전개의 개관

수열(數列)에 대한 본격적인 지도 내용은 현행 고등학교 교육과정에 포함되어 있다. 이를 초등학교에서 교재화한다는 것은 사실상 어려운 일이다. 초등학교에서는 그 나름대로 가르치고 배워야 할 내용도 많이 있음은 물론, 초등학생의 사고 수준이 엄밀한 수열의 개념을 학습할 수준에는 못 미친다는 것도 사실이다. 따라서 이러한 여러 가지 사항을 감안하여 다음과 같이 신중하게 전개해 보고자 한다.

수열이라는 용어를 초등학교에서는 취급하지 않지만 실제로 자연수열, 짝수열, 홀수열뿐 아니라 간단한 계차수열 등의 초보에 이르기까지도 은연중에 다루고 있다. 피보나치수열을 도입하기 위하여 우선, 잘 알고 있는 몇 가지 수열들에 대해 말로서 그 규칙을 표현하게 해보며, 이때 짝수 및 홀수라는 용어가 지니는 장점이나 귀납적인 생각의 유효성을 느끼게 한다.

다음으로, 피보나치수열에 관련된 퍼즐로서, 양(量)의 보존 원리와 4·5학년에서 학습한 평면도형의 구적공식(求積公式) 적용으로는 도저히 직관적으로 납득하기 어려운 소위, '불가사의'함을 느낄 수 있는 문제를 제시하고 자유롭게 생각하도록 한다. "왜 그렇게 될까?", "도저히 있을 수 없는 일이다." 등으로 분위기가 고조되어 있을 때쯤, 그리고 아동들의 수준에서는 그 이유를 쉽사리 알아내지 못할 것이므로, 이상하게 보이는 이유를 보다 쉽게 찾아낼 수 있는 동일 유형의 단순한 문제를 하나 더 제시한다. 그럼에도 불구하고 넓이가 변한 이유를 알아차리지 못할 경우, 실제로 오려 붙이는 구체적인 조작을 하도록 유도하여, 조작이나 기본 성질에 바탕을 두고 생각하도록 함으로써, 연역적인 생각의 좋은 점을 느끼게 한다. 또, 그 이유를 알아내는 과정에서 아동 상호간의 논의가 활성화되도록 도와주고, 왜 그런 현상이 생겼는지를, 보다 줄이 맞고 명확히 설명하도록 한다.

이어서 피보나치수열의 유래를, 재미있는 토끼 문제의 도입으로 아동들과 함께 해결해 보는 과정(아마 어렵겠지만)을 통해 소개한다. 그리고 앞에서의 이상한 넓이와 관련된 피보나치수열의 성질을 함께 음미해 보고, 우리의 생활 주변에서 볼 수 있는 피보나치수열과 관련된 대상인 솔방울의 관찰을 통해 나선의 수를 알아보게 하며, 그밖에도 몇 가지 관련 사항에 대한 OHP 자료를 보여주면서 설명하여 자연 속에 비친 수학의 신비함을 느끼게 하고, 이로 인해 수학에 대한 친근감 심화와 수학을 바라보는 안목의 변화를 도모한다. 그리고 이 시간에 공부한 내용에 대한 소감을 알아보는 것으로 본 수업을 마친다.

6. 본시의 지도 목표

(1) 수가 나열되어 있는 상태(수열)를 관찰시켜 그 변화하는 추이를 귀납적으로 짐작하게 하며, 따라서 변하는 두 수량 사이의 관계를 파악하게 함으로서 함수적인 생각을 경험시킨다.

(2) "왜 이렇게 될까?"라는 의문의 안목을 가짐으로써 내용이나 목적을 분명히 하는 태도를 지니게 하고, 이를 바탕으로 추론하는 과정을 통해 연역적인 생각을 육성한다.

(3) 생활 주변 및 자연 현상과 수학과의 관련을 맛봄으로서 수학의 아름다움을 느끼도록 함과 더불어 올바른 수학관을 정착시켜 나가도록 한다.

7. 교수 · 학습 전개안

<table>
<tr><th>교사의 주된 발문</th><th>예상되는 학생의 반응</th><th>지도상의 유의점</th></tr>
<tr><td>[수열의 기초 탐구]
T1. 이 표의 각 칸에 어떤 수를 써넣고 싶은가?</td><td>C1. 2, 3, 4, 5, …로, 1, 1, 1, 1, …로, 3, 5, 7, 9, …로, 4, 6, 8, 10, …로 채운다.</td><td>• 솔방울과 전화카드를 보여 주고 학습 분위기를 고조시킨다.
• 준비된 표를 OHP로 제시한다.
<table>
<tr><td>1</td><td></td><td></td><td></td><td></td><td></td><td></td><td></td><td></td><td>…</td></tr>
<tr><td>1</td><td></td><td></td><td></td><td></td><td></td><td></td><td></td><td></td><td>…</td></tr>
<tr><td>2</td><td></td><td></td><td></td><td></td><td></td><td></td><td></td><td></td><td>…</td></tr>
<tr><td>1</td><td></td><td></td><td></td><td></td><td></td><td></td><td></td><td></td><td>…</td></tr>
<tr><td>1</td><td></td><td></td><td></td><td></td><td></td><td></td><td></td><td></td><td>…</td></tr>
</table></td></tr>
<tr><td>T2. 지금까지 써넣은 각 줄의 수들의 특징을 말해 보자.</td><td>C2. 첫째 줄에는 자연수, …, 넷째 줄에는 1과 0이 교대로 나타난다.</td><td>• 자연수를, 둘째는 홀수, 셋째는 짝수…를 채운다.
☞ 공통 규칙을 찾게 하여 귀납적 사고를 경험시킨다.</td></tr>
<tr><td>T3. 다섯째 줄은 선생님이 써넣기로 한다. 어떻게 되어 있는가?</td><td>C3. 이웃하는 두 수의 합이 바로 다음 수로 되어 있다.</td><td>☞ C3과 같은 반응이 나오지 않을 경우, 적절한 발문으로 유도한다.</td></tr>
<tr><td>T4. 오늘은 이와 관련 된 재미있는 문제에 대해 공부하기로 한다.</td><td>C4. ………</td><td></td></tr>
</table>

[문제 제시] T5. 그림을 잘 보고 느낀 점이나 알 수 있는 사실을 발표해 보자.	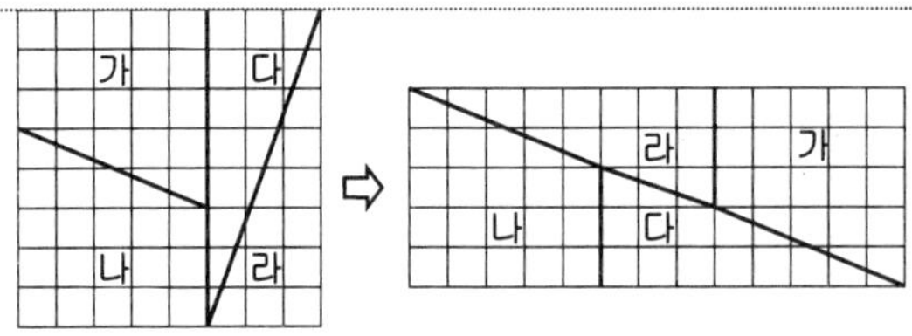 • 이 그림이 그려진 OHP를 보여 주고 각자 생각하게 한다.	
	C5. 넓이가 늘어났다. 이상하다. 있을 수 없는 일이다.	
T6. 왼쪽 정사각형을 그림처럼 오려붙여서 오른쪽 직사각형을 만든 것이다. 어떤 점을 느끼는가?	C6. 크기는 그대로, 위치만을 옮겼는데 왜 넓이가 달라질까? 뭔가 비밀이 있는 것 같다.	• C5～C7과 같은 반응을 보이지 않을 경우, 넓이에 주목하게 하여 이를 유도한다.
T7. 지금부터 어떤 일을 해보고 싶은가?	C7. 어째서 이런 일이 일어나는지 알아보고 싶다.	
T8. 어떻게 하면 그 이유를 알 수 있을까?	C8. ………	☞ 비밀이 있다고 느끼고, 호기심을 가지고서 이를 캐볼 생각을 적극적으로 하도록 한다. 〈연역적사고, 대상을 명확히 하려는 태도〉
[해결의 실행] T9. 각자 이런 이상한 일이 왜 생기는지 그 이유를 나름대로 밝혀보도록 하자.	C9. 다시 계산해 보고 넓이가 다름을 재차 확인하고 있다. C10. 자로 재어보기도 한다.	• 궤간 순시하면서, 학생의 활동을 관찰하고 필요시 개별 지도를 한다.
T10. 힌트가 필요하다면 지금 나눠주는 그림을 자세히 살펴보아라.		☞ 한 동안 생각하게 하고 해결의 기미가 보이지 않을 때는, 보다 단순한(5×5의 경우) 그림이 그려진 학습지를 배포한다. 〈단순화 생각〉
T11. 비밀을 아는 방법은?	C11. 일단 가위로 오려 붙여 본다. C12. 모눈 칸수를 세어 보기도 한다.	• 한동안 오려 붙이는 조작을 자유롭게 하도록 해주고 궤간 순시하면서 도와준다. • 어느 쪽을 오려서 어느 쪽에 붙이라는 통제를 하지 않는다.
T12. 오려서 붙여 보니까 어떤가?	C13. 직사각형의 대각선 주위가 겹치게 된다. C14. 왼쪽의 정사각형이 꽉 차지 않는다.	• 정사각형을 오려서 직사각형을 만든 경우 • 직사각형을 오려서 정사각형을 만든 경우
T13. 왜 그렇게 될까?	C15. 당연하다. 넓이가 25인 것을 24에 붙이니까 겹치게 되고 겹친 부분의 넓이는 1이 될 것 같다.	☞ 근거를 가지고 조리 있게 설명하려 한다. ☞ 정의나 기본 성질을 바탕으로 생각한다.

[논리적 조직화] T14. 이것으로 모든 비밀이 다 벗겨졌는가? T15. 알아듣기 쉽게 누가 설명해 보겠는가? T16. 여기가 어느 점인지 보다 명확히 나타낼 수 없는가?	C16. 직사각형에서 대각선이라고 했던 것이 직선이 아니다. C17. OHP를 이용하여 설명한다. C18. 적당히 기호를 붙이면 훨씬 말하기 좋고 알아듣기도 좋을 것 같다. C19. 처음의 문제도 마찬가지이다.	☞ 기호화의 사고를 유도하고 이의 장점을 느끼게 한다. ☞ 처음에 보여주었던 한 변이 8인 경우의 문제도 이와 같음을 이해한다. 〈유추적 생각〉
[피보나치수열의 유래 도입, 문제 파악] T17. 문제에서 이해가 되지 않는 곳은 없는가?	C20. 나중에 태어나는 토끼들도 마찬가지인가? 또 도중에 죽지 않는가?	☞ 의문의 안목으로, 문제나 목적을 보다 명확히 하고자 하는 태도를 보인다.
[해결 방안 구상] T18. 어떻게 하면 알 수 있을 것 같은가? T19. 얼마쯤 될 것 같은가?	C21. 그림을 그려보고 따진다. C22. 표로 나타내 보면 알 것 같다. C23. 규칙을 찾아보면 될 것 같다. C24. 100쌍쯤 될 것 같다. C25. 그렇게 많지 않을 것 같다. C26. 그보다 더 될 것 같다.	☞ 해결 방안을 개괄적으로 구상하고, 해결 가능하다는 희망을 가지며 풀이에 도전할 적극적 태세를 갖춘다. • 결과를 미리 예상해 보고 자력으로 확인토록 하여 그 장점을 느끼도록 한다.
[해결의 실행] T20. 각자 생각한 방법으로 직접 구해보아라. T21. 1, 1, 2, 3, 5, 8, 13, 21,...와 같은 수의 열을 피보나치수열이라 하는데, 이에 대한 재미있는 사실 몇 가지만 더 알아보자.		☞ 그림을 OHP로 보여주고 처음에 다루었던 수열을 상기시키면서 패턴을 찾게 한다. 출산된 총 토끼 수가 376쌍임을 구하는 효율적인 덧셈 방법에 대해서도 짚어본다. ☞ 준비된 솔방울로 좌우 나선을 함께 세어보고, OHP로 비춘 해바라기 씨앗에 대해서도 조사해 봄으로써, 자연현상이 수학과 깊이 관련돼 있음을 느끼게 하고, 수업에 대한 소감을 듣는다.

chapter 11 수학 기호의 발달사 개관

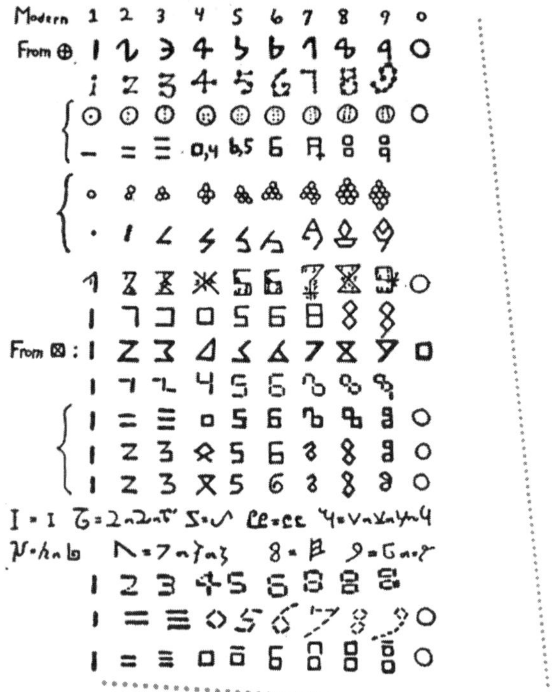

다양한 추론을 통해 추정한 현재의 숫자 모양의 기원(Cajori, 1993)

수학은 기호의 과학임에 틀림이 없다. 초등학교 1학년에서부터 숫자는 물론, 덧·뺄셈 기호, 등호 등의 기호로부터 시작하여, 학년이 올라가면서 또 중·고등학교를 거치면서 새로운 개념의 도입에 따라 보다 많은 기호들을 접하게 된다. 학교수학의 범주를 넘어서서 순수수학의 경우 그저 기호의 연속 나열이라 할 정도의 논문도 있다.

우수한 기호는 수학 발전에 큰 힘이 되지만 그렇지 못한 기호는 수학 발전을 지체시킨 역사적 사실도 더러 있다. 라이프니츠(G. W. Leibniz, 1646–1716)의 미적분 기호를 채택한 유럽 대륙이 수학 발전의 정도에 있어서, 뉴턴(I. Newton, 1642–1727)의 기호를 계속 고수한 영국을 18세기에는 완전히 추월해버렸다는 사실이 한 예이다. 왜냐하면 우수한 기호는 한 개념을 나타낼 뿐만 아니라 새로운 개념으로의 확장을 돕기 때문이다.

여기에서는 순수수학에서 다루는 고도의 전문적 수학기호보다 학교수학에서 취급하는 보편적 수학기호에 대하여, 일부에 지나지 않는 정도지만 그 유래 및 발달 과정을 알아봄으로써, 간결·명확성을 추구하는 수학적 표현의 장점을 음미하고, 수학에서 개념과 그에 상응하는 기호의 발달과의 관계를 이해하는 데 도움을 주고자 한다.

사람에 따라 수학 기호를 바라보는 입장이 매우 다르다. 어떤 사람은 기호를 대하는 순간 머리가 복잡해지고 가벼운 두통까지 호소하는가 하면, 어떤 사람은 기호를 대하면서 매우 반가워하고 이제부터 마치 일이 잘 풀려나갈 것을 기대하는 표정을 짓는다. 수학을 지도하는 입장에서는 기호를 사용한 식을 제시하면서 그 장점을 주입하려 애쓰지만 뜻대로 되지는 않는다. 수학적 개념을 비교적 쉽게 떠올릴 수 있는 상형기호를 제외하고는 그 발생·발달의 역사에서 그래왔듯이 철저한 약속이 이루어져야 한다. 보통 수학의 교수·학습에서 기호를 활용함으로써, 대상을 간결·명확히 표현할 수 있고, 사고를 정리하여 엄밀하게 따질 수 있으며, 사고의 일반화와 형식적 처리가 가능해진다. 이와 같이 기호 사용이 유효한 경우에 기호를 적극적으로 도입하여 사용하는 것은 바람직하지만, 학습자의 입장을 충분히 고려하여 기호에 대한 부담이나 기피증이 생기지 않고 자연스럽게 사용하고 습관화되도록 배려해야 한다. 이와 같은 바람직한 학습 지도를 위해서는 수학 기호가 오늘에 이르기까지 어떻게 변천되어 왔는가를 아는 것은 매우 유익할 것이며, 따라서 여기서는 학교수학의 범위에서 계산 기호, 대수 기호, 기하 기호에 대하여서만 간략하게 알아보기로 한다.[1)]

Ⅰ. 계산 기호의 역사

식 자체를 하나의 대상으로 취급하는 대수에서는 계산 기호가 필요하다. 계산 기호가 산술에 도입된 것은 19세기의 일로서, 교육의 보편화가 이루어짐에 따라 모든 사람에게 문제 해결의 과정이나 그 정당성을 식의 변형을 통해 이해시킬 필요는 물론, 인쇄를 용이하게 해야 할 필요가 있었기 때문이다.

1. 등호: =

영국에서 레코드(Robert Recorde; 1510–1558)가 1557년 그의 책 《지혜의 숫돌(The Whetstone of Witte)》에서 '같다'의 뜻으로 $=$ 을 최초로 사용했으며, 이것은 그 뒤 1618년 에드워드

1) 이 11장의 내용은 주로 大矢 眞一·片野善一郎의 《數字と數學記號の歷史》(1988)과 David. E. Smith의 《*History of Mathematics Vol. II*》(1958)과 Florian Cajori의 《*A History of Mathematical Notations*》(1993)의 내용을 번역·참고하였다.

라이트가 쓴 네이피어(Napier)의 《로가리즘(Logarithms)》에 대한 주석서에 재등장되었다.[2)] 그 뒤, 영국에서는 해리엇(Thomas Harriot, 1560–1621), 오트레드(William Oughtred, 1574–1660) 등이 이를 채용함으로써 일반적으로 보급되었다.

호이겐스(1629-1695)

배로(1630-1677)

윌리스(1616-1703)

유럽 대륙에서는, 갈릴레오(Galileo Galilei, 1564–1642), 케플러(Johannes Kepler, 1554–1630), 카발리에리(Bonaventura Cavalieri), 페르마(Pierre de Fermat) 등이, '같다'는 단어인, aequales, aequantur, aeq., esgale, facicunt, 또는 ghelijck(gleich) 자체로서 등호를 대용하기도 하였고, 프랑스의 수도승 부테오(Buteo)는 [를, 에리곤느(Pierre Herigone)는 2 | 2를, 1637년 데카르트(René Descartes, 1596–1650)와 1646년 네덜란드의 호이겐스(Christiaan Huygens)는 ∞를, 독일의 홀츠만(Holzmann)은 ‖를 각각 등호로 사용했다.

이와 같이 여러 기호를 사용하다가 17세기 후반에 이르러, 월리스(John Wallis), 배로(Isaac Barrow), 뉴턴 등이 등호로 ＝을 채택하게 됨으로써, 그들의 명성에 힘입어 유럽 대륙에서도 보편화되기 시작했다. 또, 한편으로는 ＝이, 산술적인 차, 십진분수(소수) 및 두 직선의 평행 등의 표현에 사용되기도 했다.

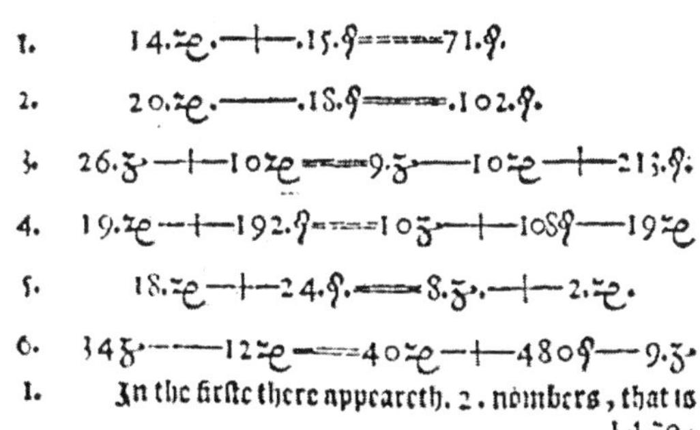

그림 11-1 로버트 레코드의 책 《지혜의 숫돌》(1557)에 나타난 긴 등호(Smith D. E., 1958, p. 412)

2) 레코드는, '같다'의 의미를 나타내는 기호로서 길이가 같은 두 평행한 선분을 채택한 이유로, "왜냐하면 어떠한 두 개도 이보다 더 같을 수 없기 때문이다."라고 정당화했다.

2. 덧셈과 뺄셈의 기호: ＋, －

근대 대수학 기호로서의 ＋와 －는 15세기 말, 약 20년 동안에 걸쳐 독일에서 사용되기 시작했다. 드레스덴(Dresden) 도서관에 있는 1486년경의 라틴어 필사본에서는, x^3+2x^2, $10-x$ 각각을 나타내는 계산 기호로서의 ＋와 －를 다음과 같이 사용하고 있었다.

이보다 더 오래된 필사본에서는 덧셈을 의미하는 단어로 'et'가 사용되었다. 예를 들면 5와 7을 더하는 것을 '5 et 7'로 나타내고 있다. 이 et는 영어의 and에 해당하는 라틴어 단어이다. 기호 ＋는 다분히 이 et를 휘갈겨 쓴 것에서 비롯되었을 것으로 보고 있다. 라틴어로 된 많은 필사본에서 et를 휘갈겨 쓴 것만을 모아 분석한 어느 학자는, 1417년의 필사본에서 et 대신 ＋가 쓰여 있는 것을 발견했다. 그래서 그는,

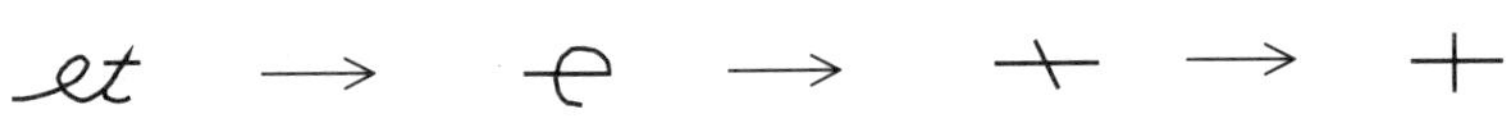

와 같이 변화했을 것으로 추측하기도 했다.

기호 －는 minus의 첫 문자인 m의 생략 기호인 듯하다. 그것은 summa 대신 sūma라고 쓰기도 하고 또 10 thousand (X mille) 대신 $\overline{\mathrm{X}}$라고 쓰기도 했던 것에서 짐작해 볼 수 있다. 단어 plus, minus는 14세기 이탈리아의 대수에서 사용되었으며, 파치올리(Pacioli, L.)는 ＋, － 대신에 $\bar{p}$, $\bar{m}$ 등을 사용했기 때문에 － 가 m의 대용이었다는 것은 틀림이 없는 것 같다.

한편, 많은 역사가들은 ＋와 － 가 상거래에서 비롯되었을 것으로 추측하고 있는 바, 여기서 이 기호는 각각 이익과 손해를 의미하였다. － 의 기원에 대해서는 알렉산드리아의 헤론(Heron) 또는 디오판토스(Diophantos) 시대까지 거슬러 올라가기도 한다.

이 이외에도, 상인이 상품의 무게를 기록할 때, 빼게 되는 겉포장의 무게를 －로 지시한 것에서 뺄셈 기호 － 가 탄생했다고 말하는 사람도 있다. 또 포도주 장수가 통에서 포도주를 꺼내어 팔 때, 통 속의 포도주가 얼마만큼 줄었는가를 나타내기 위해 통에 － 표시를 했는데, 이것이 뺄셈 기호 － 의 시작이라고 말하는 사람도 있다. plus는 Ᵽ, minus는 m̃으로 나타냈는데, 여기서의 ~가 변하여 －가 되었다는 설도 있다.

기호 ＋, － 가 필사본이 아닌 인쇄본에 처음으로 사용된 것은 1526년의 일로, 비트만(Johann Widmann)의 유명한 저술인 《산술(Arithmetic)》에서였다. 그는 광산업으로 이름난 남부

독일의 보헤미야 지방에서 1460년경에 태어나 그 후에 라이프치히 대학에서 공부하고 가르쳤다. 그는 1489년(1498년이라는 설도 있음)에 라이프치히에서 출판된 산술 책 《모든 상업을 위한 기민하고 친절한 계산》에서 "was − ist/ das ist minus … und das + das ist mehr(− 란 무엇인가? 그것은 부족이다. 그리고 +는 초과이다.)"와 같이 언급하고 있다. 여기에서의 + 와 − 는 물론 계산 기호로 보기는 어렵다. 그것은 단지 과부족의 기호일 뿐이다. 그러나 비트만은 같은 책에서 "$\frac{2}{5}$, $\frac{4}{5}$, $\frac{3}{5}$을 더하면 $\frac{9}{5}$, 즉 $1\frac{4}{5}$ 이다. $1+\frac{4}{5}$ 대신 $1\frac{4}{5}$라고 쓴다."와 같이 말하고 있는 바, 여기서는 +를 덧셈의 기호로 쓰고 있기도 하다.

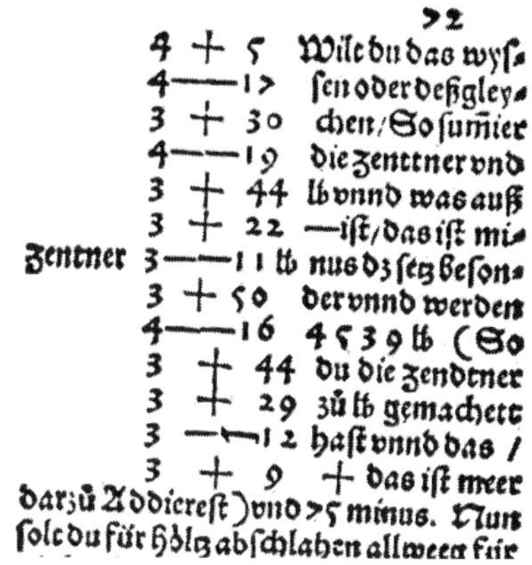

그림 11-2 비트만의 《산술》(1526)에 등장한 덧·뺄셈 기호
(Smith D. E., 1958, p. 399)

3. 곱셈과 나눗셈의 기호: ×, ÷

곱셈 기호 ×는 덧·뺄셈 기호 + 와 − 보다 상당히 늦게 나타났다. 그리하여 곱셈 기호 ×가 처음으로 사용된 것은 1600 년대에 영국에서이다. 1618 년에 에드워드 라이트가, 유명한 네이피어의 《로가리즘》에 주석을 달 때, 큰 ╳를 곱셈 기호로 사용했다. 그러나 현재 우리들이 사용하고 있는 것과 같은 ×는 1631년에 출판된 오트레드(William Oughtred, 1574-1660)의 《수학의 열쇠(Clavis mathematicae)》라는 책에서 처음으로 나타났다.

그러나 이 기호 ×에 대한 반론도 상당히 있었다. 월리스와 라이프니츠 등이 이 기호가 x와 구별하기 어렵다고 지적했다.[3)]

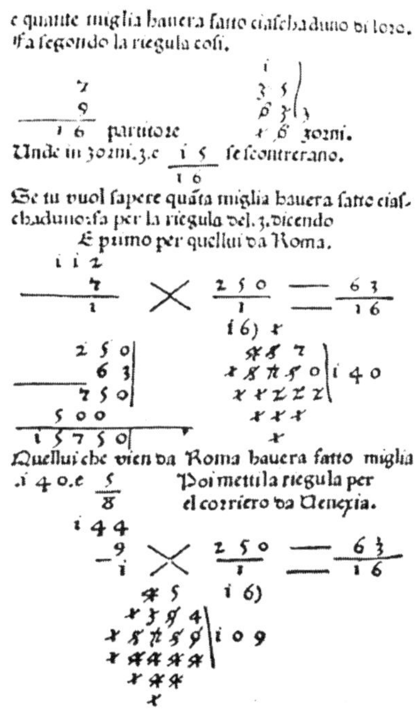

그림 11-3 세계 최초로 인쇄(1478, 이탈리아)된 산술 책의 한 쪽
(Cajori, 1993, p. 98)

3) 특히 독일의 라이프니츠는 베르누이(Bernoulli Johann I)에게 보낸 편지에서, "나는 곱셈 기호로서 ×를 좋아하지 않는다. 그것은 쉽게 x와 혼동되기 때문이다. … 그래서 나는 두 양 사이에 점 · 을 넣어 그 곱을 나타낸다"와 같이 말하고

1200년경 아라비아의 알 하사르(al-Hassar)는 나눗셈을 분수 형태로 기호화하였다. 그리고 이를 유럽에서 피보나치(Fibonacci 또는 Leonardo of Pisa)가 받아들인 것으로 생각되고 있다.

그 300여 년 후인 1544년 독일의 스티펠(Michael Stifel)은 《*Arithmetica integra*》에서 '24 나누기 8'을 8)24 또는 8)24(와 같이 쓰고 있다. 그러나 나눗셈을 나타내는 특별한 기호를 사용한 것은 네덜란드의 스테빈(Simon Stevin, 1548–1620)이다. 그는 나눗셈 기호로 D를 사용했다.

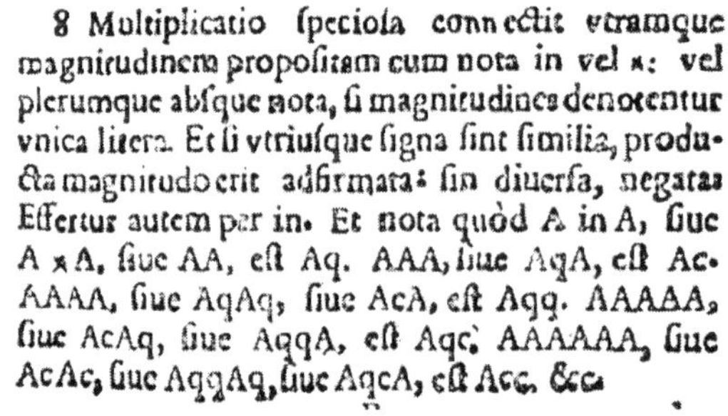
8 Multiplicatio ſpecioſa connectit vtramque magnitudinem propoſitam cum nota in vel ×: vel plerumque abſque nota, ſi magnitudines denotentur vnica litera. Et ſi vtriuſque ſigna ſint ſimilia, producta magnitudo erit adfirmata: ſin diuerſa, negata. Effertur autem per in. Et nota quòd A in A, ſiue A × A, ſiue AA, eſt Aq. AAA, ſiue AqA, eſt Ac. AAAA, ſiue AqAq, ſiue AcA, eſt Aqq. AAAAA, ſiue AcAq, ſiue AqqA, eſt Aqc. AAAAAA, ſiue AcAc, ſiue AqqAq, ſiue AqcA, eſt Acc. &c.

그림 11-4 오트레드의 책 《수학의 열쇠》에 나타나는 조그만 곱셈 기호

기호 ÷를 나눗셈의 기호로 처음 사용한 사람은 스위스의 란(Johann Heinrich Rahn)으로, 그는 1659년에 간행된 자신의 책에서 이 기호를 채택했다. 란이 ÷를 나눗셈 기호로 사용하기 이전에는 독일의 리제(Adam Riese)가 1522년의 책에서, 그리고 프랑스의 지라드(Albert Girard)가 1629년의 책에서 각각 ÷를 뺄셈 기호로 사용한 적이 있다.

기호 ÷의 기원이 무엇이었는지는 명확하지 않지만, 15 세기가 시작될 무렵 런던 금융가에서는 '4 ÷' 또는 '4 ÷'가 반으로 나누는 것을 나타내는 기호로 사용되었다고 알려져 있다.

비록 란의 대수 책을 라이프니츠가 매우 훌륭한 책이라고 칭찬했지만, 이것이 스위스와 유럽 대륙에서는 그다지 보급되지 않았다. 그리하여 나눗셈 기호 ÷는 란의 조국 스위스와 유럽 대륙에서는 유행되지 않았지만, 영국의 윌리스와 뉴턴이 이를 채택했으며, 따라서 영국과 미국에서는 이 기호가 널리 사용되고 있었다.

한편, 유럽 대륙에서는 라이프니츠가 1684년에 도입한 :가 나눗셈 기호로 널리 사용되었다. 기호 :는 기호 ÷의 가로 막대기를 뺀 것이라는 설도 있지만, 곱셈 기호로서 · 가 사용되고 있었기에 나눗셈에서는 두 개의 점 :를 사용했던 것으로 생각되기도 한다.

라이프니츠가 나눗셈의 기호로서 ÷가 아닌 :를 사용한 것은 比의 기호와 관계가 있다. 당시 영국과 유럽 대륙에서는 비례식을 A.B∷C.D, A : B∷C : D, A÷B∷C÷D와 같이 나타내는 형식이 유행하고 있었다. 그러나 이 중에서 첫 번째 것은 소수점과 혼동되기 때문에 잘 쓰이지 않았고, 두 번째가 주로 많이 사용되었다.[4]

있다.

4) 이에 대해 라이프니츠는, "나는 비와 비례에 특별한 기호를 사용하는 것은 찬성하지 않는다. 비에 대해서는 나눗셈의 기호로 충분하며, 마찬가지로 비례에 대해서는 = 로 충분하다. 나는 비$a : b$를, a를 b로 나눌 때와 같이 $\frac{a}{b}$

영국에서는 그리스 이래의 전통 아래 비와 비의 값을 다른 것으로 생각하고 있다. $a:b$, $c:d$를 각각 두 수의 관계로 보면, $a:b=c:d$와 같이 두 수가 같다는 것을 등호로 묶는 것이 가능하지 않다. 그래서 새로운 기호를 도입하여 $a:b::c:d$와 같이 나타내고 있는 것이다. 이것에 대해 라이프니츠는 비와 비의 값을 완전히 같은 것으로 취급하고 있다. 比 :를 나눗셈과 같이 생각했기에 :를 나눗셈의 기호로 사용해도 특별한 문제는 생기지 않는다. 기호 :을, 아직도 소련, 프랑스, 독일 등에서는 나눗셈의 기호로 사용하고 있기도 하다.

4. 부등호: >, <

현재 우리들이 사용하고 있는 부등호 < 과 >를 최초로 사용한 것은 영국의 해리엇(T. Harriot, 1560–1621)이다. 1631년에 런던에서 출판된 그의 책 《*Artis analytical praxis*》에 기호 < 및 >이 다음과 같이 나타나고 있다.

Aequalitatis	$=$ ut	$a = b$,	significet a	aequalem ipi b
Maioritatis	$>$ ut	$a > b$,	significet a	maiorem quam b
Minoritatis	$<$ ut	$a < b$,	significet a	minorem quam b

그런데 당시의 영국에서는 오트레드(Oughtred)의 기호인 ⊏ (>)과 ⊐ (<)가 많이 사용되고 있었다. 그러나 오트레드의 기호는 수평 및 수직 어느 쪽으로도 대칭이 아니었기 때문에 기억하는 데 힘들었다. 실제로 오트레드 자신의 책에서조차도 <에 대하여 ⊏ 과 ⊏ 이 뒤섞여 사용되어 혼란을 일으키고 있다. 배로(Issac Barrow)는 'A ⊏ B(A는 B보다 크다)', 'A ⊐ B(A는 B보다 작다)'와 같이 쓰고 있고, 월리스는 'A ⊐ B, A ⊐ B'와 같이 쓰고 있다.

한편, 프랑스의 지라르(Girard)는 1629 년에 > 으로 ff, < 으로 §를, 같은 프랑스의 에리곤느는 3 | 2 (>), 2 | 3 (<)를 사용하기도 하였다.

등호와 부등호를 함께 사용한 것은 월리스의 ⋝(같거나 보다 크다), ⋜(같거나 보다 작다)이다. 현재 우리들이 사용하고 있는 ≦, ≧를 최초로 사용한 것은 1734년 프랑스의 피에르 부게(Pierre Bouguer)이다.

그러나 이 부등호를 실제로 인쇄하는 데는 몇 가지 문제점이 있었다. 즉, 부등호에 해당

로 표시했다. 또 나는 비례 즉, 두 개의 비가 같다는 것을 두 개의 나눗셈 또는 분수가 같다는 것으로 나타내었다. 즉, 비 $a:b$가 $c:d$와 같다는 것을 $a:b=c:d$ 혹은 $\frac{a}{b}=\frac{c}{d}$로 쓰면 충분하다."와 같이 말하고 있다.

하는 활자가 없었기 때문에 비슷한 모양의 활자가 대신 사용되기도 했다. 1743년의 책에서 오일러(Leonhard Euler, 1707-1783)는 근호 √ 를 가로로 눕힌 >, < 를 부등호로 사용했고, 보여이(Wolfgang Bolyai)는 1832년의 책에서 V 를 가로로 눕힌 > 및 < 를 부등호로 사용했다.

5. 괄호: ( )

현재의 ( ) 는 16세기 이전의 책에서는 보이지 않으나, 오늘날과 같은 의미로 어떤 집합체를 나타내기 위해서는 몇 가지 방법이 사용되기도 했다. ( ) 가 사용된 최초의 책은, 클라비우스(Christoper Clavius)가 1608년에 로마에서 간행한 《대수학》이다. 그러나 이 ( ) 는 1 세기가 되어서야 비로소 일반적으로 사용되기 시작하였다.

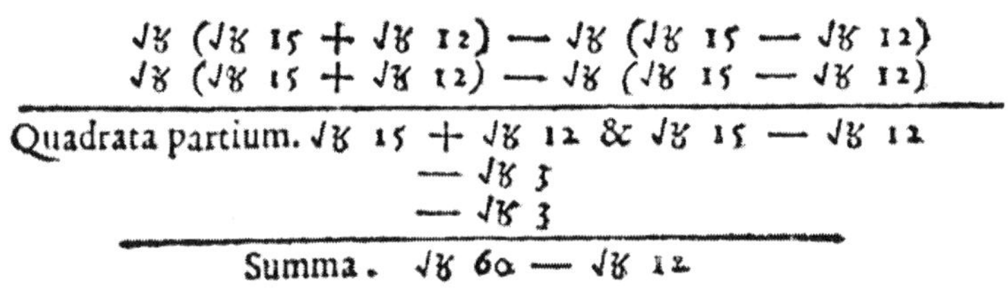
√℞ (√℞ 15 + √℞ 12) — √℞ (√℞ 15 — √℞ 12)
√℞ (√℞ 15 + √℞ 12) — √℞ (√℞ 15 — √℞ 12)
Quadrata partium. √℞ 15 + √℞ 12 & √℞ 15 — √℞ 12
— √℞ 3
— √℞ 3
Summa. √℞ 60 — √℞ 12

그림 11-5 클라비우스의 《대수》에서 사용하고 있는 괄호

이는 $\sqrt{\sqrt{15}+\sqrt{12}} - \sqrt{\sqrt{15}-\sqrt{12}}^{\,2} = \sqrt{60} - \sqrt{12}$ 의 계산 과정이다.

한편, 네덜란드의 블라세(J. J. Blassière)는 1770년에 $(2a+5b)(3a-4b)$, $(2a+5b)\times(3a-4b)$, $\overline{2a+5b}\times\overline{3a-4b}$ 와 같은 세 종류를 설명하고 있다. 라이프니츠는 1702년에 오늘날의 표기로는 $(c-b)(d-b)l$을 $c-b,\ d-b,\ l$과 같이 ' , ' 를 이용하여 표기했으며, 1708 년에는 $\sqrt{aa+bb}$ 대신에 $\sqrt{\ }(aa+bb)$로, $\overline{aa+bb}\times c$ 대신에 $aa+bb,\ c$와 같이 썼다. 그 후 오일러나 베르누이(Daniel Bernoulli)는 ( ), [ ] 을 같은 것으로 사용하였다.

베르누이(1700-1782)

6. 백분율의 기호: %

현재 우리가 사용하고 있는 퍼센트는 세금, 이자, 손익 등의 일상 계산에서 자주 사용되

는 $\frac{1}{10}, \frac{1}{20}, \frac{1}{25}, \frac{1}{100}$ 등의 비율 계산을, 분수를 사용하지 않고 정수를 사용하는 계산으로 만들기 위해 생겨난 것이다.

로마 시대에는 경매에서 팔리는 물품에는 $\frac{1}{100}$의 세금을, 해방된 노예에게는 $\frac{1}{20}$의 세금을, 팔린 노예에게는 $\frac{1}{25}$의 세금을 붙였는데, 이 $\frac{1}{20}, \frac{1}{25}, \frac{1}{100}$에는 각각 특별한 명칭이 있었기 때문에 사람들은 그것에 대해서 잘 알고 있었다. 이러한 세금의 계산에서는 필연적으로 $\frac{1}{100}$ 이라고 하는 공통 단위, 즉 '100에 대하여 1'이라고 하는 생각이 생겨나게 되었다. 'percent'라는 말은 'per cent'로서 그 뜻이 바로 '100에 대하여 얼마'라고 하는 의미로, 15세기에 당시 유럽의 상업 중심지였던 이탈리아에서 많이 사용되던 것이었다. 15세기의 이탈리아 사본에서는, 20 Ꝑ 100, X Ꝑ cento, Vi Ꝑ ℮ 와 같은 표현이 보이는 바, 그것은 각각 20 %, 10 %, 6 %에 해당하는 기호이다. per 대신 Ꝑ와 같은 하나의 문자로 나타내는 것도 중세 유럽에서는 널리 사용되었다.

℮를, 이탈리아에서는 primo(제1), secund(제2),… 대신 $\mathring{1}$, $\mathring{2}$, ... 와 같이 쓰는 습관이 있었기 때문에, 100 대신에 ℮와 같이 쓴 것이다. 그래서 이 ℮가

℮ ⟶ 8 ⟶ 응

와 같이 변화되어 'p 응'가 되고, 나중에 per가 탈락되어 %와 같은 현재의 모습이 되었을 것으로 추측하고 있다.

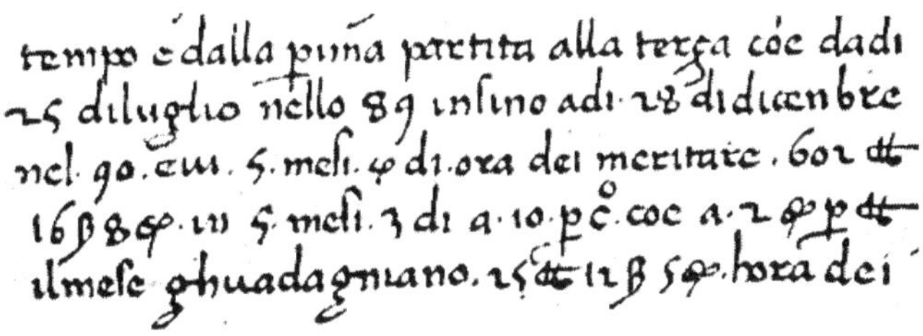

그림 11-6 15세기 이탈리아의 사본에 채택된 퍼센트 기호
(Smith D. E.,1958, p. 249)

7. 비율과 차이의 기호: ∷, ~

오트레드는 수학 기호의 사용을 대단히 강조하고 150개 이상 도입했으나, 그 중 살아남은 세 개는 곱셈 기호, 비율 기호, 그리고 차를 나타내는 기호뿐이다.

II. 대수 기호의 역사

1. 대수적 표기(방정식의 기호화)의 발달 단계

1842년 독일의 네셀만(G. H. F. Nesselmann)이 대수적 표기의 역사적 발전 단계를 다음과 같이 세 단계로 특징지었다.[5]

제1단계: 수사대수(修辭代數, rhetorical algebra)로서, 기호의 사용이 없는 순수한 산문 형태의 표기에 의한 것이다. 인도를 제외한 대부분의 지역에서 오랫동안 존속(서유럽에서는 15세기까지)되었다. 한 예로서, 유클리드 《원론》 제2권 정리 4 : "한 직선이 임의의 두 부분으로 나누어질 때, 전체 직선의 제곱은, 그 두 부분의 각각의 제곱의 합에 그 두 부분을 포함하는 직사각형의 두 배를 더한 것이다." 즉,

$$(a+b)^2 = a^2 + 2ab + b^2$$

의 의미이다.

제2단계: 약어대수(略語代數, syncopated algebra)로서, 자주 쓰는 양이나 관계 또는 연산에 대해 약어를 사용하는 단계이다. 디오판토스의 《산학》에 나타나는 축약의 예로는, 제곱을 뜻하는 그리스 단어 dunamis(ΔΤΝΑΜΙΣ)의 처음 두 글자로서 Δ^Y은 미지수의 제곱을, 세 제곱을 나타내는 단어 kubos(ΚΤΒΟΣ)으로부터 K^Y은 세 제곱을, $\Delta^Y\Delta$는 제곱-제곱을, ΔK^Y는 제곱-세 제곱을, K^YK는 세 제곱-세 제곱을 나타내며, $\wedge$은 뺄셈을, 덧셈은 병렬로, 음수항은 모두 모아서 그 앞에 음수 기호 삽입하고, 거듭제곱된 미지수의 계수는 그 오른쪽에 나타내었다.[6] 예컨대,

$$2x^3 + 8x - (5x^2 + 4) = 44$$

와 같은 현대적 표기를 당시에는

$$K^Y\beta \quad \varsigma\eta \wedge \Delta^Y\varepsilon \quad M\delta \quad \varepsilon\delta\tau\iota \quad \mu\delta$$

와 같이 나타내었다.

제3단계: 기호대수(記號代數, symbolic algebra)로서, 구체적 내용과 거의 무관한 기호에 의한

---

5) 오늘날 사용하고 있는 대부분의 기호에 의한 수학의 표기법은 400년 이상 되지 않았다.

6) 그리스 대수의 약어(略語)화는 디오판토스에 의해 이루어졌으며 그 이전의 대수는 수사적(修辭的)이었고, 그리스 대수학 문제들에 대해서는 《그리스선집(Greek Anthology)》에 잘 나타나 있으며, 이는 기원후 500년경 메트로도로스(Metrodorus)에 의해 편집되었다.

수학적 속기(速記)의 단계이다. 대략 16세기부터 본격적으로 시작되었다. 그 몇 가지 예로는,

- 1202년 피보나치(Leonardo of Pisa): $2x^2+10x=30$을 "duo census, et decem radices equantur denariis 30"과 같이 표현
- 1473년 레기오몬타누스(Regiomontanus): $16x^2+2000=680x$를 "16 census et 2000 aequ. 680 rebus"와 같이 표현[7]
- 1545년 카르다노(Cardano): $x^3+6x=20$을 "cub' P : 6 reb' aeqlis 20"과 같이 표현
- 1637년 데카르트(Descartes): $y^2=cy-\frac{cx}{b}y+ay-ac$을

"$yy \infty cy-\frac{cx}{b}y+ay-ac$"와 같이 나타내었다.($x$에 의한 미지수 표현 정착)

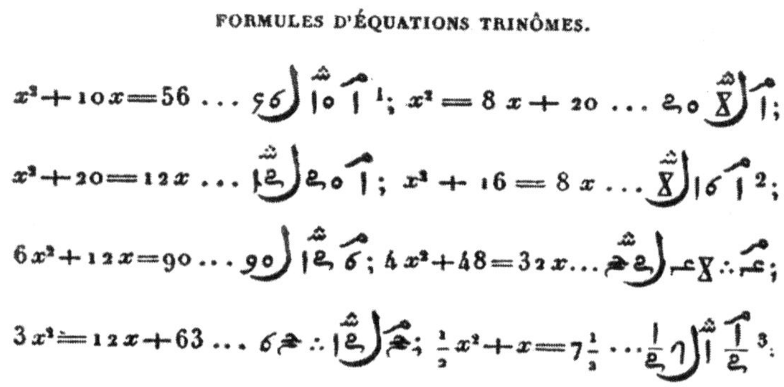

그림 11-7 9세기에 알콰리즈미가 사용했던 대수 기호.
그는 방정식을 오른쪽에서부터 왼쪽으로 표현하고 있다.
계수의 상단에 미지수의 차수를 나타내는 특수한 기호를 사용하고 있으며,
덧셈 기호는 생략하였으나 등호는 현재와 다른 기호로 표기하였다.
숫자도 오늘날의 기호와 다른 것이 보인다.

2. 근호: $\sqrt{}$

제곱근의 계산에 대해서는 피타고라스의 정리를 이용하는 문제 등과 관련하여 옛날부터 많이 나타나고 있다. 고대 바빌로니아의 점토판에 한 변의 길이가 1인 정사각형의 대각선의 길이를 60진법으로, 1;24,51,10과 같이 표현한 것이나, 중국의 《구장산술》의 소광장(少廣章)에는 "今有積五萬五千二百二十五步, 問爲方幾何, 答曰 二百三十五步"와 같은 문제가 오늘날의

7) 그의 본명은 뮐러(Johann Müller)이다. 유명한 쾨니히스베르크(Königsberg: 왕[king]의 산[mountain]) 태생으로 이의 라틴어인 Regiomontanus로 더 잘 알려져 있다.

제곱 문제와 동일하지만, 제곱근을 나타내는 어떠한 기호도 쓰이지 않았다.[8)]

7세기경 인도의 브라마굽타(Brahmagupta)는 여러 가지 축약된 기호를 썼는데, 제곱근을 나타내는 수 앞에 무리(無理, surd)라는 뜻의 단어 carani의 첫 글자 c를 써서 예컨대,

$$\text{ru } 3 \text{ c } 45 \ (3+\sqrt{45}) \quad \text{또는} \quad \text{c } 15 \ \dot{\text{c}} \ 10(\sqrt{15}-\sqrt{10})$$

과 같이 나타내었다.

아라비아인들도 제곱근을, 근을 의미하는 jidr의 머리글자(아라비아 문자)를 써서 $\overset{\triangle}{\overline{48}}$와 같이 나타냈으며, 또 기호 $\triangle$을 미지수 jahala의 기호로도 사용하였다.

제곱근(square root)의 root는 라틴어의 radix(根)와 관계가 있다(영어의 radish는 이 radix로부터 유래되었다). 아라비아 사람들은 제곱수가 마치 나무(木)에서와 같이 그 뿌리(根)에서 생성되었다고 생각했기 때문에 제곱근의 경우를, 근을 나타내는 단어로 표기했다. 따라서 이 아라비아어가 라틴어 radix로 번역된 것이다.

radix는 유럽에서도 사용되었다. 피보나치의 책에는

$$\text{radix de } 4 \text{ et radix de } 13(\sqrt{4}+\sqrt{13})$$

와 같은 표기가 나타나고 있다.

또 레기오몬타누스(Regiomontanus)는

$$\text{Radix quadrata de } \frac{89}{4} \text{ minus } \frac{3}{2}\left(\sqrt{\frac{89}{4}}-\frac{3}{2}\right),$$

$$\boldsymbol{R} \text{ de } 22\frac{1}{4} \ \overline{\dot{\imath}9} \ 1\frac{1}{2}\left(\sqrt{22\frac{1}{4}}-1\frac{1}{2}\right)$$

레기오몬타누스(1436-1476)

와 같이 나타내었다. 제곱근 기호로 많이 사용된 것은 $\boldsymbol{R}$과 R 인데 $\boldsymbol{R}$는 Radix의 첫 글자 R과 끝 글자 x를 축약한 형태인 것으로 보이며, 특히 이탈리아에서 많이 사용하였다. 한편 프랑스의 슈케(Nicolas Chuquet)는 "12의 racine premiere는 12, 16의 racine seconde는 4이다."라고 했는데, 이때 racine는 라틴어 radix의 프랑스어이다. 그는 또

$$\boldsymbol{R}^1.12.=12, \ \boldsymbol{R}^2.16.=4, \ \boldsymbol{R}^4.16.=2$$

와 같은 표기법을 사용하기도 했다.

15세기 이탈리아의 파치올리(Pacioli)도 근호를, Radix의 첫 글자 R과 마지막 글자 x와 관

---

8) "넓이가 55225제곱보인 정사각형 모양의 땅이 있다. 그 한 변의 길이는 얼마인가?"라는 문제로서, 그 답을 235보라고 하고 있다.

련된 기호를 써서, $\boldsymbol{R}$.cuba.de.64.$(\sqrt[3]{64})$, $\boldsymbol{RR}$.120.$(\sqrt[4]{120})$ 등과 같이 나타내었다. 다음 [그림 11-8]의 셋째 줄에 보이는 표기

$$RV.r.40.\tilde{p}.6.\tilde{p}\,RV.r.40.\tilde{m}.6$$

은 $\sqrt{\sqrt{40}+6}+\sqrt{\sqrt{40}-6}$ 을 나타내고 있는데, 근호를 나타내는 대문자 R 과 소문자 r 이 구분되어 있으며, V 는 오늘날의 괄호에 해당하는 기호로 사용하였다.

16, 7세기에는 정사각형의 한 변의 길이를 뜻하는 라틴어 latus의 l을 써서 나타낸 사례도 많다. 라무스(P. Ramus)는 l27 ad l12$(\sqrt{27}+\sqrt{12})$, ll32 de ll162 $(\sqrt[4]{162}-\sqrt[4]{32})$와 같이 나타냈으며, 브리그스(H. Briggs)는 l, l(3), ll (제곱근, 세제곱근, 네제곱근)의 원칙 아래 예로서, l bin 2 + l 3$(\sqrt{2+\sqrt{3}})$와 같이 나타내기도 하였다.

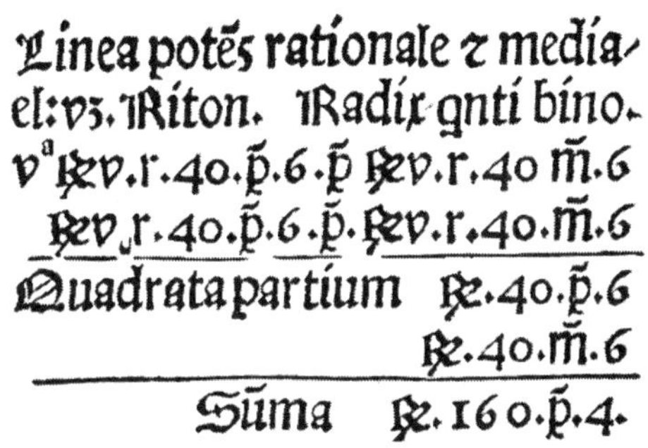

그림 11-8 파치올리의 《산술집성(Summa)》(1523)에 사용된 대수 기호

기호 √가 인쇄본에 최초로 등장한 것은, 1525년 루돌프(Rudolff)의 책 《대수(Die Coss)》에서의, '√9 ist 3' 와 같은 형태이다. 그러나 그는 세제곱근과 네제곱근을 각각

$\mathcal{WW}8(=2)$, $\mathcal{W}16(=2)$

의 형태로 썼다. 그가 √을 radix의 첫 글자와 닮았기 때문에 채택했다는 설도 있으나 확실치는 않다. √의 기원에 대해서는, 1480년경에 쓰인 라틴어와 독일어로 된 대수의 사본에는 제곱근, 네제곱근, 세제곱근 각각을 ·, ··, ··· 와 같이, 또 1524년 이전에 쓰인 것으로 여겨지는, 괴팅겐 대학에 소장된 사본에는 위의 점이 변형된 것으로 $\surd z$ (제곱근), $\surd ce$ (3 제곱근), $\surd cce$ (9 제곱근)과 같이 나타나 있다.

데카르트는 √을 $\sqrt{}$ 와 같이 최초로 쓰기 시작했다. 그는 3 제곱근을 $\sqrt{c}$ 와 같이, 예컨대, $\sqrt{c\cdot 27}\,(=3)$으로 나타냈다. 17세기 말이 되어서야 지수(指數)를 근호의 밖에 나타내기 시작했다.

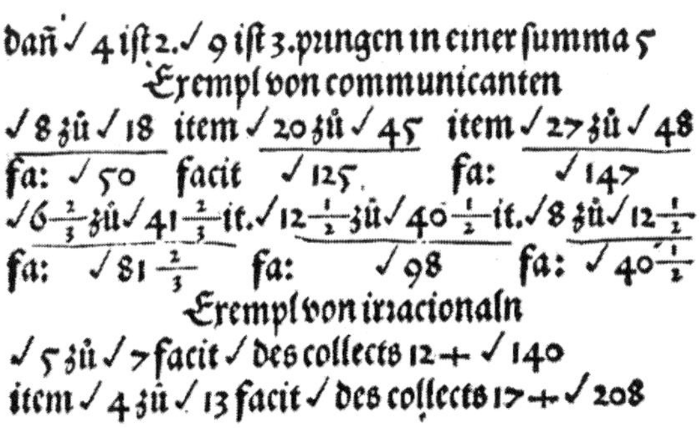

그림 11-9 16세기 루돌프의 《대수》에 사용된 근호

3. 음수 기호의 발달

중국의 옛 수학책 《구장산술》의 연립일차방정식과 그 해법을 다루는 장에서 음수가 개입된 덧·뺄셈이 나타난다. 디오판토스는 "빼어지는 것에 빼어지는 것을 곱하면 더해지는 것이 된다."는 표현을 썼다.

인도의 브라마굽타는 7세기에 음수를 정의적(定義的)으로 인식했다. 그는 양수는 자산, 음수는 부채로 생각하여 대소 관계나 계산 규칙에 대하여 언급하였다. 또 12세기에 바스카라(Bhaskara)도 위와 같이 생각하여 "두 개의 자산 또는 두 개의 부채의 곱은 자산이다."라고 했다. 또 그는 음수를 나타내는 방법으로 -6 대신에 $\mathring{6}$, $\dot{6}$과 같이, 또는 '0보다 6이 작다'를 ⑥으로 나타냈다. 그리고, 방정식 $x^2-45x=250$의 근으로 $x=50$, $x=-5$를 구한 후 "제 2의 값은, 사람들이 근으로 시인하지 않아 부적당하므로 채택하지 않는다."고 했다.

이탈리아의 피보나치는 그의 《산반서(算盤書)》(1202년)에서 방정식의 근이 -9와 같이 되는 경우를 "부채 9"라 했다. 15세기가 되어서, 방정식의 음의 근을 마이너스 기호로 나타내기 시작했는데, 프랑스의 슈케는 1484년, $-7\frac{3}{11}$을 $\tilde{m}\cdot 7\cdot\frac{3}{11}$과 같이 나타냈으며, 이탈리아의 카르다노는 1545년에 "마이너스에 마이너스를 곱하면 플라스가 된다."고 기술하고 -3을 m : 3과 같이 표기했다. 이 무렵 독일 스티펠(stifel)의 책에는, 음수는 부조리라하여, -3을 0 -3과 같이 쓰기도 했다.

음수도 하나의 수로서 취급한 사람은 1556년 타르탈리아(Tartaglia)나 1572년경 봄벨리(Rafael Bombelli)였다. 타르탈리아는 양의 항을 piu, 음의 항을 men으로 부르고 "men과 men의 곱은 piu이다"라고 했으며 봄벨리는 minus를 meno라 하고 m.5. 과 같이, plus를 p.5. 과 같이 기호화했다.

수 개념을 확장하여 음수를 납득시키는 일이 곤란해지게 되면서 이의 시각적 또는 기하학적 표현에 대한 연구가 이루어지게 되었다. 데카르트가 좌표 개념을 도입하여 직선상에 양·음수를 눈금으로서 기하학적으로 나타내었기 때문에 "없는 것보다 작은 수"라는 무의미한 표현이 점차 사라지게 되었다.

$+$, $-$는 독일에서 발명된 것이지만 1608년 클라비우스의 책에 의해 이탈리아로 전해져서, 카발리에리도 이를 채용하게 되었다. 영국에서는 레코드에 의해 채용되었고 프랑스에서는 1551년 독일의 쇼이벨(Scheubel)의 책에 의해 소개되었으며, 1591년의 비에트(François Viéte, 1540–1603)의 책에 의해 보급되었다. 그러나 펠레티에르(Peletier), 부테오(Buteo), 코셀린(Cosselin) 등은 모두 $\tilde{p}$, $\tilde{m}$를 써서, 오랫동안 $+$, $-$와 경쟁하였다.

4. 허수 기호의 발달

1484년, 프랑스의 슈케는 $4+x^2=3x$ 의 해로서 $x=\frac{3}{2}\pm\sqrt{2\frac{1}{4}-4}$ 을 구했으나, 이것은 $2\frac{1}{4}-4$ 가 음수이기 때문에 해로서 불가능하다고 하였다. 즉, 그는 허수의 가치나 그것의 기호는 생각하지 않았다. 방정식의 근의 표현으로 -1의 제곱근을 최초로 쓴 사람은 이탈리아의 카르다노이었다. 그는 "10을, 그곱이 40으로 되는 두 개의 수로 분해하는 것은 불가능이나 형식적인 해를 구해보면 $5+\sqrt{-15}$, $5-\sqrt{-15}$ 와 같이 된다."고 지적하고, 다음과 같이 계산하였다.

$$\begin{array}{c} 5\ p\ :\ R\!\!\!/\ m\ :\ 15 \\ 5\ m\ :\ R\!\!\!/\ m\ :\ 15 \\ \hline 25\ m\ :\ m\ :\ 15\ \ \tilde{q}d\ \ \text{est}\ \ 40 \end{array} \qquad \begin{array}{c} 5+\sqrt{-15} \\ 5-\sqrt{-15} \\ \hline 25-(-15)=40 \end{array}$$

과 같이 계산하였다.

16세기 후반에, 봄벨리는

$$\begin{array}{l} \underline{2}\ \ p.\ 20.\ \grave{a}\ \ 8\ \ \underline{1} \\ 4.\ \underset{\sim}{p}.\ R[0\ \tilde{m}.\ 4] \\ 4.\tilde{m}.\ R[0\ \tilde{m}.\ 4] \end{array} \qquad 根 \qquad \begin{array}{l} x^2+20=8x \\ 4+\sqrt{-4} \\ 4-\sqrt{-4} \end{array}$$

와 같이 나타내면서 "그것을 플러스라고도, 미이너스라고도 할 수 없다. 다만 그것이 더해질 경우는 più di meno로, 빼어질 경우는 meno di meno로 부른다"고 했다. 여기서 di meno를 d.m.으로 축약했으며, 이것이 오늘날의 $\sqrt{-1}$ 의 대용이었다. 그는$(+2i)(+i)=-2$를

$$p.\ \text{dm.2.via.}p.\text{dm}\ \ 1\ \ \text{egual}\ \ .\tilde{m}.\ 2$$

와 같이, 그리고 $1\div i=-i$ 를,

$$1\ \text{diviso da}\ p.\ \text{dm.}\ 1\ \text{egual}\ .m.\ \text{dm.}\ 1$$

과 같이 썼다. 이와 같은 봄벨리의 생각을 더욱 발전시킨 사람은 오일러였다. 그는 1770 년 《대수입문》에서,

$$\sqrt{-2}.\sqrt{-3}=\sqrt{6}\,,\quad \sqrt{-1}.\sqrt{-4}=2\,,$$
$$\sqrt{+3}\div\sqrt{-3}=\sqrt{-1},\quad 1\div\sqrt{-1}=-\sqrt{-1}$$

와 같이 썼으며 $\sqrt{-1}$ 대신에 i를 최초로 사용하였다.

18세기 중엽까지 $\sqrt{-a}$ 의 표현은 있지만 $\sqrt{-1}$ 과 같은 표현은 보이지 않았으며, 이때

까지는 허수의 가치가 충분히 인식되지 않았다. $\sqrt{-1}$에 대한 확실한 모습을 부여한 사람은 1797년 노르웨이의 측량기사 베셀(Caspar Wessel)로, 그는 그의 논문에서 방향을 지닌 선분의 합과 곱을 정의하고, 다음과 같이 기술하였다.

> +1로서는, 양의 방향의 어떤 단위를, ε으로서는, 양의 방향에 수직인, 그리고 같은 원점을 가지는 방향으로의 어떤 단위를 나타내기로 한다. 그렇게 하면 +1의 방향각은 0°, -1의 방향각은 $-180°$, $+\varepsilon$은 $90°$, $-\varepsilon$은 $-90°$, 또는 $270°$이다. 여기서 ε은 $\sqrt{-1}$과 같고 곱셈은 보통의 계산 법칙에 위배되지 않는다.

오늘날과 같은 복소수평면을 생각하여 평면의 데카르트 기하와 복소수 영역이 수학적으로 동치라는 사실을 가우스가 보이고 $a+b\sqrt{-1}$을 complex number라고 불렀다. 바이어슈트라스(Karl Weierstrass)는 $\sqrt{a^2+b^2}$을 $a+bi$의 절댓값이라 하고 $|a+bi|$로 나타냈으며, 1837년, 해밀턴(William Rowan Hamilton, 1805–1865)은 $a+b\sqrt{-1}$을 순서쌍 (a, b)로 나타냈다. 이에 의하면 $(0,1)$이 $\sqrt{-1}$이다.

바이어슈트라스(1815-1897)

5. 기지량, 미지량의 표현과 지수 체계

1637년, 데카르트가 알파벳의 처음 글자들은 기지량(旣知量)을, 마지막 글자들은 미지량을 나타내는 전통을 세웠으며, 그보다 먼저 16세기에, 비에트가 자음은 기지의 양의 표현에, 모음은 미지의 양의 표현에 사용하였다. 그리고 현재의 지수 표현인 x, x^2, x^3 등을 최초로 도입한 사람은 데카르트이나, 비에트는 이들 각각을 A, A quardratum, A cubum으로 나타냈으며, 그 이후의 사람들은 이를 축약하여 A, Aq, Ac 등으로 나타냈다.

6. 함수 $f(x)$, 자연로그의 밑 e, $\sum$ 등

'함수'라는 용어를 처음 수학에 도입한 사람은 라이프니츠이지만, 오일러가 이 기호 $f(x)$는 물론, e와 Σ의 사용을 관례화시키는 공적을 이루었다.

7. 계승(階乘): !

1808년, 크람프(Christian Kramp, 1760–1826)가 종전의 $\underline{n|}$ 은 인쇄상의 어려움이 있었으므로 그 대신 $n!$ 을 도입했다.

8. 무한대: ∞

1665년에 월리스가 최초로 도입하였다. 그는 후기 로마에서 사용했던 수 기호 중 1000을 나타내는 ↀ 으로부터 힌트를 얻어서 만들었다고 한다.

9. 원주율: π

배로와 그레고리는 원주의 의미로 사용했으나, 존스(William Jones, 1675–1749, 영국 작가)가 지름에 대한 원주의 비로는 최초로 사용하였으며, 1737년, 오일러가 위와 같은 뜻으로 채택한 후에야 일반적으로 통용되었다.[9)]

III.

기하 기호의 역사

기하에서 주로 쓰이는 기호는 다음의 세 종류로 분류할 수 있다.

㉮ 삼각형을 나타내는 △ 와 같이, 회화적인 그림에 의해 기하학적 개념을 나타내는 것,

㉯ 닮음을 나타내는 ∽와 같이, 기하에서 사용하기 위해 특별히 만든 표의기호(表意記號),

㉰ +, − 와 같은 대수(演算)기호

1. 기하도형에 부여하는 문자

삼각형을 그려서 꼭짓점에 부호 A, B, C를 붙인다. 그리고 변 AB라든가 $\angle ABC$,

9) 상세한 내용에 대해서는 '제10장 π의 발자취와 원의 구적법'을 참조하기 바란다.

∠B 와 같이 변이나 각을 기호로 나타내는 방법을, 대개 논증의 기술(記述)을 필요로 할 때 고찰하게 된다. 따라서 이와 같은 방법은 그리스 시대로부터 시작되었다고 여겨진다. 이집트의 파피루스나 바빌로니아의 점토판에서는 도형 속에 치수를 나타내는 수가 기재되어 있기도 하지만 문자 부호를 붙인 것은 보이지 않는다. 고대에 있어서 수학은 실제인 수량에 대한 계산 위주이고 도형의 구적 방법에 대해서도 바른 공식에 따라 계산되고 있는 것은 보이나 공식을 일반적으로는 기술하고 있지 않다.

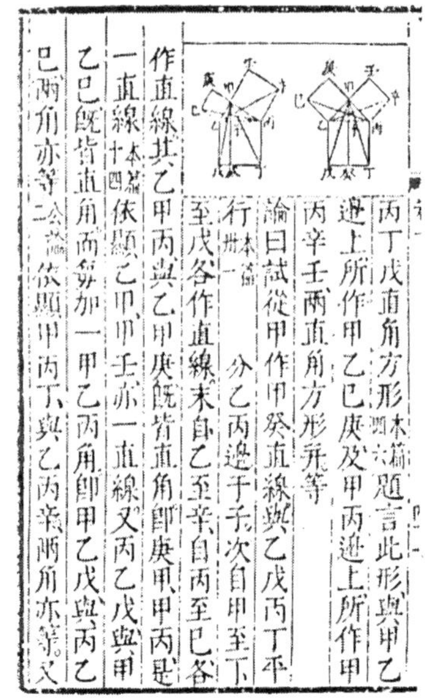
丙丁戊直角方形本篇四六題言此形與甲乙
逆上所作甲乙巳庚及甲丙逆上所作甲
丙辛壬兩直角方形并等
論曰試從甲作甲癸直線與乙戊丙丁平
行本篇卅一分乙丙邊于子次自甲至丁
至戊各作直線末自乙至辛自丙至巳各
作直線其乙甲丙與乙甲庚既皆直角即庚甲甲丙是
一直線本篇十四依顯乙甲甲壬亦一直線又丙乙戊與甲
乙巳既皆直角而每加一甲乙丙角即甲乙戊與丙乙
巳兩角亦等公論二依顯甲丙丁與乙丙辛兩角亦等又

그림 11-10 유클리드 《원론》의 중국어판에 나타나는 기하 기호

중국에서 마테오리치가 번역한 유클리드 《원론》에는 A, B, C, … 대신에 문자부호 갑(甲), 을(乙), 병(丙)을 붙였다. 이탈리아의 피보나치의 책(1202년경)이나 독일의 레기오몬타누스의 책(1464년경)에는 a, b, g, d, e, z 등의 소문자 알파벳이 사용되고 있는데, 이는 오늘날 사용되고 있는 라틴계와 다른 그리스, 아라비아계의 알파벳을 사용했기 때문이다. 기하도형에 대한 기호화는 19세기에 들어서면서 급진전되었다. 1801년 프랑스의 카르노(L.N.M. Carnot)는 그의 기하학 책에 대문자를 써서 점이나 선을 나타내는 방법을 도입했다. 몇 가지 예를 들면, A, B, C, …는 점, $\overline{AB}$ 와 $\widehat{AB}$ 는 각각 선분 AB 와 호 AB, $\overline{BCD}$ 는 세 점이 일직선상에 있고 C 가 B 와 D 의 사이에 있다. $\overline{AB} \cdot \overline{CD}$ 는 직선 AB, CD 의 교점, $A\hat{B}C$ 는 AB 와 BC 가 이루는 각, $\triangle ABC$ 는 직각삼각형 ABC 및 $\overline{\overline{ABC}}$ 는 삼각형 ABC 의 넓이 등을 나타내고 있다.

독일의 레이에(Theodor Reye)는 1866년에, 대문자 A, B, C, …로 점을, 소문자 a, b, c, …로 직선을, 그리스 문자 α, β, γ, …로 평면을 나타냈다. 프랑스의 포바로(Antonis Fovaro)는 1879년에 AB로 점 A와 B를 지나는 직선, Aa로 점 A와 직선 a를 지나는 직선, aα로 직선 a와 평면 α의 교점, αβγ로 세 평면 α, β와 γ의 교점을 나타내는 방법을 썼다.

1897년 헝가리의 보여이는 부다페스트에서 출판된 책 속에 라틴 및 그리스 문자로 양을 나타내고, 독일 문자로 점과 선을 나타냈는데, $\widetilde{\mathfrak{ab}}$ 는 좌우로 무한히 뻗는 직선, $\mathfrak{a}\tilde{\mathfrak{b}}$(또는 $\tilde{\mathfrak{a}}\mathfrak{b}$)는 $\mathfrak{a}$(또는 $\mathfrak{b}$)로부터 출발하여 $\mathfrak{b}$(또는 $\mathfrak{a}$)의 방향으로 무한히 뻗는 반직선, $\mathfrak{ab}$는 선분, 또 $\widetilde{P}$ 로 평면 P 를 모든 방향으로 무한히 확대한 평면을 표시했다.

한편, 미국수학제규정위원회(National Committee on Mathematical Requirements)는 1923년의 보고서에서 "기하도형에서 문자 사용에 대하여 다음과 같이 요청한다"고 하였다. 즉, 대문자는 꼭짓점을, 대응하는 소문자는 맞변을, 대응하는 그리스 문자는 각을 나타낸다. 오른쪽 위에 ′이 붙은 문자는 합동 또는 닮은 삼각형의 대응부분을 나타낸다.

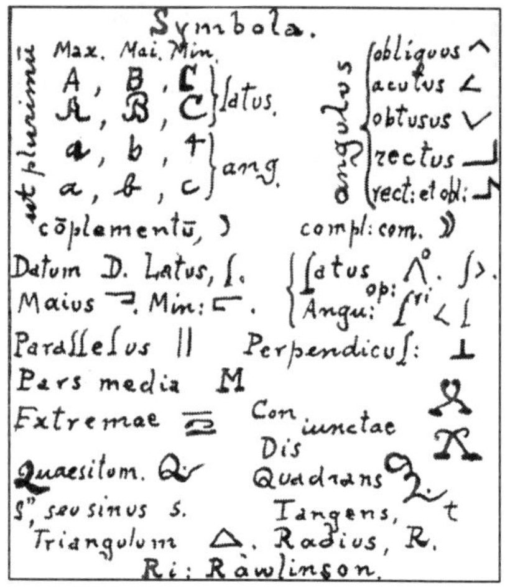

그림 11-11 17세기 영국의 기하 기호
이는 롤린슨(Richard Rawlinson)이 수작업으로 재현한 것인데, 삼각형의 각은 대문자, 그의 대응변은 동일한 소문자로 나타내고 있다.(Cajori, 1993, p. 212)

2. 상형(象形) 기호

1634년 파리에서 출판된 에리곤느의 책에 있는 피타고라스 정리의 증명에서 △(삼각형), □(정사각형)과 ◇(평행사변형) 등의 세 가지가 나타난다. □BC는 분명히 BC 위의 정사각형 또는 BC를 한 변으로 하는 정사각형이라는 뜻도 있으나, □BE는 정사각형 BE의 의미로서, △ABC의 △와 마찬가지로 정사각형이란 용어를 대신하고 있다. □은, □25가 $25^2 = 625$, $\boxed{2}\frac{5}{6}$가 $\left(\frac{5}{6}\right)^2$을 나타내는데 쓰이기도 했다.

에리곤느는 이 밖에도 ⌓, ◡ (반원), ⊙(원), ▭(직사각형), 5 < (5각형), 6 < (6각형) 등의 기호를 쓰고 있는데, 이와 같은 상형기호의 역사는 대단히 오래 되었다. 고대 그리스의 헤론이나 파포스도 △, ○, ∟(직각), ═(평형), □을 사용했다. 기호 ▱(평형사변형)은 1880년경부터 영국, 미국의 학교수학에서 사용했는데, 그 때까지는 ▭과 ▱이 분별없이 사용되었다.

3. 각(角)의 기호

에리곤느의 책에서는, <과 ∠의 두 가지가 각의 기호로, 또 직각을 나타내는 ⌋이 나타난다. <을 1631년 영국의 해리엇이 부등호로 도입했는데 그 보급은 더뎠다. 아래쪽이 수평으로 되어 있는 ∠은 1657년 영국의 오트레드의 삼각법 책에 나타나고 있는데, 이때쯤부터 널리 쓰이게 된 것 같다. 그러나 르장드르(Adrien Marie Legendre, 1752–1833)와 같이 기호 대신 Angl. ACB 으로 나타낸 사람도 있었다.

각을 나타내는 $A\hat{B}C$, $\widehat{ab}$와 같은 기호도 있으나, 이들은 모두 19세기 이후의 표현이다. 직각의 기호는 ⌋, ∟ 으로 두 가지가 많이 쓰였으나 때로는 ⌉ 도 쓰였다. 100여 년 전의 미국, 영국의 책에서는 rt∠ 과 같은 기호도 자주 사용되었다.

4. 평행과 수직의 기호

에리곤느의 책에서는, ＝가 평행의 기호로 사용되었는데, 이는 분명히 두 개의 평행선을 그어서 만든 것이다. 에리곤느가 이 기호를 사용할 때쯤 대륙에는 레코드의 등호가 보급되어 있었기 때문에 평행의 기호 ＝가 ||와 같은 기호로 바뀌어 사용되고 있었다. 영국의 오트레드는 1677년의 책에서 ||을 평행의 기호로 채용하였다. 수직의 기호도 에리곤느의 책에서 나타나는데, ⊥과 ⊥의 두 종류가 쓰였다. 이 기호는, 영국에서는 1637년 런던에서 출판된 커시(John Kersey)의 책에 나타난다. 비슷한 시기에, 다른 저자는 ⊥(T의 뒤집은 모양)을 수직 기호로 사용하였다. 그런데 1637년, 런던에서 출판된 에머슨(W. Emerson)의 《기하입문》에서 ⊥와 같이 수직 막대가 짧은 기호를 사용했던 때부터 19세기까지 이와 같은 형식이 많은 저자들에게 채용되었다. 그리고 ⊥s , ⊥ 와 같이 변형된 기호도 사용되었다.

5. 닮음과 합동의 기호

닮음과 합동의 기호는 라이프니츠가 발명했는데, 그의 책(1679년)에서 a 와 b 가 닮았다는 것을, $a \sim b$ 로 나타냈다. 기호 ～은 similis의 첫 글자를 옆으로 눕힌 것이라 하지만, 그럼 ∽이 아니고 ～임은 이상하다. 1710년의 인쇄본에서는 ∽을 사용하고 있으나 라이프니츠의 다른 사본에서는 합동의 기호로 ≃을 써서 ABC ≃ CDA 와 같이 나타내고 있는데, 이는 " ～ 으로서 ＝이다"라는 의미라고 설명하고 있다.

라이프니츠의 ～과 ≃은 18 세기부터 19 세기 초까지는 유럽 대륙에서도 사용하지 않았고, 영국과 미국에서도 전혀 사용하지 않았다. 특히, 영국에서는 ～과 ∽을, 오트레드에 영향으로 차를 나타내는 기호로 사용했으며, 또 합동에 대해서는 기호 대신에 단어로서 설명을 하였다. 영국에서 최초로 라이프니츠의 기호를 사용한 사람은 울프(Christian von Wolf)로, "같으면서 닮았다"를 "＝ et ～"와 같이 나타냈다. ～과 ＝이 하나로 통합되어 ≅이 된 것은 18 세기 후반이었는데, 저자에 따라 ≅과 ≌이 일정치 않았다. 기호 ≡은 1899년, 리만의 《타원함수론》에서 항등식의 기호로 도입되었으며, 기하학에 있어서 합동의 기호로 도입된 것은

1897년 보여이의 책이었다.

6. 논리 기호: ∴, ∵

기하학에 있어서 논리 기호를 최초로 도입한 사람은 에리곤느와 스위스의 란이다. 에리곤느는 "가정(假定)으로부터 다음과 같이 된다."를 hyp. 로, "결론(結論)으로서 다음을 알 수 있다."를 constr. 와 같이, 또 "임의의"를 arbitr. 와 같이 나타냈다.

"그러므로" 대신에 기호 ∴ 이 최초로 나타난 것은 1659년 란(J. H. Rahn)의 책 《대수(代數)》였다. 그는 처음에는 ∴ 만을 사용했으나 나중에는 ∵ 도 같은 뜻으로 사용했다. 이러한 기호는 기하보다 대수에서 더 많이 사용되었다. 기하학에서는 라틴어의 ergo 를 쓰기도 했다. "왜냐하면"의 기호 ∵ 는 18 세기의 책에서는 보이지 않는다. 그런데 1805년 런던에서 출판된 《*Gentleman's Mathematical Companion*》에서 최초로 사용되었으나, ∴ 과 ∵ 이 모두 사용된 것은, 1827년의 케임브리지 대학에서 출판된 유클리드의 《원론》에서였다.

☞ 수학 기호와 수학적 개념은 동전의 양면

1. 수학 기호의 의미에 대한 추적은 개념 발전의 과정을 알려준다

우리들 주변을 잠시만 둘러봐도 불가사의한 것들을 많이 발견할 수 있다. 다만 그런 것들이 오랫동안 습관화되어 별로 느끼지 못할 따름이다. 도량형(度量衡) 단위의 관계를 보아도 예컨대 1(feet)=12(inch), 또 1(間)=6(尺) 등에 대해서는 어느 정도 합리적인 설명이 가능하지만, 미국에서 사용하는 1(barrel)=42(gallon)은, 어째서 하필 42인가에 대해 그냥은 알 길이 없다. 또, 합동을 왜 '≡'으로 나타내는지, 왜 미지수로서 유독 x를 많이 사용하는지, 인도-아라비아 숫자 1, 2, 3, …은 어떻게 해서, 왜 이런 모양이 되었는지 등, 그 성립 당초의 사정을 조사해 보지 않고서는 알 수 없는 것들이 많이 있다(大矢 貞一·片野善一郎, 1988, pp. 57-58).

수학 기호 중에는 삼각형을 △와 같이 나타내는 상형기호도 있으나 대부분 표의(表意) 기호이다. 새로운 개념이 생기면 그것을 나타내는 수학 기호가 발명된다. 따라서 기호의 의미로부터 수학적 개념의 발달과정을 역추정할 수 있다. 예를 들면, +, − 는 과부족을 나타내는 기호, 덧·뺄셈을 나타내는 기호, 또 양수와 음수의 부호를 뜻하는 등과 같이, 여러 가지로 사용되어 왔다. +, − 가 언제 누구에 의해 사용되었는가 하는 것만을 조사할 것이 아니라, 그것이 어떤 의미로 사용되었는가에 대하여 추적해봄으로써 수학이 진보되어 온 과정을 이해하는 데 도움이 된다.

2. 수학 기호의 바른 선택과 활용은 개념 발전을 부추긴다

우수한 기호는 수학 발전에 큰 힘이 되지만 그렇지 못한 기호는 수학 발전을 지체시킨 역사적 사실도 더러 있다. 라이프니츠(G. W. Leibniz, 1646–1716)의 미적분 기호를 채택한 유럽 대륙이 수학 발전의 정도에 있어서, 뉴턴(I. Newton, 1642–1727)의 기호를 계속 고수한 영국을 18세기에는 완전히 추월해버렸다는 사실이 그 한 예이다. 왜냐하면 우수한 기호는 한 개념을 나타낼 뿐만 아니라 새로운 개념으로의 확장을 돕기 때문이다.

"수학의 학습은 기호의 학습으로부터 시작되고 기호의 사용으로 끝난다"는 말이 있다. 즉, 수학의 학습에서는 어떤 개념을 습득하여 이를 기호로 나타내고, 기호로 나타낸 식을 조작하고, 그로부터 다시 새로운 개념을 이끌어내는 과정을 반복한다.

x를 n번 곱한다는 기호인 x^n과 관련하여, $x^m x^n = x^{m+n}$과 같이 된다는 법칙을 알게

되며, 이로부터 $x^{\frac{1}{2}}x^{\frac{1}{2}}=x$로서 $x^{\frac{1}{2}}$을 암시 받게 된다. 또 $\frac{dy}{dx}$는 $\frac{d}{dx}y$로서 y를 x로 미분하는 조작과 그 결과를 나타내는 것이지만, 변수(變數)의 미분 개념을 도입함에 의해 이는 미분상(微分商)으로 대치된다. 즉 $\frac{dy}{dx}$의 모양 그 자체로부터 dy를 dx로 나누는 것이라고 암시받는다(大矢 貞一·片野善一郎, 1988, p. 61).

3. 수학의 보급은 적절한 기호의 선택과 확산에 따른다

수학 기호의 선택과 확산으로부터 수학 그 자체의 보급 정도를 추정할 수 있다. 예를 들면, 계산 기호는 어떤 종류의 계산 법칙이, 특정인들만의 기술로 되어 있는 동안에는 그다지 중요한 기능을 갖지 못하지만 계산 방법이나 법칙을 모든 사람들에게 충분히 이해시키려고 하는 경우에는 어쨌든 필요하게 된다. 이러한 이유로 대수에 있어서의 여러 가지 기호가 산술에 도입되고 차츰 일반에게 보급되는 것이다.

칸토어(Cantor)가 창시한 집합론이 오늘날과 같이 모든 수학의 기초로서 중요한 의의를 갖지 못했을 때에는, 수학자가 각각 제 나름대로의 기호를 사용하여 집합을 논했으나 오늘날과 같이 학교수학에까지 집합이 도입된 시점에서는 어떤 형태로든 기호의 통일이 필요할 수밖에 없다.

인도 기수법이 아라비아인들에 의해 유럽에 처음 소개되었을 당시에는 아직 그 서체가 통일되기 전이어서 상인들이나 은행에서 사용하지 않았으나, 필산이 보급되어 일반인들 사이에서 사용하게 됨에 따라 점차 그 모양은 하나로 굳어졌던 것이다. 이와 같이 기호의 통일과 확산의 정도가 수학의 보급 정도를 추정 가능하게 해주는 것이다(大矢 貞一·片野善一郎, 1988, p. 62).

생각해 볼 문제

문제 11-1 뉴턴과 라이프니츠가 고안한 미적분의 기호를 조사해 보고, 그들 각각의 기호에 대한 장·단점을 분석해 보아라.

문제 11-2 그리스 알파벳에 의한 암호 수 체계에서 1000보다 작은 수를 쓰기 위해 얼마나 많은 서로 다른 기호를 암기해야 하는지 알아보아라.

문제 11-3 삼각함수 기호 발달의 역사를 조사해 보아라.

문제 11-4 식 $2x^4 - 21x^3 + 12x^2 - 7x = 33$을 디오판토스의 약어 대수에 의한 표기법으로 나타내 보아라.

문제 11-5 수학기호의 발달·변천이 수학의 발달에 긍정적인 영향을 끼친 예를 세 가지만 알아보아라.

문제 11-6 현재 사용하고 있는 상형기호의 예를 다섯 개만 들고, 그와 같은 상형기호가 갖는 특징을 알아보아라.

수학사 연표

(이는 양영오 · 이우영의 번역서를 바탕으로 내용을 일부 추가하여 작성하였음)

인명	국적	주요 업적
50,000 B.C.		중부 유럽 구석기 시대 원시인들이 짐승 뼈에 셈을 위한 자국을 만듦.
25,000 B.C.		초기 인류가 만든 기하학적 디자인
15,000 B.C.	중동 지역	중동 지역에서 동굴 거주자들이 새김 눈을 만들어 달의 주기를 기록한 것으로 보임.
8000 B.C.	중동 지역	메소포타미아 지역에서 동물의 수를 기록하기 위한 진흙 토큰 사용.
3500 B.C.	중동 지역	수메르인들이 수확량이나 짐승의 수를 기록하기 위해 새로운 토큰 사용
3100 B.C.	이집트	이 시기의 왕의 무덤에서 발견된 유품에 엄청나게 많은 양을 나타내는 상형문자에 의한 기록
3000 B.C.	이집트	이집트에서 상형 숫자의 폭넓은 사용
2600 B.C.	이집트	이집트의 기자(지금의 카이로 근처)에 대 피라미드 건설로 그들의 수학적 · 공학적 지식의 결집 증거
2200 B.C.	중동 지역	바빌로니아의 고대 수메르 도시인 니푸르에서 많은 수학 관련 점토판(그 시기의 것) 출토
1850 B.C.	이집트	모스크바 파피루스 발견에 따라 고대 이집트인들의 기하학적 지식수준이 높았음을 추정
1650 B.C.	이집트	린드 파피루스의 발견으로 고대 이집트의 수학적 지식에 관한 주요 자료 확보
1350 B.C.	중국	십진법에 따른 숫자 사용
1105 B.C.	중국	《주비산경(周髀算經)》의 저술, 피타고라스 정리와 같은 내용의 지식을 이미 알고 있었음.
876 B.C.	인도	인도인이 만든 인류 최초의 영(零)의 기호
탈레스 (Thales; 624?~546? B.C.)	그리스	그리스 기하학의 시조, 증명의 창안, 이집트에서 배워 지식을 쌓음, 비례식을 최초로 생각.
테오도로스 (Theodoros; 5세기말 B.C.)	그리스	$\sqrt{3}$, $\sqrt{5}$ 등이 무리수임을 연구.
피타고라스 (Pythagoras; 572?~492? B.C.)	그리스	수(홀수 · 짝수 · 소수 · 완전수 · 친화수 · 도형수 · 피타고라스 수 등)에 관한 연구, 피타고라스의 정리의 발견과 증명, 황금분할, 정다면체 등 연구.
프로타고라스 (Protogoras; 500~433 B.C.)	그리스	원의 접선 연구.
아낙사고라스 (Anaxagoras; 500?~428 B.C.)	그리스	원의 넓이 구하기 연구.
제논(Zenon; 490?~429? B.C.)	그리스	제논의 역설 세 가지 주장.

인명	국적	주요 업적
에우독소스 (Eudoxos; 408?~355? B.C.)	그리스	비율이론 실진법 연구, 구분구적법의 착상.
소크라테스 (Socrates; 470?~399 B.C.)	그리스	수학에서의 엄밀성 주장.
데모크리토스 (Democritos; 460?~370? B.C.)	그리스	원의 접선 연구.
히포크라테스 (Hippocrates; 460?~377? B.C.)	그리스	입방배적 문제 연구.
플라톤 (Platon; 427?~347 B.C.)	그리스	진리를 알기 위하여 수학의 중요성을 역설, 배적 문제 연구.
테아이테토스 (Thaeaetetos; 415~369 B.C.)	그리스	무리수 연구.
아르키타스 (Archytas; 400?~365 B.C.)	그리스	기하학을 응용한 역학 연구.
아리스토텔레스 (Aristoteles; 384 ~322 B.C.)	그리스	연역 논리의 조직화, 기하학적 전개 방법 확립.
메나에크모스 (Menaechmos; 375 ~325 B.C.)	그리스	원뿔곡선 연구.
유클리드 (Euclid; 330?~275? B.C.)	그리스	《기하학 원론》(전13권) 지음, 이는 합리적 방법으로 수학을 전개한 학문의 성전.
테오프라스토스 (Theophra-stos; ?~287? B.C.)	그리스	《수학사》 지음.
에라토스테네스 (Eratosthe-nes; 275~194 B.C.	그리스	수리적 지리학 연구, 지구의 둘레 산정, 소수를 구하는 에라토스테네스의 체 고안.
아폴로니오스 (Apollonios; 262?~200? B.C.)	그리스	《원뿔곡선론》(전8권) 지음.
니코메데스(Nicomedes; 250경 B.C.)	그리스	각의 3등분, 입방배적 문제 연구.
마야인(250 B.C.)	마야	중앙아메리카와 멕시코 남부 사람들이 20진법의 위치적 기수법 창안하여 사용.
152 B.C.	중국	중국 수학의 최고 고전 《九章算術(구장산술)》 저술
히파르코스 (Hipparchos; 190?~125? B.C.)	그리스	천문학자로 구면삼각법 창안.
100 B.C.	중국	음수의 사용
니코마코스 (Nicomachos; 50~150?)	그리스	《산학개론》 지음.
프톨레마이오스 (Ptolemaios, K.; 85?~165?)	그리스	삼각법 창시, 저서 《Almagest》(전13권)에 사인(sin)표와 여러 수표 작성, 구면삼각법 연구 진전.
유휘(劉徽; 3세기경)	중국	《九章算術》 의 주석서 저술.
디오판토스 (Diophantos; 246?~330?)	그리스	《산학》(전13권) 지음, 대수학의 시조, 지수법칙 $a^m \times a^n = a^{m+n}$ 의 창안, 부정방정식 연구, 수로서 분수 취급.
파포스(Pappos; 300경)	그리스	파포스 정리 발견, 《수학집성》(전8권) 지음.
테온(Theon; 390년경)	그리스	유클리드 《원론》의 주석서 발간.
히파티아(Hypatia; 370~415)	그리스	디오판토스와 아폴로니오스에 대한 주석을 제시, 다시 유일한 여성수학자, 테온의 딸, 기독광신도들에 의해 비참하게 생을 마감.

인명	국적	주요 업적
조충지(祖冲之; 430~501)	중국	원주율의 근삿값(6자리까지)으로 $\frac{22}{7}$와 $\frac{355}{113}$ 사용.
아리아바타 (Aryabhata; 576~550?)	인도	이차방정식의 해법 생각, 인도 수체계의 의미 있는 기술.
보이티우스 (Boethius; 480?~524)	로마	보이티우스의 비례론 연구, 진보된 주판과 인도 숫자 소개.
브라마굽타 (Brahmagupta; 588~660?)	인도	이차방정식 취급, 음수도 생각함, 천문학에 대수 적용.
알콰리즈미 (Alkhwarimi; 780~850)	아라비아	이차방정식 연구, 단어 'algorithm'이 이로부터 유래, 'algebra'란 용어를 이항이란 뜻으로 씀.
알 바타니 (al-Battani; 858?~929)	아라비아	구면삼각법 연구, 《천체의 운행》 지음.
아불 와파 (Abul-Wafa; 940~998)	아라비아	그리스 문헌 번역, 삼각법 연구.
제르베르(Gerbert; 940~1003)	프랑스	《계산판 사용법》, 《수의 나눗셈》 지음, 후에 실베스터 Ⅱ라는 이름의 교황으로 피선.
알 카진(Al-Kazin; 950년경)	아라비아	원뿔곡선으로 3차방정식 해법 연구.
아비센나 (Avicenna; 980~1037)	아라비아	유클리드 · 아리스토텔레스의 저작을 편집, 기하 산술 연구.
알카루힐 (Al-Karuhil; 11세기 초)	아라비아	$x^{2n}+ax^n=b$의 해(解) 연구.
카얌 (Khayyam, Omar; 1040~1123)	아라비아	삼차방정식의 근을 원뿔곡선을 이용하여 구함.
바스카라 (Bhaxkara, A.; 1114~1185)	인도	$\sum_{k=1}^{n} k^3 = \left(\sum_{k=1}^{n} k\right)^2$을 증명. 《vija-ganita(代數)》 지음.
피보나치 (Fibonacci; 180?~1250?)	이탈리아	본명은 레오나르도(Leonardo). 피보나치수열 제시, 《기하학의 실용》, 《Liber abaci(산반서)》 지음, 로마기수법을 인도-아라비아 수체계로 대체에 기여.
나시르 (Nasir, Aldin; 1201~1274)	아라비아	유클리드의 《원론》을 아라비아어로 번역.
베이컨 (Bacon, R.; 1214?~1294)	영국	그리스 및 아라비아의 역산(逆算) 연구.
주세걸(朱世傑; 1300경)	중국	《산학 계몽》, 《四元玉鑑(사원옥감)》 지음. 한국과 일본 수학에 영향 줌.
오렘(Oresme, N; 1330?~1382)	프랑스	분수지수 고안, 그래프 개념 창안.
봉필(Bonfil, I; 1350경)	프랑스	소수(小數)의 기호를 처음 사용.
쿠사누스 (Cusanus, N; 401~1464)	독일	구적 문제 및 무한급수의 수렴에 대한 연구.
알베르티 (Alberti, L. B.; 1404~1472)	이탈리아	투시법 연구.
레기오몬타누스 (Regiomont-anus; 1436~1476)	독일	유럽 최초의 수학 전문서 《삼각법》 간행.
파치올리 (Pacioli, l.; 1450?~1520)	이탈리아	확률론을 연구. 산술서 《Summa de Arithmetica》 지음.

인명	국적	주요 업적
페로 (Ferro; 1465?~1526)	이탈리아	삼차방정식 해법 연구.
부벨 (Bouvelles; 1470~1533)	프랑스	《정다각형론》 지음.
슈티펠 (Stifel, M.; 1487~1567)	독일	로그 개념의 선구자.
비트만 (Widmann. J.; 1489경)	보헤미아	모든 상거래에서 +, −를 상용하기 시작.
리제 (Riese, A.; 1492~1559)	독일	수학의 정밀성 주장.
타르탈리아 (Tartaglia, N.; 1500?~1557)	이탈리아	본명은 니콜라 폰타나(Nicolo Fontana). 삼차방정식 해법 연구.
카르다노(Cardano, G.; 1501~1576)	이탈리아	삼차방정식 해법 연구. 허수 발견.
레코드(Recorde, R.; 1510~1558)	영국	등호 사용, 《대수학》 지음.
페라리(Ferrari, L; 1522~1565)	이탈리아	사차방정식 해법 연구.
클라비우스 (Clavius, C.; 1537~1612)	독일	《산수》, 《대수》, 《유클리드 원론》 지음.
비에트(Viete, F; 1540~1603)	프랑스	대수학의 체계화에 노력, 《해석학입문》 지음.
스테빈(Stevin, S; 1548~1620)	네덜란드	10진법 연구. 소수(小數) 창안.
네이피어 (Napier, J.; 1550~1617)	영국	로그 발견, 《로그표》 발간.
뷔르기(Burgi; 1552~1632)	스위스	로그표 작성 및 자연로그 착상.
해리엇 (Harriot, T.; 1560~1621)	영국	부등호 기호로 <과 >를 사용.
브리그스 (Briggs, H.; 1556?~1631)	영국	네이피어의 도움으로 사용로그표 작성.
빌링슬리 (Billingsley, H.; 1570경)	영국	유클리드의 《원론》 을 최초로 영역.
케플러 (Kepler, J.; 1571~1630)	독일	무한소의 계산, 적분학의 시초.
오트레드 (Oughtred, W.; 1574~1660)	영국	곱셈 기호 '×'를 사용, 계산자 발명.
건터 (Gunter, E; 1581~1626)	영국	로그자 최초 제작.
메르센 (Mersenne, M.; 1588~1648)	프랑스	소수, 완전수에 대한 연구.
스넬리우스 (Snellius, R. W.; 1591~1626)	네덜란드	삼각측량법을 발전시킴, 삼각법으로 지구의 크기를 측정.
데자르그 (Desargues, G.; 1593~1662)	프랑스	사영기하학 연구, 데자르그의 정리 발견.
지라르 (Girard, A.; 1595~1632)	프랑스	허근의 고안, 근과 계수와의 관계 해명.

인명	국적	주요 업적
데카르트 (Descartes, R.; 1596～1650)	프랑스	해석기하의 시조, 《방법 서설》 저술.
카발리에리 (Cavaliere, F. B.; 1598～1647)	이탈리아	'카발리에리의 원리' 발견.
페르마 (Fermat, P.; 1601～1665)	프랑스	해석기하학의 발전 및 정수론·확률론 발전에 공헌, 페르마의 마지막 정리 제시 및 그 증명 주장.
스모골렌스키 (Smogolenski, J, N.; 1611～1656)	폴란드	중국에 와서 동양 최초의 로그표 작성.
경선징(慶善徵; 1614～?)	조선	중인(中人) 출신의 산학자(算學者), 《嘿思集(묵사집)》 저술.
월리스 (Wallis, J.; 1616～1703)	영국	허수의 기하학적 표현 연구.
스파이델 (Speidell, J.; 1619경)	영국	e를 사용한 로그표 제작.
그랜트 (Graunt, J.; 1620～1674)	영국	사망표를 만들고 인구 동태 통계를 개척.
브렁커 (Brounker, W.; 1620?～1684)	아일랜드	연분수 사용.
메르카토르 (Mercator, N.; 1620～1687)	독일	삼각법·$\log(1+x)$의 급수 전개 등 연구.
파스칼 (Pascal, B.; 1623～1662)	프랑스	확률 고안, 사영기하학 창시자의 한 사람, 수학적 귀납법 발견, 미분·적분 등 연구.
호이겐스 (Huygens, C.; 1629～1695)	네덜란드	일반적인 곡선의 신개선(involute)·축폐선(evolute) 연구.
배로 (Barrow, I.; 1630～1677)	영국	접선을 통한 미분 연구.
그레고리 (Gregory, J.; 1638～1675)	영국	원주율을 무한급수로 표현함. $\frac{\pi}{4}=1-\frac{1}{3}+\frac{1}{5}-\frac{1}{7}+\frac{1}{9}-\cdots$
뉴턴 (Newton, I.; 1642～1727)	영국	이항정리 발견, 미적분학 발견, 만유인력의 법칙을 유도하여 천체역학 원리 완성, 스펙트럼 분석 연구.
최석정 (崔錫鼎: 1646～1715)	조선	수학서 《九數略(구수략)》 지음, 마방진 연구.
라이프니츠 (Leibniz, G. W.; 1646 ～1716)	독일	미적분학 창시, 도함수 기호로 $\frac{dy}{dx}$ 및 적분기호로 $\int f(x)dx$ 사용, 용어 'function'의 최초 사용, 행렬식 연구.
롤(Rolle, M.; 1652～1719)	프랑스	롤의 정리 발견.
로피탈 (L'Hospital, F.A.; 1661～1704)	프랑스	로피탈의 정리 발견, 행렬식 연구.
베르누이 (Bernoulli, J.; 1667～1748)	스위스	미분방정식연구, 'mapping'의 개념 도입, 베르누이가(家)의 중심 인물.
드 무아부르 (De Moivre, A.; 1667～1754)	프랑스	영국에서 거주, 삼각법, 확률론 연구, 드 무아부르 공식 발견.

인명	국적	주요 업적
리카티 (Riccati, J. F.; 1676~1754)	이탈리아	미분방정식 연구.
홍정하(洪正夏; 1684~?)	조선	수학서 《九一集(구일집)》 지음, 중인(中人) 출신의 산학자(算學者).
테일러 (Taylor, B.; 1685~1731)	영국	테일러 전개 발견.
심슨 (Simson, R.; 1687~1768)	영국	초등기하학 연구, 심슨선 연구.
매클로린 (Maclaurin, C.; 1689~1746)	영국	매클로린 정리로 곡선 연구.
크래머 (Cramer, G.; 1704~1752)	스위스	행렬식 발견, 크라머의 공식 발견.
프랭클린 (Franklin, B.; 1706~1790)	미국	마방진 연구.
오일러 (Euler, L.; 1707~1783)	스위스	함수의 극값, 미분방정식 연구에 공헌, 함수기호 $f(x)$ 사용, 해석기하학 발전 공헌. 베르누이 제자.
뷔퐁 (Buffon; 1707~1788)	프랑스	뷔퐁의 바늘 문제의 착상으로 원주율 구함.
심프슨 (Simpson, T.; 1710~1761)	영국	심프슨 공식 발견.
클레로 (Clairaut, A. C.; 1713~1765)	프랑스	공간곡선의 연구, 클레로의 미분방정식 연구.
달랑베르 (d'Alembert, J. L.; 1717~1783)	프랑스	편미분방정식 연구.
람베르트 (Lambert, J. H.; 1728~1777)	독일	원주율 π가 무리수임을 증명.
홍대용 (洪大容; 1731~1783)	조선	수학서 《籌解需用(주해수용)》 지음, 평등사상과 합리를 중시하는 실학자(實學者).
라그랑주 (Lagrange, J. L.; 1736~1813)	프랑스	이탈리아 태생, 극한의 개념 및 미적분 등 함수 연구, 용어 'analysis' 사용.
몽주 (Monge, G.: 1746~1818)	프랑스	화법기하학 창시, 미분기하 연구의 선구적 역할.
라플라스 (Laplace, P. S.; 1749~1827)	프랑스	《천체역학》, 《확률론》 저술, 고전적 확률론에 공헌, 라플라스 변환 연구.
르장드르 (Legendre, A. M.; 1752~1833)	프랑스	타원함수 · 수론 · 최소제곱법 등 연구.
카르노 (Carnot, L. N. M.; 1753~1823)	프랑스	근세 기하학의 기초 확립.
에머슨(Emerson; 1768경)	영국	무한대의 기호 '∞'를 처음 사용.
푸리에 (Fourier, J. R.; 1768~1830)	프랑스	푸리에 급수 연구, 《열의 해석적 이론》 지음.
아르강 (Argand, J. R.; 1768~1822)	스위스	수론과 기하 연구, 복소수의 기하학적 표현 착상.
제르곤 (Gergonne, J. D.; 1771~1859)	프랑스	퐁슬레의 '상반극선의 이론'을 일반화함.

인명	국적	주요 업적
제르맹 (Germain, S.; 1776~1831)	프랑스	탄성면 연구.
가우스 (Gauss, K. F.; 1777~1855)	독일	《정수론》 저술, 대수학의 기본정리 발견, 가우스 분포·가우스 평면·가우스 기호 등 발견, 정다각형 작도 연구, 천체물리학 연구.
푸아송 (Poisson, S. D.; 1781~1840)	프랑스	근세 확률론의 기초 확립, 푸아송분포 연구.
볼차노 (Bolzano, B.; 1781~1848)	체코	극한 개념 연구 및 무한집합과 관련하여 연속함수 연구.
베셀 (Bessel, F. W.; 1784~1846)	독일	베셀 함수 $J_n(x)$ 연구.
브리앙숑 (Brianchon, C. J.; 1785~1864)	프랑스	사영기하학 연구.
호너 (Horner, W. G.; 1786~1837)	영국	고차방정식의 근사 해법 발견.
퐁슬레 (Poncelet, J. V.; 1788~1867)	프랑스	사영기하학의 사상(思想)을 생각함.
코시 (Cauchy, A. L.; 1789~1857)	프랑스	《미분·적분학 개요》 지음, 수열의 수렴·발산 연구, 변수를 사용한 함수 정의, 용어 'determinant' 사용.
뫼비우스 (Mobius, A. F.; 1790~1868)	독일	기하학 연구, 뫼비우스의 띠로 유명.
피콕 (Peacock, G.; 1791~1858)	영국	대수학 연구.
로바체프스키 (Lobachevskii, N. I.; 1793~1856)	러시아	비(非)유클리드 기하학 창시자의 한 사람.
그린 (Green, G.; 1793~1841)	영국	'potential'의 아이디어를 전자기학에 도입, 그린 정리 발견.
베가 (Vega, G. F.; 1794경)	오스트리아	현재 사용되는 로그표 제작.
슈타이너 (Steiner, J.; 1796~1863)	스위스	종합기하학(synthetic geometry) 연구.
케틀레 (Quetelet, L. A. J.; 1796~1874)	벨기에	확률론 연구.
플뤼커 (Plucker, J.; 1801~1868)	독일	좌표를 이용한 해석기하학 연구.
아벨 (Abel, N. H.; 1802~1860)	노르웨이	오차 이상의 대수방정식이 일반적으로 풀리지 않는다는 것을 증명, 타원 함수 및 아벨 함수 연구.
보여이 (Bolyai, J.; 1802~1860)	헝가리	비유클리드 기하학 창시자의 한 사람.
야코비 (Jacobi, K. G. J.; 1804~1851)	독일	타원함수론·야코비행렬식 연구.
디리클레 (Dirichlet, P.; 1805~1859)	프랑스	데데킨트와 함께 《정수론 강의》 지음, 함수를 대응으로 설명, 디리클레 급수 창안.
해밀턴 (Hamilton, W. R.; 1805~1865)	영국	벡터(vector)해석의 기초 확립, 해밀턴 방정식 연구, 사원수 이론 연구.

인명	국적	주요 업적
드모르간 (De Morgan, A.; 1806~1871)	영국	드모르간 법칙, 기호논리학 완성.
그라스만 (Grassmann. H. G.; 1809~1877)	독일	그라스만 대수, 선형대수학 창시.
리스팅 (Listing, J. B.; 1808~1882)	독일	위상기하학 연구, 용어로 'topology' 사용.
이상혁 (李尙爀; 1810~1889)	조선	수학서 《翼算(익산)》, 《借根方蒙求(차근방몽구)》, 《算術管見(산술관견)》과 천문학서《揆日考(규일고)》를 저술. 산학(産學)고시에 급제한 천문관리.
쿠머 (Kummer, E. E.; 1810~1893)	독일	쿠머의 판정법 연구, 이상(ideal)수 생각.
갈루아 (Galois, E.; 1811~1832)	프랑스	갈루아의 이론 세움.
그레고리 (Gregory, D. F.; 1813~1844)	영국	교환법칙, 배분법칙의 본질 설명.
로랑 (Laurent; 1813~1854)	프랑스	로랑의 급수 연구.
실베스터 (Sylvester, J.; 1814~1897)	영국	행렬 연구, 용어 'matrix' 사용.
불 (Boole, G.; 1815~1864)	영국	《사고의 법칙》 지음, 윤리학에 집합 개념 도입, 불대수(Boolean algebra) 창시.
바이어슈트라스 (Weierstrass, K. T.; 1815~1897)	독일	수학에서 엄밀성 강조, 해석함수론의 기초 확립. 바이어슈트라스 정리 발견.
브리오 (Briot, C. A.; 1817~1882)	프랑스	미분방정식 연구.
스토크스 (Stokes, G. G.; 1819~1903)	영국	스토크스 정리 발견.
남병길 (南秉吉; 1820~1869)	조선	천문학서 《時節紀要(시절기요)》를 비롯한 전 8권, 수학서 《算學正義(산학정의)》, 《九章術解(구장술해)》 등과 측량서 《測量圖解(측량도해)》 등 전 8권, 모두 16권을 저술.
하이네 (Heine, H, E.; 1821~1881)	독일	하이네-보렐 정리, 하이네 급수 등 연구.
체비쇼프 (Chebyshyov, P. L.; 1821~1894)	러시아	오차론 연구, 체비쇼프 부등식 발견.
케일리(Cayley, A.; 1821~1895)	영국	행렬의 이론 창시.
엥겔(Engel, E.; 1821~1896)	독일	통계학자, 엥겔 법칙 발표.
에르미트 (Hermite, C.; 1822~1901)	프랑스	정수론 · 불변식론 · 함수론 연구. e가 초월수임 증명, 에르미트다항식 · 에르미트방정식, 에르미트행렬 발견.
아이젠슈타인 (Eisenstein, F. G. M.; 1823~1852)	독일	정수론 연구.
크로네커 (Kronecker, L.; 1823~1891)	독일	방정식론 · 정수론 등 연구
리만 (Riemann, G. F. B.; 1826~1866)	독일	리만기하학 사상을 세움, 상대성원리에 절대적 역할을 함, 리만적분 수립, 비유클리드 기하학 창시.

인명	국적	주요 업적
만하임(Mannheim; 1831~1906)	프랑스	계산기의 설계, 만하임 곡선 연구.
데데킨트 (Dedekind, J. W. R.; 1831~1916)	독일	실수의 절단 생각, 추상대수의 선구자.
라게르 (Laguerre, E.; 1834~1886)	프랑스	공형기하학(conformal geometry)에 공헌, 라게르의 다항식 연구.
벤(Venn, J.; 1834~1923)	영국	논리학자, 벤 다이어그램을 창안.
카소라티 (Casorati, F.; 1835~1890)	이탈리아	카소라티의 행렬식 연구.
벨트라미 (Beltrami, E.; 1835~1900)	이탈리아	미분기하학에 공헌.
고르단(Gordan, P.; 1837~1912)	독일	대수 형식론(불변식론) 연구.
조르당(Jordan, C.; 1838~1922)	프랑스	조르당 곡선 연구.
항켈(Hankel, H.; 1839~1873)	독일	형식 불변의 원리를 창안함.
기브스 (Gibbs, J. W.; 1839~1903)	미국	통계학 연구.
슈뢰더 (Schröder, F.; 1841~1902)	독일	불(Boole)의 논리학을 토대로 논리대수를 발전시킴.
다르부 (Darboux, J. G.; 1842~1917)	프랑스	《곡면론》 지음, 고전 미분기하학 집대성.
리(Lie, M. S.; 1842~1899)	노르웨이	리군론 연구, 기하학 발달에 공헌이 큼.
슈바르츠 (Schwarw, H. A.; 1843~1921)	독일	등각사상 · 극소곡면 · 초기하급수 · 미분방정식 등 연구, 슈바르츠의 부등식 발견.
클리퍼드 (Clifford, W. K.; 1845~1879)	영국	군환론 연구.
칸토어(Cantor, G.; 1845~1918)	독일	집합론 창시, 현대 수학의 시조.
프레게(Frege, F. L. G.; 1848~1925)	독일	집합 개념과 논리 관계 규명, 명제함수 도입.
프로베니우스 (Frobenius, G. F.; 1849~1917)	독일	《군(群)의 지표》 지음, 행렬 연구.
클라인(Klein, F.; 1849~1925)	독일	수학교육학자, 저서 《에르랑겐 목록》
페리(Perry, J.; 1850~1920)	영국	수학교육학자, ‘Perry Movement’의 중심인물.
헤비사이드 (Heaviside, O.; 1850~1925)	영국	헤비사이드의 연산자법 발견.
린데만 (Lindemann, F.; 1852~1939)	독일	원주율(π)의 초월성 증명.
푸앵카레 (Poincare, J. H.; 1824~1912)	프랑스	수론 · 대수기하학 · 위상기하학 연구, 천체역학 연구.

인명	국적	주요 업적
베로네세 (Veronese, G.; 1854~1917)	이탈리아	논리주의 기하학자.
아펠 (Appell, P. E.; 1855~1930)	프랑스	이변수의 초기하함수 연구.
마르코프 (Markov, A.; 1856~1922)	러시아	확률론 · 수리통계학 연구.
피어슨 (Pearson, K.; 1857~1936)	영국	생물 통계학 개발, 기술 통계학 연구.
페아노 (Peano, G.; 1858~1932)	이탈리아	페아노의 공리 제시, 해석학 · 기하학의 기초 연구.
캐조리 (Cajori, F.; 1859~1930)	미국	《수학사》 지음.
화이트헤드 (Whitehead, A. N.; 1861~1947)	영국	불(Boole)의 논리학을 발전시킴.
무어 (Moore, E. H.; 1862~1932)	미국	수학교육학자, 미국의 수학교육개혁운동 'Moore Movement'의 중심인물, 미국 수학회 회장 역임.
도카뉴(d'Ocagne, M.; 1862~1938)	프랑스	《계산도표(nomogram)》 지음.
힐베르트 (Hilbert, D.; 1862~1943)	독일	기하학의 기초론 제시, 힐베르트 공간 창시, 공리론적 방법으로 현대 수학의 기틀 마련, 힐베르트의 문제 연구.
민코프스키 (Minkowski, H.; 1864~1909)	러시아	민코프스키 공간 생각.
아다마르 (Hadamard, J. S.; 1865~1963)	프랑스	《편미분방정식》 지음, 소수 정리 증명.
하우스도르프 (Hausdorff, F.; 1868~1942)	독일	위상공간론 창시.
카르탕 (Cartan, E.; 1869~1951)	프랑스	《연속군》 지음, 미분기하학 연구.
체르멜로 (Zermelo, E.; 1871~1953)	독일	공리적 집합론의 창시자, 선택 공리로 유명.
보렐(Borel, F. E. E; 1871~1956)	프랑스	해석학·확률론 발달에 공헌.
러셀 (Russell, B.; 1872~1970)	영국	화이트헤드와 함께 《수학 원리》(전3권) 지음.
베르 (Baire, R. L.; 1874~1932)	프랑스	불연속함수 연구.
르베그 (Lebesgue, H. L.; 1875~1941)	프랑스	르베그 적분 연구, 《적분, 길이, 면적》 지음.
하디 (Hardy, G. H.; 1877~1947)	영국	함수론 연구.
프레셰 (Frechet, M.; 1878~1973)	프랑스	《추상공간론》 지음.
아이슈타인 (Einstein, A.; 1879~1955)	미국	독일 태생, 상대성 이론 펴냄.

인명	국적	주요 업적
브로우베르 (Brouwer, J.; 1881~1966)	네덜란드	위상기하학 · 수학기초론 연구.
뇌터 (Noether, A. E.; 1882~1935)	독일	여류 수학자로 추상대수학의 선구자.
당주아 (Denjoy, A.; 1884~1974)	프랑스	당주아 적분 연구.
베일 (Weyl, H.; 1885~1955)	독일	《공간, 시간, 물질》 지음, 통일장 이론 세움.
리틀우드 (Littlewood, E.; 1885~1977)	영국	해석학·해석적 정수론 발달에 공헌.
헤케 (Hecke, E.; 1887~1947)	독일	L-function 발견.
베르나이스 (Bernays, P. L.; 1888~1977)	체코	수학의 공리화를 괴델과 함께 체계화.
피셔 (Fischer, R. A.; 1890~1962)	영국	현대 추측통계학의 창시자.
비노그라도프 (Vinogradov; 1891~1983)	소련	소수 연구, 해석적 수학론에 공헌.
바나흐 (Banach, S.; 1892~1945)	폴란드	바나흐 공간 이론 세움, 위상벡터공간 이론 개발.
위너 (Wiener, N.; 1894~1964)	미국	사이버네틱스의 창시자.
핀슬러 (Finsler, P.; 1894~1907)	영국	핀슬러 공간 이론 세움.
아르틴 (Artin, E.; 1898~1962)	독일	L-function 도입, 유체론 연구에 공헌.
노이게바우어 (Neugebauer, O.; 1899~)	미국	바빌로니아 점토판 해독으로 《고대수학사》 펴냄.
브라우어 (Brauer, R. D.; 1901~1977)	폴란드	위상기하학 연구, 직관주의 창시자.
폰 노이만 (von Neumann, J.; 1903~1957)	미국	헝가리 태생, 순수수학과 응용수학 발전 공헌, Program 내장 방식 전자계산기 개발, game 이론 창시자로 유명.
콜모고로프 (Kolmogorov, A.; 1903~)	소련	《확률론의 기초 개념》 지음. 공리론적 확률론 발전에 공헌
화이트헤드 (Whitehead, J. H. C; 1904~1960)	영국	위상기하학 연구.
슈니에렐만 (Schnierelmann; 1905~1938)	독일	소수(素數) 연구.
괴델 (Gödel, K.; 1906~1978)	미국	체코 태생, 완전성의 원리·불완전성의 정리 발견
에르브랑 (Herbrand, J.; 1908~1932)	프랑스	수학기초론 연구.
폰트랴긴 (Pontryagin, L. S.; 1908~)	소련	위상군론 개척.

인명	국적	주요 업적
슈발레 (Chevalley; 1909～1984)	프랑스	Bourbaki의 창시.
아일렌버그 (Eilenberg, S.; 1913～)	폴란드	category 이론, homology 대수학 창시자.
슈바르츠 (Schwarz, L.; 1915～)	프랑스	《초함수론》 지음.
섀넌 (Shannon, C. E.; 1916～)	미국	《정보이론》 지음.
스메일 (Smale, S.; 1930～)	미국	위상기하학 연구.
필즈 (Fields, J.; 1863～1932)	캐나다	1932년 필즈상 제정.
튜링 (Turing, A. M.; 1912～1954)	영국	《계산 가능한 수들》 자술, 모든 계산 문제 풀이 가능한 '튜링머신' 소개.
카르탕 (Cartan, H. P.; 1904～)	프랑스	아일렌버그와 함께 《Homological Algebra (호몰로지 대수)》 저술하여 새로운 연구 영역 개척.
코헨 (Cohen, P. J.; 1934～)	미국	칸토어의 연속체가설의 독립성 증명.
커비 (Kirby, R. C.) 1969년	미국	다양체 이론 연구에 대한 지적.
로몬소프 (Lomonsov, M.) 1973년	러시아	연속선형변환에 관한 연구.
아펠과 하켄 (Appel, K. I. & Haken, W.) 1976년	미국	사색문제 해결.
만델브로 (Mandelbrot, B. B.; 1924～)	미국	폴란드 태생, 《The Fractal Geometry of Nature(자연의 프랙털 기하)》 저술.
프리드만 (Freedman, M. H.) 1982년	미국	푸앵카레 추측의 4차원에 대한 증명(오류로 판명).
팔팅스(Faltings, G.) 1983년	미국	독일 태생, '페르마의 마지막 정리'의 증명에 대한 진전.
미야오카(Miyaoka, Y.) 1988년	일본	'페르마의 마지막 정리'의 증명을 발표했으나 오류 인정하고 환수.
우이샹(Wu-Yi Hsing) 1991년	미국	케플러의 '구(球) 쌓기' 문제의 해결.
와일즈 (Wiles, A. J.; 1953～) 1993년	미국	영국 태생, '페르마의 마지막 정리'의 증명을 발표했으나 발견된 논리적 인정.
와일즈 (Wiles, A. J.; 1953～) 1994년	미국	자신의 증명을 완전히 수정·보완한 《Fermat's Last Theorem(페르마의 마지막 정리)》의 증명 발간.

참고문헌

〈국내 서적〉

강문봉 외(2014). 초등수학교육의 이해. 서울; 경문사.

고석구 · 이만근 공역(1998). 수학의 스캔들(Theoni Pappas, *Mathematical Scandals*). 서울; 경문사.

권영환(1990). 재미있는 이야기 수학. 서울; 전원문화사.

김기응 역(2009). 수학의 탄생(P. S. Rudman, *How Mathematics Happened*). ㈜살림출판사.

김량국 역(2005). 수의 문화사(Karl Menninger, 1992, *Number Words and Number Symbols*). 서울; 주식회사 열린책들.

김병욱 역(1990). 신비로운 수의 역사. 서울; 도서출판 예하.

김연미(2017). 수학뮤지엄. 서울: ㈜교우.

김연수 역(1999). 프랑스 수학자 갈루아. 서울; 이끌리오.

김영식 · 박성래 · 송상용 공저(1996). 과학사. 서울; 전파과학사.

김안현 · 이광연 공역(1998). 초기수학의 에피소드. 서울; 일공일공일.

金容雲, 金容局 共著(1977). **韓國數學史**. 서울; 悅話堂.

_______(1980). 공간의 역사. 서울; 전파과학사.

_______(1983). 세계수학문화사. 서울; 전파과학사.

_______(1988). **數學史大全**. 서울; 우성문화사.

_______(1996). 중국수학사. 서울; 민음사.

_______(1997). **數學史**의 이해. 서울; 도서출판 우성.

김효춘 역(1990). 제로의 발견. 서울; 도서출판 대흥.

노태복 역(2017). 교양인을 위한 수학사 강의(Ian Stewart, *Taming the Infinite*). 반니.

류희찬 · 류성림 공역(2004). 수학의 철학과 역사. 경문사

문선영(1998). 앵무새의 정리 1 · 2 · 3. 서울; 이끌리오.

박병철 역(1998). 페르마의 마지막 정리(Simon Singh, *Fermat's Enigma*). 서울; 영림카디널.

_______(2004). 수학, 천상의 학문. 서울; 경문사.

박영훈 역(2005). 파이의 역사(Petr. Beckman, *A History of PI*). 서울; 경문사.

_______(2007). 수학, 문명을 지배하다. (Morris Kline, *Mathematics in Western Culture*). 서울; 경문사

박평우 · 김운규 · 정광택 공역(2006). 수학이란 무엇인가(Richard Courant and Herbert Robbins, *What is Mathematics*). 서울; 경문사.

안재구 역(1993). 수학을 만든 사람들 〈상 · 하〉. (E. T. Bell, *Men of Mathematics*). 서울; 미래사.

_______(2000). 수학문화사. 서울; 일월서각.

양영오 · 조윤동 공역(2000). 수학의 역사 상 · 하(Carl B. Boyer, *A History of Mathematics*). 서울; 경문사.

양영오 · 허민 공역(1995). 수학적 경험(Philip J. Davis & Reuben Hersh, *The Mathematical Experience*). 서울: 경문사.

양인환 외 공저(1984). 대학교양수학. 서울: 동화문화사.

오승재 편역(1995). 수학의 천재들. 서울; 경문사.

우정호(1998). 학교수학의 교육적 기초. 서울; 서울대학교 출판부.

______(1998). 수학 학습–지도 원리와 방법. 서울대학교 출판부.

윤만식 역(1993). 진리의 섬. 서울; 웅진출판주식회사.

이명우 역(2000). 중국의 과학과 문명. 서울; 까치글방.

이무현 역(1998). 프린키피아. 서울; 교우사.

이우영 역(1990). 유클리드기하학과 비유클리드기하학. (Marvin J. Greenberg, *EUCLIDEAN AND NON-EUCLIDEAN GEOMETRIES*). 서울; 경문사.

________(1991). 수학사 - 고대 및 중세 편(Howard Eves, *An Introduction to the History of Mathematics*). 서울; 경문사.

이용률 외(1997). 초등수학교육론. 서울; 경문사.

이우영 · 신항균 · 이홍렬 공역(1996). 수학의 황제 가우스. 서울; 경문사.

이종우 편저(1998). 기하학의 역사적 배경과 발달. 서울; 경문사.

이태규 저(1989). 이야기 **數學史**. 서울; 백산출판사.

장경윤 역(2003). 한 줄에 꿰는 수학이야기(Marty Lewinter·William Widulski, *The Saga of Mathematics: A Brief History*). 서울; 경문사.

장경윤 · 강문봉 · 박경미 공역(2002). 간추린 수학사. (Dirk J. Struik, *A Concise History of Mathematics*). 서울; 경문사.

전대호 역(2002). 유클리드의 창: 기하학 이야기. 까치글방

정동권(1995). 피보나치수열과 초등학교에서의 그 지도 가능성. 대한수학교육학회 논문집 제5권 제2호 pp. 13-28

_______(1998). 수학 수업 개선을 위한 수학사의 활용. **科學敎育論叢** 제10 집 pp. 300-344. 인천교육대학교 과학교육연구소.

_______(1999). 고대 이집트 산술의 수학교육적 의의. 한국수학사학회지. Vol. 12 No. 2 pp. 99-118

_______(2004). 마방진을 활용한 교재 개발과 그 지도 사례. **科學敎育論叢** 제16 집 pp. 1-21. 경인교육대학교 과학교육연구소.

정지호 역(1983). **數學의 歷史**(Florian Cajori, *A History of Elementary Mathematics*). 서울; 창원사.

차종천 역(2000). **九章算術 周髀算經**. 서울; 범양사출판부.

최애리 역(1995). 피타고라스의 바지. 서울; 사이언스북스.

허민 역(1995). 수학 : 새로운 황금시대. (Keith Devlin, *Mathematics: The New Golden Age*). 서울; 경문사.

허민 · 오혜영 공역(1994). 수학의 위대한 순간들. (Howard Eves, *Great Moments of Mathematics*). 서울; 경문사.

_______(1995). 수학의 기초와 기본 개념. 서울; 경문사.

_______(1996). 수학: 양식의 과학(Keith Devlin, *MATHEMATICS: The Science of Patterns*). 서울; 경문사.

홍미경 역(1999). 지식의 역사〈1, 2권〉. 서울; 고려문화사.

황선욱 역(2005). 수학사 가볍게 읽기(Sanderson M. Smith, *Agnesi to Zeno: Over 100 Vignettes from the History of Math*). 서울: 도서출판 한승.

〈서양 서적〉

Bell, E.T.(1992). *The Development of Mathematics*. Dover Pub. Inc..

Berlinghoff, W. P. & Gouvéa, F. Q.(2004). *MATH through the Ages*. Oxton House Publishers.

Burton, David M.(1991). *The History of Mathematics*. Wm.C. Brown Publishers.

Cajori, F.(1993). *A History of Mathematical Notations*. Dover Pub. Inc..

Courant, R. and Robbins, H.(1961). *What is Mathematics*. New York; Oxford Univ. Press.

Dunlap, Richard A.(1997). *The Golden Ratio and Fibonacci Numbers*. World Scientific.

Garland, Trudi H.(1987). *Fascinating Fibonaccis*. Dale Seymour Publications.

_______(1997). *Fibonacci Fun*. Dale Seymour Publications.

Gillings, Richard J. (1982). *Mathematics in The Time of Pharaohs*. Dover Publications Inc.

Heath, Thomas L.(1956). *THE ELEMENTS of EUCLID<Vol. 1-3>*. Dover Publications Inc.

_______(1981). A History of Greek Mathematics Vol. Ⅰ, Ⅱ. Dover Publications Inc.

Heilbron, J. L.(1998). *Geometry Civilized*. New York; Oxford Univ. Press.

Hoggatt, V. E.(1969). *Fibonacci and Lucas Numbers*. The Fibonacci Association.

Huntley, H. E.(1970). *The Divine Proportion*. Dover Publications Inc.

Joseph, George G. (2000). *the crest of the peacock-Non European Roots of Mathematics*. Princeton University Press.

Katz, Vicror J.(1997). *A History of Mathematics*. Addison-Wesley Longman, Inc.

_______(2000). *Using History to Teach Mathematics*. The Mathematical Association of America Inc.

Knauff, Robert E.(1996). *Short Stories from The History of Mathematics*. Carolina Biological Supply Company.

Loomis, E.S.(1968). *The Pythagorean Proposition*. National Council of Teachers of Mathematics.

Lucas N. H. Bunt, Phillip S. Jones, & Jack D. Bedient(1988). *The Historical Roots of Elementary Mathematics*. Dover Pub. Inc.

Maor, Eli(2007). *The Pythagorean Theorem*. Princeton University Press.

Menninger, K.(1992). *Number Words and Number Symbols*. Dover Pub. Inc..

NCTM(1989). *Historical Topics for the Mathematics Classroom*.(31th Yearbook) The National Council of Teachers of Mathematics, Inc.

Newman, James R.(1988). The World of Mathematics, Vol. 1. Simon and Schuster.

Pappas, Theoni(1997). *Mathematical Scandals*. Wide World Publishing/Tetra.

Reimer, Wilbert & Reimer Luetta(1992). *Historical Connections in Mathematics*. AIMS Educational Foundation.

Reimer, W. & Reimer, L.(1995). Connecting Mathematics with Its History. *Connecting Mathematics across the Curriculum*. NCTM 1995 Yearbook. pp. 104-114. NCTM Inc.

Robins, G. & Shute Charles(1987). *The Rhind Mathematical Papyrus*. British Museum

Publications Ltd.

Ryan, Patrick J.(1986). *EUCLIDEAN AND NON-EUCLIDEAN GEOMETRY.* Cambridge Univ. Press.

Smith, David. E.(1958). *History of Mathematics Vol.. Ⅰ, Ⅱ.* Dover Pub. Inc..

_______(1995). *Number Stories of Long Ago.* NCTM,

Smith, Sanderson(1996). *Agnesi to Zeno.* Key Curriculum Press.

Spencer, Donald D.(1995). *Key Dates Number Theory History.* Camelot Publishing Company.

Stillwell, John(2002). *Mathematics and Its History*(second edition). Springer-Verlag New York Inc.

Swetz, Frank J.(1994). *Learning Activities from The History of Mathematics.* Weston Walch, Publisher.

_______(Edited by) (1995). *From Five Fingers to Infinity.* Open Court Pub. Company.

_______(1997). *Multicultural and Gender Equity in the Mathematics Classroom.* The History of Mathematics: A Journey of Diversity(pp. 121-130). NCTM, Inc.

_______(2002). *Legacy of the LUOSHU.* Open Court Pub. Company

Swetz, F. J., Faubel, J., Bekken, O., Johansson, B., & Katz, V.(1991). *Learn From The Masters.* The Mathematical Association of America.

Swetz, F. J., & Kao, T. I.(1977). *Was Pythagoras Chinese?* Pennsylvania State Univ. Press.

〈일본 서적〉

堀場芳數(1989). **圓周率 π의 不思議**. 東京；講談社.

金田康正(1993). **πのはなし**. 東京; 東京圖書株式會社.

吉成 薫 譯(1994). **リンド數學パピルスⅡ**. 東京: 朝倉書店.

吉田 稔, 飯島 忠 代表編輯(1988). **話題源 數學·下**. 東京; 東京法令出版株式會社.

大矢根 克典(1994). "數列を用いた課題學習の指導實踐例" **數學教育**(No.438) 94/6, pp. 53-60, 明治圖書出版株式會社.

大矢眞一(1992). **ピタゴラスの定理**. 東海大學出版會.

大矢 貞一·片野善一郎 共著(1988). **數字と數學記號の歴史**. 東京; 裳華房.

森 毅(1971). **數學文化の歴史と教育**. 東京; 株式會社國土社.

三宅克哉 譯(1997). **タレスの遺産**. 東京; シュプリンガーフェアラーク東京株式會社.

上垣 涉(1990). **算數·數學授業を樂しくする數學史の話**. 明治圖書.

_______(1992). **續算數·數學授業を樂しくする數學史の話**. 明治圖書.

上垣 涉(1994). "數學史を數學教育に活用する視點" **數學教育**(No.438) 94/6, pp. 5-12, 明治圖書出版株式會社.

船山良三(1994). **身近な數學の歷史**. 東京; 株式會社 東洋書店.

小堀 憲(1991). **物語數學史**. 東京; 株式會社新潮社.

手島勝朗(1994). **算數を好きにする小話**. 東京; 明治圖書出版株式會社.

矢野健太郎(1971). **數學の發想**. 東京; 株式會社講談社.

柴田錄治·浦田敏夫(1994). **これから教師になる人ための算數と數學**. 東京; 黎明書房.

伸田紀夫(1981). **算數·數學の思想と指導**. 東京; 株式會社東洋館出版社

玉木英彦(1994). **小學生にピタゴラス**. 東京; みすず書房.

伊達 文治(1993). **アルキメデスの數學**. 東京; 森北出版株式會社.

齋藤 憲(1997). **ユークリッド『原論』の成立**. 東京; 東京大學出版會.

塚原久美子(2002). **數學史をどう教えるか**. 東京; 東洋書店.

板倉聖宣(1994). **數と圖形の發明發見物語**. 東京; 株式會社國土社.

片山孝次(1994). **數學がおもしろくなる12話**. 東京; 株式會社岩波書店.

片野善一郎(1982). **算數授業に役立つ數學の話**. 東京; 明治圖書出版株式會社.

_______(1992). **數學史を活用した教材研究**. 東京; 明治圖書.

_______(1995). **授業を樂しくする數學用語の由來**. 東京; 明治圖書.

_______(2004). **數學用語と記號ものがたり**. 東京; 裳華房.

丸山正義 譯(1988). **數字の歷史**(Georges Ifrah 著). 東京; 平凡社.

찾아보기

(ㅂ)

(ㅅ)

(ㅇ)

(ㅈ)

(ㅊ)

(ㅋ)

(기타)

교사를 위한

수학사 개론

지은이 정동권
펴낸이 조경희
펴낸곳 경문사
펴낸날 2018년 8월 24일 1판 1쇄
2022년 1월 2일 1판 3쇄
등 록 1979년 11월 9일 제 313–1979–23호
주 소 04057, 서울특별시 마포구 와우산로 174
전 화 (02)332–2004 팩스 (02)336–5193
이메일 kyungmoon@kyungmoon.com

값 25,000원

ISBN 979-11-6073-174-3